Textil-Hilfsmittel-Tabellen

(insbesondere Schaum-, Netz-, Wasch-Reinigungs-, Dispergier- usw.- Mittel)

von

Dr. J. Hetzer
Weinheim a. d. B.

Springer-Verlag Berlin Heidelberg GmbH 1933

ISBN 978-3-662-28171-0 ISBN 978-3-662-29685-1 (eBook)
DOI 10.1007/978-3-662-29685-1
Softcover reprint of the hardcover 1st edition 1933

Vorwort.

Die chemisch-technische Literatur besitzt eine ganze Anzahl bekannter Werke, die sich mit der Herstellung und der Veredelung von Textilien sowie mit den maschinellen und stofflichen Hilfsmitteln der Textilindustrie, insbesondere auch mit der Herstellung von Seifen, Türkischrotölen usw. befassen. In einigen dieser, teils sehr umfangreichen Bücher finden sich auch Zusammenstellungen über das Gebiet der chemischen Textilhilfsmittel. Das Spezialgebiet der Textilhilfsmittel, insbesondere das der Schaum-, Netz-, Wasch-, Reinigungs-, Dispergier- usw. Mittel, erfreute sich aber gerade in den letzten 10 Jahren einer äußerst regen Bearbeitung und zunehmender Wichtigkeit, so daß vieles, insbesondere Neues der letzten Jahre nur zerstreut in der einschlägigen Literatur zu finden ist. Von verschiedenster Seite ist daher der Wunsch nach einer umfassenden Behandlung des Stoffes unter Berücksichtigung des derzeitigen Standes der Technik laut geworden. Da, wie es scheint, mit den allerneuesten Produkten, den „hochbeständigen Ölen" und den „Alkoholsulfonaten" das Gebiet wenigstens zu einem gewissen Abschluß gelangt ist, bin ich gerne der Aufforderung des Verlages gefolgt, die hier in Rede stehenden Produkte in Form von Textilhilfsmitteltabellen zu besprechen und habe die Form der Tabellen um so lieber gewählt, als die Monographie mit Rücksicht auf die wirtschaftlichen Verhältnisse bezüglich des Preises und damit des Umfanges auf das äußerste beschränkt sein sollte, und weil die Tabellenform mit ihrer kurzen, stich- und schlagwortartigen Ausdrucksweise dieses Ziel der Raumersparnis am ehesten zu erreichen versprach.

So habe ich etwa 900 Produkte im folgenden zusammengestellt und besprochen, die in der Literatur erwähnt werden bzw. von deutschen Firmen unter Phantasienamen in Deutschland auf dem Markte sind oder waren, und für die mir die betreffenden Herstellerfirmen durch Überlassung von Prospekt- und Probematerial hinreichend Unterstützung gewährten.

Die Angaben über die einzelnen Produkte sind insbesondere für die Verbraucher der Textilhilfsmittel bestimmt, denen sie die oft nicht leichte Auswahl des Richtigen aus der Fülle des Gebotenen erleichtern sollen; ihrer werden sich Kaufleute, insbesondere mit dem Einkauf Betraute, Meister, Ingenieure und Chemiker in Textilfabriken, Färbereien, Wäschereien und chemischen Reinigungsanstalten — hoffe ich — mit Erfolg bedienen. Es sind aus den Angaben für vorgenannte Interessenten ersichtlich: die Namen der Hersteller, die Eigenschaften, das Äußere, die Reaktion der

Produkte, die Löslichkeits- und Beständigkeitsverhältnisse, besondere Vorzüge, Verwendungsmöglichkeiten, Arbeitsweisen und Arbeitsbedingungen, Anwendungsmengen, bestehende Verwandtschaften und Ähnlichkeiten unter den verschiedenen Produkten, die Zeit ihres Erscheinens auf dem Markte, weiterhin, ob die betreffenden Produkte heute noch im Handel sind und wenn nicht, durch welche neueren sie ersetzt wurden. Jedoch nicht nur der Verbraucher, auch die Hersteller von Textilhilfsmitteln mögen aus dem Gebrauch der Tabellen Nutzen ziehen. Der Kaufmann, der Reisende, der Verkäufer, Meister, Techniker, Chemiker, vor allem auch der synthetisch arbeitende Laboratoriumschemiker, Ingenieure bei Herstellerfirmen aus der chemischen, Türkischrotöl- und Seifenindustrie finden neben dem oben schon Gesagten das insbesondere sie Interessierende über Konstitution und Zusammensetzung der einzelnen Produkte, über Analogien, ferner Angaben über die Patentverhältnisse sowie Hinweise auf die Zeitschriftenliteratur.

Ich übergebe die Textilhilfsmitteltabellen der Öffentlichkeit und wünsche und hoffe, daß sie sich als brauchbar und nützlich erweisen mögen.

Einer angenehmen Pflicht bitte ich, mich hier noch entledigen zu dürfen: Ich danke den Firmen, die mir durch Lieferung von Proben und Prospekten die Arbeit erleichterten, für ihre liebenswürdige Unterstützung, Fräulein Hilda Tischendorf für ihre nimmermüde Hilfe, sowie der Verlagsbuchhandlung Julius Springer für ihr stets bereitwilliges Entgegenkommen.

Weinheim, den 1. Juli 1933.

Dr. J. Hetzer.

Einleitung.

Unter dem Namen „Textilindustrie“ faßt man alle Gewerbezweige zusammen, die sich mit der Verarbeitung von Faserstoffen befassen, ausgenommen die Papierindustrie, so die gesamten Woll-, Baumwoll-, Seiden-, Jute-, Leinen-, Haar- wie Kunstseideindustrien und auch die Betriebe der Kleider-, Wäsche- und Filzherstellung. Bei der Zubereitung der Faserstoffe, in der Wäscherei, Kämmerei, Spinnerei, in der Spulerei, Zwirnerei, Weberei, bei derStrickerei, Wirkerei, bei der Gardinen-, Spitzen- und Filzherstellung, in Bleichereien, Färbereien, Druckereien, in der Appretur usw. benötigt man außer den als Ausgangsmaterialien dienenden Faserstoffen pflanzlichen und tierischen Ursprungs eine Unmenge von „Hilfsprodukten“. Diese kommen teils in der Natur vor, teils werden sie, hauptsächlich von der chemischen Industrie, auf künstlichem Wege erzeugt. Einige wenige seien hier beispielsweise kurz angeführt; es sind vor allem — neben Wasser — Salze, wie Kochsalz, Glaubersalz, Bittersalz usw., Säuren, z. B. Salzsäure, Schwefelsäure usw., Alkalien, wie Natronlauge, Soda, Ätzkalk, dann weiterhin Öle, Fette, Wachse, Harze, Stärke, Dextrin, Leim, Tannin, Kartoffelmehl, Lösungsmittel, Seifen und ähnliche Produkte, Oxydations- und Reduktionsmittel, Farbstoffe und viele andere mehr; sie werden zum Netzen, Waschen, Reinigen, Emulgieren, Dispergieren, Imprägnieren, zum Spinnen, Spicken, Schlichten, Ölen, Schmälzen, beim Beuchen, Bleichen, Merzerisieren, Entbasten, Entschlichten, Karbonisieren, Färben, Egalisieren, zum Drucken, in der Appretur und Avivage sowie noch zu vielen anderen Zwecken gebraucht und führen den gemeinsamen Namen „Textilhilfsmittel“.

Soweit die genannten Stoffe von deutschen Firmen unter Phantasienamen in Deutschland für die Verwendung in der Textilindustrie auf den Markt gebracht wurden bzw. heute noch auf dem Markte sind, bilden sie Stoff und Gegenstand meiner „Textilhilfsmitteltabellen“. Eine Ausnahme hiervon machen die Produkte, die zum Färben der Textilien dienen; Farbstoffe werden im vorliegenden nicht besprochen. Wenn hier und da heute unwichtig gewordene Produkte kurz besprochen werden, und wenn in einigen Fällen auch Produkte aufgenommen worden sind, die für die Textilindustrie nicht oder weniger in Frage kommen, so geschah dies dann, wenn die Herstellerfirmen solcher Produkte sich in der Hauptsache mit der Erzeugung von Textilhilfsmitteln befassen, und wenn auf Grund des Namens solcher Produkte oder mit Rücksicht auf ihre Herstammung der

Eindruck entstehen konnte, als ob es sich auch bei ihnen um Textilhilfsmittel handle sowie auch dann, wenn die Produkte in der Literatur unter Textilhilfsmitteln — vielleicht nicht ganz zu Recht — geführt waren.

Die Anordnung der Textilhilfsmittel geschah in alphabetischer Reihenfolge; ich habe daher geglaubt, von einem Inhaltsverzeichnis absehen zu dürfen; dagegen ist eine Zusammenstellung in alphabetischer Reihenfolge aller der Firmen angehängt, deren Produkte in den Tabellen besprochen werden und eine Zusammenstellung der besprochenen Produkte, gleichfalls in alphabetischer Reihenfolge, jeweils unter dem betreffenden Hersteller.

Acetin N

Konstit.: Mono-, Di- und Triazetylglyzerin; *Äuß.:* dicke, wasserhelle Flüssigkeit; *Eigensch.:* nicht flüchtig; greift im Gegensatz zu Oxal- und Weinsäure die Faser nicht an; *Verw.:* als Lösungsmittel für basische und spritlösliche Farbstoffe sowie Tannin.

Acidol **A. Th. Böhme, Dresden-N. 6.**

i/Kurs: ja; *analog:* Acidol 0 (mit dem es identisch ist); *Konstit.:* Sulfosäuren + Lösungsmittel (n. Prof. Herbig: arom. Sulfosäure + Kohlenwasserstoff); *Äuß.:* flüssig, rotbraun; *Reakt.:* schwach sauer; *Eigensch.:* weichmachend; mäßige Lösekraft gegen Öle und Fette und eine gute Verteilungs- und Lösungswirkung gegen Farbstoffe; stark netzend für lose Wolle, Garne, Kreuzspulen, Kopse, Stücke, Tuche, Filze, Hutstumpen usw.; gelinde Wasch- und Reinigungswirkung; *Lö. Be.:* sehr gut beständig gegen organische und anorganische Säuren sowie gegen Salze; *Verw.:* als Netzmittel, speziell in sauren Bädern; für die Wollfärberei; zum Karbonisieren mit Schwefelsäure oder Salzsäure (Naßkarbonisation); zum Netzen von schweren Waren (Stück, Kreuzspule, Kops), schweren Tuchen, Filzen usw.; z. Farbstofflösen; z. Durchfärben und Egalisieren; (s. a.: Mengen!); *Mengen:* b. Karbonisieren: $1^1/_2$—3 g/l; z. Netzen: ca. $^1/_2$—$1^1/_2$ g/l; b. Durchfärben und Egalisieren: ca. $^1/_2$—$1^1/_2$ g/l.

Acidol 0 **A. Th. Böhme, Dresden-N. 6.**

i/Kurs: ja; *analog:* Acidol (mit dem es identisch ist).

Acorit **H. Th. Böhme AG., Chemnitz.**

Geb.-J.: 1931; *i/Kurs:* ja; *Konstit.:* Fettalkoholsulfonat + Fettlöser; nach Herstellers Angaben: Fettalkoholsulfonat; *Äuß.:* Flüssigkeit, braun; *Reakt.:* neutral; *Eigensch.:* farbstofflösend; emulgierend; netzend; reinigend; egalisierend; erleichtert das Lösen aller Naphthol-AS-Farbstoffe; verhindert das Ausflocken der Kalziumnaphtholate; ermöglicht das Apparatfärben der Naphthol-AS-Farbstoffe; verbessert Brillanz und Reibechtheit der Färbungen; eignet sich zum Färben mit allen Azetatseidenfarbstoffen; *Lö. Be.:* leicht löslich in neutralen, alkalischen und sauren Bädern; beständig gegen Alkali, Säure, Salz und Hartwasser; *Verw.:* für die Naphthol-AS-Färberei; zum Anteigen, Lösen und Grundieren der Naphthol-AS-Farbstoffe, insbesondere der schwer löslichen; zum Apparatfärben mit oder ohne Salzzusatz; zum Drucken der Naphthole, Rapidechtfarben und Indigosole; zum Färben aller Azetatseidenfarbstoffe, einschließlich der Cellitazole; als Zusatz zum Entwicklungsbad diazotierter Echtbasen, die mit Natriumazetat abgestumpft wurden; speziell zum Einbadfärben von Azetatseiden-, Viskose- und Baumwollmischgeweben; *Mengen:* b. Naphtholfärben: a) Wannenfärbung: 1. bei weichem Wasser: 0,5—3 ccm/l; 2. bei hartem Wasser: 1—3 ccm/l; b) Jigger- und Foulardfärbung: 1—10 ccm/l; b. Entwickeln mit diazotierten Echtbasen: 0,5—1 g/l; b. Färben von Azetatseidenfarbstoffen: 0,5—2 g/l; *H. Pat.*, *V. Pat.:* Pat. angemeldet; *Lit.:* Mschr.

Text.-Ind., Fachheft 3, 1932; Seide, Juniheft 1932; Mschr. Text.-Ind., Fachheft 3, Textiltechnik und Weltwirtschaft 1931.

Adosal **Chem. Fabr. Grünau Landshoff & Meyer AG., Berlin-Grünau.**

Geb.-J.: 1928; *i/Kurs:* ja; *Konstit.:* sulfoniertes Rizinusöl + Terpenlösungsmittel; *Äuß.:* gelbe, klare Flüssigkeit; *Reakt.:* neutral; *Eigensch.:* Geruch nach Terpentin; fettlösend und emulgierend; *Lö. Be.:* gibt mit Wasser Emulsionen; *Verw.:* zum Reinigen und Waschen von Textilwaren; zum Entfernen von Flecken und Pechspitzen; *Mengen:* allgemein: 0,5 bis 2 g/l; NB. z. Entfernen von Flecken und Pechspitzen: einreiben mit unverdünntem Adosal, einige Zeit liegen lassen, mit schwacher Salmiakgeist- oder Sodalösung auswaschen!

Aducissol

ähnlich: Lanaclarin LM, Texapon, Igeponen; *Konstit.:* Sulfonierungsprodukt höherer Alkohole; *Verw.:* als Netz- und Emulgierungsmittel; *Lit.:* Seifensieder-Ztg. 1932 S. 838.

Adulcinol LL **Farb- u. Gerbstoffwerke C. Flesch jr., Frankfurt a. M.**

Geb.-J.: 1930; *i/Kurs:* ja; *Konstit.:* Kondensationsprodukt von aliphatischen Alkoholen mit aliphatischen Polysulfosäuren (Lösungsmittel sind keine vorhanden!); *Äuß.:* Paste, gelblich; *Reakt.:* schwach sauer; $p_H = 6{,}5$; *Eigensch.:* reinigend, schäumend, emulgierend, netzend, egalisierend und weichmachend; zusammen mit Seife angewendet, hält es sich bildende Kalkseife in kolloidaler Emulsion; erhöht die Reibechtheit der verwendeten Farbstoffe; verhindert das Ausbluten nicht genügend echter Farbstoffe; spaltet in wässeriger Lösung im Gegensatz zu Seife kein Alkali ab; *Lö. Be.:* beim Abkühlen wird die Lösung schwach trüb, gibt aber keinerlei Abscheidungen; beständig gegen hartes Wasser, verdünnte Säuren und Alkalilaugen; *Verw.:* z. Entschlichten von Kunstseide; z. Beuchen und Färben von Baumwolle; z. Waschen und Walken in der Wollindustrie; als Weichmachungsmittel; bei der Wäsche roher Schafwolle; bei der Wäsche von Kammzug; bei der Wäsche von Wollgarn; zur Nachbehandlung aller mit Schwefelfarbstoffen gefärbter Waren; bei Färbungen mit Indanthrenfarbstoffen, bei Färbungen mit Naphtholrot; bei allen Spülprozessen, auch unter sofortigem Einbringen säurehaltiger Ware in Waschflotten; (s. a.: Mengen!); *Mengen:* allgemein: 0,2—1 g/l; bei der Wäsche und Walke von Streichgarngeweben: 1—2% d. W.; bei der der Walke folgenden Wäsche: im allgemeinen kein weiterer Zusatz; bei schweren Paletotstoffen: 0,2 bis 0,4% d. W.; bei der Wäsche von Kammgarnstoffen, Halbwollstoffen und anderen Mischgeweben mit Wolle: ca. 1% d. W.; bei der Schmutzwalke: ca. 0,8—1,5% d. W.; beim Anstoßen: ca. 0,8—1,5% d. W.; bei der sauren Wäsche von Halbwolle: ca. 0,5—1% d. W. neben ca. 1—2% Essigsäure 30%ig (zum Neutralisieren: 0,2—0,5% Ammoniak!); bei der Nachwäsche von Druckwaren: 0,5—0,8 g/l Waschflotte; *H. Pat.:*, *V. Pat.:* F 73261; F 73500; F 74634; F 74796; F 74797; F 75006; F 75653; F 75654; F 75594.

Adulcinol 7 **Farb- u. Gerbstoffwerke C. Flesch jr., Frankfurt a. M.**

Geb.-J.: 1930; *i/Kurs:* ja; *Konstit.:* Kondensationsprodukt aliphatischer Alkohole mit aliphatischen Polysulfosäuren (Lösungsmittel sind keine vorhanden!); *Äuß.:* Pulver, gelblich; *Reakt.:* die Lösung ist neutral; $p_H = 7{,}0$; *Eigensch.:* reinigend, schäumend, emulgierend, netzend, weichmachend, egalisierend; zusammen mit Seife hält es sich bildende Kalkseife in kolloidaler

Emulsion; verhindert das Verfilzen der Wolle; spaltet im Gegensatz zu Seife kein Alkali ab; *Lö. Be.:* die Lösungen sind in der Kälte schwach trübe, in der Wärme klar; beständig gegen hartes Wasser, verdünnte Säuren und Alkalilaugen; (man stellt am besten eine Stammlsg. 1 : 50 her!); *Verw.:* z. Entschlichten von Kunstseide (s. auch Pellastol EN Paste!); z. Beuchen und Färben von Baumwolle; z. Waschen und Walken in der Wollindustrie; b. Waschen von Makoware; (s. a.: Mengen!); *Mengen:* allgemein: 0,2—1 g/l; b. Färben von Strangware: 0,25 g/l; b. Ausrüsten kunstseidener Gewebe: 0,25 g/l (gleich dem Farbbad zusetzen; eine nachträgliche Avivage ist nicht erforderlich!); z. Ausrüsten von Trikotagen: 0,2—0,3 g/l; z. Ausrüsten gebleichter Trikotware: 0,5% d. W.; b. d. Behandlung ungefärbter, bedruckter oder im Strang gefärbter Stückware: 0,25 g/l; b. d. Ausrüstung von Cord, Velvet, Velveton: 0,3—0,5 g/l; *H. Pat., V. Pat.:* F 73261; F 73500; F 74634; 74796; F 74797; F 75006; F 75653; F 75654; F 75594.

Adulcinol 7 S **Farb- u. Gerbstoffwerke C. Flesch jr., Frankfurt a. M.**

Geb.-J.: 1931; *i/Kurs:* ja; *Konstit.:* Kondensationsprodukt eines aliphatischen Alkohols mit einer aliphatischen Polysulfoverbindung (Lösungsmittel sind keine vorhanden!); *Äuß.:* Pulver, weißlich; *Reakt.:* die Lösung reagiert schwach alkalisch; $p_H = 10{,}0$; *Eigensch.:* weichmachend; *Lö. Be.:* beständig gegen Härtebildner, verdünnte Säuren und Alkalilaugen; *Verw.:* z. Weichmachen von Textilgeweben; *Mengen:* allgemein: 0,2—1 g/l; *H. Pat., V. Pat.:* F 73261; F 73500; F 74634; F 74796; F 74797; F 75006; F 75653; F 75654; F 75594.

Adurin in Pulver **A. Th. Böhme, Dresden-N. 6.**

Konstit.: Pflanzenprodukt; *Verw.:* als Appretur- und Schlichtmittel für alle Textilfasern.

Aixolein **H. Klokle, Aachen.**

Konstit.: Fetts. NH_4 (5,6%) + freie Ölsäure (3,9%) + Neutralfett (1,9%) + Ammoniak (0,3%) + Wasser (87,7%); *Verw.:* als Schmälzmittel.

Aixolein konz. **Ölraffinerie Neuß.**

Konstit.: Seife (5,9%) + freie Ölsäure (2,6%) + Neutralfett (9,9%) + Wasser (79,9%); *Verw.:* als Schmälzmittel.

Aktivin **Chemische Fabrik Pyrgos G. m. b. H., Radebeul-Dresden.**

Geb.-J.: 1923; *i/Kurs:* ja; *analog:* Aktivin S und Aktivin S spezial; *Konstit.:* p-Toluolsulfochloramidnatrium ($CH_3 \cdot C_6H_4 \cdot SO_2 \cdot N{<}^{Cl}_{Na} \cdot 3\,H_2O$); *Äuß.:* weißes Pulver; *Reakt.:* auch in wässeriger Lösung praktisch neutral; *Eigensch.:* oxydative Bleichwirkung; geringere Bleichenergie als andere Mittel mit aktivem Chlor, wie Chlorkalk- oder Natronbleichlauge; äußerst geringe Neigung zur Bildung von Oxyzellulose infolge langsamer Sauerstoffentbindung; faserschonend; bildet indifferente Zersetzungsprodukte (Kochsalz, Toluolsulfonamid); greift die Haut, Metalle (wohl Eisen!), wie Kupfer, Nickel, Aluminium, Zinn, Monel-Metall, V2A-Stahl, auch Holz, Steingut, Porzellan, Zement, selbst in der Hitze nicht an; desinfizierend; stärkeaufschließend; ungiftig; schädigt auch bei heißer Behandlung BW oder KS nicht; *Lö. Be.:* leicht löslich in Wasser; 10%ige Lösungen sind bei Zimmertemperatur haltbar; beständig gegen hartes Wasser, Alkali und

Neutralsalzlösungen; beständig auch in Natronlauge enthaltenden Beuchlösungen unter Druck (nur langsame Zersetzung); beständig gegen Seife in Lösung (nicht beim Lagern trockener Gemische); beständig gegen sonstige Netzmittel und Emulgatoren; als Pulver unbeschränkt haltbar; in wässeriger Lösung verliert es bei zweistündigem Kochen nur 10% seines Chlorgehaltes; zersetzungsträger als andere anorganische Bleichmittel, wie H_2O_2, Natriumsuperoxyd, Natriumperborat; mit Säuren entsteht eine Trübung und dann Kristallnadeln von Toluolsulfodichloramid neben Toluolsulfamid; lichtunbeständig; *Verw.:* zur Bereitung von Schlichte- und Appreturflotten; beim Entschlichten und Beuchen unter gleichzeitiger Vorbleiche; als Vorbleichmittel allgemein; in der Kunstseidenbleiche; als Oxydationsmittel, insbesondere in der Färberei und Druckerei; zum Entschlichten von BW, L, KS, Mischgeweben aus BW, KS und W.; in der Buntbleiche; in der Beuche von Buntware; zum Beuchen ohne Druck; in der Kunstseidenbleiche; i. d. Färberei; z. Vorbereiten v. Garnen, Wirkwaren und Geweben b. Baumwolle und Leinen; b. d. Vorbehandlung v. KS; b. Oxydieren v. Küpenfärbungen; b. Abziehen v. Färbungen; i. d. Kleiderfärberei; b. gleichmäßigem Decken verschossener Ware; i. d. Druckerei; zur Herstellung v. Druckverdickungen; zum Nachoxydieren von Küpendrucken; z. Entwickeln von Indigosoldrucken; beim Anilinschwarzdruck; z. Trockenchloren; z. Entfernen von Druckverdickungen; *Mengen:* allgemein: 0,5 bis 2 g/l (zuerst in der 10fachen Menge heißen Wassers lösen!); z. Entschlichten ungefärbter Baumwollwaren vor der Beuche in gebrauchter Beuchlauge, verd. Merzerisierlauge oder 2%iger Sodalösung: 0,15% d. W. (80—90°, 2—3 Std.); b. Entschlichten und Vorbleichen von KS und Mischgeweben aus BW und KS sowie echtfarbenen Baumwollbuntgeweben ohne Mitverwendung von Alkali: 1—3 g/l Wasser (1 Std. kochen; heiß spülen!); z. Entschlichten v. KS: neben 3 g/l Seife: 0,5—2 g/l (evtl. auch Soda); *H. Pat., V. Pat.:* DRP. 390658; In- und Auslandspatente; *V. Pat.:* Franz. Pat. 610985; DRP. 423464 v. 26. Oktober 1922 (Bleichen m. . . .); *Lit.:* Chem.-Ztg. 1924 S. 279; Melliand Textilber. 1930 S. 610.

Aktivin S **Chemische Fabrik Pyrgos G. m. b. H., Radebeul-Dresden.**

Geb.-J.: 1927; *i/Kurs:* ja; *analog:* Aktivin und Aktivin S spezial; *Konstit.:* Toluolsulfochloramidnatrium; *Äuß.:* weißes Pulver; *Reakt.:* neutral; *Eigensch.:* löst Stärke bzw. schließt sie auf, jedoch im Gegensatz zu Fermenten ohne Abbau zu wasserlöslichen Verbindungen ohne Stärkekraft, wie Dextrin, Maltose, Glykose (Traubenzucker); fördert auch die Löslichkeit anderer Stoffe, z. B. die von Gummiarten; mit Aktivin S aufgeschlossene Stärke gelatiniert noch, ist nicht wässerig, vollkommen farblos und klar kolloidal löslich, neutral, nicht schimmelnd und sauer werdend; dringt leicht in den Faden ein; stäubt beim Weben nicht ab; ist mischbar mit Fetten, Ölen, Glyzerin, Leim und Salzen; erspart Fett oder andere weichmachende Mittel; ergibt geschmeidige, elastische Ketten, die schnell trocknen; von mit Aktivin S aufgeschlossenen Schlichten nimmt der Faden 36% mehr auf als von gewöhnlicher Kleisterschlichte, wobei der Faden bei verhältnismäßig geringem Dehnbarkeitsverlust höhere Festigkeit erreicht; *Lö. Be.:* leicht löslich in Wasser; beständig gegen hartes Wasser, Alkalien und Neutralsalzlösungen; *Verw.:* zum Aufschließen von Stärke; zur Bereitung eindringungsfähiger Schlichte- und Appreturflotten für BW, L, W, KS, J aus Stärke; insbesondere zur Herstellung leicht fließender Stärke für gröberes Material (im Gegensatz zu Aktivin S spezial, das zur Herstellung zäherer Schlichteflotten für feinere Garne dient); *Mengen:* i. d. Schlichterei: 1% der Stärke (10fache Wassermenge; zuerst mit wenig Wasser zu einem dünnen Brei verrühren, dann unter Zusatz des Restwassers 10—20 Min. lang mit Dampf aufkochen!); *V. Pat.:* In- und Auslandspatente; *Lit.:* Melliand Textilber. 1930 S. 610.

Aktivin S spezial **Chem. Fabrik Pyrgos G.m.b.H., Radebeul-Dresden.**

Geb.-J.: 1930; *i/Kurs:* ja; *analog:* Aktivin und Aktivin S; *Konstit.:* Toluolsulfochloramidnatrium; *Äuß.:* weißes Pulver; *Reakt.:* neutral; *Eigensch.:* Stärke aufschließend; mit Aktivin S spez. hergestellte Schlichte trocknet rasch, verklebt d. Fäden nicht, erzeugt einen faserarmen, glatten, sich leicht teilenden Faden (Zusätze: etwas Talg od. Glyzerin!); *Lö. Be.:* gibt beim Kochen der Stärke zunächst, wie gewöhnlich, einen Kleister, sodann eine viskose Masse, die leicht in den Faden eindringt; *Verw.:* zum Schlichten feinfädiger sowie gröberer, aber faserreicher Garne; zur Bereitung viskoser, eindringungsfähiger Schlichteflotten aus Stärke; *Mengen:* zur Herstellung einer Schlichte für Baumwolle- und Wolleketten (feine Kammgarne), für gröbere, aber faserreiche Garne (Jute) und Garne für Stuhlwaren: 2% der Stärke (auf 1 kg Kartoffelstärke: 10—20 l Wasser!) neben 2% der Stärke an Fett (15—20 Min. kochen!).

Algatine **Zschimmer & Schwarz, Chemnitz.**

Geb.-J.: 1930; *i/Kurs:* ja; *Konstit.:* Pflanzenschleimpräparat; *Äuß.:* dickflüssiges, graues, gelatinöses Produkt; *Reakt.:* nahezu neutral; *Verw.:* als Zusatz für die Appretur, speziell für weichen, flauschigen Griff in der Woll-, Baumwoll-, Flanellappretur; *Mengen:* allgemein: 3—5 g/l Appreturflotte.

Algosol

ähnlich: Solvenol, Solutionsalz B; *Konstit.:* Monobenzylanilin-p-sulfosaures Na; *Eigensch.:* wirkt dispergierend auf Druckfarben; *Verw.:* z. Anteigen v. Druckfarben; *Lit.:* Seifensieder-Ztg. 1928 S. 95; Prof. Herbig: Die Öle u. Fette i. d. Textilind. S. 326.

Alsatine

Konstit.: Rizinsaures Ammonium.

Amercit **Oranienburger Chemische Fabrik AG., Charlottenburg 2.**

i/Kurs: nein; *Ersatz:* Amercit PN; *Konstit.:* Gemisch flüssiger organischer Verbindungen; *Lit.:* Melliand Textilber. 1930 S. 610.

Amercit M **Oranienburger Chemische Fabrik AG., Charlottenburg 2.**

i/Kurs: nein; *Ersatz:* wurde durch Amercit M extra und dieses durch Amercit P ersetzt; *Lit.:* Melliand Textilber. 1930 S. 788.

Amercit M extra **Oranienburger Chem. Fabr. AG., Charlottenburg 2.**

i/Kurs: nein; *Ersatz:* ist ersetzt durch Amercit P; war Ersatz für Amercit M; *Äuß.:* ölige Flüssigkeit; *Eigensch.:* verleiht Merzerisierlaugen erhöhtes Netz- und Durchdringungsvermögen und gewährleistet so gleichmäßige und intensive Merzerisation; die Ware erhält erhöhten Glanz; die Netzfähigkeit der Laugen steigt beim Stehen; *Lö. Be.:* in den üblichen Merzerisierlaugen, bis 32° Bé, vollkommen klar löslich; *Verw.:* als Netzmittel in der Merzerisation; (mit der 5—10fachen Menge Merzerisierlauge verrühren!); *Mengen:* 5—10 g/l Merzerisierlauge; *H. Pat., V. Pat.:* DRP. angemeldet.

Amercit P **Oranienburger Chemische Fabrik AG., Charlottenburg 2.**

i/Kurs: ja; *Ersatz:* für Amercit M und M extra; *analog:* Amercit PN; *Konstit.:* Alkalisalz einer hochmolekularen Sulfosäure + Gemisch von Lösungsmitteln; *Äuß.:* klares, braunes Öl; *Reakt.:* gegen Lackmus schwach alkalisch; *Eigensch.:* erzeugt erhöhten Glanz, egale Färbungen und ausgezeichnete Schrumpfungseffekte; sichert gleichmäßige und intensive Merzerisation; hohes Netz- und Durchdringungsvermögen, besonders auch in gealterten Merzerisierflotten; *Lö. Be.:* in den üblichen Merzerisierlaugen von 28—32° Bé vollkommen klar löslich und beständig; in Wasser nicht löslich; *Verw.:* als Netzmittel für Baumwolle in Merzerisierlaugen; *Mengen:* 10 bis 15 g/l Merzerisierlauge (zunächst mit der 5—10fachen Menge Merzerisierlauge verrühren!); *H. Pat.*, *V. Pat.:* In- und Auslandspatente.

Amercit PN **Oranienburger Chem. Fabrik AG., Charlottenburg 2.**

i/Kurs: ja; *Ersatz:* für Amercit; *analog:* Amercit P; *Konstit.:* Alkalisalz einer hochmolekularen Sulfosäure + Gemisch von Lösungsmitteln; *Reakt.:* gegen Lackmus schwach alkalisch; *Eigensch.:* erzeugt erhöhten Glanz, egale Färbungen und ausgezeichnete Schrumpfungseffekte; sichert gleichmäßige und intensive Merzerisation; hohes Netz- und Durchdringungsvermögen, besonders auch in gealterten Merzerisierflotten; *Lö. Be.:* in den üblichen Merzerisierlaugen von 28—32° Bé vollkommen klar löslich und beständig; in Wasser nicht löslich; *Verw.:* als Netzmittel für Baumwolle in Merzerisierlaugen; *Mengen:* 10—15 g/l Merzerisierlauge (NB. zunächst mit der 5—10fachen Merzerisierlauge verrühren!); *H. Pat.*, *V. Pat.:* In- und Auslandspatente.

Amicrol **Chemische Fabrik Pyrgos G.m.b.H., Radebeul-Dresden.**

Geb.-J.: 1931; *i/Kurs:* ja; *Äuß.:* ölige, gelbe Flüssigkeit; *Reakt.:* bildet neutrale wässerige Lösungen; *Eigensch.:* desinfizierend; konservierend; praktisch ungiftig; greift kein Material an; erzeugt weder Geruch noch Färbung; *Lö. Be.:* beständig gegen hartes Wasser, Salze, Alkali, löslich in Wasser i. Verh. 1:1000; leicht löslich in Schlichteflotten; *Verw.:* zum Konservieren von Stärke- und Leimflotten (Schutz gegen Schimmel!) sowie von Wollschmälzen (Verhütung des Ranzigwerdens!); allgemein: für Eiweiß und Kasein enthaltende Stoffe, Leimlösungen, Schlichte- und Appreturflotten, Verdickungsmittel; *Mengen:* z. Konservierung schimmelgefährdeter Textilstoffe: 0,05—0,1% geschlichteter oder appretierter Ware; als Zusatz zur Schlichte bzw. Appreturflotte: 0,5 g/l; *H. Pat.*, *V. Pat.:* DRP. angem.

Amidonit **H. Th. Böhme AG., Chemnitz.**

Geb.-J.: 1928; *Konstit.:* Organische Verbindung, die Chlor chemisch gebunden enthält; *Eigensch.:* spaltet Chlor, selbst beim Kochen, nur ganz allmählich ab; gewährleistet gleichmäßige, intensive, für das Gewebe ungefährliche Bleichwirkung; hohes Durchdringungsvermögen; Lösungsvermögen f. Fette, Wachse, Pektinsubstanzen und Mineralöl; *Verw.:* als Bleichmittel; z. Beuchen; *Mengen:* z. Beuchen entweder a) neben: 1% d. W. Perlano und 2,5% d. W. Ätznatron: 0,3—0,5% oder b) neben: 2,5% Ätznatron, 0,5% Avirol AH und 0,5% Lanapolseife TE: 0,3—0,5%.

Ammoniumlinoleat **J. D. Riedel-E. de Haen AG., Berlin-Britz.**

i/Kurs: nein; *Ersatz:* Ammoniumlinoleat-Paste „N“; *analog:* Ammoniumlinoleat-Paste „N“; *Konstit.:* leinölsaures Ammonium, ohne Gehalt an Lösungsmitteln usw.; *Äuß.:* gelbweiße Paste; *Reakt.:* schwach alkalisch; *Eigensch.:* Emulgierkraft; *Lö. Be.:* unbeständig gegen freie Säuren, Brunnen- oder Leitungswasser (ölfreies Kondenswasser oder dest. Wasser verwenden!); *Verw.:* zur Herstellung von Spinnölen, Schmälzen, Textilwaschmitteln, Emulsionen; *Lit.:* Seifensieder-Ztg. 1931 S. 663, 318, 705, 696; 1932, S. 141ff., 181, 320.

Ammoniumlinoleat-Paste „N" **J. D. Riedel-E. de Haen AG., Berlin-Britz.**

i/Kurs: ja; *Ersatz:* für Ammoniumlinoleat; *analog:* Ammoniumlinoleat; *Konstit.:* leinölsaures Ammonium; ohne Gehalt an Lösungsmitteln usw.; *Äuß.:* gelbweiße Paste; *Reakt.:* schwach alkalisch; *Eigensch.:* liefert Emulsionen wasserunlöslicher Fettlösungsmittel, tierischer, pflanzlicher und mineralischer Öle, natürlicher und künstlicher Wachse (Benzin, Petroleum, Benzol, Toluol, Xylol, Tetralin, Methylhexalin, Tetrachlorkohlenstoff, Bienenwachs); *Lö Be.:* unbeständig gegen freie Säure, Brunnen- oder Leitungswasser (ölfreies Kondenswasser oder dest. Wasser verwenden!); *Verw.:* z. Herstellung von Spinnöl, spinnfertigen Schmälzen, Gerbereifetten, Walkmitteln, Bohrfetten, Poliermitteln, Textilwaschmitteln usw.; *Mengen:* 6,7 Teile Ammoniumlinoleat in der gleichen Menge Spiritus, evtl. Hexalin, gelöst, mit 86,6 Teilen Benzin vermischt gibt mit 100 Teilen Wasser haltbare weiße Emulsionen; 2,76 Teile Ammoniumlinoleat in 19,34 Teilen Wasser gelöst ergibt mit 2,9 Teilen Petroleum klare Lösung. *Lit.:* Seifensieder-Ztg. 1930 S. 620; 1931 S. 663, 318, 705.

Amylose **I. G. Farbenindustrie AG., Frankfurt a. M.**

Konstit.: Amylodextrin (Stärkepräparat); *Verw.:* als Stärkeschlichte, die nicht aufgeschlossen zu werden braucht; zur Herstellung von Appreturmassen; *Lit.:* Melliand Textilber. 1930 S. 610.

Amylose AN **I. G. Farbenindustrie AG., Frankfurt a. M.**

Geb.-J.: 1929; *i/Kurs:* ja; *analog:* den übrigen Amylose-Marken D und N; *Konstit.:* aus Kartoffelstärke hergestellte lösliche Stärke; *Äuß.:* Pulver, weiß; *Reakt.:* neutral; *Eigensch.:* erzeugt beim Appretieren von den drei Marken den weichsten Griff; besitzt die doppelte Steifungskraft wie Dextrin; mit ihr appretierte Ware schreibt auch bei dunklen Färbungen nicht; mit ihr geschlichtete Fäden sind voll und geschmeidig, kleben und stäuben nicht; ermöglicht bei Schwerschlichten eine höhere Beschwerung als bei Verwendung von Kartoffelmehl; erzeugt schaumfreie Schlichteflotten, ermöglicht bei Rohketten die Anwendung unter Zusatz nur ganz geringer Mengen an Ölen und Fetten; bei der Appretur gefärbter Waren bleiben die Farben klarer als bei Verwendung gewöhnlicher Stärke; läßt Weißwaren sowohl bei Klotz- als auch bei Rakelappreturen hervorragend weiß; *Lö. Be.:* rasch und vollständig zerteilbar in kaltem Wasser; löslich beim Erhitzen auf 90° C, wobei eine dünnflüssige Lösung entsteht; *Verw.:* als Stärkeschlichte, die nicht aufgeschlossen zu werden braucht; allein oder insbesondere in Verbindung mit Ramasit I als Appreturmittel für Baumwolle, Halbwolle, Halbseide, Mischgewebe aus Baumwolle und Kunstseide, Filze, Teppiche usw., Garne, Zwirne, Bindfäden usw.; bei der Imprägnierung von Windjackenstoff, Schirmseide usw.; als Schlichtemittel für Baumwolle, Wolle, Jute, Leinen usw.; als Zusatz zur Kartoffelmehlschlichte; zusammen mit Ölen und Fetten, z. B. Monopolbrillantöl, Talg, Wachsen usw.; zum Weichmachen des Griffs und zur Erzielung besonderer Effekte; in Verbindung mit löslichen Beschwerungsmitteln, wie Bittersalz, Glaubersalz usw.; zur Beschwerung (200 g Amylose und 200 g anorgan. Salze pro kg Appreturmasse geben noch keinerlei Ausscheidungen! NB. besonders gut eignen sich hierbei Zusätze von Prästabitöl GA, VA und Intrasol!); zusammen mit unlöslichen Beschwerungsmitteln, wie Chinaklay, Talkum usw., auch zusammen mit Leim, Tragant usw., evtl. unter weiterem Zusatz von Nekal B trocken bzw. Leonil SB zur Appretur- oder Schlichteflotte, insbesondere bei gleichzeitiger Mitverwendung von Kartoffelmehl — etwa 0,25—1 g Nekal BX trocken bzw. Leonil SB pro Liter Masse —; zusammen mit Ramasit WD konz. bei Imprägnierungen (die Ware erhält einen guten Griff, ohne daß die Wasserdichtigkeit darunter leidet); zusammen mit Ramasit I (ca. 5 g/l) bei der Schlichterei bunter Ketten, die zu Stuhlware verarbeitet werden; NB. man rühre mit der nötigen Menge kalten Wassers an; nachdem evtl. Kartoffelmehl, andere Stärken oder Dextrin zugesetzt sind, erhitzt man unter Rühren auf 90—100° C! — Lösungen, die lange Zeit stehen sollen, versetzt man mit 0,2% Solbrol M techn., gelöst in heißem Wasser —; *H. Pat.*, *V. Pat.:* patentiert.

Amylose D **I. G. Farbenindustrie AG., Frankfurt a. M.**

Geb.-J.: 1929; *i/Kurs:* ja; *analog:* den übrigen Amylose-Marken AN und N; *Konstit.:* aus Kartoffelstärke hergestellte lösliche Stärke; *Äuß.:* Pulver, weiß; *Reakt.:* neutral; *Eigensch.:* erzeugt beim Appretieren von den drei Marken den härtesten Griff, der aber weicher und angenehmer ist noch als der mit Kartoffelmehl erhältliche; die Steifungskraft ist größer als die von Dextrin; mit ihr hergestellte Füllappreturen sind geschmeidiger und nicht so brettig als solche aus Kartoffelmehl; bei der Appretur gefärbter Waren bleiben die Farben klarer als bei Verwendung gewöhnlicher Stärke; läßt Weißwaren hervorragend weiß sowohl bei Klotz- als auch bei Rakelappreturen auf Weißwaren; mit ihr appretierte Ware schreibt bedeutend weniger als mit Kartoffelmehl appretierte; mit ihr geschlichtete Fäden sind voll und geschmeidig, kleben und stäuben nicht; ermöglicht bei Schwerschlichten eine höhere Beschwerung als bei Verwendung von Kartoffelmehl; erzeugt schaumfreie Schlichteflotten; ermöglicht bei Rohketten die Anwendung unter Zusatz nur ganz geringer Öl- oder Fettmengen; *Lö Be.:* rasch und vollständig zerteilbar in kaltem Wasser; löslich beim Erhitzen auf 90° C, wobei eine dickflüssige Lösung entsteht; *Verw.:* als Zusatz zu Füllappreturen; eignet sich am besten von allen drei Marken für die Schlichterei; als Stärkeschlichte, die nicht aufgeschlossen zu werden braucht; allein oder insbesondere in Verbindung mit Ramasit I als Appreturmittel für Baumwolle, Halbwolle, Halbseide, Mischgewebe aus Baumwolle und Kunstseide, Filze, Teppiche usw., Garne, Zwirne, Bindfäden usw.; bei der Imprägnierung von Windjackenstoff, Schirmseide usw.; als Schlichtemittel für Baumwolle, Wolle, Jute, Leinen usw.; als Zusatz zur Kartoffelmehlschlichte; zusammen mit Ölen und Fetten, z. B. Monopolbrillantöl, Talg, Wachsen usw.; zum Weichmachen des Griffs und zur Erzielung besonderer Effekte; in Verbindung mit löslichen Beschwerungsmitteln, wie Bittersalz, Glaubersalz usw.; zur Beschwerung (200 g Amylose und 200 g anorgan. Salze pro kg Appreturmasse geben noch keinerlei Ausscheidungen! NB. besonders gut eignen sich hierbei Zusätze von Prästabitöl GA, VA und Intrasol!); zusammen mit unlöslichen Beschwerungsmitteln, wie Chinaklay, Talkum usw.; auch zusammen mit Leim, Tragant usw., evtl. unter weiterem Zusatz von Nekal BX trocken bzw. Leonil SB zur Appretur- oder Schlichteflotte, insbesondere bei gleichzeitiger Mitverwendung von Kartoffelmehl — etwa 0,25—1 g Nekal BX trocken bzw. Leonil SB pro Liter Masse —; zusammen mit Ramasit WD konz. bei

Imprägnierungen (die Ware erhält einen guten Griff, ohne daß die Wasserdichtigkeit darunter leidet); zusammen mit Ramasit I (ca. 5 g/l) bei der Schlichterei bunter Ketten, die zu Stuhlware verarbeitet werden; NB. man rühre mit der nötigen Menge kalten Wassers an; nachdem evtl. Kartoffelmehl, andere Stärken oder Dextrin zugesetzt sind, erhitzt man unter Rühren auf 90—100° C! — Lösungen, die lange Zeit stehen sollen, versetzt man mit 0,2% Solbrol M techn., gelöst in heißem Wasser —; *H. Pat.*, *V. Pat.:* patentiert; *Lit.:* Melliand Textilber. 1930 S. 610.

Amylose N — **I. G. Farbenindustrie AG., Frankfurt a. M.**

Geb.-J.: 1929; *i/Kurs:* ja; *analog:* den übrigen Amylose-Marken AN und D; *Konstit.:* aus Kartoffelstärke hergestellte lösliche Stärke; *Äuß.:* Pulver, weiß; *Reakt.:* neutral; *Eigensch.:* erzeugt beim Appretieren einen Griff, der in bezug auf Härte und Steife zwischen denen von AN und D steht; die Steifungskraft ist größer als die von Dextrin; bei der Appretur gefärbter Waren bleiben die Farben klarer als bei Verwendung gewöhnlicher Stärke; läßt Weißwaren sowohl bei Klotz- als auch bei Rakelappreturen hervorragend weiß; mit ihr appretierte Ware schreibt bedeutend weniger als mit Kartoffelmehl appretierte; mit ihr geschlichtete Fäden sind voll und geschmeidig, kleben und stäuben nicht; ermöglicht bei Schwerschlichten eine höhere Beschwerung als bei Verwendung von Kartoffelmehl; erzeugt schaumfreie Schlichteflotten; ermöglicht bei Rohketten die Anwendung unter Zusatz nur ganz geringer Öl- und Fettmengen; *Lö. Be.:* rasch und vollständig zerteilbar in kaltem Wasser; löslich beim Erhitzen auf 90° C, wobei eine Lösung entsteht, deren Viskosität zwischen der der Marken AN und D liegt; *Verw.:* als Stärkeschlichte, die nicht aufgeschlossen zu werden braucht; allein oder insbesondere in Verbindung mit Ramasit I als Appreturmittel für Baumwolle, Halbwolle, Halbseide, Mischgewebe aus Baumwolle und Kunstseide, Filze, Teppiche usw., Garne, Zwirne, Bindfäden usw.; bei der Imprägnierung von Windjackenstoff, Schirmseide usw.; als Schlichtemittel für Baumwolle, Wolle, Jute, Leinen usw.; als Zusatz zur Kartoffelmehlschlichte; zusammen mit Ölen und Fetten, z. B. Monopolbrillantöl, Talg, Wachsen usw.; zum Weichmachen des Griffs und zur Erzielung besonderer Effekte; in Verbindung mit löslichen Beschwerungsmitteln, wie Bittersalz, Glaubersalz usw.; zur Beschwerung (200 g Amylose und 200 g anorgan. Salze pro kg Appreturmasse geben noch keinerlei Ausscheidungen! NB. besonders gut eignen sich hierbei Zusätze von Prästabitöl GA, VA und Intrasol!); zusammen mit unlöslichen Beschwerungsmitteln, wie Chinaklay, Talkum usw.; auch zusammen mit Leim, Tragant usw., evtl. unter weiterem Zusatz von Nekal BX trocken bzw. Leonil SB zur Appretur- oder Schlichteflotte, insbesondere bei gleichzeitiger Mitverwendung von Kartoffelmehl — etwa 0,25—1 g Nekal BX trocken bzw. Leonil SB pro Liter Masse —; zusammen mit Ramasit WD konz. bei Imprägnierungen (die Ware erhält einen guten Griff, ohne daß die Wasserdichtigkeit darunter leidet); zusammen mit Ramasit I (ca. 5 g/l) bei der Schlichterei bunter Ketten, die zu Stuhlware verarbeitet werden; NB. man rühre mit der nötigen Menge kalten Wassers an; nachdem evtl. Kartoffelmehl, andere Stärken oder Dextrin zugesetzt sind, erhitzt man unter Rühren auf 90—100° C! — Lösungen, die lange Zeit stehen sollen, versetzt man mit 0,2% Solbrol M techn., gelöst in heißem Wasser —; *H. Pat.*, *V. Pat.:* patentiert.

Anthydrin — **Zschimmer & Schwarz, Chemnitz.**

Geb.-J.: 1931; *i/Kurs:* ja; *analog:* Imprägnierung CFD (letzteres jedoch für ganz feine Textilien!); *Konstit.:* Gemisch fettsaurer Aluminiumsalze; *Äuß.:* Paste (wird auch in Pulverform geliefert!); *Reakt.:* nahezu neutral; *Eigensch.:* imprägnierend im Einbadverfahren; *Verw.:* zum Wasserabstoßendmachen von Web- und Wirkwaren (Kleider- und Mantelstoffe usw., Strümpfe, Schals) im Einbadverfahren; *Mengen:* allgemein: 5—10 g/l.

Antibenzinpyrin

ähnlich: identisch mit Richterol; *Konstit.:* wasserfreies Magnesiumoleat; *Eigensch.:* erhöht die Leitfähigkeit des Benzins und verhütet so Brände; *Verw.:* i. d. Trockenwäscherei.

Aperlan **Chem. Fabr. Grünau Landshoff & Meyer AG., Berlin-Grünau.**

Geb.-J.: 1933; *i/Kurs:* ja; *Konstit.:* Tonerdesalz + Paraffin; *Reakt.:* schwach sauer; *Äuß.:* feste, weiße Paste; *Lö. Be.:* in heißem Wasser leicht löslich; gibt Emulsionen; *Verw.:* zum Wasserdichtmachen von Baumwoll-, Woll-, Seiden- und Kunstseidenwaren im Einbadverfahren; *Mengen:* zum Wasserdichtmachen für Baumwollwaren: 20—30 g/l; zum Wasserdichtmachen für Wollwaren: 10—20 g/l; zum Wasserdichtmachen für Seiden- und Kunstseidenwaren: 10 g/l; *H. Pat.:* DRP. angem.

Apparatine

Konstit.: Stärke (löslicher Stärkeleim, erhalten durch Quellen von Stärke mit Lauge); *Verw.:* als Verdickungsmittel.

Appret-Avirol E **H. Th. Böhme AG., Chemnitz.**

Geb.-J.: 1925; *i/Kurs:* ja; *analog:* Avirol KM extra; Avirol E; *Konstit.:* Rizinusölsulfonat (hochsulfoniert)[1]; nach Herstellers Angaben: hochsulfoniertes Rizinusöl — kondensiert; *Äuß.:* Flüssigkeit, gelb; *Reakt.:* schwach sauer; *Lö. Be.:* mit Wasser in jedem Verhältnis zu klaren Lösungen mischbar; hervorragend kalkbeständig; hochbeständig gegen alle gebräuchlichen Bittersalzlösungen; *Verw.:* zu Beschwerungsappreturen mit Bittersalz auf Baumwolle, Wolle und Kunstseide; *Mengen:* b. reinen Bittersalzappreturen: 10—20% der Bittersalzmenge; b. Bittersalzappreturen unter Dextrinzusatz: 3—10% der Bittersalzmenge; *H. Pat., V. Pat.:* patentiert; *Lit.:* Seifensieder-Ztg. 1928 S. 55, 372 u. 405; 1931 S. 6, 87; Melliand Textilber. 1928 S. 759; [1]1930 S. 610.

Appret-Flerhenol **Farb- u. Gerbstoffwerke C.Flesch jr., Frankfurt a.M.**

Geb.-J.: 1927; *i/Kurs:* ja; *Konstit.:* Natriumsalz einer hochsulfonierten Rizinolsäure (Lösungsmittel sind keine vorhanden!); *Äuß.:* rotbraunes Öl; *Reakt.:* die wässerige Lösung reagiert schwach sauer, $p_H = 6{,}5$; *Lö. Be.:* gegen Bittersalz 1: unendlich beständig; auch bei Wasser großer Härte beständig; *Verw.:* für Beschwerungsappreturen mit Bittersalz bei Matratzendrell, Cretonstücken, bunten Schürzenstoffen, Blauware, schwarzen Filzstoffen, baumwollenen Hosenstoffen; (s. a.: Mengen!); *Mengen:* bei der Appretur: 0,5—3%; *H. Pat., V. Pat.:* F 62915; *Lit.:* Seifensieder-Ztg. 1931 S. 650.

Appretin **J. Simon & Dürkheim, Offenbach a. M.**

i/Kurs: ja; *Eigensch.:* kräftigt den Faden; füllt lichte Stellen aus; *Verw.:* als Appretur für Jute, Futterleinen usw.; als Schlichtezusatz.

Apretose **Chem. Fabr. Pyrgos G. m. b. H., Radebeul-Dresden.**

Geb.-J.: 1930; *i/Kurs:* ja; *Konstit.:* Stärke; *Äuß.:* weißes Pulver; *Reakt.:* neutral; *Eigensch.:* die Appretoselösung ist dünnflüssig, dringt daher leicht in das Gewebe ein; bildet auf der Ware einen feinen, durchsichtigen, glasklaren Film; geruchlos; *Lö. Be.:* löslich in Wasser (bis zu 50% klar in kochendem Wasser!); die 10%ige Lösung bleibt auch beim Erkalten flüssig; *Verw.:* als Appreturmittel; zum Schlichten von Kunstseide; für alle Warengattungen, wie gebleichte, gefärbte, bedruckte Gewebe aus BW, L, KS, W, Gardinen, Spitzen, Bänder, Litzen, Filz usw.; Appretoselösung kann auch lauwarm oder kalt angewendet werden (Appretur auf unechten, leicht auslaufenden Färbungen!); *Mengen:* 2—10%ige wässerige Lösungen (Pulver mit Wasser verrühren und aufkochen!) evtl. unter Zusatz von Glyzerin, Salzen, Fetten, Ölen usw.

Appreturfett „Esdeform“ **J. Simon & Dürkheim, Offenbach a. M.**

i/Kurs: ja; *Konstit.:* Stearinseife; *Eigensch.:* gilbt beim Kalandern nicht nach; macht die Ware weich; *Verw.:* beim Appretieren für weiße Gewebe.

Appreturöl **J. Simon & Dürkheim, Offenbach a. M.**

i/Kurs: ja; *Konstit.:* Sulforicinat; *Eigensch.:* verbindet sich gut mit Dextrin; gibt eine geschmeidige Appretur; *Lö. Be.:* in Wasser vollkommen klar löslich; *Verw.:* beim Appretieren.

Appreturöl konz. **A. Th. Böhme, Dresden-N. 6.**

Reakt.: neutral; *Eigensch.:* nicht nachgilbend; *Verw.:* für die Appretur von Bleichware.

Appreturöl, wasserhell **A. Th. Böhme, Dresden-N. 6.**

Reakt.: neutral; *Eigensch.:* nicht nachgilbend; *Verw.:* für die Appretur von Bleichware.

Appreturöl W **Chemische Fabrik Stockhausen & Cie., Krefeld.**

i/Kurs: ja; *analog:* Rizinusölsaures Natrium; *Konstit.:* Seife; *Äuß.:* klares Öl, schwach gelb; *Reakt.:* neutral bis schwach alkalisch; *Eigensch.:* geringe Eigenfarbe; kein vergilbender Einfluß auf den Weißgrad; weichmachende Wirkung; *Lö. Be.:* in Wasser klar löslich; nicht beständig gegen hartes Wasser; *Verw.:* als Appreturöl für hellfarbige und weiße Ware.

Appreturpulver „Esdeform“ **J. Simon & Dürkheim, Offenbach a.M.**

i/Kurs: ja; *Eigensch.:* wasserfrei; *Verw.:* als Appretur, zum Füllen und Kräftigen weißer Gewebe.

Appreturstärke Grünau **Chem. Fabr. Grünau Landshoff & Meyer AG., Berlin-Grünau.**

Geb.-J.: 1929; *i/Kurs:* ja; *analog:* Kunstseidenschlichte Grünau; *Konstit.:* aufgeschlossene Stärke, frei von Salzen; *Äuß.:* weißes Pulver; *Reakt.:* neutral; *Eigensch.:* gibt dünnflüssige, leicht eindringende Lösungen; macht Kartoffelstärkekleister dünnflüssiger; Appreturmassen aus Appreturstärke Grünau und Kartoffelmehl oder Leim dringen gut in das Gewebe ein und zeichnen sich durch gutes Steifungsvermögen aus; *Lö. Be.:* in kaltem

Wasser unlöslich; beim Erwärmen der wässerigen Suspension tritt bei 60—65° C Verkleisterung ein, die Masse wird dickflüssig; bei weiterem Erwärmen und kurzem Aufkochen wird sie dünnflüssig und klar; bei einem Gehalt von über 150 g Stärke im Liter bleibt auch die gekochte Masse dickflüssig; *Verw.:* zur Herstellung von Schlichte-, Appretur- und Druckmassen; *Mengen:* zum Schlichten von Kunstseide: 10—30 g/l; zum Schlichten von Baumwollketten: 50 g Appreturstärke und 50 g Kartoffelmehl auf 1 kg; zum Schlichten von Wollketten: 80 g Appreturstärke und 20 g Leim auf 1 kg; zum Appretieren von Baumwollgeweben: 50—100 g Appreturstärke auf 1 kg; zur Herstellung von Druckmassen: 150—200 g auf 1 kg.

Appreturtalg **J. Simon & Dürkheim, Offenbach a. M.**

i/Kurs: ja; *Eigensch.:* verbindet sich gut mit Stärke; dringt leicht in den Faden ein; macht das Gewebe geschmeidig; *Verw.:* allein oder zusammen mit gewöhnlichem Talg; beim Appretieren; als Ersatz für Naturtalg.

Appretur- u. Schlichttalg **A. Th. Böhme, Dresden-N. 6.**

analog: Weißappretur; *Konstit.:* Fetterzeugnis (frei von Füllmitteln); *Verw.:* in der Schlichterei, Appretur und Avivage.

Appretur- u. Schlichttalg konz. **A. Th. Böhme, Dresden-N. 6.**

analog: Universat C; *Konstit.:* Fetterzeugnis (frei von Füllmitteln); *Verw.:* in der Schlichterei, Appretur und Avivage.

Arbylöl 50% **Chem. Fabr. Grünau Landshoff & Meyer AG., Berlin-Grünau.**

Geb.-J.: 1928; *i/Kurs:* ja; *analog:* Arbylöl 95%; *Konstit.:* sulfoniertes Rizinusöl (ohne Beimengungen!); *Äuß.:* Flüssigkeit, gelb, klar; *Reakt.:* schwach alkalisch; *Eigensch.:* wie Türkischrotöl; *Lö. Be.:* in Wasser klar löslich; kalk- und säurebeständig; *Verw.:* in der Appretur- und Färberei; *Mengen:* allgemein: etwa die doppelten Mengen wie Arbylöl 95%!

Arbylöl 95% **Chem. Fabr. Grünau Landshoff & Meyer AG., Berlin-Grünau.**

Geb.-J.: 1928; *i/Kurs:* ja; *analog:* Arbylöl 50%; *Konstit.:* sulf. Rizinusöl (ohne Beimengungen!); *Äuß.:* dunkelgelbe, ölige Flüssigkeit; *Reakt.:* neutral; *Eigensch.:* wie Türkischrotöl; *Lö. Be.:* leicht löslich in warmem Wasser; gibt haltbare, milchige Emulsionen; (um klare Lösungen zu erhalten, sind für 1 kg Arbylöl 50—60 g Soda kalz. oder 80 g Natronlauge 40° Bé oder 70 ccm Salmiakgeist 0,91 spez. Gew. notwendig! vor dem Zugeben des Alkalis das Arbylöl mit der doppelten bis dreifachen Menge heißem Wasser verdünnen!); die neutralisierten bzw. schwach alkalischen Lösungen sind gegen hartes Wasser und Säuren gut beständig; die nicht neutralisierte Lösung gibt mit Magnesiumsalzen Trübungen, aber keine käsigen Abscheidungen; (das Produkt ist also für Schwerappreturen zu gebrauchen!); *Verw.:* als Netz- und Färbeöl für Baumwolle und Kunstseide; als weichmachendes Appreturöl; als Emulgierungsmittel für Olein zur Herstellung von Spinnschmelzen; *Mengen:* als Netzmittel beim Abkochen und Beuchen von Baumwolle: 0,5—2% d. W.; als Färbeöl beim Färben von Baumwolle und Kunstseide: 1—2% d. W.; (NB. in die Farbflotte gibt man zunächst die Soda, dann das Arbylöl und zum Schluß den Farbstoff!); als Weichmachungsmittel für Baumwolle und Kunstseide: 2—3 g/l; zur Herstellung von Spinnschmelzen: 1 Teil Arbylöl 95% mit 2 Teilen Olein verrühren und allmählich mit Wasser verdünnen, zum Schluß 10—20 ccm Salmiakgeist (0,91 spez. Gew.), mit etwas Wasser verdünnt, zugeben; zur Herstellung von Schlichtemassen: auf 1 kg Kartoffelmehl: 50—100 g; zur Herstellung von Appreturfetten: 60 kg neben: 40 kg Talg (zusammenschmelzen!).

Arbylöl A **Chem. Fabr. Grünau Landshoff & Meyer AG., Berlin-Grünau.**

Geb.-J.: 1931; *i/Kurs:* ja; *Konstit.:* hochsulfoniertes Rizinusöl; *Äuß.:* hellgelbbraunes Öl; *Reakt.:* schwach alkalisch; *Lö. Be.:* in Wasser klar löslich; beständig gegen Kalk und Magnesiumsalze, Säuren und konz. Natronlauge; *Verw.:* als Netz-, Färbe- und Appreturöl; *Mengen:* b. d. Verw. als Netzöl: 1—3 g/l; b. d. Verw. als Färbeöl: 0,5—1% d. W.; b. d. Verw. als Appreturöl: 5—20 g/kg; b. d. Verw. als Netzöl für Merzerisierlaugen: 5—10 g/l; *H. Pat.:* DRP. angem.

Asordin **I. G. Farbenindustrie AG., Frankfurt a. M.**

i/Kurs: ja; *Konstit.:* Tetrachlorkohlenstoff; *Verw.:* in der chemischen Reinigung an Stelle von Benzin; *Lit.:* Seifensieder-Ztg. 1931 S. 668.

Atebin-Pulver **A. Th. Böhme, Dresden-N. 6.**

Verw.: in der Schlichte und Appretur; als Ersatz für Kartoffelstärke und zum Aufschließen der Stärke.

Atefix **A. Th. Böhme, Dresden-N. 6.**

Geb.-J.: 1931; *i/Kurs:* ja; *analog:* Atefix K; *Konstit.:* Eiweiß-Abbauprodukt; *Äuß.:* flüssig, gelb; *Reakt.:* neutral; *Eigensch.:* faserschützend (für tier. Faser gegen Einwirkung von Alkali); weichmachend; *Lö. Be.:* säure-, alkali- und salzbeständig in den üblichen Konzentrationen; *Verw.:* als Zusatz in der Wollfärberei und alkalischen Wollwäsche sowie beim Abziehen von Kunstseide; zum Waschen von Halbwolle; i. d. Walke; (s. a. Mengen!); *Mengen:* allgemein: 0,5—1 g/l; i. d. Wollwäsche: die Hälfte der verwendeten Menge Soda; b. Abziehen und Entfetten dunkelfarbiger Lumpen: neben 4—6% Schwefelnatrium krist.: 10—20% ($^1/_2$ Stunde bei 50—60° C); *H. Pat.*, *V. Pat.:* DRP. angem.

Atefix K **A. Th. Böhme, Dresden-N. 6.**

i/Kurs: ja; *analog:* Atefix; *Konstit.:* Eiweißprodukt + sulfoniertes Öl; *Verw.:* als Faserschutzmittel in der Wäscherei.

Autosol **Oranienburger Chemische Fabrik AG., Charlottenburg 2.**

Konstit.: Seife + Kohlenwasserstoff (nach Prof. Herbig: 80% Benzin).

Auxanin B **I. G. Farbenindustrie AG., Frankfurt a. M.**

Konstit.: Komplexe Phosphorwolframsäureverbindungen; *Eigensch.:* verbessert die Lichtechtheit basischer Färbungen.

Avimalt **Diamalt AG., München.**

analog: Avimalt R; *Konstit.:* Maltosepräparat; *Verw.:* für die Seiden- und Kunstseidenausrüstung; zum Avivieren.

Avimalt R **Diamalt AG., München.**

analog: Avimalt; *Konstit.:* Maltosepräparat; *Verw.:* für die Schwerappretur.

Avirol AH **H. Th. Böhme AG., Chemnitz.**

Geb.-J.: 1927; *i/Kurs:* ja; *Konstit.:* Rizinusölsulfonat (hoher Sulfonierungsgrad) + Fettlöser[1]; *analog:* Avirol AH extra (dem es im Wirkungswert um ein Drittel nachsteht); *H. Pat., V. Pat.:* angemeldet; *Lit.:* Seifensieder-Ztg. 1928 S. 372 u. 405/406; 1931 S. 13; [1] Melliand Textilber. 1930 S. 610.

Avirol AH extra **H. Th. Böhme AG., Chemnitz.**

Geb.-J.: 1929; *i/Kurs:* ja; *analog:* Avirol AH (dem es im Wirkungswert überlegen ist); *Konstit.:* hochsulfoniertes Rizinusöl mit veresterter COOH-Gruppe[1]; Butylester der Rizinussulfosäure[2]; nach Dr. Landolt: fettlöserhaltig[3]; nach Herstellers Angaben: verestertes Rizinusölsulfonat; *Äuß.:* Flüssigkeit, gelb; *Reakt.:* schwach sauer; *Eigensch.:* überragendes Netzvermögen; weichmachend; *Lö. Be.:* mit Wasser in jedem Verhältnis mischbar; gute Kalkbeständigkeit; ausreichende Säure- und Alkalibeständigkeit; *Verw.:* in neutralen, alkalischen und schwach sauren Farb-, Bleich- und Behandlungsbädern; vor allem zum Vornetzen, Bleichen und Färben von Kunstseide-, Baumwoll-, Leinen- und Halbwollmaterialien; zum Färben von Indanthren- und Schwefelfarbstoffen; zum Vornetzen vor der Merzerisation; als Zusatz zu Schlichte-, Appretur- und Druckmassen; zum Avivieren und Makonetzen; zum Einbrennen von Halbwoll- und Wollmaterialien; *Mengen:* b. Vornetzen, Makonetzen, Abkochen, Beuchen und Einbrennen: 0,5—1,5 g/l; b. Färben und Bleichen: 0,5—1 g/l; als Zusatz zu Schlichte-, Appretur- und Druckmassen: 1—50 g/kg Ansatz; b. Anteigen und Lösen von substantiven, Schwefel- und Küpenfarbstoffen: 1:10 mit Wasser verdünnt; *H. Pat., V. Pat.:* Pat. angemeldet; *Lit.:* Melliand Textilber. 1930 S. 381 u. 779; Textil-Rev., Prag, Februar 1931; Seifensieder-Ztg. 1928 S. 372 u. 405/406; 1932 S. 45—47; Melliand Textilber. 1930 S. 788; [1] 1931 Heft 2; [3] 1930 S. 610; Z. ges. Textilind. 1930 Heft 38; [2] Dtsch. Wollengewerbe 1931 S. 92.

Avirol BXS **H. Th. Böhme AG., Chemnitz.**

i/Kurs: nein; *analog:* Avirol KBR; *Verw.:* zum Avivieren von Färbungen.

Avirol CK **H. Th. Böhme AG., Chemnitz.**

analog: Avirol DS extra und SW 20; *Verw.:* zum Avivieren von Färbungen.

Avirol DS **H. Th. Böhme AG., Chemnitz.**

Verw.: für Oxydationsschwarz.

Avirol DS extra **H. Th. Böhme AG., Chemnitz.**

analog: Avirol CK und SW 20.

Avirol E **H. Th. Böhme AG., Chemnitz.**

i/Kurs: ja; *analog:* identisch mit Appret-Avirol E; *Konstit.:* Ölsulfonat; *Eigensch.:* verhindert die Bildung schädlicher Kalkseife; *Lit.:* Seifensieder-Ztg. 1931 S. 87.

Avirol KBR **H. Th. Böhme AG., Chenmitz.**

i/Kurs: nein; *analog:* Avirol BXS; *Verw.:* zum Avivieren von Färbungen.

Avirol KM **H. Th. Böhme AG., Chemnitz.**

Geb.-J.: 1912; *i/Kurs:* ja; *ähnlich:* Triumph-Öl spezial; Triumph-Öl spezial L; Monopolseife; *Konstit.:* hochsulfoniertes Rizinusöl (kondensiert); nach Herstellers Angaben: nach speziellem Verfahren sulfoniertes Rizinusöl; *Äuß.:* Öl, gelb, klar; *Reakt.:* schwach sauer; *Eigensch.:* höheres Netzvermögen als Türkischrotöl; *Lö. Be.:* in jedem Verhältnis in Wasser klar löslich; bessere Kalk-, Säure- und Alkalibeständigkeit als Türkischrotöl; *Verw.:* an Stelle von Türkischrotöl sowohl in der Vorbereitung als auch in der Färberei, Druckerei und Appretur; zum Vornetzen, Auskochen, Bleichen und Färben von Baumwolle und Kunstseide; als Zusatz zu Schlichten, Appreturen und Druckmassen; zum Färben von Schwefel- und Küpenfarbstoffen; *Mengen:* b. Vorreinigen, Vorkochen und Beuchen: 1—3 g/l Flotte; b. Färben: 1—2 g/l Flotte; b. Drucken: 5—50 g/kg Druckpaste; b. Appretieren und Schlichten: 1—50 g/kg Ansatz; *Lit.:* Seifensieder-Ztg. 1928 S. 372 u. 405/406; 1930 S. 495; 1931 S. 13 u. 543; Melliand Textilber. 1926 Heft 10; Dtsch. Wollengew. 1931 S. 92.

Avirol KM extra **H. Th. Böhme AG., Chemnitz.**

Geb.-J.: 1925; *i/Kurs:* ja; *ähnlich:* Triump-Öl-Supra; *analog:* Appret-Avirol E; *Konstit.:* hochsulfoniertes Rizinusöl — kondensiert (auch nach Herstellers Angaben); *Äuß.:* Flüssigkeit, gelb; *Reakt.:* schwach sauer; *Eigensch.:* besseres Netzvermögen als Türkischrotöl; *Lö. Be.:* in Wasser klar löslich; gute Kalk-, Säure- und Alkalibeständigkeit; *Verw.:* beim Netzen, Bleichen und Färben von Baumwolle und Kunstseide; beim Ansatz von Schlichte-, Appretur- und Druckmassen; *Mengen:* b. Vornetzen: 1—2 g/l; b. Färben: 0,5—2 g/l; b. Apparatfärben: 0,5—2% d. W.; b. Schlichte-, Appreturmassen und Druckansätzen: 1—50 g/kg; *H. Pat.*, *V. Pat.:* patentiert; *Lit.:* Seifensieder-Ztg. 1928 S. 372 u. 405/406; 1931 S. 13 u. 543; Melliand Textilber. 1928 S. 759; 1930 S. 610; Dtsch. Wollengew. 1931 S. 92.

Avirol SM 100 **H. Th. Böhme AG., Chemnitz.**

Verw.: für die Avivage von Baumwolle, Kunstseide usw.

Avirol SW 20 **H. Th .Böhme AG., Chemnitz.**

analog: Avirol DS extra und CK.

Avivageöl 164 O **Hansa-Werke, Hemelingen.**

Konstit.: Olivenölseife; *Verw.:* als Avivageöl und Spulöl für Kunstseide.

Avivan **R. Bernheim, Augsburg-Pfersee.**

i/Kurs: ja; *Konstit.:* Ölsulfonat + Kohlenwasserstoff; *Verw.:* für Färberei, Bleicherei und Appretur; *Lit.:* Melliand Textilber. 1926 Heft 10.

Avivieröl, wasserlöslich **A. Th. Böhme, Dresden-N. 6.**

Eigensch.: gibt besonders schöne, tiefschwarze Fülle, Blume und weichen Griff; *Verw.:* als Avivieröl für Schwarz; besonders für Apparatefärberei.

Avivieröl konz., emulgierbar **A. Th. Böhme, Dresden-N. 6.**

Eigensch.: gibt besonders schöne, tiefschwarze Fülle, Blume und weichen Griff; *Verw.:* als Avivieröl für Schwarz.

Aviviersäure **C. H. Böhringer Sohn AG., Nieder-Ingelheim a. Rh.**

Konstit.: Gemisch von Milch- und Weinsäure; *Verw.:* zum Säuern bei der Erzielung knirschenden Seidengriffs; *V. Pat.:* DRP. 472604; *Lit.:* Chem. Zbl. 1929 S. 2718.

Backros liquefier

Konstit.: Diastasepräparat; *Verw.:* zur Verflüssigung der Stärke durch Abbau.

Benzapol

Konstit.: Türkischrotöl + Fettlöser.

Benzapon **Chem. Fabr. Stockhausen & Cie., Buch & Landauer AG., Berlin SO 16.**

i/Kurs: ja; *Konstit.:* saure Seife; *Äuß.:* braune Flüssigkeit; *Reakt.:* sauer; *Eigensch.:* reinigt, ohne Farben und Appretur anzugreifen; nimmt Wasser in Benzin auf; ist nicht brennbar; wirkt antielektrisch; *Lö. Be.:* klar löslich in Benzin.

Benzin-Isol **Louis Blumer, Zwickau Sa.**

i/Kurs: nein; *Konstit.:* Ölsulfonierungsprodukt (20—25% Fettgehalt) + Benzin.

Benzinosol

Konstit.: Seife + Fettlösungsmittel; *Lit.:* Seifensieder-Ztg. 1930 S. 495.

Betan **Dehydag, Berlin-Charlottenburg.**

i/Kurs: nein; wurde früher von I. D. Riedel AG., Berlin-Britz, hergestellt; *analog:* den übrigen Betanmarken; *Konstit.:* Natriumsalz der β-Tetralinsulfosäure; Natriumsalz alkylierter Naphthalinsulfosäuren[1, 2]; *Äuß.:* weißliches Pulver; *Eigensch.:* netzend, schäumend, emulgierend; *Lö. Be.:* leicht löslich in Wasser; ziemlich unempfindlich gegen Härtebildner des Wassers; *Verw.:* als Netz- und Emulgiermittel in der Textilindustrie; *Lit.:* Seifensieder-Ztg. 1931 S. 663 u. 697; [1] Z. f. ges. Textilind. 1930 Heft 38; Seifensieder-Ztg. 1932 S. 181; [2] Melliand Textilber. 1930 S. 610.

Betan N 50 **Dehydag, Berlin-Charlottenburg.**

i/Kurs: nein; wurde früher von I. D. Riedel AG., Berlin-Britz, hergestellt; *analog:* den übrigen Betanmarken; *Konstit.:* Natriumsalz der β-Tetralinsulfosäure; Natriumsalz alkylierter arom. Sulfosäuren[1]; *Äuß.:* weißliches Pulver; *Eigensch.:* netzend, schäumend, emulgierend; *Lö. Be.:* leicht löslich in Wasser; ziemlich unempfindlich gegen Härtebildner des Wassers; *Verw.:* als Netz- und Emulgiermittel in der Textilindustrie; *Lit.:* Seifensieder-Ztg. 1928 S. 95; 1931 S. 663; [1] Z. f. ges. Textilind. 1930 Heft 38.

Betan N 80 **Dehydag, Berlin-Charlottenburg.**

i/Kurs: nein; wurde früher von I. D. Riedel AG., Berlin-Britz, hergestellt; *analog:* den übrigen Betanmarken; *Konstit.:* Natriumsalz der β-Tetralinsulfosäure; Natriumsalz alkylierter arom. Sulfosäuren[1]; *Äuß.:* weißliches Pulver; *Eigensch.:* netzend; schäumend; emulgierend; *Lö. Be.:* leicht löslich in Wasser; ziemlich unempfindlich gegen Härtebildner des Wassers; *Verw.:* als Netz- und Emulgiermittel in der Textilindustrie; *Lit.:* Seifensieder-Ztg. 1928 S. 95; 1931 S. 663; [1] Z. f. ges. Textilind. 1930 Heft 38.

Betan R 100 **Dehydag, Berlin-Charlottenburg.**

i/Kurs: nein; wurde früher von I. D. Riedel AG., Berlin-Britz, hergestellt; *analog:* den übrigen Betanmarken; *Konstit.:* Natriumsalz der β-Tetralinsulfosäure; Natriumsalz alkylierter arom. Sulfosäuren[1]; *Äuß.:* weißliches Pulver; *Eigensch.:* netzend; schäumend; emulgierend; *Lö. Be.:* leicht löslich in Wasser; ziemlich unempfindlich gegen Härtebildner des Wassers; *Verw.:* als Netz- und Emulgiermittel in der Textilindustrie; *Lit.:* Seifensieder-Ztg. 1928, S. 95; 1931 S. 663; [1] Z. f. ges. Textilind. 1930 Heft 38.

Beuchöl „Esdeform" **J. Simon & Dürkheim, Offenbach a. M.**

i/Kurs: ja; *Eigensch.:* hohe Netzwirkung; fettlösend; verkürzt infolge seiner fettlösenden Eigenschaften den Beuchprozeß; *Lö. Be.:* in Wasser klar löslich; *Verw.:* beim Waschen, insbesondere auch von loser Wolle mit Sodalösung, von Gerberwolle in salzsäurehaltigen Bädern, von Kammzug und Kammgarn unter Sodazusatz, von Streichgarn und Stückware, auch in saurem Medium.

Beuchöl Grünau **Chem. Fabr. Grünau Landshoff & Meyer AG., Berlin-Gr.**

Geb.-J.: 1928; *i/Kurs:* ja; *Konstit.:* sulfoniertes Rizinusöl + Lösungsmittel (Terpenlösungsmittel!); *Äuß.:* gelbe Flüssigkeit; *Reakt.:* schwach alkalisch; *Eigensch.:* gute Netzwirkung; gutes Lösungsvermögen für Fette und Pektinstoffe (Ligninstoffe); verh. Oxyzellulosebildung; Geruch nach Terpentin; *Lö. Be.:* kalkbeständig; gibt mit Wasser opaleszierende Lösungen; beständig gegen verd. Natronlauge (Beuchlauge); *Verw.:* beim Abkochen (Beuchen) von Baumwolle mit Soda oder Natronlauge; *Mengen:* z. Beuchen: 0,5 bis 1% d. W.; z. Abkochen von Baumwolle in Apparaten: 1—2 g/l Flotte.

Beuchöl K **Zschimmer & Schwarz, Chemnitz.**

Geb.-J.: 1919; *i/Kurs:* ja; *analog:* den übrigen Beuchölmarken; *Konstit.:* Seife (evtl. Türkischrotöl bzw. Gemisch aus Seife + Türkischrotöl) + Kohlenwasserstoff; *Äuß.:* Flüssigkeit, gelb; *Reakt.:* neutral bis schwach alkalisch; *Eigensch.:* netzend; reinigend; Lösevermögen für Öle, Fette, Wachse, Schmälzen, Flecke, Schmieren, Schmutz usw.; weichmachend; erzeugt vollen Griff; *Lö. Be.:* besser beständig als Beuchöle P, PL, PO; *Verw.:* zum Fleckentfernen; zur Verhinderung von Kalkseifenausscheidungen.

Beuchöl P **Zschimmer & Schwarz, Chemnitz.**

Geb.-J.: 1919; *i/Kurs:* ja; *analog:* den übrigen Beuchölmarken; *Konstit.:* Seife (evtl. Türkischrotöl bzw. Gemisch aus Seife + Türkischrotöl) + Kohlenwasserstoff; *Äuß.:* Flüssigkeit, gelb; *Reakt.:* neutral bis schwach alkalisch; *Eigensch.:* netzend; reinigend; Lösevermögen für Öle, Fette,

Wachse, Schmälzen, Flecke, Schmieren, Schmutz usw.; weichmachend; erzeugt vollen Griff; *Lö. Be.:* wie Beuchöle PL und PO, nicht so gut wie Beuchöl K beständig; gibt mit Wasser äußerst feine, weiße Emulsionen, mit den in der Beuche üblichen Laugen aus Ätznatron und Soda kalz. (1—5° Bé) auch in der Kochhitze haltbare Emulsionen; *Verw.:* beim Beuchen von Artikeln aus Baumwolle, Leinen, Jute, Ramie usw.; *Mengen:* allgemein: 0,25—1% vom Gewicht der zu beuchenden Ware.

Beuchöl PL **Zschimmer & Schwarz, Chemnitz.**

Geb.-J.: 1919; *i/Kurs:* ja; *analog:* den übrigen Beuchölmarken; *Konstit.:* Seife (evtl. Türkischrotöl bzw. Gemisch aus Seife + Türkischrotöl) + Kohlenwasserstoff; *Äuß.:* weißliche Paste; *Reakt.:* neutral bis schwach alkalisch; *Eigensch.:* netzend; reinigend; Lösevermögen für Öle, Fette, Wachse, Schmälzen, Flecke, Schmieren, Schmutz usw.; weichmachend; erzeugt vollen Griff; *Lö. Be.:* wie Beuchöle P und PO beständig; nicht so gut wie Beuchöl K beständig; *Verw.:* beim Beuchen von Artikeln aus Baumwolle, Leinen, Jute, Ramie usw.; *Mengen:* allgemein: 0,25 bis 1% vom Gewicht der zu beuchenden Ware.

Beuchöl PO **Zschimmer & Schwarz, Chemnitz.**

Geb.-J.: 1919; *i/Kurs:* ja; *analog:* den übrigen Beuchölmarken; *Konstit.:* Seife (evtl. Türkischrotöl bzw. Gemisch aus Seife + Türkischrotöl) + Kohlenwasserstoff; *Äuß.:* Flüssigkeit, gelb; *Reakt.:* neutral bis schwach alkalisch; *Eigensch.:* netzend; reinigend; Lösevermögen für Öle, Fette, Wachse, Schmälzen, Flecke, Schmieren, Schmutz usw.; weichmachend; erzeugt vollen Griff; *Lö. Be.:* wie Beuchöle P und PL, nicht so gut wie Beuchöl K beständig; *Verw.:* beim Beuchen von Artikeln aus Baumwolle, Leinen, Jute, Ramie usw.; *Mengen:* allgemein: 0,25—1% vom Gewicht der zu beuchenden Ware.

Beuchöl T 2 **Dr. A. Schmitz, Düsseldorf-Oberkassel.**

i/Kurs: ja; *Konstit.:* Schwefelsäureester aus Rizinusöl; *Äuß.:* Flüssigkeit; *Eigensch.:* es werden Kochflecke vermieden, die Baumwollschalen gelöst und eine gute Halb- oder Vorbleiche erzielt; *Lö. Be.:* ziemlich gut beständig gegen hartes Wasser, gegen Kochlaugen gut; *Verw.:* als Beuchöl für Baumwolle und Leinen; zum Auskochen der Baumwolle, wobei durch Lösen der Baumwollwachse und Pektinsubstanzen die Kochdauer verkürzt wird; *Mengen:* 0,5—0,75% d. W. neben: 2,5—3% d. W. Soda kalz. oder 2—3% d. W. Natronlauge 40° Bé; (das Beuchöl T 2 wird zweckmäßig vorher in einem Eimer warmem Wasser unter Rühren aufgelöst).

Beuchseife N **Zschimmer & Schwarz, Chemnitz.**

Geb.-J.: 1920; *i/Kurs:* ja; *Konstit.:* Kaliseife + sulfoniertes Öl + Kohlenwasserstoffe; *Äuß.:* dickliche Flüssigkeit, gelb; *Reakt.:* schwach alkalisch; *Lö. Be.:* Beständigkeitseigenschaften besser als Seife; *Verw.:* bei der Beuche; *Mengen:* allgemein: 0,25—1% vom Gewicht der zu beuchenden Ware.

Biancal **Farb- u. Gerbstoffwerke C. Flesch jr., Frankfurt a. M.**

Geb.-J.: 1931; *i/Kurs:* ja; *Konstit.:* Natriumsalz einer organischen Persulfosäure (ohne Lösungsmittel); *Äuß.:* Pulver, gelblich; *Reakt.:* die wässerige Lösung ist schwach alkalisch, $p_H = 8$; *Eigensch.:* bleichend (oxydierend) und desinfizierend, sowie netzend, reinigend und emulgierend zugleich; die Lösung ist mehrere Tage ohne Zersetzung bzw. Sauerstoffabgabe haltbar; *Verw.:* NB. man löst a. b. in handwarmem Kondenswasser 1:50! zum Bleichen von Textilien; beim Reinigen und Beuchen von Textilien, von Leinen, Hanf, Baumwollwaren, seidenen, kunstseidenen Garnen und Geweben; b. d. Vorbereitung von Druckwaren und Verbandsstoffen; beim Entschlichten, evtl. zusammen mit Pellastol EN Pulver oder Paste; b. Auskochen; b. d. Chlorbleiche als Vorbehandlungsmittel; bei der Nachbehandlung gechlorter Ware (wirkt entchlorend); b. d. reinen Sauerstoffbleiche; b. d. kombinierten Chlor-Sauerstoffbleiche (wirkt stabilisierend); b. d. Sauerstoffbleiche im Vorbehandlungsbad; beim Aufschließen von Stärke; (s. a. Mengen!); *Mengen:* allgemein: 0,5—1 g/l; b. Auskochen und Beuchen von Baumwolle: 0,5—1 g/l Kochflotte; b. Bleichen von Baumwollmaterial (lose und als Garn), b. d. Kettbaumbleiche, i. d. Stück- und Trikotbleiche, i. d. Buntwarenbleiche: 0,2—0,5 g/l Bleichflotte (Flottenlänge 1:5); i. d. Leinenbleiche: 0,3—1 g/l Bleichflotte (Flottenlänge 1:7 bis 1:10); b. Bleichen von Kunstseide: 1 g/l Entschlichtungsbad; b. Bleichen von Naturseide: 0,5—3 g/l Entbastungsbad; b. Entschlichten: neben 3 g/l Soda: 1,5 g/l; *H. Pat.:* DRP. 561521; F 70407; *V. Pat.:* F 68.30; F 81.30.

Biolase **I. G. Farbenindustrie AG., Frankfurt a. M.**

Konstit.: Bakteriendiastase aus Bakterienkulturen; *Verw.:* als Entschlichtungsmittel; *Lit.:* Melliand Textilber. 1930 S. 610.

Biolase flüssig C 6 **I. G. Farbenindustrie AG., Frankfurt a. M.**

Geb.-J.: 1923; *i/Kurs:* ja; *analog:* Biolase N extra i/Pulver; *Konstit.:* Pflanzenprodukt; Ferment; Amylase; *Äuß.:* Flüssigkeit, braun; *Eigensch.:* von schwachem Geruch; ist frei von die Textilfaser schädigenden Substanzen; baut Stärke ab (führt sie in wasserlösliche Form über); bewirkt weder bei Rohware noch bei gefärbtem Material eine Trübung oder Veränderung des Tones; ist sowohl bei niederen Temperaturen (15—30° C) als auch bei hohen Temperaturen (75—85° C) anwendbar (die besten Ergebnisse in kürzester Zeit erhält man bei 45—50° C); besitzt fettspaltende Wirkung, so daß auch in der Schlichte befindliche Fette tierischer und pflanzlicher Herkunft in Lösung gehen; ist, in kühlen Räumen aufbewahrt, gut haltbar; bewahrt selbst in gefrorenem Zustand die Wirksamkeit; kann dem Entschlichtungsbad direkt zugesetzt werden; ist auch in kalkhaltigem Wasser wirksam; erteilt Kunstseidefäden vollen und weichen Griff; *Lö. Be.:* mischt sich mit kaltem Wasser; kalkbeständig; *Verw.:* zum Entschlichten von Roh- und Buntware aller Art, besonders bei der Veredlung von Baumwollwaren und kunstseidenen Mischgeweben; *Mengen:* NB. bei schweren und dichtgeschlagenen Stoffen vorher — evtl. unter Zusatz von 0,5—1 g/l Nekal BX — netzen! NB. Stoffe und Entschlichtungsbäder mit saurer Reaktion (häufig tritt eine solche bei längerem Stehen der Biolasebäder infolge Gärung ein) sind mit Ammoniak zu neutralisieren! z. Entschlichten von Farb- oder Bleichware: a) auf dem Jigger: 0,4—0,8% d. W. (200 bis 300 l Wasser; zunächst Flotte auf 50—55° erwärmen; Biolase zugeben; mit der Ware eingehen; nach 3—4 Passagen $^1/_2$ bis 1 Stde. lang stehen lassen; heiß, dann kalt spülen!); b) auf der Strangwaschmaschine: 0,1 bis 0,2% d. W. (200 l Wasser; 50—55° C; nach dem Passieren der Maschine abquetschen; Ware im Strang 6—8 Stn. lang ablegen; heiß, dann kalt spülen!); c) auf der Breitwaschmaschine oder Rollenkufe: 1. Kasten: bei 80—90° netzen; dann abquetschen; 2. und 3. Kasten: mit 0,2—0,4%iger Biolaselösung von 45—50° C imprägnieren; leicht abquetschen; einige

Stunden feucht liegen lassen; heiß, dann kalt spülen; NB. säureechte, mit substantivem Rot gefärbte Inletts nicht höher als bei 25° C entschlichten! b. Entschlichten von Kunstseide-Baumwolle-Mischgeweben auf dem Jigger: (Ware bei 50—60° C netzen): 5 g/l (45—50° C; 4—6 Touren; 1 Stde. stehen lassen; warm spülen!); z. Entschlichten von Mitläufern bei Kontinuebetrieb: 1—2 g/l (nach dem Entschlichten heiß, dann kalt spülen; sauer reagierende Mitläufer vorher durch alkalische Behandlung entsäuern!).

Biolase N extra i/Pulver **I. G. Farbenind. AG., Frankfurt a. M.**

Geb.-J.: 1923; *i/Kurs:* ja; *analog:* Biolase flüssig C 6; *Konstit.:* Pflanzenprodukt; Ferment; Amylase; *Äuß.:* Pulver, grau; *Reakt.:* in wässeriger Lösung alkalisch, $p_H = 7{,}2$; *Eigensch.:* geruchlos; frei von die Textilfaser schädigenden Substanzen; baut Stärke ab (führt sie in wasserlösliche Form über) sowohl bei niedrigen (15—30° C) als auch bei hohen Temperaturen (75—85° C), am besten und raschesten bei 45—50° C (bei schweren und dichtgeschlagenen Stoffen netze man vorher unter Zusatz von 0,3—0,5 g/l Humectol CA oder bei sehr hartem Wasser von 0,5—1 g/l Igepon T); haltbar in Substanz wie auch in wässeriger Lösung; unempfindlich beim Lagern gegen Feuchtigkeit und höhere Temperaturen; zeigt insbesondere bei hohen Temperaturen stark verflüssigende Kraft; bewirkt weder bei Rohware noch bei echtfarbigen Materialien eine Trübung oder Veränderung des Tones; auch in kalkhaltigem Wasser verwendbar; erteilt der Kunstseide entschlichteter Mischgewebe schönen Glanz und Griff; gibt nachbehandelten bedruckten Kunstseide- und Kunstseidemischgeweben den verlorengegangenen Glanz sowie weichen und voluminösen Griff wieder; *Lö. Be.:* in kaltem Wasser leicht und vollkommen löslich; beständig gegen Wasser bis ca. 10° Härte; *Verw.:* zum Entschlichten von roh- und echtfarbigen Buntwaren aller Art; besonders bei der Veredlung von Baumwollwaren und kunstseidenen Mischgeweben; zum Degummieren von gedruckten Stoffen; zum Entschlichten von Farb- oder Bleichware, Inletts, kunstseidenen Mischgeweben (kunstseidener Schuß, baumwollene Ketten); zur Nachbehandlung von bedruckten Kunstseide- und Kunstseidemischgeweben; zum Reinigen von Mitläufern; zum Entschlichten von Wollstückware; *Mengen:* NB. man löst die zum Entschlichten benötigte Menge in der 45 bis 50° C warmen Entschlichtungsflotte (wenn Entschlichten bei höherer Temperatur nicht möglich, netzt man die vom Webstuhl kommende Ware heiß bis kochend, evtl. unter Humectol- oder Igeponzusatz; leichtere Ware bringt man ohne Vornetzen direkt in das Biolasebad, sauer reagierende Stoffe nach Neutralisation mit Ammoniak in 50—60° warmem Bad und nach Abquetschen ohne Spülen!) NB. bei Wasser über 10° D. H. setzt man 0,5 g/l Igepon zuerst zum Bad, läßt einmal durchlaufen und gibt dann die angerührte Biolase zu oder aber man geht direkt in das mit Igepon T oder Biolase beschickte Bad ein! NB. evtl. muß zur Erreichung neutraler Reaktion des Entschlichtungsbades mit Ammoniak oder Essigsäure neutralisiert werden! z. Entschlichten von Farb- oder Bleichware: a) auf dem Jigger: 0,2—0,4% d. W. (das Doppelte bis Vierfache der Ware an Wasser verwenden; Biolase zur 50—60° warmen Entschlichtungsflotte geben; mit der genezten Ware eingehen; nach 3—4 Passagen heiß, dann kalt spülen; NB. bei leichter Ware ohne Vornetzen 1—2 Passagen mehr!); b) auf der Strangmaschine oder dem Clapot: 0,2—0,4% d. W. (doppelte Menge Wasser; 55—60° C; 1—$1^1/_2$ Stdn. heiß, dann kalt spülen!; NB. falls die Ware vor dem Spülen über Nacht liegen bleibt, genügen für 100 l Wasser 150—200 g!); c) auf der Breitmaschine oder Rollenkufe: 1. Kasten: 80—90° heiß netzen;

abquetschen; 2. und 3. Kasten: 0,2—0,4%ige Lösung (45—50° C; leicht abquetschen; einige Stunden liegen lassen; auf der Waschmaschine heiß, dann kalt spülen!); NB. beim Entschlichten mit substantiven Farben gefärbter, sogenannter säureechter Ware darf nicht höher als bei 25° C entschlichtet und gespült werden; d) zum Entschlichten von Kunstseidemischgeweben auf dem Jigger: 3 g/l (50—55° C; 4—6 Touren; $^1/_2$ bis 1 Stunde lang blind laufen lassen; heiß spülen); e) zum Entfernen der Verdickungsmittel aus bedruckten Kunstseide- oder Kunstseidemischgeweben nach der Fixierung der Farben: (warmes Wasserbad zuerst!) 3—4 g/l (40—50°; 20—30 Min., dann spülen!); f) zum Degummieren bedruckter Baumwollgewebe, soweit Stärkeverdickungen in Betracht kommen, nach dem Fixieren der Farben und warmem Spülen: 1—2 g/l (40—60° C; 15—20 Min.; warm, dann kalt spülen!); g) zum Reinigen von Mitläufern: 0,3—0,5 g/l; (50° C; über Nacht einlegen; heiß, dann kalt spülen); NB. bei kontinuierlichem Betrieb: 1—2 g/l (45—55° C; heiß, dann kalt spülen!); NB. bei Verwendung saurer Verdickungen vorher mit heißer Sodaflotte spülen!; h) zum Entschlichten von Wollstückware bei mit Stärke an Stelle von Hornleim geschlichteten Kammgarnstoffen in Verbindung mit dem Einbrennen (Crabben) der Ware: 4 g/l (90° C; darauf auf der Waschmaschine oder Haspelkufe warm spülen); NB. die Biolase ist vor dem Zusatz lauwarm zu lösen!.

Blankit **I. G. Farbenindustrie AG., Frankfurt a. M.**

i/Kurs: ja; *Konstit.:* techn. reines, etwa 90%iges Natriumhydrosulfit; ($Na_2S_2O_4$); *Eigensch.:* bleichend; *Verw.:* in der Seifen- und Textilindustrie als Bleichmittel; (auch in der Zuckerindustrie); als Bleichmittel für Spezialzwecke.

Blankit I **I. G. Farbenindustrie AG., Frankfurt a. M.**

i/Kurs: ja; *Konstit.:* Natriumhydrosulfit, techn. rein ($Na_2S_2O_4 \cdot 2\,H_2O$); *Eigensch.:* hitzebeständig; bleichend; *Verw.:* in der Textilbleicherei.

Blumol **Louis Blumer, Zwickau/Sa.**

i/Kurs: ja; *analog:* Spulfett, Soietine, Seidol, Blumol 1698 d, Netzol; *Verw.:* zum Präparieren von Kunstseide, die auf Rundstrickmaschinen verarbeitet werden soll.

Blumol 1698 d **Louis Blumer, Zwickau/Sa.**

i/Kurs: ja; *analog:* Spulfett, Soietine, Seidol, Blumol, Netzol; *Verw.:* zum Präparieren von Naturseide.

Boilit **Zschimmer & Schwarz, Chemnitz.**

Geb.-J.: 1933; *i/Kurs:* ja; *Konstit.:* Perborat + Stabilisator + Sulfokörper; *Äuß.:* weißes Pulver; *Reakt.:* neutral; *Eigensch.:* reinigend; weichmachend; hält den Sauerstoff lange; *Verw.:* als Bleichmittel in der Beuche; *Mengen:* 0,3—0,5% d. W.

Breviol **H. Th. Böhme AG., Chemnitz.**

Geb.-J.: 1933; *i/Kurs:* ja; *Konstit.:* Schwefelsäureester höhermolekularer Alkohole + Lösungsmittel; *Äuß.:* gelbbraune Flüssigkeit; *Reakt.:* neutral; *Lö. Be.:* kalk-, säure-, alkali- und salzbeständig; *Verw.:* als Netzmittel zum Vornetzen von Farb- und Bleichmaterialien; zum Färben in substantiven, schwach sauren Indanthren- und Schwefelfarbstoffbädern; besonders zum

Netzen in kalten bis lauwarmen Bädern; NB. als Zusatz zu Natriumhypochlorit-Bleichflotten ist Breviol weniger geeignet! *Mengen:* NB. 1 Teil mit 20 Teilen heißem Wasser in Lösung bringen! b. Vornetzen und Vorreinigen: 0,5—2 g/l; b. Färben: 0,5—1 g/l; *H. Pat., V. Pat.:* Pat. angemeldet.

Brillant-Avirol **H. Th. Böhme AG., Chemnitz.**

Konstit.: Sulforizinat + Tetralin.

Brillant-Avirol K 10 **H. Th. Böhme AG., Chemnitz.**

Geb.-J.: 1931; *i/Kurs:* ja; *analog:* Gardinol SE; Brillant-Avirol L 144, L 142 konz., L 168 konz. und SM 100; *Konstit.:* Sulfonat auf Fettalkohol- und Olivenölbasis; *Äuß.:* braune Flüssigkeit; *Eigensch.:* gibt weichen, öligen, fleischigen Griff (wie Brillant-Avirol L 144), der im Gegensatz steht zu dem von Brillant-Avirol L 142 konz. und L 168 konz.; das avivierte Material wird nicht ranzig; kann auch in kalten Bädern benutzt werden; *Lö. Be.:* kalkbeständig; gibt mit Wasser Emulsionen; *Verw.:* zur KS- und KS-BW-Ausrüstung; z. Avivage; z. Vorpräparation von Kunstseide; *Mengen:* bei der Vorpräparation von Kunstseide: 5—10 g/l; zum Griffigmachen: 0,5—2 g/l; bei der Kunstseidenavivage: 1—5 g/l; zum Mattieren von Kunstseide: nach dem Glaubersalzbad ein Avivagebad von 1—3 g/l; *H. Pat., V. Pat.:* Pat. angem.

Brillant-Avirol L 142 **H. Th. Böhme AG., Chemnitz.**

i/Kurs: ja; *analog:* Brillant-Avirol L 142 konz.; Brillant-Avirol L 168 (jedoch höhere Kalkbeständigkeit); Homogenol WW; Gardinol; Brillant-Avirol L 144; *ähnlich:* Setavin ON; *Konstit.:* Fettalkoholsulfonat; *Äuß.:* Pulver; *Reakt.:* vollkommen neutral; *Eigensch.:* steigert die Schaumkraft der Seifen, verleiht milden, elastischen, vollen Griff; behandeltes Gewebe fettet nicht ab, wird nicht ranzig und nicht gelb; verhindert die Bildung von Kalkseifen bei Mitverwendung von Seife; wäscht; schäumt und egalisiert; *Lö. Be.:* beständig gegen hartes Wasser; *Verw.:* NB. in Bädern von mindestens 55—60° C zu verwenden! am besten als Stammlösung 1:20 vorrätig halten! zum Ausrüsten von Kunstseide; zum Färben von Kunstseide mit Indanthrenfarbstoffen; zum gleichzeitigen Färben und Avivieren von Kunstseide, Baumwolle und Mischgeweben (s. a. Mengen!); *Mengen:* b. Färben: 0,2—0,3 g/l; b. mäßigem Mattieren v. Kunstseide: 0,5—1 g/l; b. Färben gebleichter, plattierter Trikotware: 0,3—0,4 g/l; zum Nachspülen b. d. Beuche von Trikotagen: 0,2—0,3 g/l; b. d. Avivage von Rohkunstseide: 1—2 g/l; b. d. Vorbleiche plattierter Trikotware: neben 0,2 g/l Blankit: 0,3 g/l; b. Färben und Avivieren von Kunstseide-Strangware auf d. Wanne und a. d. Maschine: 0,2—0,3 g/l; b. Färben und Avivieren v. Kunstseide-Stückware a) a. d. Kufe: 0,2—0,3 g/l; b) a. d. Jigger: 0,3—0,5 g/l oder $^1/_3$ bis $^1/_2$% d. W.; b. Färben v. Samt, Plüsch, Velvet, Cord und Ripsware: 0,3—0,5 g/l; b. Färben v. Strümpfen ohne Griff: 0,2—0,3 g/l (i. d. Wanne und a. d. Apparat); zum Färben v. Strümpfen mit krachendem Seidengriff: 0,1 g/l (unter Nachsatz von 1,5—2 g/l Seife und Nachbehandlung mit Milch-, Wein- oder Aviviersäure!); b. Färben v. Azetatseide: 0,2 g/l (vor dem Zusatz von 1,5—2 g/l Seife!); zum Färben v. Kupferseide: 0,5—1 g/l; b. Färben und Avivieren v. Mischgeweben: 0,2—0,4 g/l (neben 1,5 g/l bei Mischgeweben, die viel Azetatseide enthalten); b. d. Nachavivage von Kunstseide: 0,2—0,4 g/l; als Zusatz zu Seifenbädern: 0,12—0,2 g/l; *H. Pat., V. Pat.:* Pat. angem.; *Lit.:* Seifensieder-Ztg. 1931 S. 258 u. 760; Chem.-Ztg. 1932 S. 835 u. 893; Melliand Textilber. 1930 S. 610; 1931 Heft 2.

Brillant-Avirol L 142 konz. **H. Th. Böhme AG., Chemnitz.**

Geb.-J.: 1929; *i/Kurs:* ja; *analog:* Brillant-Avirol L 168 konz.; Brillant-Avirol L 144; Brillant-Avirol L 333; Homogenol WW; Brillant-Avirol K 10; Brillant-Avirol L 142; *Konstit.:* Fettalkoholsulfonat (auch nach Herst.-Angaben); *Äuß.:* Pulver, weiß; *Reakt.:* neutral; *Eigensch.:* gibt glatten, weichen, geschmeidigen, etwas trockenen Griff bei äußerst geringen angewandten Mengen; verhindert das Ranzigwerden und Gelbwerden des avivierten Materials; lagerbeständig; *Lö. Be.:* hartwasser-, säure-, alkalibeständig; *Verw.:* als Avivage- und Färbemittel für Kunstseide und Kunstseidemischgewebe; auch zum Avivieren in hartem Wasser; zum Färben von Strümpfen, Wirk- und Trikotwaren; zur Vorpräparation von Kunstseide; zum Nachseifen von Farb- und Bleichwaren; zur Erzeugung einer schwachen Mattierung auf Kunstseidematerialien; *Mengen:* NB. in Bädern von mindestens 50° C anwenden; 1 Teil mit 20 Teilen heißen Wassers übergießen und durch Aufkochen am Stechrohr in Lösung bringen! b. Vorpräparieren der Kunstseide: 0,2—1 g/l; b. Färben und Avivieren aller kunstseidehaltigen Materialien: 0,1—0,3 g/l; b. Nachseifen von Farb- und Bleichware: 0,1—0,5 g/l (evtl. unter Mitverwendung von Seife und Soda); b. leichten Mattieren von Kunstseide: 0,5—2 g/l; *H. Pat., V. Pat.:* Pat. angemeldet; *Lit.:* Z. f. ges. Textilind. (Klepzig) 1930 S. 467; Appreturztg. 1931 S. 114; Melliand Textilber. 1930 S. 610.

Brillant-Avirol L 144 **H. Th. Böhme AG., Chemnitz.**

Geb.-J.: 1929; *i/Kurs:* ja; *analog:* Brillant-Avirol L 142 konz.; Brillant-Avirol L 168 konz.; Brillant-Avirol L 333; Brillant-Avirol K 10; Brillant-Avirol L 168; Brillant-Avirol L 142; *Konstit.:* Fettalkoholsulfonat (auch nach Herst.-Angaben); *Äuß.:* flüssig; *Reakt.:* neutral; *Eigensch.:* vermittelt einen etwas öligeren und feuchteren Griff als Brillant-Avirol L 142 konz. und L 168 konz.; *Lö. Be.:* im Gegensatz zu Brillant-Avirol L 142 konz. in kaltem Wasser löslich; härtebeständig; *Verw.:* zum Arbeiten in hartem Wasser; in kalten bis kochenden Färb- und Avivagebädern; beim Färben und Avivieren von Kunstseide, Kunstseidemisch-, Baumwoll- und Leinenmaterialien; auch zum Vorpräparieren der Kunstseide; (NB. wird im Gegensatz zu Brillant-Avirol L 142 konz. da bevorzugt, wo das Arbeiten in kalten bis lauwarmen Avivagebädern erwünscht ist); *Mengen:* b. d. Kunstseidenavivage: 0,5—3 g/l; b. Vorpräparieren: 1—5 g/l; b. Färben: 0,5—2 g/l; b. d. Nachavivage: 0,5—3 g/l; *H. Pat., V. Pat.:* Pat. angemeldet; *Lit.:* Seifensieder-Ztg. 1931 S. 543; Chem.-Ztg. 1932 S. 835 u. 893.

Brillant-Avirol L 168 **H. Th. Böhme AG., Chemnitz.**

i/Kurs: ja; *analog:* Brillant-Avirol L 168 konz.; Gardinol; Brillant-Avirol L 142, L 144; Homogenol WW; *Konstit.:* Fettalkoholsulfonat; *Verw.:* als Avivagemittel für Kunstseide; *Mengen:* b. d. Nachavivage von Kunstseide: 0,3—0,5 g/l; b. mäßigen Mattieren von Kunstseide: 0,5—1 g/l; *H. Pat., V. Pat.:* Pat. angem.; *Lit.:* Melliand Textilber. 1930 S. 610; Chem.-Ztg. 1932 S. 835 u. 893.

Brillant-Avirol L 168 konz. **H. Th. Böhme AG., Chemnitz.**

Geb.-J.: 1929; *i/Kurs:* ja; *analog:* Brillant-Avirol L 142 konz.; Brillant-Avirol L 144; Brillant-Avirol L 333; Homogenol WW; Brillant-Avirol K 10; Brillant-Avirol L 168; *Konstit.:* Fettalkoholsulfonat (auch nach Herst.-Angaben); *Äuß.:* Pulver, weiß; *Reakt.:* neutral; *Eigensch.:* gibt noch bessere Weichheitseffekte als Brillant-Avirol L 142 konz.; *Lö. Be.:* ist kalkbeständig bis zu 10° D. H. (etwas weniger beständig also als Brillant-Avirol L 142 konz.); *Verw.:* zum Färben und Avivieren von kunstseidehaltigen Materialien; zum Präparieren der Kunstseide; besonders für Nachavivage in weichem oder genügend enthärtetem Wasser; *Mengen:* NB. muß in Bädern von mindestens 50° C angewendet werden; 1 Teil mit 20 Teilen heißem Wasser übergießen und durch Aufkochen am Stechrohr in Lösung bringen! b. Präparieren von Kunstseide: 0,5—3 g/l; b. Färben und Avivieren von Kunstseide: 0,1—0,3 g/l; b. d. Kunstseidenavivage auf dem Foulard: 1—5 g/l; b. Nachavivieren und Nachseifen von Farb- und Bleichware: 0,1—1 g/l; *H. Pat.*, *V. Pat.*: Pat. angemeldet.

Brillant-Avirol L 333 **H. Th. Böhme AG., Chemnitz.**

Geb.-J.: 1933; *i/Kurs:* ja; *analog:* Brillant-Avirol L 142 konz., L 168 konz. und L 144; *Konstit.:* Fettalkoholsulfonat; *Äuß.:* Paste; *Reakt.:* neutral; *Eigensch.:* avivierend; vereinigt die Vorzüge von Brillant-Avirol L 142 konz. mit denen des Brillant-Avirol L 144; liefert vorzüglich griffigen, etwas feuchteren und volleren Weichheitseffekt als Brillant-Avirol L 142 konz.; *Lö. Be.:* hartwasser-, säure- und salzbeständig; *Verw.:* als Zusatz zu kalten bis kochenden Farb- und Avivagebädern; zur Avivage von Kunstseiden und kunstseidehaltigen Mischmaterialien; *Mengen:* NB. 1 Teil mit 20 Teilen heißem Wasser übergießen und durch Aufkochen am Stechrohr lösen! b. d. Kunstseidenavivage und bei Färbungen: 0,5—2 g/l Flotte oder 1—2% d. W.; *H. Pat.*, *V. Pat.:* Pat. angemeldet.

Brillant-Avirol SM 100 **H. Th. Böhme AG., Chemnitz.**

Geb.-J.: 1926; *i/Kurs:* ja; *analog:* Brillant-Avirol K 10; *Konstit.:* Sulfonat auf Fettalkohol- und Olivenölbasis; Ölsulfonat + Kohlenwasserstoff: nach Prof. Herbig; Ölsulfonat + Tetralin [1,2]; Sulfonat + höher molekularer, zykloaliphatischer Alkohol; nach Herst.-Angaben: Sulfonat auf Olivenölbasis; *Äuß.:* Flüssigkeit, rötlich; *Reakt.:* neutral; *Eigensch.:* gibt weichen, öligen Griff; *Lö. Be.:* gibt mit Wasser Emulsionen (Type E) bzw. klare Lösungen (Type K); *Verw.:* zum Färben und Avivieren von Kunstseidematerialien; *Mengen:* b. Färben und Avivieren: 0,5—3 g/l; *Lit.:* Seifensieder-Ztg. 1931 S. 543; [1] Melliand Textilber. 1928 S. 759; [2] 1930 S. 610.

Brimal

Konstit.: Diastasepräparat.; *Verw.:* zur Verflüssigung der Stärke durch Abbau.

Buchol **Chem. Fabr. Stockhausen & Cie., Buch & Landauer AG., Berlin SO 16.**

Geb.-J. : 1913; *i/Kurs:* ja; *analog:* Pertürkol; Buchol 124; Buchol 124 E; *Konstit.:* Seife + Chlorkohlenwasserstoff; *Äuß.:* dickliche Flüssigkeit; hellbraun; *Reakt.:* schwach alkalisch; *Eigensch.:* erteilt Weichheit und Griff; Wasch-, Netz-, Reinigungs-, Fettlösevermögen; *Lö. Be.:* nicht beständig gegen Alkalien und Säuren; *Verw.:* zum Waschen, Walken, Abseifen; für die Appretur von Florstrümpfen.

Buchol 124 **Chem. Fabr. Stockhausen & Cie., Buch & Landauer AG., Berlin SO 16.**

i/Kurs: nein; *analog:* Buchol; *Eigensch.:* ergibt krachenden, weichen, haltbaren Seidengriff; *Verw.:* für die Strumpfappretur (Avivage).

Buchol 124 E — **Chem. Fabr. Stockhausen & Cie., Buch & Landauer AG., Berlin SO 16.**

i/Kurs: ja; *analog:* Buchol; *Konstit.:* Seife + Fettlöser; *Äuß.:* hellgelbliche, dicke Flüssigkeit; *Reakt.:* schwach alkalisch; *Lö. Be.:* nicht beständig gegen Säure; *Verw.:* zum Weichmachen und Avivieren von Kunstseide.

Burmol — **I. G. Farbenindustrie AG., Frankfurt a. M.**

i/Kurs: ja; *Konstit.:* 65%iges Natriumhydrosulfit ($Na_2S_2O_4 \cdot 2\,H_2O$); *Eigensch.:* bleichend; *Verw.:* für Abzieh- und Bleichzwecke; speziell für Kleiderfärbereien.

Burnus — **Röhm & Haas AG., Darmstadt. Vertr.: Aug. Jacobi AG., Darmstadt.**

i/Kurs: ja; *analog:* Enzymolin und Burnus-Neutral; *Konstit.:* aus den Pankreasdrüsen der Schlachttiere gewonnene Enzyme (für Reinigungszwecke wirksame, tryptische Enzyme), die zwecks besserer Dosierung z. T. mit indifferenten Mitteln, wie Kochsalz (und nach Heermann: Soda sowie Bikarbonat), versetzt sind; Pankreatin-Präparat; Pankreas-Tryptase, -Diastase, -Lipase enthaltend; (enthält weder Wasserglas noch Chlor oder sauerstoffhaltige Mittel); *Äuß.:* weißes Pulver; *Reakt.:* alkalisch (NB. für Färbereien wird zur Entfernung von Eiweißflecken aus farbempfindlichen bunten Stoffen als Spezialsorte Burnus-Neutral geliefert); *Eigensch.:* hebt Anschmutzungen, wie Staub und Ruß, die durch Eiweiß, Stärke, Blut, Fett usw. auf der Faser festgekittet sind, vom Gewebe ab, so daß sie in die Einweich- oder Vorwaschlaugen übergehen, indem genannte „Kittsubstanzen" enzymatisch abgebaut, d. h. wasserlöslich gemacht werden; greift die Faser nicht an (künstliche Verdauung auf biochemischem Wege); nimmt an feuchter Luft etwas Wasser auf, zerfließt jedoch nicht; *Lö. Be.:* wirkt in weichem, hartem und auch Seewasser; *Verw.:* zum Einweichen bzw. Vorwaschen, insbesondere in der Weißwäscherei; zum Entfernen von Eiweißflecken in der Detachur und Färberei; *Mengen:* je nach Anwendungszweck und Verschmutzungsgrad; allgemein: 0,2—0,5% (einweichen in kaltem oder besser lauwarmem Wasser von etwa Blutwärme (35—40°), nicht in heißem Wasser; bei Wolle und Seide eine halbe Stunde lang, bei Baumwolle und anderen Textilien etwa 12 Stunden lang!); *V. Pat.:* DRP. 283923, 316098 (Otto Röhm); *Lit.:* Dtsch. Wäschereiztg. Nr. 20 v. 16. Mai 1931 und Nr. 9 v. 27. Februar 1932; Z. dtsch. Öl- u. Fettind. 1920 S. 166; Seifensieder-Ztg. 1915 S. 437; 1919 S. 707.

Burnus-Neutral — **Röhm & Haas AG., Darmstadt. Vertr.: Aug. Jacobi AG., Darmstadt.**

i/Kurs: ja; *analog:* Enzymolin und Burnus; *Konstit.:* aus den Pankreasdrüsen der Schlachttiere gewonnene Enzyme (für Reinigungszwecke wirksame, tryptische Enzyme), die zwecks besserer Dosierung mit indifferenten Mitteln, wie Kochsalz, versetzt sind; Pankreatin-Präparat; Pankreas-Tryptase, -Diastase, -Lipase enthaltend; (enthält weder Wasserglas noch Chlor oder sauerstoffhaltige Mittel); *Äuß.:* Pulver, weiß; *Reakt.:* neutral; *Eigensch.:* hebt Anschmutzungen, wie Staub und Ruß, die durch Eiweiß, Stärke, Blut, Fett usw. auf der Faser festgekittet sind, vom Gewebe ab, so daß sie in die Einweich- oder Vorwaschlaugen übergehen, indem genannte „Kittsubstanzen" enzymatisch abgebaut, d. h. wasserlöslich gemacht werden; greift die Faser nicht an (künstliche Verdauung auf biochemischem Wege!); nimmt an feuchter Luft etwas Wasser auf, zerfließt jedoch nicht; *Lö. Be.:* wirkt in hartem Wasser ebenso wie in weichem und auch in Seewasser; *Verw.:* in Färbereien; zur Entfernung von Eiweißflecken aus farbempfindlichen, bunten Stoffen; *Mengen:* je nach Anwendungszweck und Verschmutzungsgrad; allgemein: 0,2—0,5% (einweichen in kaltem oder besser lauwarmem Wasser von etwa Blutwärme (35—40°), nicht in heißem Wasser; bei Wolle und Seide 1/2 Stunde lang, bei Baumwolle und anderen Textilien etwa 12 Stunden lang!); *V. Pat.:* DRP. 283923, 316098 (Otto Röhm); *Lit.:* Dtsch. Wäschereiztg. Nr. 20 vom 16. Mai 1931 und Nr. 9 v. 27. Februar 1932; Z. dtsch. Öl- u. Fettind. 1920 S. 166; Seifensieder-Ztg. 1915 S. 437 und 1919 S. 707.

C. F. D. 1931 N **Zschimmer & Schwarz, Chemnitz.**

Geb.-J.: 1930; *i/Kurs:* ja; *analog:* C. F. D. 1931 S; Setavin ON; Kaseito; *Konstit.:* Sulfonierungsprodukt höher molekularer aliphatischer Alkohole; *Äuß.:* fast weiße, schmierseifenähnliche Paste (auch als Pulver lieferbar!); *Reakt.:* neutral; *Eigensch.:* erleidet in wässeriger Lösung keine Hydrolyse; hohes Wasch-, Netz-, Emulgier-, Schaum-, Reinigung- und Egalisiervermögen; faserschützend; verhütet das Verfilzen der Wolle auch bei Mitverw. v. NH_3; wirkt peptisierend auf Kalkseife; löst bereits gebildete Kalkseife wieder auf; erzeugt egale, leuchtende, reibechte Färbungen und weichen Griff; unbegrenzt haltbar und lagerbeständig (kein Ranzigwerden, Geruch oder Verfärbung auf Lager!); erzeugt Wolle besseren Glanzes und Griffes, höherer Weichheit (bes. Avivage entbehrlich, ebenso wie Spülen vor dem Färben!) und Spinnfähigkeit als mit Seife und Soda gewaschene Wolle; löst Mineralöl, Schmutz, Öl, Fettstoffe, Schmälzen; *Lö. Be.:* außerordentlich beständig gegen Härtebildner (bildet lösl. Kalk und Magnesiumsalze), Chlor, Säuren, Alkalien und Salze, insbesondere auch Bittersalz; leicht, klar und vollkommen löslich in Wasser jeden Härtegrades (auch beim Aufkochen erfolgt in der Hitze keine Ausscheidung!); bildet mit Schwermetallen, insbesondere Eisen, Mangan, Zink, Kupfer leicht lösliche Salze; *Verw.:* nicht für die Karbonisation und Merzerisation! als Wasch-, Reinigungs-, Netz-, Egalisier- usw. Mittel, allein oder zusammen mit Seife (auch in hartem Wasser); beim Färben, Appretieren (insbesondere für Bittersalzappreturen!); Avivieren, Beuchen vegetabilischer Fasern neben Ätznatron und Soda usw.; zum Anteigen von Farbstoffen in der Küpenfärberei; in der Walke, auch in der sauren Walke; zum Waschen von Wolle in Flocke, Strang und Stück (auch zusammen mit Seife und evtl. unter Zusatz von Ammoniak); zum Entbasten, Vorreinigen und Färben von Naturseide im fetten Seifenbad; zur Veredelung von Azetatseide; zusammen mit mehr oder weniger Seife in der Walke, zur Erzeugung leichterer bzw. dichterer Filzdecke; beim Waschen von Gerberwolle, zusammen mit HCl bzw. nach einer HCl-Behandlung; beim kochend heißen Nachseifen mit Naphthol-Entwicklungs- und Küpenfarbstoffen gefärbter Ware zusammen mit Seife; bei der Wäsche von Azetatseide; in der Apparatfärberei von Wolle in Flocke, Kammzug oder Strang bzw. von Baumwolle als Flocke, Strang, Kops, Spule oder Kettbaum; allgemein auch für Halbwolle, Halbseide und Gemischtfasern; z. Entfernen v. Schlichten; *Mengen:* allgemein: 0,2—2 g/l; an Stelle von Seife: 1/10 dieser (z. B.: 0,3—0,5 g/l statt bisher 3—5 g/l im Schaumfärbebad!); b. Verwendung zusammen mit Seife: 1/5—1/3 dieser (zusammen auflösen oder Seife zuletzt zugeben!); Wolle: b. Waschen loser Wolle a) in Gegenwart v. Härtebildnern: 1 g/l Sodalauge; b) bei weichem Wasser: neben $^2/_3$ der bisherigen Soda- und Seifenmenge: 0,3 bis 0,5 g/l; b. Waschen von Kammzug und Kammgarn: neben Soda: 0,5 bis 1 g/l; i. d. Streichgarnwäscherei (Schmelzen bis zu 10% d. W. Olein): 1 g/l neben viel Soda; b. d. normalen Stückwäsche: 0,5—1 g/l neben etwas NH_3; i. d. sauren Stückwäsche, insbesondere auch bei azetatseidehaltiger Ware: 1 g/l; b. Entgerbern wollener Stückware: neben abgebrochener Soda-Seifenmenge: 1—2 g/l; b. d. Walke im Schmutz: neben Seife und Soda: 1—2 g/l; i. d. sauren Walke: 0,5—1% d. W.; i. d. Wollbleiche mit H_2O_2 oder Na_2O_2: 1 g/l; (beim Nachseifen der Bleichware zusammen mit Seife!); Seide: z. Entbasten von Naturseide: neben 30—35% Seife: 0,5 g/l im ersten Bad; 1 g/l im Repasierbad; i. d. Bleiche der Naturseide mit H_2O_2, ebenso wie beim kochend heißen Seifen: 0,6 g/l; (bei hartem Wasser allein, sonst neben Marseiller Seife!); b. Färben von Naturseide: neben Marseiller Seife: 0,2—0,5 g/l; Baumwolle: i. d. Beuche mit 3—4° Bé starker NaOH: 1% d. W. — bei hartem Wasser — (bei weichem Wasser 1% d. W. Beuchöl PO!); i. d. Chlorkalk- und Chlorbleiche, im Bleichbad: 0,3—0,6 g/l (zum kochend heißen Nachseifen allein oder zusammen mit Seife!); b. Abkochen von Strangware: 0,5—1% d. W.; i. d. Vorwäsche von Strümpfen aus Baumwolle und Kunstseide: neben Waschextrakt N oder Schmierseife und Soda: 0,5 g/l; (NB. bei Strümpfen, die Azetatseide enthalten oder Effekte aus Passiv- oder Kristallgarn oder immunisierte Indanthrenränder: 1—3 g/l neben Marseiller Seife oder Waschextrakt N!); b. d. Vorwäsche von Trikotagen aus Baumwolle, Kunstseide, Azetatseide, von Wäschestoffen aus Charmeuse und Milanese: 0,2—3 g/l; i. d. Färberei mit Schwefel-, Naphthol-, Entwicklungs-, Küpen- und substantiven Farben: allein (0,3—1 g/l) oder zusammen mit Seife; Kunstseide: b. Färben von Kupfer- und Viskoseseide: 0,3—1 g/l; b. Färben von Azetatseide: 0,6 g/l (50° C, $^1/_2$ Stde.; dann 70—80° C-Wasch- und Färbebad zugleich!); i. d. Appretur: 20%ige wässerige Lösung an Stelle der bisherigen Appreturölmengen; *H. Pat.*, *V. Pat.:* DRP. angem.; *Lit.:* Z. f. ges. Textilind. 1931 Heft 42; Chem.-Ztg. 1932 S. 835 u. 893.

C. F. D. 1931 S **Zschimmer & Schwarz, Chemnitz.**

Geb.-J.: 1930; *i/Kurs:* ja; *analog:* C. F. D. 1931 N; Setavin ON; Kaseito; *Konstit.:* Sulfonierungsprodukt höher molekularer, aliphatischer Alkohole; *Äuß.:* hellgelbe, fast weiße, schmierseifenähnliche Paste; *Reakt.:* sauer; *Eigensch.*, *Lö. Be.:* siehe C. F. D. 1931 N; *Verw.:* NB. nicht für die Karbonisation und Merzerisation!; speziell in der Avivage zur Erzeugung eines weichen Griffs; *Mengen:* siehe C. F. D. 1931 N; *H. Pat.*, *V. Pat.:* DRP. angem; *Lit.:* Z. f. ges. Textilind. 1931 Heft 42; Chem.-Ztg. 1932 S. 835 u. 893.

Candit V Tg. **Chem. Fabr. Pyrgos G. m. b. H., Radebeul-Dresden.**

Geb.-J.: 1928; *i/Kurs:* ja; *Konstit.:* Zink-Natrium-Glykose-Hydrosulfit; *Äuß.:* Teig, weiß; *Reakt.:* praktisch neutral; *Eigensch.:* Reduktions- und Bleichwirkung; Farbstoffe ziehen auf mit Candit gebleichte Wolle mit klarem, reinem, sattem Ton auf; *Lö. Be.:* beständig gegen hartes Wasser und Neutralsalze; unbeständig gegen Säuren; *Verw.:* in allen Reduktions- und Bleichprozessen; beim Bleichen von Wolle; als Reduktions- und Ätzmittel für Küpenfärbung und Druck ohne Dämpfen; (NB. kann auch im Anschluß an eine H_2O_2-Bleiche angewandt werden!); *Mengen:* in der Wollbleiche: 2—3 g/l bzw. 6—8% d. W. (zunächst in Wasser verteilen; diesen Brei zum 60° warmen Wasser im Bleichbottich zugeben; Wolle einbringen; zugedeckt 12 Stdn. stehen lassen; die Wolle mit H_2SO_4 säuern und auswaschen!); *H. Pat.:* DRP. 529617; *Lit.:* Melliand Textilber. 1930 S. 610.

Caragheenextrakt **Zschimmer & Schwarz, Chemnitz.**

Geb.-J.: 1919; *i/Kurs:* ja; *Konstit.:* sterilisierter Extrakt aus Caragheenmoos; *Äuß.:* hellgelbe, gallertartige Masse; *Reakt.:* neutral; *Eigensch.:* gibt vollen, flauschigen Griff, speziell in der Wollappretur; *Verw.:* in der Appretur; *Mengen:* je nach Ware verschieden.

Carbo-Flerhenol **Farb- u. Gerbstoffwerke C. Flesch jr., Frankfurt a. M.**

i/Kurs: ja; *Konstit.:* Sulfosäure (Rizinussölpezialsulfonat[1]); *Eigensch.:* netzend; verhindert die Bildung schädlicher Kalkseifen; *Lö. Be.:* gegen H_2SO_4 von 6° Bé beständig; beständig gegen Wasser v. 20° DH; *Verw.:* als Zusatz bei der Karbonisation von Schafwolle; *Lit.:* Seifensieder-Ztg. 1931 S. 650; [1]Melliand Textilber. 1930 S. 610.

Carbolan **Zschimmer & Schwarz, Chemnitz.**

Geb.-J.: 1927; *i/Kurs:* ja; *Konstit.:* Gemisch aromatischer Sulfosäuren; *Äuß.:* Flüssigkeit, braun; *Reakt.:* sauer; *Eigensch.:* netzend, auch in der Kälte; reinigend; schmutzlösend; *Lö. Be.:* beständig gegen konzentrierte Säuren, z. B. Schwefelsäure von ca. 4° Bé; *Verw.:* in der Karbonisation; *Mengen:* allgemein: 1—2 g/l Karbonisierflotte (10—20° C; 15—30 Min.).

Cardosal

Konstit.: Alkalisalze von Lysalbin- und Protalbinsäuren (erhalten aus Abbauprodukten des Eiweißes).

Cellappret **I. G. Farbenindustrie AG., Frankfurt a. M.**

Geb.-J.: 1929; *i/Kurs:* ja; *Konstit.:* Zelluloseäther; *Äuß.:* gelbliche, lockere, flockig-schuppige Masse; *Eigensch.:* quellbar; erteilt Stoffen einen vollen, nicht brettigen Griff; mit ihm ausgerüstete Stoffe schreiben auch bei dunklen Färbungen nicht und ergeben keine Schimmelflecken; verleiht Geweben guten Schluß, Imprägnierungen größere Haltbarkeit; mit ihm behandelte Ware nimmt den Staub nicht so auf; beeinflußt bei gleichzeitiger Anwendung zus. m. Imprägniermitteln den Wasserdichtmacheffekt nicht; *Lö. Be.:* quillt mit heißem Wasser, ähnlich wie Leim, auf und löst sich schließlich; *Verw.:* bei der Appretur von Textilien, insbesondere als Appretur- bzw. Füllmittel beim Imprägnieren zum Zwecke des Wasserdichtmachens, jedoch nur bei Imprägnationen nach dem Zweibadverfahren (da es mit essigsaurer Tonerde selbst Fällungen gibt); auch allein als Imprägniermittel; zusammen mit Ramasit I zum Appretieren von Kunstseideartikeln; als Schlichte, die nicht aufgeschlossen zu werden braucht; *Mengen:* bei der zweibadigen Seife-Tonerde-Imprägnierung: auf 2 Teile Seife: 1 Teil; als Imprägniermittel: 25 g/l mit nachfolgender essigsaurer Tonerde (4—6° Bé)-Passage; als Appreturmittel: 20—100 g/l Appreturflotte; NB. mit der 3—4fachen Menge warmen Wassers übergießen und evtl. erwärmen, bis Lösung eintritt! *H. Pat., V. Pat.:* patentiert.

Celloxan **I. G. Farbenindustrie AG., Frankfurt a. M.**

Eigensch.: erleichtert bzw. ermöglicht das Färben von Azetatseide mit basischen Farbstoffen in tiefen Tönen, ohne Glanz, Griff und Festigkeit der

Azetatseide zu schädigen; erzeugt gut waschechte Färbungen; *Verw.:* beim Färben von Azetatseide mit basischen Farbstoffen in tiefen Tönen.

Cerat **A. Th. Böhme, Dresden-N. 6.**

Verw.: für Hochglanzappretur bei Kalanderware.

Chloramin **v. Heyden, Radebeul.**

ähnlich: Aktivin und Mianin; *Konstit.:* Toluolsulfochloramidnatrium; *Verw.:* als Bleich-, Wasch- und Oxydationsmittel; als Beuchzusatz; als Stärkeaufschließungsmittel; in der Appretur, Schlichterei usw.; zum Chloren von Wolle für die Kleiderfärberei; als Konservierungs- und Desinfektionsmittel; *H. Pat., V. Pat.:* DRP. 390658, 422076, 461637; *Lit.:* Z. angew. Chem. 1927 S. 1032.

Chloröl

Verw.: als Zusatz zu Alizarindruckfarben im Zeugdruck.

Citomerpin **Chemische Fabrik Pott & Co., Pirna-Copitz.**

Konstit.: Alkylierte Naphthalinsulfosäuren + Fettlöser; *Lö. Be.:* beständig gegen Wasser bis zu 20° DH; *Verw.:* als Netzmittel; *Lit.:* Melliand Textilber. 1930 S. 610, 788.

Cleanol **Dr. A. Schmitz, Düsseldorf-Oberkassel.**

i/Kurs: ja; *Konstit.:* ... + Kohlenwasserstoff (90%), technisch wasserfrei; *Äuß.:* Flüssigkeit, gelbbraun; *Eigensch.:* löst leicht alle Mineralölflecken oder Verunreinigungen fettiger oder öliger Natur; verhütet, in der Weißwäscherei verwandt, ein Nachgilben der Ware; erleichtert beim Umfärben in der Kleiderfärberei das gleichmäßige Anfärben auch abgetragener Stellen; kann sowohl direkt der Seifenstammlsg. oder auch für sich, mit Wasser verdünnt, der Waschflotte zugegeben werden; greift die Farben nicht an; *Verw.:* allein, vorteilhaft aber zusammen mit Seife, als Entfettungs- und Reinigungsmittel für Faserstoffe aller Art; für die Weißwäsche; in der Kleiderfärberei als Reinigungsmittel vor dem Färben; als Detachiermittel; *Mengen:* b. d. Verwendung zusammen mit Seife: 15—20% der Kern- oder Schmierseife; i. d. Weißwäscherei: 1—3 g/l Waschflotte; z. Entfernung von starkem Schmutz, Fett- oder Mineralölflecken: unverdünnt (anbürsten, kurze Zeit liegen lassen, evtl. auswaschen, der übrigen Waschware beigeben!); NB. bei besonders starken Verunreinigungen mit konz. Cleanol vorbehandeln, nach 1/2 Stde. auswaschen, dann nochmals mit Cleanol behandeln und sodann der übrigen Wäsche beigeben! i. d. Kleiderfärberei, beim Reinigen vor dem Färben stark verschmutzter Stellen (Rockkragen und Ärmel): 20%ige Lösung; b. d. Verwendung als Detachiermittel: a) konzentriert, b) 20%ige Lösung (Ware mit Wasser anfeuchten, mit der Lösung übergießen oder einreiben, 1/2 Stde. ziehen lassen, dann auswaschen!); c) 10%ige Lösung (für leichtere Verschmutzung) (20 bis 30 Min. behandeln und dann unter langsamer Zugabe lauwarmen Wassers auswaschen!).

Cocosölseife **J. Simon & Dürkheim, Offenbach a. M.**

i/Kurs: ja; *Konstit.:* Seife; *Verw.:* beim Appretieren; beim Waschen; als Appretur und Schlichteseife für feine Gewebe, Damaste usw.

Colloresin D **I. G. Farbenindustrie AG., Frankfurt a. M.**

analog: Colloresin D trocken; *Eigensch.:* erleichtert die Verwendung von Küpenfarbstoffen im Hand- und Spritzdruck; *Verw.:* im Hand-, Relief- und Rouleauxdruck.

Colloresin D trocken **I. G. Farbenindustrie AG., Frankfurt a. M.**

analog: Colloresin D; *Konstit.:* Zellulosekörper; *Eigensch.:* erleichtert die Verwendung von Küpenfarbstoffen im Hand- und Spritzdruck; *Lö. Be.:* wasserlöslich; *Verw.:* im Hand-, Relief- und Rouleauxdruck.

Coloran B 7 **Oranienburger Chemische Fabrik AG., Charlottenburg 2.**

i/Kurs: ja; *Ersatz* für die Colorane K, L und S, deren Fortentwicklungsprodukt es ist; *analog:* Coloran O extra in der Verwendung als Färbeöl; dem Sojol (i. d. Konstitution! — Sojol jedoch kalkbeständiger! —); *Konstit.:* Spezialsulfonierungsprodukt auf Ölbasis (hochsulfoniertes Kondensationsprodukt aus Fettstoffen); *Äuß.:* braunes Öl; *Eigensch.:* Netz-, Durchdringungs-, Reinigungs-, Durchfärbe-, Egalisier-, Suspendier-, Lösevermögen für Schmutz, Farbstoffe und Druckpasten; erzeugt milden Griff; erhält Festigkeit und Elastizität der Faser; schützt die pflanzliche und tierische Faser (W, S) gegen die Einwirkung von Alkalien, Soda, Schwefelnatrium, Chrom- und Kupfersalzen sowie von Säuren; verhindert i. Gem. m. gew. Seifen oder Türkischrotölen (z. Hälfte Coloran B 7 und z. Hälfte Seife oder Türkischrotöl 50%ig) b. Verw. in hartem Wasser, Bittersalzlsg. oder schwach saurem Medium d. Bildung störender Kalk- oder Magnesiaseifen bzw. Fettsäureausscheidungen (NB. erst Coloran auflösen, dann gel. Seife oder TR-Öl nachsetzen!); *Lö. Be.:* klar löslich in destilliertem, Leitungs-, Fluß- oder Grundwasser; beständig gegen hartes Wasser bis zu 35° d. H. (auch beim Kochen), gegen 50%ige Bittersalzlösung (man kann krist. Bittersalz in Coloran B 7 auflösen!), gegen Schwefelsäure (5%ig), Ameisensäure, Essigsäure der in der Färberei auftretenden Konzentrationen, gegen Natronlauge, Glaubersalz oder Kochsalzlösung (wird nicht ausgesalzen!), gegen Chlorlauge; *Verw.:* als Färbeöl; zum Anteigen von Farbstoffen und Druckpasten; zum Färben, Vornetzen und Aufweichen; in der Wollfärberei mit Säure- und Chromfarben; in der Küpen- und Naphtholrotfärberei; beim Schlichten und Appretieren, insbes. auch in der Salzappretur; für die Merzerisation; *Menge:* z. Lösen saurer, substantiver, Schwefel- und Küpenfarbstoffe: die für das Färbebad vorgesehene Menge, etwa 1% d. W. (anteigen; mit heißem Wasser verrühren; evtl. aufkochen und dem Farbbad zusetzen!); i. d. Wollfärberei mit Chromfarbstoffen: 0,5—1,5 % d. W.; i. d. Wollfärberei mit Küpenfarbstoffen: 1—3 g/l Küpenflotte; i. d. Wollfärberei mit sauren Farbstoffen: 0,5—1,5% d. W.; b. Wiederauffärben getragener und abgezogener Woll- und Halbwollsachen: 1—2% d. W.; i. d. Halbwollfärberei mit subst. Farbstoffen: 0,8—2% d. W.; i. d. Halbwollfärberei mit Schwefelfarbstoffen: auf 1 Teil Schwefelnatrium $^1/_2$ bis $^3/_4$ Teile; i. d. Seidenfärberei: 0,5—1% d. W.; i. d. Färberei von KS, BW, auch merzerisierter BW: 1—1,5 g/l; i. d. Avivage wollener, seidener, baumwollener und kunstseidener Ware: 0,25—1 g/l; z. Entwickeln v. Küpen- und Naphtholfärbungen: 1 g/l; b. Abziehen von Farbstoffen von W-, HW- und BW-Artikeln: 1—2% d. W.; z. Vornetzen: 0,5—1% d. W. (10 Min.; 40—50°!); b. Beuchen (Abkochen roher Baumwolle): 0,3—0,5% d. W.; evtl. zusammen mit Perpentol E, z. B.: neben 0,2—0,3% d. W. Perpentol E: 0,2—0,3% d. W.; *H. Pat.*, *V. Pat.:* In- und Auslandspatente; *Lit.:* Melliand Textilber. 1930 S. 610 u. 788.

Coloran K **Oranienburger Chem. Fabr. AG., Charlottenburg 2.**

i/Kurs: ja; *Ersatz:* das beständigere Coloran B 7; *analog:* den einfachen Türkischrotölen, deren Fortentwicklungsstufe es ist; auch Coloran O extra i. d. Verw. als Färbeöl; *Konstit.:* Sulfonierungsprodukt des Rizinusöls + Fettlöser; *Äuß.:* gelbe Flüssigkeit; *Eigensch.:* wie Türkischrotöl; *Lö. Be.:* etwas beständiger als Türkischrotöl; *Verw.:* wie Türkischrotöl, hauptsächlich als Färbeöl; *Mengen:* wie Türkischrotöl; *Lit.:* Melliand Textilber. 1926 Heft 10; 1930 S. 788.

Coloran L **Oranienburger Chem. Fabr. AG., Charlottenburg 2.**

i/Kurs: ja; *Ersatz:* das beständigere Coloran B 7; *analog:* den einfachen Türkischrotölen, deren Fortentwicklungsstufe es ist; *Konstit.:* Sulfonierungsprodukt des Rizinusöls + Aviviermittel; *Äuß.:* gelbe Flüssigkeit; *Eigensch.:* wie Türkischrotöl; *Lö. Be.:* etwas beständiger als Türkischrotöl; *Verw.:* wie Türkischrotöl; besonders beim Avivieren von Schwefelschwarz; *Mengen:* wie Türkischrotöl.

Coloran O extra **Oranienburger Chem. Fabr. AG., Charlottenburg 2.**

analog: Coloran B 7 und Coloran K (in der Verwendung als Färbeöl); *Konstit.:* Sulfonierungsprodukt + Lösungsmittel; (Kombination aus Coloran K und Coloran B 7 mit einer geringen Menge des im Cycloran enth. Lösungsmittels!); Spezialsulfonat auf Ölbasis[1]; *Äuß.:* gelbbraune Flüssigkeit; *Reakt.:* neutral; *Eigensch.:* netzend; *Lö. Be.:* kalkbeständig (nicht so beständig wie Coloran B 7, aber preiswerter!); *Verw.:* in der Hauptsache als Färbeöl; *Lit.:* [1]Melliand Textilber. 1930 S. 788.

Coloran S **Oranienburger Chem. Fabr. AG., Charlottenburg 2.**

i/Kurs: ja; *Ersatz:* das beständigere Coloran B 7; *analog:* den einfachen Türkischrotölen, deren Fortentwicklungsstufe es ist; *Konstit.:* Sulfonierungsprodukt des Rizinusöls + Fettlöser; *Äuß.:* gelbe Flüssigkeit; *Reakt.:* schwach sauer; *Eigensch.:* wie Türkischrotöl; *Lö. Be.:* etwas beständiger als Türkischrotöl; *Verw.:* wie Türkischrotöl, in der Hauptsache als Färbeöl für Wollwaren; *Mengen:* wie Türkischrotöl; *Lit.:* Melliand Textilber. 1930 S. 788.

Comedol

ähnlich: Duferol; *Konstit.:* Seife + Fettlöser (Tetralin + Hexalin + Trichloräthylen).

Consistentes Schlichteöl **J. Simon & Dürkheim, Offenbach a. M.**

i/Kurs: ja; *Äuß.:* weiß; *Verw.:* beim Appretieren; für feine Garne; in der Herstellung von Damasten usw.

Cupalit **Chem. Fabr. Grünau Landshoff & Meyer AG., Berlin-Grünau.**

Geb.-J.: 1928; *i/Kurs:* ja; *analog:* Lamepon A; *Konstit.:* Eiweißspaltprodukt + sulfoniertes Öl; *Äuß.:* Öl, braun; dickflüssig; *Reakt.:* schwach alkalisch, gegen Lackmus; *Eigensch.:* geruchlos; netzend; egalisierend; farbstofflösend; dispergierend; *Lö. Be.:* in Wasser und in schwachen Alkalien leicht löslich; verhindert die Bildung unlöslicher Kalkverbindungen; *Verw.:* als Färbeöl und Egalisierungsmittel beim Färben von Baumwolle und Kunstseide mit Farbstoffen aller Art; in der Küpenfärberei (Indanthren, Algol, Cibanon usw.) zum Färben und Anteigen der Farbstoffe; *Mengen:* b. Färben von Baumwolle: 2—5% d. W. oder 1—5 g/l; i. d. Strangfärberei: auf 100 kg Baumwollgarn in 2000 l Flotte neben: 2 kg Soda kalz., der Natronlauge und dem Hydrosulfit: 2 kg; i. d. Stückfärberei: für 100 kg Ware in 300 l Flotte neben: 600 g Soda, Natronlauge und Hydrosulfit: 2 kg; i. d. Apparatefärberei: für 100 kg Material (Cops, Kreuzspule, Kettbaum) in 1000 l Flotte neben: 2 kg Soda kalz., der Natronlauge und dem Hydrosulfit: 2 kg.

Curacit-Natron **C. H. Boehringer Sohn AG., Nieder-Ingelheim a. Rh.**

Geb.-J.: 1917; *i/Kurs:* ja; *Konstit.:* ein Gemisch von cholsaurem Natrium ($C_{24}H_{39}O_5Na$) und desoxycholsaurem Natrium ($C_{24}H_{39}O_4Na$) im Verhältnis 8:2; (ein Ochsengallenpräparat); frei von Lösungsmitteln (n. Prof. Herbig: Tauro-Glyko-cholsaures Natron); *Äuß.:* hellbraunes Pulver (wird auch als 40%ige Lösung geliefert); *Reakt.:* schwach alkalisch, etwa wie Seife; *Eigensch.:* von bitterem Geschmack, hygroskopisch; erhöht die Benetzungsfähigkeit, wirkt emulgierend, dispergierend, reinigend und fettlösend; erhöht die Schaumkraft von Seifen; *Lö. Be.:* leicht löslich in Wasser; gegen hartes Wasser nur in verdünnten Lösungen (unter 0,1%), gegen die Salze der Alkalien und des Magnesiums bis zum Aussalzen bei hohen Konzentrationen, gegen Säure nicht, gegen Alkalien unbegrenzt beständig; die Erdalkalien und die Schwermetallsalze bilden die entsprechenden schwer löslichen gallensauren Salze; *Verw.:* als Netz-, Wasch-, Reinigung-, Emulgier-, Dispergier- und Fettlösemittel; beim Walken, Entschlichten, Bleichen, Beuchen, Färben, Schaumfärben, Klotzen, Drucken, beim Ätzdruck, zum Dispergieren von Küpenfarbstoffen, zum Egalisieren von Färbungen, auch auf Leder, beim Beizen von Häuten und Fellen, beim Avivieren, zum Appretieren von Leder, zur Herstellung von Gallseifen und Waschmitteln; *Mengen:* 0,05—0,35% der Flotte; 0,4% der Appreturmasse; 0,5—3% der Ware beim Bleichen; *H. Pat.:* DRP. 321699, B 89622 IV/12 o 2; *V. Pat.:* DRP. 324575 Walkverfahren, DRP. 328817 Ätzdruck, DRP. 325470 Verhinderung des Vergilbens, DRP. 326573 Gewinnung fein verteilter Küpenfarbstoffe, DRP. 351015 Beizen von Häuten und Fellen, DRP. 318217 Netzen, DRP. 323804 Herstellung von Gallseifen und Waschmitteln, B 99169 IV/8 m Egalisieren von Färbungen auf Leder; *Lit.:* Seifensieder-Ztg. 1927 S. 987, Antwort 1042; Melliand Textilber. 1928 S. 759; 1930 S. 610.

Cyclonol **Dehydag, Berlin-Charlottenburg.**

i/Kurs: ja; *analog:* Hexalin und Methylhexalin; *Konstit.:* substituierte Dihydrodioxole (2-2-Methylpentamethylen-4-oxymethyldihydrodioxol); *Äuß.:* Flüssigkeit, wasserhell; *Reakt.:* neutral; *Eigensch.:* praktisch geruchfrei; (sonst ähnlich wie Hexalin und Methylhexalin); hohes Lösungsvermögen für Fette, Harze, Öle und andere Schmutz fixierende Substanzen; läßt sich mit Seifen zu klaren, wasserlöslichen Kombinationen verbinden; S.-Z. und V.-Z.: 0; Azetyl-V.-Z.: 246; Sp. 250° C; verbessert die Seifenwirkung und insbesondere die Lösewirkung der Seife; erhöht das Emulsionsvermögen von Seife; beeinflußt Kalkseifenbildung bezüglich der Struktur; steigert die Schaumkraft; *Lö. Be.:* wasserunlöslich; leicht löslich in organischen Lösungsmitteln, Benzol, Benzin, Alkohol; *Verw.:* als Zusatz zu Seifen; in Verbindung mit Seifen oder Kohlenwasserstoffen (Benzin, Benzol, Tetrachlorkohlenstoff, Tetralin usw.); als hochwertiges Waschmittel für

Wäschereibetriebe; bei der Wäsche feiner Wolle mit starkem Schweißgehalt; bei der Wäsche von mit mineralölhaltigen Schmälzmitteln geschmälzten Garnen; bei der Reinigung von Hutfilzen und Filztuchen; bei der industriellen und häuslichen Reinigung der Baumwolle; als Zusatz beim Kochen und Beuchen unter Druck; zur Herstellung von Fleckseifen; *Mengen:* z. Herstellung von Waschextrakten: neben 14,3 Teilen Olein und 5,7 Teilen Kalilauge von 50° Bé: 80 Teile; *H. Pat.*, *V. Pat.:* DRP. 542443 (Generallizenz für die Herstellung von Haushaltsseifen und -waschmitteln: Benzit A.-G.[1]); *Lit.:* Seifensieder-Ztg. 1932 S. 250 u. [1] 282 u. Nr. 21 u. Nr. 50.

Cykloran E **Oranienburger Chem. Fabr. AG., Charlottenburg 2.**

i/Kurs: ja; *analog:* den übrigen Cykloranen; *Konstit.:* Kaliseife aus pflanzlichen Fetten bzw. Ölen (ohne Harz und Tran) + höherer Alkohol (Sp. oberhalb 160° C); besonders starker Gehalt an Seife; *Äuß.:* goldgelbes, schmierseifenähnliches Produkt; *Eigensch.:* Netzvermögen (am stärksten bei Cykloran FC!); Löse- bzw. Emulgiervermögen für Vielfaches des Eigengewichtes an Fetten, Ölen, Kohlenwasserstoffen und anderen wasserunlöslichen Stoffen; Dispergiervermögen für feste Substanzen, wie Sand, Ruß, Graphit, Metallteilchen, Kalk, Pflanzenreste, Staub; feuerungefährlich; unschädlich für höchst empfindliches Woll- und Seidenmaterial (die Seifenhydrolyse wird durch den höheren Alkohol zurückgedrängt!); *Lö. Be..* kalkbeständig (am höchsten Cykloran FC!); *Verw.:* meist allein, da es die für die Praxis notwendige hohe Seifenkonzentration (neben dem Fettlöser) bereits enthält; *H. Pat.*, *V. Pat.:* patentiert; *Lit.:* Seifensieder-Ztg. 1930 S. 495; Melliand Textilber. 1926 Heft 10; 1928 S. 759; 1930 S. 610 u. 788.

Cykloran FC **Oranienburger Chem. Fabr. AG., Charlottenburg 2.**

i/Kurs: ja; *analog:* den übrigen Cykloranen; *Konstit.:* Natriumsalz eines Sulfonierungsproduktes aus Rizinusöl (ohne Harz und Tran) + höherer Alkohol (Sp. oberhalb 160° C): nach Herstellers Angaben; Seife + Fettlöser[1]; *Äuß.:* gelbe Flüssigkeit; *Reakt.:* neutral; *Eigensch.:* Netzvermögen (am stärksten bei Cykloran FC!); Egalisiervermögen; *Lö. Be.:* kalkbeständig (am höchsten Cykloran FC!); *Verw.:* in der Färberei; als Netzmittel für Eis-, Küpen- und Schwefelfarbstoffe; (allein oder zusammen mit Seife!); *Mengen:* i. d. Apparatfärberei (beim Färben von losen Fasern, Stranggarnen, Kopsen, Kreuzspulen, gescherten Ketten): 0,25—0,5% d. W.; b. Färben mit Küpen- und Entwicklungsfarben: 2—3 g/l; *H. Pat.:* patentiert; *Lit.:* Seifensieder-Ztg. 1930 S. 495; [1] Melliand Textilber. 1926 Heft 10; 1928 S. 759; 1930 S. 788.

Cykloran M **Oranienburger Chem. Fabr. AG., Charlottenburg 2.**

i/Kurs: ja; *analog:* den übrigen Cykloranen; *Konstit.:* Kaliseife aus pflanzlichen Fetten bzw. Ölen (ohne Harz und Tran) + höherer Alkohol (Sp. oberhalb 160° C); besonders starker Gehalt an höherem Alkohol; *Äuß.:* gelbe Flüssigkeit; *Eigensch.:* Netzvermögen (am stärksten bei Cykloran FC!); Löse- bzw. Emulgiervermögen für vielfaches des Eigengewichtes an Fetten, Ölen, Kohlenwasserstoffen und anderen wasserunlöslichen Stoffen; Dispergiervermögen für feste Substanzen, wie Sand, Ruß, Graphit, Metallteilchen, Kalk, Pflanzenreste, Staub; feuerungefährlich; unschädlich für höchstempfindliches Woll- oder Seidenmaterial (die Seifenhydrolyse wird durch den höheren Alkohol weitgehend zurückgedrängt!); besonders hohes Fett- und Öllöse- bzw. Emulgiervermögen; *Lö. Be.:* kalkbeständig (am höchsten Cykloran FC!); *Verw.:* (allein oder zusammen mit Seife!); s. Mengen!; *Mengen:* b. Reinigen ölhaltiger Baumwollabfälle (lose Faser, Fäden): a) neben 4% d. W. Ätznatron: 2% d. W. (1:15–1:20 Flottenlänge; $^1/_2$ Stde. kochen auf dem Holländer; dann spülen!); b) neben 3% d. W. Ätznatron: 1% d. W. (1:4—1:5 Flottenlänge; 1 Stde. kochen im offenen Druckkessel [Beuchekessel]; dann spülen sowie weiter mit gleichen Ansätzen und Flottenlängen zum Kochen treiben und 6 Stdn. bei 2 Atmosphären kochen; spülen und m. 1° Bé Chlorlauge bleichen!); (NB. die Angaben beziehen sich auf Material mit ca. 10—15% an unverseifbaren Fetten, Ölen und Schmutz!); z. Reinigen von Wirk- und Strickwaren von Öl und Graphit: neben der üblichen Ätznatron oder Soda kalz. haltigen Kochlauge: 0,25—0,5% d. W.; b. Kochen und Bleichen in einem Bad: neben 1,5 g/l Seife und 0,5 g/l Ammoniak (25%ig) sowie 2 g/l H_2O_2 (30 Gew.% ig bzw. 100 Vol.%ig): 1,5 g/l (50° C; während $^1/_2$ Stde. auf 90—95° C; 1 Stde. bei 95° C!); i. d. Stückfärberei: 1—2 g/l; z. Entschlichten von Rohseide: 1,5—2,5 g/l ($1^1/_2$—2 Stdn. bei 60—70° C; spülen!); z. Entschlichten von Kunstseide: neben 0,5—1 g/l Soda und 1—2 g/l Seife: 1,5—2,5 g/l ($^1/_2$—1 Stde.; 60—70° C!); i. d. Seidenbleiche, im kochend heißen Superoxydbad: 1—2 g/l; z. Fleckentfernen (Kleider- und Webstuhlflecken): a) örtlich mit dem konzentrierten Mittel; b) 5—10 g/l (mehrere Stunden lauwarm oder kochend!); z. Waschen loser Wolle auf dem Leviathan: Bottich 1: 4,5 g/l Soda kalz. und $^3/_4$ l Stammseifenlösung auf je 100 l (45° C); Bottich 2: 3,75 g/l Soda kalz. und 1 l Stammseifenlösung auf je 100 l (45° C); Bottich 3: 2 g/l Soda kalz. und $^1/_2$ l Stammseifenlösung auf je 100 l (45° C); Bottich 4: Wasser; (NB. die Stammseifenlösung besteht aus 38 kg Schmierseife 38%ig, 10 kg Cykloran M, 7 kg Soda in 400 l Wasser!) (Waschdauer: 2 Stdn.!); b. Waschen loser Wolle im Bottich: a) auf einem Bottich: neben 4—7 g/l Soda kalz.: 0,5—0,75 g/l; (1:15 Flottenverhältnis; $^1/_2$ Stde.; 45° C; einweichen; quetschen; kalt spülen!); b) auf zwei Bottichen: Bottich 1: neben 3—6 g/l Soda kalz.: 0,2—0,5 g/l (1:20 Flottenlänge; 20 Min.; 40° C; abquetschen!); Bottich 2: neben 0,5—1 g/l Seife: 0,5—1 g (1:20 Flottenlänge; 25 Min.; 45° C; abquetschen; kalt spülen!); z. Waschen von Kammzügen auf Lisseusen: siehe lose Wolle!; z. Waschen von Wollgarnen zwecks Entfernung der Schmelzen: bei Teppichgarnen: neben 6% d. W. Soda kalz. und 3—4% d. W. Salmiakgeist: 4—6% d. W. (1:40 Flottenverhältnis; 40—45° C!); (NB. zum Nachsatz: $^1/_2$—$^3/_4$ der ersten Zusätze!) (NB. bei stark kalkhaltigen Haargarnen folgt auf das Spülen eine Behandlung mit 0,5%iger Salzsäure bei 30° C!); i. d. Wollbleiche, zwecks Bleiche und Reinigung in einem Bad: neben 0,5—1 g/l Seife und 0,5 g/l Ammoniak (25%ig) und 2—5 g/l H_2O_2 (30 Gew.%ig bzw. 100 Vol.%ig): 1,5 g/l (40—50° C; einige Stdn.; dann spülen!); (NB. an Stelle von H_2O_2 können auch andere Sauerstoffbleichmittel, z. B. Perborat, verwendet werden!); b. d. Walke im Fett: a) bei ausreichenden Mengen Verseifbarem i. d. Spinnschmelzen: neben der erforderlichen Menge Sodalsg.: 0,5—1% d. W.; sonst b) neben 2—2,5% d. W. Seife: 0,5—1% d. W.; (NB. bei hohem Gehalt der Schmelze an unverseifbarem Öl kombiniert man die beiden vorgeschriebenen Verfahren!); b. Waschen von Streichgarn- und Kunstwollwaren nach der Walke: 0,5—1,5% neben evtl. auf $^3/_4$—$^1/_2$ herabgesetzten, bisherigen Soda- und Seifenmengen; b. Waschen ölhaltiger Wollabfälle und -fäden: neben 1,5—2 g/l Schmierseife und 1—2 g/l Soda kalz.: 1—2 g/l (42° C); i. d. Detachur wollener oder halbwollener Stoffe sowie von Kleidungsstücken: a) konzentriert; zusammen mit wenig Wasser zum vorherigen Betupfen (nachträglich mit Wasser wieder auswaschen!); oder b) neben 1—2 g/l Ammoniak: 4—6 g/l (30—35°;

nachträglich kalt oder lauwarm spülen!); *H. Pat.:* patentiert; *Lit.:* Seifensieder-Ztg. 1930 S. 495; Melliand Textilber. 1926 Heft 10; 1928 S. 759; 1930 S. 788.

Cykloran O **Oranienburger Chem. Fabr. AG., Charlottenburg 2.**

i/Kurs: ja; *anolog:* den übrigen Cykloranen; (billiger als Cykloran M!); *Konstit.:* Kaliseife aus pflanzlichen Fetten bzw. Ölen (ohne Harz und Tran) + höherer Alkohol (Sp. oberhalb 160° C); Gehalt an Seife und höherem Alkohol etwa wie 1:1; *Äuß.:* gelbbraune Flüssigkeit; *Eigensch.:* Netzvermögen (am stärksten bei Cykloran FC!); Löse- bzw. Emulgiervermögen für Vielfaches des Eigengewichtes an Fetten, Ölen, Kohlenwasserstoffen und anderen wasserunlöslichen Stoffen; Dispergiervermögen für feste Substanzen, wie Sand, Ruß, Graphit, Metallteilchen, Kalk, Pflanzenreste, Staub; feuerungefährlich; unschädlich für höchstempfindliches Woll- oder Seidenmaterial (die Seifenhydrolyse wird durch den höheren Alkohol weitgehend zurückgedrängt!); gleich gutes Fett- und Öllöse- bzw. Emulgiervermögen wie Dispergiervermögen für feste Stoffe; *Lö. Be.:* kalkbeständig (am höchsten Cykloran FC!); *Verw.:* (allein oder zusammen mit Seife!); s. Mengen!; *Mengen:* z. Waschen ölhaltiger Putzlappen: 1. in der Zentrifuge mit heißem Dampf behandeln; dann auf der Waschmaschine: neben 2% Soda kalz.: 0,5% d. W.; 2. nur auf der Waschmaschine: neben 5% d. W. Soda kalz. und 5% Wasserglas: 2% d. W.; i. d. Apparatfärberei (b. Färben von losen Fasern, Stranggarnen, Kopsen, Kreuzspulen, gescherten Ketten): 0,5—1% d. W.; i. d. Schaumfärberei: 3—5 g/l; b. substantiven und Schwefelfärbungen: 2—3 g/l; i. d. Strangfärberei auf der Kufe: 0,5—1% d. W.; b. Avivieren und Weichmachen: gleiche Mengen wie bisher Seife; f. d. Weichappretur von Stückware: 1—2 g/l Appreturflotte; z. Waschen von Wollgarnen zwecks Entfernung der Schmelzen bei gewöhnlichen Garnen: neben 6% d. W. Soda kalz.: 2—2,5% d. W. (1:40 Flottenverhältnis; 40—45°!); (NB. zum Nachsatz: $^1/_2$—$^3/_4$ der ersten Zusätze!); (NB. bei stark kalkhaltigen Haargarnen folgt auf das Spülen eine Behandlung mit 0,5%iger Salzsäure bei 30° C!); z. Waschen von Kammgarn- und Halbwollwaren: 0,25—0,5% d. W.; b. Waschen von Streichgarn- und Kunstwollwaren nach der Walke: 0,5—1,5% neben evtl. auf $^3/_4$—$^1/_2$ herabgesetzten bisherigen Soda- und Seifenmengen; i. d. Detachur wollener oder halbwollener Stoffe sowie von Kleidungsstücken: a) konzentriert, zusammen mit wenig Wasser zum vorherigen Betupfen (nachträglich mit Wasser wieder auswaschen!) oder b) neben 1—2 g/l Ammoniak: 4—6 g/l (30—35°; nachträglich kalt oder lauwarm spülen!); *H. Pat.:* patentiert; *Lit.:* Seifensieder-Ztg. 1930 S. 495; Melliand Textilber. 1926 Heft 10; 1928 S. 759; 1930 S. 610 u. 788.

Darmstädter Flocken-Hautleim **Röhm & Haas AG., Darmstadt.**

i/Kurs: ja; *analog:* wird geliefert als: 1. Textilqualität; 2. Sorte ST; 3. Sorte SCH; 4. Sorte 80 hell (= technische Gelatine); *Konstit.:* Leim (aus Hautabfällen); *Äuß.:* gelbliche, dünne Flocken bzw. Blättchen; *Reakt.:* neutral; *Eigensch.:* wie Leim, jedoch von neutraler Reaktion und von bedeutend leichterer Löslichkeit, so daß er nicht, wie Tafelleim, viele Stunden quellen muß; kann fertigen Leimlösungen, die zu dünn ausgefallen sind, ohne weiteres zugesetzt werden; *Lö. Be.:* leicht löslich in warmem Wasser nach kurzem Quellen; *Verw.:* für Schlichterei, Appretur und Imprägnierung.

Deflavit G **I. G. Farbenindustrie AG., Frankfurt a. M.**

i/Kurs: nein (veraltete Hydrosulfit-Marke).

Degomma D **Röhm & Haas AG., Darmstadt.**

i/Kurs: nein; *analog:* Degomma DL, jedoch anderer Diastaseträger, nämlich: Holzmehl, das vor der Verwendung abfiltriert wird; sonst ist es gleich stark wie DL; *Konstit.:* Pankreasdiastase.

Degomma DH **Röhm & Haas AG., Darmstadt.**

i/Kurs: ja; *analog:* Degomma DL (unterscheidet sich von diesem nur durch die Konzentration) und HF; *Konstit.:* tierische Diastase aus der Bauchspeicheldrüse + Glaubersalz und Kochsalz; Pankreasdiastase; *Äuß.:* Pulver, weißlich; *Reakt.:* neutral; *Eigensch.:* hohes Stärkeverflüssigungs- und Verzuckerungsvermögen; gut haltbar; *Verw.:* zur Herstellung von Schlichten und Appreturen; zum Entschlichten; *Lit.:* Melliand Textilber. 1930 S. 610.

Degomma DL **Röhm & Haas AG., Darmstadt.**

i/Kurs: ja; *analog:* Degomma DH und HF; *Konstit.:* tierische Diastase aus der Bauchspeicheldrüse + Glaubersalz und Kochsalz; Pakreasdiastase; *Äuß.:* Pulver, weißlich; *Reakt.:* neutral; *Eigensch.:* hohes Stärkeverflüssigungs- und Verzuckerungsvermögen; gut haltbar; *Verw.:* zur Herstellung von Schlichten und Appreturen; zum Entschlichten; *Lit.:* Melliand Textilber. 1930 S. 610.

Degomma HF **Röhm & Haas AG., Darmstadt.**

i/Kurs: ja; *analog:* Degomma DL und DH; *Konstit.:* tierische Diastase aus der Bauchspeicheldrüse + Glaubersalz und Kochsalz; Pankreasdiastase; *Äuß.:* Pulver, weißlich; *Reakt.:* neutral; *Eigensch.:* erhöhtes Stärkeverflüssigungs- und Verzuckerungsvermögen; nach mehrstündigem Stehen tritt bei den wässerigen Lösungen eine mit der Zeit immer stärker werdende Gasbildung auf; *Verw.:* zum Entschlichten von Inletts und Velvet.

Degomma S **Röhm & Haas AG., Darmstadt.**

i/Kurs: ja; *Konstit.:* tryptische Enzyme der Bauchspeicheldrüse + anorganische, in wässeriger Lösung alkalisch reagierende Salze (Soda, Phosphat); *Äuß.:* Pulver, weiß; *Reakt.:* alkalisch; *Eigensch.:* nimmt an der Luft allmählich etwas Wasser auf, zerfließt jedoch nicht; *Verw.:* zum Schnellentbasten von Seide; *Mengen:* b. Entbasten von Seide: 4—5% d. W. (Vorbehandlung bei 40° C und Nachkochung mit 10% Seife!).

Dekalin **Dehydag, Berlin-Charlottenburg.**

i/Kurs: ja; *analog:* Tetralin; *Konstit.:* Dekahydronaphthalin;

H_2 H H_2
H_2 H_2
H_2 H_2
H_2 H H_2

$C_{10}H_{18}$; *Äuß.:* Flüssigkeit, wasserklar; *Eigensch.:* Sp.: 180—195° C; spez. Gew.: 0,887; Lösevermögen für Fette, Öle, Wachse, Harze, Pech; *Verw.:* zur Herstellung von Spezialseifen zum Geschmeidigmachen und Glänzendmachen von Fasern und Fäden; *H. Pat.*, *V. Pat.*: DRP. 312465 (Simon & Dürkheim); *Lit.*: Chem.-Ztg. 1932 S. 294.

Dekol **I. G. Farbenindustrie AG., Frankfurt a. M.**

Geb.-J.: 1925; *i/Kurs*: ja; *Konstit.*: Sulfitzelluloseablauge (wirksame Substanz: ligninsulfosaures Natrium); *Äuß.*: Flüssigkeit, dunkelbraun; *Eigensch.* egalisierend; verhindert das Zusammenballen der Kalksalze in Auskoch- und Farbbädern sowie das Festsetzen dieser an Kufenwänden und auf der Faser; behebt Fleckenbildung; ergibt weiches und glanzreiches Färbegut; besitzt keinerlei färbende Eigenschaft und verträgt sich mit allen Färbereihilfsmitteln, Seifen, Netzölen, Türkischrotölen usw.; bringt beim Erkalten abgeschiedene Farbstoffe wieder in Lösung; *Verw.*: zur Verhinderung von Kalkschäden; als Egalisierhilfsmittel beim Färben von BW, L oder KS mit Indanthren-, Küpen- und Schwefelfarbstoffen; beim Färben von baumwollenen Strumpf- und Wirkwaren aus Dekol-Soda-Bädern; NB. nicht als Zusatz zu subst. Farbstoffbädern! *Mengen*: allgemein: 5—20 ccm/l (zu Anfang den Bädern zugeben!); *H. Pat.*, *V. Pat.*: DRP. 313840; *Lit.*: Seifensieder-Ztg. 1915 S. 431.

Dekrolin **I. G. Farbenindustrie AG., Frankfurt a. M.**

i/Kurs: nein; *Ersatz*: Dekrolin AZA; *Konstit.*: Zink-Sulfoxylat-Formaldehyd; $\left(Zn \langle {OH \atop SO_2H \cdot CH_2O}\right)$; $\left(O \cdot CH_2 \cdot SO_2 + 3\,H_2O\right)$* (O und SO_2 über Zn verbunden); *Eigensch.*: bleichend; *Lö. Be.*: wasserunlöslich; in Säure löslich; *Lit.*: * Melliand Textilber. 1930 S. 610.

Dekrolin lösl. konz. pat. **I. G. Farbenindustrie AG., Frankfurt a. M.**

i/Kurs: ja ;*Konstit.*: Zink-Sulfoxylat-Formaldehyd; $\left(Zn < {SO_2H \cdot CH_2O \atop SO_2H \cdot CH_2O}\right)$; *Eigensch.*: bleichend; *Lö. Be.*: wasserlöslich; *Verw.*: als Abziehmittel; *Lit.*: Melliand Textilber. 1930 S. 610.

Dekrolin A **I. G. Farbenindustrie AG., Frankfurt a. M.**

i/Kurs: nein (veraltete Hydrosulfitmarke).

Dekrolin AZA **I. G. Farbenindustrie AG., Frankfurt a. M.**

i/Kurs: ja; *Ersatz*: für Dekrolin; *Konstit.*: Zink-Sulfoxylat-Azetaldehyd; $\left(Zn \langle {OH \atop SO_2H \cdot CH_3 \cdot CHO}\right)$; *Eigensch.*: bleichend; *Lö. Be.*: wasserunlöslich; in Säure löslich; *Verw.*: als Abziehmittel.

Desilpon A **Zschimmer & Schwarz, Chemnitz.**

Geb.-J.: 1931; *i/Kurs*: ja; *analog*: Desilpon VK und VK konz.; *Konstit.*: Seifen + sulfonierte Fettkörper + Kohlenwasserstoffe; *Äuß.*: Flüssigkeit, gelb; *Reakt.*: neutral, auch in wässeriger Lösung; *Eigensch.*: reinigend; faserschützend; entfernt Schlichten, insbesondere auch verharzte Leinölschlichten; *Verw.*: als Waschmittel; als Mittel zum Entschlichten kunstseidener Waren, insbesondere zum Entfernen verharzter Leinölschlichten; zum Vorweichen vor dem Entschlichten (für Azetatseide); *Mengen*: 5—10 g/l neben evtl. etwas neutraler Marseiller Seife; *Lit.*: Z. f. ges. Textilind. 1931 Heft 39.

Desilpon VK **Zschimmer & Schwarz, Chemnitz.**

Geb.-J.: 1931; *i/Kurs:* ja; *analog:* Desilpon A u. Desilpon VK konz.; *Konstit.:* Seife + Kohlenwasserstoff; *Äuß.:* pastenartiges, schmierseifenähnliches Produkt; gelbbraun; *Reakt.:* alkalisch; *Eigensch.:* reinigend; faserschützend; entfernt Schlichten, insbesondere auch verharzte Leinölschlichten; *Verw.:* als Waschmittel; als Mittel zum Entschlichten kunstseidener Waren, insbesondere zum Entfernen verharzter Leinölschlichten (für Viskose- und Kupferseide); zum Vorweichen vor dem Entschlichten; *Mengen:* zum Entfernen von Leinölschlichten: 10 g/l neben: 5 g/l Soda oder Trinatriumphosphat (bei frisch geschlichteter Ware nur $^2/_3$; zum Nachsatz: $^1/_4$ der ursprünglichen Menge!); *Lit.:* Z. f. ges. Textilind. 1931 Heft 39.

Desilpon VK konz. **Zschimmer & Schwarz, Chemnitz.**

Geb.-J.: 1931; *i/Kurs:* ja; *analog:* Desilpon A und Desilpon VK, im Vergleich zu dem es dreimal so wirksam ist; *Konstit.:* siehe Desilpon VK; *Äuß.:* bräunliche, schmierseifenähnliche Masse; *Reakt., Eigensch., Lö. Be., Verw.:* sieheDesilpon VK; *Mengen:* zum Entfernen von Leinölschlichten: 3 g/l, evtl. neben: 3 g/l Schmierseife (bei frisch geschlichteter Ware nur $^2/_3$; zum Nachsatz: $^1/_4$ der ursprünglichen Menge!); *Lit.:* Z. f. ges. Textilind. 1931 Heft 39.

Detachol **Dr. A. Schmitz, Düsseldorf-Oberkassel.**

i/Kurs: ja; *Konstit.:* Fettlösungsmittel; *Äuß.:* Flüssigkeit, braun; *Eigensch.:* reinigend; schmutz-, fett-, mineralöllösend; unbrennbar; braucht nicht ausgewaschen zu werden; *Verw.:* als Reinigungsmittel in der gesamten Textilindustrie; zum Fleckentfernen; *Mengen:* b. Entfernen von Fettflecken: unverdünnt (den Stoff an der fleckigen Stelle bei untergelegtem Stoff oder Löschpapier mit einem mit Detachol getränkten Lappen bestreichen!).

Diagum **Diamalt AG., München.**

i/Kurs: ja; *ähnlich:* Meconin; *Konstit.:* Produkt aus Johannisbrotkernen; *Verw.:* als Appretur-, Schlichte- und Aviviermittel; in der Baumwollkettenschlichterei; zur Herstellung von Druckfarbenverdickungen.

Diamantseife **Chem. Fabr. Stockhausen & Cie., Buch & Landauer AG., Berlin SO 16.**

i/Kurs: ja; *Konstit.:* Seife (ohne Fettlöser); *Äuß.:* rein weiß; *Reakt.:* neutral; *Eigensch.:* geruchlos; *Lö. Be.:* nicht beständig gegen Alkalien und Säuren; *Verw.:* zum Waschen feiner Weißwaren; zum Abseifen von Bleichware; als Zusatz zur Schlichte und Appretur; *Lit.:* Melliand Textilber. 1930 S. 610.

Diamantseife **Chemische Fabrik Stockhausen & Cie., Krefeld.**

i/Kurs: ja; *Konstit.:* Seife (ohne Fettlöser); *Äuß.:* weiß; *Verw.:* insbesondere für gebleichte Waren; *Lit.:* Melliand Textilber. 1930 S. 610.

Diamidon **Diamalt AG., München.**

i/Kurs: nein; *Konstit.:* Maltosepräparat; *Verw.:* für die Naturseidenveredelung.

Diaminöl **Dr. A. Schmitz, Düsseldorf-Oberkassel.**

Konstit.: Rizinusölsulfonat (siehe bei Monopolöl!); *Verw.:* zum Entbasten von Seide.

Diaphanöl

Konstit.: ölsaures Kali + Methylhexalin; *Verw.:* zur Herstellung transparenter Seifen; *Lit :* Z. dtsch. Öl- u. Fettind. 1925 S. 445; Chem. Umschau 1926 S. 6.

Diastafor **Diamalt AG., München.**

analog: Diastafor doppelt konz. und Diastafor extra stark; *ähnlich:* Gabalit, Maltoferment, Maltose, Textilomalt; *Konstit.:* Diastasepräparat (Malzprodukt); *Äuß.:* dicke, braungelbe Flüssigkeit; *Eigensch.:* säure- und fettfrei; *Lö. Be.:* in lauwarmem Wasser löslich; *Verw.:* zur Verflüssigung der Stärke durch Abbau; zum Entschlichten; *Lit.:* Melliand Textilber. 1930 S. 610.

Diastafor extra stark **Diamalt AG., München.**

analog: Diastafor und Diastafor doppelt konz. (jedoch halb so wirksam als letzteres); *Konstit.:* Diastasepräparat (Malzprodukt); *Äuß.:* dicke, braungelbe Flüssigkeit; *Eigensch.:* säure- und fettfrei; *Lö. Be.:* in lauwarmem Wasser löslich; *Verw.:* zur Verflüssigung der Stärke durch Abbau; z. Entschlichten.

Diastafor doppelt konz. **Diamalt AG., München.**

analog: Diastafor und Diastafor extra stark (doppelt so wirksam als D. extra stark); *Konstit.:* Diastasepräparat (Malzprodukt); *Äuß.:* dicke, braungelbe Flüssigkeit; *Eigensch.:* säure- und fettfrei; *Lö. Be.:* in lauwarmem Wasser löslich; *Verw.:* zur Verflüssigung der Stärke durch Abbau; z. Entschlichten.

Diastase L

Konstit.: Diastasepräparat; *Verw.:* zur Verflüssigung der Stärke durch Abbau.

Diastol

Konstit.: Diastasepräparat; *Verw.:* zur Verflüssigung der Stärke durch Abbau.

Diazopon A **I. G. Farbenindustrie AG., Frankfurt a. M.**

Geb.-J.: 1932; *i/Kurs:* ja; *Konstit.:* hochpolymere organische Verbindung; *Äuß.:* schwach gelbe Flüssigkeit; *Eigensch.:* hält Farblack in kolloidaler Lösung; liefert Färbungen guter Reibechtheit; vermeidet die Ablagerung von ausgefälltem, nicht fixiertem Farblack auf der Faser; erhöht die Beständigkeit von Diazoverbindungen; *Lö. Be.:* gibt weder mit Diazoverbindungen noch mit Metallsalzen (Al-, Zn- oder Mg-Sulfat) Fällungen; *Verw.:* als Zusatz zum Entwicklungsbad zwecks Erzielung reibechter Naphthol-AS-Färbungen bei Garn-, Apparat- und Stückfärbungen; als Zusatz sowohl zu selbstdiazotierten Basenlösungen als auch zu Färbesalzlösungen; *Mengen:* als Zusatz zu den Farbbädern: beim Flottenverhältnis 1:10 und darüber: 1 ccm; beim Flottenverhältnis 1:5 und darunter: 2,5 ccm; b. Entwickeln auf der Passiermaschine: 2 ccm; b. Entwickeln auf dem Fulard: 4 ccm; (vor dem Zusatz mit etwa der doppelten Menge kochend heißem Wasser klar lösen; nach der Entwicklung mit kaltem Wasser spülen und dann $^1/_2$ Stde. lang in kochendem Seifenbad oder kochendem Bad mit ca. 2—3 g/l Soda und 0,5—1 g/l Igepon $^1/_2$ Stde. nachbehandeln, dann erst heiß, später kalt klar spülen!).

Dichtfest **A. Th. Böhme, Dresden-N. 6.**

Verw.: als Imprägniermittel in Verbindung mit Tonerde im Ein- und Zweibadverfahren.

Diffusil **A. Th. Böhme, Dresden-N. 6.**

i/Kurs: ja; *analog:* Effektol; Effektol C; den übrigen Diffusil-Marken C, P und T (Kaltnetzvermögen besser als bei Diffusil T!); (NB. Diffusil ist für die meisten Beuchzwecke genügend!); *Konstit.:* Netz- und Emulgiermittel (nach Prof. Herbig: Ölsulfonat) + Lösungsmittel (Sp. ca. 180° C; hoher Gehalt an diesen); *Äuß.:* gelbbraune Flüssigkeit; *Reakt.:* neutral; *Eigensch.:* wasserfrei; netzend; fett- und öllösend; emulgierend; reinigend; *Lö. Be.:* bildet mit Wasser Emulsionen; ist nicht so beständig wie Diffusil P; *Verw.:* als Zusatz zu Wasch-, Reinigungs-, Auskoch- und Beuchbädern; *Mengen:* allgemein: 1—2% d. W.

Diffusil B **A. Th. Böhme, Dresden-N. 6.**

Verw.: als Netzmittel für die Chlorlaugenbleiche (bei konzentrierten Bleichbädern).

Diffusil B extra **A. Th. Böhme, Dresden-N. 6.**

Verw.: als Netzmittel für die Chlorlaugenbleiche (bei konzentrierten Bleichbädern).

Diffusil C **A. Th. Böhme, Dresden-N. 6.**

i/Kurs: ja; *analog:* Effektol, Effektol C, Diffusil und den Diffusil-Marken P und T; *Konstit.:* Netz- und Emulgiermittel + Lösungsmittel (Sp. ca. 180° C, hoher Gehalt an diesen); *Reakt.:* neutral; *Eigensch.:* wasserfrei; netzend; fett- und öllösend; emulgierend; reinigend; *Lö. Be.:* bildet mit Wasser Emulsionen; ist nicht so beständig wie Diffusil P; *Verw.:* als Zusatz zu Wasch-, Reinigungs-, Auskoch- und Beuchbädern, insbesondere für Waren, die stark durch Graphit verunreinigt sind; *Mengen:* allgemein: 1—2% d. W.

Diffusil N **A. Th. Böhme, Dresden-N. 6.**

Verw.: als Netzmittel; *Lit.:* Melliand Textilber. 1926 Heft 10.

Diffusil S **A. Th. Böhme, Dresden-N. 6.**

Eigensch.: gute Netzfähigkeit; *Lö. Be.:* praktisch vollkommen säurebeständig; *Verw.:* als Entpechungsmittel für Wolle und Filz.

Diffusil T **A. Th. Böhme, Dresden-N. 6.**

i/Kurs: ja; *analog:* Effektol; Effektol C; Diffusil und den Diffusil-Marken P und C; (ist hinsichtlich des Kaltnetzvermögens nicht so gut wie Diffusil!); *Konstit.:* Netz- und Emulgiermittel + Lösungsmittel (Sp. ca. 180° C, hoher Gehalt an diesen); *Reakt.:* neutral; *Eigensch.:* wasserfrei; netzend; fett- und öllösend; emulgierend; reinigend; *Lö. Be.:* bildet mit Wasser Emulsionen; ist nicht so beständig wie Diffusil P; *Verw.:* als Zusatz zu

Wasch-, Reinigungs-, Auskoch- und Beuchbädern; *Mengen:* allgemein: 1—2% d. W.

Diffusil P **A. Th. Böhme, Dresden-N. 6.**

i/Kurs: ja; *analog:* Effektol; Effektol C; Diffusil und den Diffusil-Marken C und T; *Konstit.:* Netz- und Emulgiermittel + Lösungsmittel (Sp. ca. 180° C, hoher Gehalt an diesen); *Reakt.:* neutral; *Eigensch.:* wasserfrei; netzend; fett- und öllösend; emulgierend; reinigend; *Lö. Be.:* zeigt im Gegensatz zu den übrigen Diffusil-Marken Löslichkeit und höhere Beständigkeit; *Verw.:* als Zusatz zu Wasch-, Reinigungs-, Auskoch- und Beuchbädern; *Mengen:* allgemein: 1—2% d. W.

Diformin **Nitritfabrik, Cöpenick.**

ähnlich: Azetin; *Konstit.:* Ameisensäureglyzerinester; *Verw.:* als Lösungsmittel für basische und spritlösliche Farbstoffe sowie Tannin.

Dinaton

Konstit.: N-dimethylmetanilsaures Natrium; *Lit.:* Seifensieder-Ztg. 1928 S. 95.

Dioxan **I. G. Farbenindustrie AG., Frankfurt a. M.**

Konstit.: Diäthylenoxyd (Siedepunkt 100°) $CH_2 \langle O \rangle CH_2$, $CH_2 \langle O \rangle CH_2$ (Ring: O–CH_2–CH_2–O–CH_2–CH_2); *Verw.:* als Netzmittel beim Durchfärben dichter Stoffe; als Dispersionsmittel für Farbstoffe; dann auch als Weichmachungsmittel für Zelluloseester; *Lit.:* Seifensieder-Ztg. 1928 S. 95 u. 252.

Direkt Rotöl **I. G. Farbenindustrie AG., Frankfurt a. M.**

i/Kurs: nein (wurde früher von der Elberfelder Farbenfabrik, F. Bayer & Cie., ausgegeben); *Eigensch.:* ermöglicht das Drucken auf ungeölter Ware; *Verw.:* als Zusatz zu Druckfarben.

Dissol **Hugo Weipert, Aachen.**

Verw.: als Durchfärbe- und Dispersionsmittel für Farbstoffe.

Dölauer Benzinseife fest **Zschimmer & Schwarz, Chemnitz.**

i/Kurs: ja; *analog:* (identisch mit Setaform-Benzinseife fest!) Dölauer Benzinseife flüssig.

Dölauer Benzinseife flüssig **Zschimmer & Schwarz, Chemnitz.**

i/Kurs: ja; *analog:* (identisch mit Setaform-Benzinseife flüssig!) Dölauer Benzinseife fest.

Dry-O-Wet **Seifen- u. chem. Fabr. S. Sonneborn, Marburg-Lahn.**

i/Kurs: ja; *Reakt.:* neutral; *Eigensch.:* hinterläßt frischen, angenehmen Geruch; äußerst mild reinigend; *Lö. Be.:* löslich sowohl in Wasser als auch in Benzin, Benzol, Trichloräthylen oder Asordin; *Verw.:* (wie Benzinseife) für die chemische Reinigung; (wie flüssige Fettlöserseife) für die Naßbehandlung; als Flecklösungsmittel in der Detachur; als Trockenreinigungs- und Glanzseife.

Duferol

ähnlich: Comedol; *Konstit.:* Seife + Fettlöser.

Dullit **I. G. Farbenindustrie AG., Frankfurt a. M.**

i/Kurs: ja; *Konstit.:* Pigment; *Äuß.:* nahezu farblos; *Eigensch.:* erteilt Kunstseide, wie insbesondere auch Agfa-Travis-Seide, Agfa-Feinseide und Agfa-Seide ein mattes Aussehen; *Verw.:* zum Mattieren kunstseidener Gewebe und Gewirke; insbesondere zum Mattieren von Strümpfen, wie auch von anderen Fertigwaren aus Kunstseide, insbesondere auch Agfa-Travis-Seide, Agfa-Feinseide, Agfa-Seide (am besten unmittelbar nach dem Färben!), evtl. unter gleichzeitiger Erzeugung von Griff; NB. nicht für Strangware! *Mengen:* b. Mattieren ohne Griff: neben 0,15 g/l (gleich 0,3% d. W.) Nekal BX trocken: 2,5 g/l (gleich 5% d. W.) (30—35° C; mit der gefärbten und leicht gespülten Ware eingehen, 20—30 Min. hantieren, ohne Spülen in üblicher Weise fertigstellen); (NB. zur Erzielung besonders weichen Griffs noch 1—2 ccm/l, am besten mit etwas Wasser verdünntes Monopolbrillantöl zusetzen! — bei Verwendung gleicher Mengen Marseiller Seife an Stelle von Monopolbrillantöl wird die Mattierung eine Spur schwächer —); b. Mattieren mit Seidengriff in zwei Bädern: 1. Bad: wie oben (darf wohl kleine Mengen Seife, aber kein Monopolbrillantöl enthalten!) (abtropfen lassen, mit der nassen Ware gehe man in das 2. Bad: 4 ccm Ameisensäure konz./l (35—45° C) neben 4 g/l Marseiller Seife und 0,4 g/l Nekal BX tr. (beide für sich in kochendem Wasser gelöst und unter gutem Rühren in das Säurebad gegeben) (10—15 Min. hantieren, in gewohnter Weise fertigstellen!) (NB. harter Seidengriff — der nach obigem Verfahren erhältliche ist sehr weich – kann in üblicher Weise mit Ameisen-, Milch- oder Essigsäure bzw. Mischungen dieser erreicht werden!); *V. Pat.:* DRP. angem.

Durchspulöl Spezial **Zschimmer & Schwarz, Chemnitz.**

Geb.-J.: 1928; *i/Kurs:* ja; *analog:* Durchspulöl SWN; *Konstit.:* Mineralöl + Öl- und Fettkörper; *Äuß.:* gelbes Öl; *Reakt.:* neutral; *Eigensch.:* haltbar emulgierbar; leicht auswaschbar; *Lö. Be.:* gibt mit Wasser Emulsionen; *Verw.:* zum Durchspulen von Kunstseide.

Durchspulöl SWN **Zschimmer & Schwarz, Chemnitz.**

analog: Durchspulöl Spezial; *Verw.:* zum Durchspulen der Kunstseide.

Duron **Hansa-Werke, Hemelingen.**

Konstit.: Säureamide bzw. Azidylderivate aromatischer Basen (Stearinsäureamid, Stearinsäuretoluidid, Rizinolsäureanilid) + Spuren von fettsaurem Alkali; *Eigensch.:* erzeugt Emulsionen von unbegrenzter Haltbarkeit; greift Metalle nicht an; *Verw.:* zur Herstellung von Emulsionen aus Fetten und Ölen jeder Art (Ölsäure ausgenommen); *H. Pat.*, *V. Pat.:* DRP. 188712; *Lit.:* Leipzig. Mschr. Textil-Ind. 1906 S. 364; 1907 S. 56.

Duron-Emulsion 63 **Hansa-Werke, Hemelingen.**

Verw.: als Kunstseidenavivageöl und Spulöl.

Duronschmälze **Hansa-Werke, Hemelingen.**

analog: (NB. die Duronschmälze wird nach dem Duron-Verfahren aus Duron hergestellt); *Konstit.:* Säureamide bzw. Azidylderivate aromatischer Basen + Spuren von fettsaurem Alkali + Öl (2% Fettgehalt); *Eigensch.:* leicht auswaschbar; *Verw.:* zum Schmälzen.

Effektol **A. Th. Böhme, Dresden-N. 6.**

i/Kurs: ja; *analog:* Diffusil, Diffusil C, P, T und Effektol C (mit dem es identisch ist); *Konstit.:* Emulgator + Lösungsmittel (hoher Gehalt an diesem); *Äuß.:* flüssig, hellgelb; *Reakt.:* neutral; *Eigensch.:* Reinigungsvermögen, Lösevermögen für Schmutz, Wachse, Pektine (Eiweiß- und Blutkörper), Paraffine, pflanzliche, tierische und mineralische Öle und Fette, Wollschweiß, Pech, Maschinenöle, Spinnöle und Schmelzen; nicht brennbar; Waschvermögen; faserschonend; *Lö. Be.:* mischt sich in jedem Verhältnis mit Wasser unter Bildung einer gut beständigen Emulsion; *Verw.:* allein oder in Verbindung mit Seife, Soda oder Ammoniak; beim Waschen aller Arten von Textilien; b. Entfetten von Ware, die durch Mineralöl und Schmelzen verunreinigt ist; b. Entpechen von Rohwolle, Filzen und Hutstumpen; b. Walken; b. Entgerbern; b. Fleckenputzen; *Mengen:* b. Waschen v. Baumwolle i. Strang und Stück: 1—3 g/l oder: $^2/_3$ der bisherigen Seifenmenge ersetzt durch $^1/_3$ Seife + $^1/_3$ Effektol; b. Waschen von Wolle i. Strang und Stück: neben $^1/_3$ der bisherigen Menge an Soda und Salmiakgeist: 1—2 g/l; b. Waschen v. Schweißwolle (Fettwolle) a. d. Kufe: a) im Einweichbad: 6—10 g/l Soda; b) i. 2. Bad: neben 5 g/l Soda: 6 g/l; b. Waschen v. Schweißwolle (Fettwolle) a. d. Leviathan: neben 6—8 g/l Soda kalz.: 4—6 g/l für den 1. Arbeitstag; Nachsatz am 2. Tag: neben 6 g/l Soda kalz.: 4 g/l; für die folgenden: neben 5 g/l Soda kalz.: 3 g/l; b. Entfetten v. Baumwolle i. Strang und Stück zur Entfernung von Mineralölspritzern und -flecken: neben 5 g/l Seife und 2 g/l Soda kalz.: 1—6 g/l (60° C); z. Entfetten stark verölter Ware und öligen Kammabgangs: 100 g/l; z. Entpechen von Rohwolle, Filzen und Hutstumpen: 200 g/l (bei sauer vorbehandelter Ware oder Ware, die nach dem Entpechen sauer gewaschen oder gewalkt werden soll, entpecht man mit Diffusil S!); z. Walken von Woll-, Kunstwoll- und Halbwollstücken: an Stelle der bisherigen Seifenmenge: neben $^1/_3$ Seife: $^1/_3$ Effektol; z. Entgerbern von Stückware a. d. Waschmaschine: 1 g/l Waschflotte; z. Fleckenputzen bei Rohware: a) bei Weißware: reines Effektol oder Lösung 1:3—1:5 (örtliche Behandlung, Nachwaschen mit warmem Wasser!); b) bei Farbware: 10—20 g/l (im Bad behandeln).

Effektol C **A. Th. Böhme, Dresden-N. 6.**

i/Kurs: ja; *analog:* Effektol (mit dem es identisch ist), Diffusil, Diffusil C, P, T.

Effektol WU **A. Th. Böhme, Dresden-N. 6.**

i/Kurs: ja; *analog:* Effektol WU extra (anderes Lösungsmittelgemisch!); *Konstit.:* Gemisch von Lösungsmitteln (nur Lösungsmittel!); *Äuß.:* flüssig, farblos; *Eigensch.:* fleckenentfernend; öl- und fettlösend; verflüchtigt sich leicht; gibt daher bei Farbware keine Ränder; *Lö. Be.:* unlöslich in Wasser; *Verw.:* als Fleckenputzmittel, sowohl für Rohware wie auch für Farbware; insbesondere in der Detachur; *Mengen:* wird als solches verwendet.

Effektol WU extra **A. Th. Böhme, Dresden-N. 6.**

i/Kurs: ja; *analog:* Effektol WU (anderes Lösungsmittelgemisch!); *Konstit.:* Gemisch von Lösungsmitteln (nur Lösungsmittel!); *Äuß.:* wasserhelle Flüssigkeit.

Efinol M

Konstit.: sulfoniertes Rizinusöl; *Lit.:* Seifensieder-Ztg. 1932 S. 46.

Egalin BF **Dr. A. Schmitz, Düsseldorf-Oberkassel.**

Geb.-J.: 1930; *i/Kurs:* ja; *analog:* Egalin W; *Äuß.:* Flüssigkeit, rotbraun; *Eigensch.:* Egalisier-, Netz- und Lösevermögen; *Lö. Be.:* leicht löslich in Wasser; gegen hartes Wasser, Säuren und Alkalien gut beständig; *Verw.:* als Farbstofflöse-, Netz-, Egalisier- und Fettlösungsmittel in der Baumwollfärberei; zum Färben, wobei schwer lösliche Farbstoffe in feine Verteilung gebracht werden; zum Vornetzen, wo in der Baumwollfärberei auch Materialien, welche noch Reste von Seifen, Fetten, Spinnölen usw. enthalten, ohne Vorwäsche gefärbt werden können; zum Anteigen von Farbstoffen; als Zusatz zur Küpe; außer für Baumwolle ist das Farböl auch noch für Kunstseide und Mischgewebe brauchbar; *Mengen:* zum Vornetzen: etwa 0,3—0,4 ccm pro Liter, auf Apparaten: 0,5% vom Gewicht der Ware; zum Anteigen: 50—100 g pro kg Farbstoff (zum Anteigen von Küpenfarbstoffen wird eine mit Kondenswasser verdünnte Egalinlösung 1:5 verwendet); als Zusatz zum Färbebad: 0,2—0,4 ccm pro Liter Flotte.

Egalin W **Dr. A. Schmitz, Düsseldorf-Oberkassel.**

Geb.-J.: 1930; *i/Kurs:* ja; *analog:* Egalin BF; *Äuß.:* Flüssigkeit, rotbraun; *Eigensch.:* Egalisier-, Netz- und Lösevermögen; *Lö. Be.:* gegen Kalk und Säure sehr beständig; *Verw.:* als Egalisier- und Farbstofflöse-, Netz- und Fettlösungsmittel in der Wollfärberei; als Zusatz zum Färbebad und zum Vornetzen; *Mengen:* zum Vornetzen: 0,3—0,5 ccm pro Liter Wasser; beim Netzen auf dem Apparat: $^1/_4$—$^1/_2$% vom Gewicht der Ware; (zweckmäßig spült man dann und setzt dem Färbebad noch Egalin W zu! wenn nicht vorgenetzt wird, setzt man dem Färbebade pro Liter 0,3—0,5 ccm Egalin W direkt zu!).

Egalisal **Chem. Fabr. Grünau Landshoff & Meyer AG., Berlin-Grünau.**

Geb.-J.: 1918; *i/Kurs:* ja; *Konstit.:* Eiweißspaltprodukt (Lysalbinsaures Natron); ohne Beimengungen; (nach Prof. Herbig: Eiweißspaltprodukt + Alkali); *Äuß.:* rotbraune, dickliche Flüssigkeit; *Reakt.:* neutral; *Eigensch.:* Wollschutz- und Egalisierungsvermögen; verhindert Schädigungen der Wolle, die durch Chemikalien und Hitze verursacht werden; die Wolle bleibt weich, offen und elastisch beim Waschen, Färben, Bleichen, Abziehen, Dämpfen usw.; *Lö. Be.:* leicht und klar löslich in Wasser, Säuren und Alkalien; beständig gegen die meisten gebräuchlichen Chemikalien (außer eiweißfällenden Stoffen, wie Tannin); *Verw.:* als Schutz- und Egalisierungsmittel beim Färben von Wolle mit sauren, Chromierungs- und Küpenfarbstoffen; beim Abziehen von Färbungen (Kleider, Lumpen); (als Schutzmittel in der Hut-, Leder- und Rauchwarenindustrie); *Mengen:* beim

Färben von Wolle mit sauren und Chromierungsfarbstoffen: ebensoviel wie Farbstoff, jedoch nicht unter 3% d. W.; b. Färben mit Küpenfarbstoffen: ebensoviel wie in den speziellen Färbevorschriften angegebener Leim; beim Weiterfärben: 1% d. W.; in der Apparaturfärberei: zum Vornetzen und Reinigen der Wolle: neben 1—2% Salmiakgeist 25%ig: 1—2% d. W.; zum Färben: ebensoviel wie Farbstoff, nicht unter 3% d. W.; b. Abziehen von Färbungen: 1. alk.: neben 1% Soda: 3% d. W.; 2. mit Reduktionsmitteln (Hydrosulfit, Hyraldit, Decrolin): 3% d. W.; 3. mit Chromkali: 5% d. W.; beim sauren Ausstoßen in der Hutindustrie: gleiche Raumteile Schwefelsäure und Egalisal; beim alkalischen Ausstoßen: neben 2—3 ccm/l Salmiakgeist: 2—6 g/l; b. Färben von Wolle und Haarlabrazen mit Säure und Chromierungsfarbstoffen: im Netzbad: 5% d. W.; b. Fertigwalken: ebensoviel wie Ameisensäure oder Schwefelsäure bei Wollabrazen, doppelt soviel wie Säure bei Haarlabrazen; (in der Rauchwarenindustrie: b. Pickeln und Gerben von Fellen: 2—5 g/l schwefelsaurer Salzflotte (Schwimmbeize) bzw. 10 g/l bei Streichbeize; z. Töten der Felle: halbsoviel Egalisal wie Tötungsmittel (Soda, Salmiakgeist, Kalk); z. Färben von Fellen: gleiche Menge Egalisal wie Farbstoff; nicht weniger als 2 ccm/l); *H. Pat.:* DRP. (2); Auslandspatente (3); *V. Pat.:* DRP. (10); Auslandspatente (4); *Lit.:* Melliand Textilber. 1930 S. 610 u. 1931 Heft 7; Z. f. ges. Textilind. 1931 Heft 23.

Emulgator A 134 **Zschimmer & Schwarz, Chemnitz.**

Geb.-J.: 1928; *i/Kurs:* ja; *Konstit.:* wasserlöslicher Fettkörper; *Äuß.:* schmierseifenähnlich, bräunlich; *Reakt.:* neutral; *Eigensch.:* Emulgierfähigkeit für Olivenöl und andere Öle; liefert äußerst feine, lange haltbare Emulsionen; erzeugt weichen Griff; verhindert Geruch auf dem Lager, Farbenumschlag und Nachgilben, Kleben der Ware, Kalkseifenbildung; *Verw.:* zur Selbstherstellung äußerst feiner und lange haltbarer Emulsionen aus Olivenöl oder ähnlichen Ölen für die Avivage baumwollener, kunstseidener oder gemischtfaseriger Ware, sowie zur Herstellung von Durchspulöl; *Mengen:* z. Avivage: 1 Teil + 1 Teil Öl + 5 Teile Wasser (kalt zusammenrühren und in beliebigen Mengen der Avivierflotte zusetzen!); z. Durchspulen: 1 Teil + 5 Teile Öl + 5 Teile Wasser (kalt zusammenrühren!).

Emulgator BE **Oranienburger Chem. Fabr. AG., Charlottenburg 2.**

i/Kurs: ja; *Konstit.:* Lösungsmittelpräparat, das Kolloidstoffe enthält; *Äuß.:* durchsichtige, klare Lösung; *Reakt.:* neutral; *Eigensch.:* gutes Emulgierungsvermögen für Wachse und Harze; *Lö. Be.:* ergibt mit warmem Wasser eine milchigweiße Emulsion; *Verw.:* zum Emulgieren von Wachsen aller Art, z. B. Bienenwachs, Montanwachs, Japanwachs und Harzen, wie Kolophonium, Schellack usw.; zur Herstellung von Appreturmassen; *Mengen:* b. d. Herstellung von Wachsemulsionen: 50% von der anzuwendenden Wachsmenge.

Emulgator BE Pulver **Oranienburg. Chem. Fabr. AG., Charlottenburg 2.**

i/Kurs: ja; *Konstit.:* Emulgierungsmittel + Kolloidstoff; *Äuß.:* gelblichweißes Pulver; *Reakt.:* neutral bis schwach alkalisch; *Eigensch.:* gutes Emulgierungsvermögen für flüssige Neutralfette sowie flüssige und feste Kohlenwasserstoffe; *Lö. Be.:* gibt mit Wasser eine gelatinöse Lösung; *Verw.:* zum Emulgieren von Paraffin, Mineralöl, Olivenöl, Erdnußöl usw.; bei der Herstellung von Appreturmassen und von Emulsionen zum Wasserdichtmachen von Geweben; *Mengen:* z. Emulgieren von Kohlenwasserstoffen: 50% des Gewichtes; z. Emulgieren von flüssigen Neutralfetten: 10% des Gewichtes.

Emulgator BEN **Oranienburg. Chem. Fabr. AG., Charlottenburg 2.**

i/Kurs: ja; *Konstit.:* Lösungsmittelpräparat + Kolloidstoff; *Äuß.:* durchsichtige, braune, sirupartige bis halbfeste Masse; *Reakt.:* neutral; *Eigensch.:* gutes Emulgierungsvermögen für feste Neutralfette; *Lö. Be.:* gibt mit Wasser eine milchigweiße Emulsion; *Verw.:* zum Emulgieren von Kokosfett, Talg, Schmalz usw.; als Hilfsmittel bei der Herstellung von Appreturmassen der verschiedensten Art; *Mengen:* beim Emulgieren von Fetten: 10% vom angewandten Fettgewicht.

Emulgator 157 **Th. Goldschmidt AG., Essen.**

i/Kurs: ja; *Konstit.:* Ester der Ölsäure und des Glykols (vermutlich[1]); *Verw.:* zur Herstellung neutraler Emulsionen; *Lit.:* Seifensieder-Ztg. 1932 S. 156; [1] S. 141ff.

Emulgin **J. Simon & Dürkheim, Offenbach a. M.**

i/Kurs: ja; *Konstit.:* polyrizinolsaures Natrium (frei von Lösungsmitteln); *Äuß.:* goldgelb, dickflüssig; *Reakt.:* sauer; *Eigensch.:* gutes Emulgiervermögen, insbesondere für Kohlenwasserstoffe; *Lö. Be.:* nicht beständig gegen hartes Wasser, Alkalien, Salze und Säuren; *Verw.:* als Emulgiermittel, insbesondere zur Herstellung von Emulsionen von Kohlenwasserstoffen.

Emulphor FM öllöslich **I. G. Farbenindustrie AG., Frankfurt a. M.**

Geb.-J.: 1931; *i/Kurs:* ja; *Konstit.:* Produkt auf Fettsäurebasis; *Äuß.:* mäßig viskoses Öl, dunkelbraun; *Eigensch.:* emulgierend, jedoch nur in Verb. m. Seife, auch in saurem Medium; ermöglicht die Herstellung hochkonzentrierter Emulsionen, die als solche oder nach Verdünnung Verwendung finden können sowie leichtes Emulgieren von fetten Ölen, festen Fetten und Mineralölen zu hochdispersen, stabilen, dünnflüssigen Emulsionen; besitzt Antioxydationswirkung; verhindert das Verharzen ungesättigter Öle; neutralisiert beim Lagern entstehende Fettsäure; fördert die Auswaschbarkeit der Ölemulsionen; gestattet das Arbeiten ohne Alkali (Emulsionen sind also auch für alkaliempfindliche Fasern unschädlich) und die Herstellung von Emulsionen aller flüssigen Öle auf kaltem Wege (bei festen Fetten arbeite man einige Grade über dem Schmelzpunkt!) schon mit geringen Mengen (1—5% des Öles); wirkt selbst fettend; *Lö. Be.:* in Wasser bzw. Seifenlösung nur wenig löslich, aber leicht emulgierbar; gut löslich bzw. mischbar in bzw. mit den meisten Ölen und Fetten; beständig auch in gewissen organischen Säuren; *Verw.:* in Verbindung mit Seifen zur Herstellung von Emulsionen von Ölen mit einem Gehalt an freier Fettsäure bis zu 20%, jedoch nicht zum Emulgieren von Fettsäuren, wie Olein; *Mengen:* allgemein: bei fetten Ölen: 1—5%, bei festen Fetten: 3—5%, bei Mineralölen: 1—3% des zu emulgierenden Öles; (Emulphor in das zu emulgierende Öl einrühren; das Gemisch in Seifenlösung eintragen — die Seifenlösung soll bei Herstellung von Stammemulsionen 10%ig, bei Bereitung sofort gebrauchsfähiger Emulsionen 0,5—2%ig sein! — zuletzt mit Wasser verdünnen!); (NB. um Stammemulsionen zum Gebrauch fertig zu machen, läßt man das Verdünnungswasser langsam in die Stammemulsion einlaufen!)

Olivenölemulsion:
5,0 l Seifenlsg. 10%ig
97,5 kg Olivenöl
2,5 kg Emulphor...
45,0 l HOH
150,0 kg 66%ige Stammemulsion;

Maschinenölemulsion:
5 l Seifenlsg. 10%ig
99 kg Maschinenöl
1 kg Emulphor...
20 l Wasser
125 kg 80%ige Stammemulsion;

Talgemulsion:
25 l Seifenlösung 10%ig
95 kg Rindertalg
5 kg Emulphor...
175 l heißes Wasser (langsam kalt rühren!)
300 kg 33%ige Stammemulsion;

Gebrauchsfertige Erdnußölemulsion:
50 l Seifenlösung 2%ig
96 kg Erdnußöl
4 kg Emulphor...
100 l Wasser
250 kg 40%ige Erdnußölemulsion;

Gebrauchsfertige Klauenölemulsion:
50 l Seifenlösung 1%ig
97 kg Klauenöl
3 kg Emulphor...
850 l Wasser
1000 kg 10%ige Klauenölemuls.;

Gebrauchsfertige Batschölemulsion:
25 l Seifenlösung 2%ig
75 kg Maschinenöl
23 kg Tran
2 kg Emulphor...
125 kg 80%ige Batschölemulsion;

H. Pat., *V. Pat.*: In- und Auslandspatente; *Lit.*: Seifensieder-Ztg. 1932 S. 141ff.

Emulphor O **I. G. Farbenindustrie AG., Frankfurt a. M.**

Geb.-J.: 1932; *i/Kurs*: ja; *Konstit.*: hochmolekulare organische Verbindung; *Äuß.*: hellbraune, wachsartige Masse (Schmelzpunkt: 45° C); *Reakt.*: in wässeriger Lösung neutral; *Eigensch.*: Emulgiervermögen; macht schon bei geringen Zusätzen Olein in Wasser emulgierbar; besitzt hohe schutzkolloide Wirkung; weitgehende Schutzwirkung gegen Kalkseifenablagerung; dispergiert während des alkalischen Auswaschens des Oleins sich bildende Kalkseife feinstens; gewährleistet gute Auswaschbarkeit des Oleins; beeinträchtigt die Textilfaser nicht; verhindert Verharzung auf der Faser; *Lö. Be.*: in geschmolzenem Zustand in Olein, Wasser und organischen Lösungsmitteln löslich; absolut unempfindlich gegen Wasser jeden Härtegrades; beständig gegen Salze, Säuren und Alkalien jeder Art; *Verw.*: als Emulgator in Streichgarnspinnereien für Olein oder Gemische aus Olein und fetten Ölen bzw. Mineralölen (der Zusatz von fetten Ölen oder Mineralölen kann bis zu 50% betragen); zur Herstellung auch von I. G.-Wachs-Emulsionen, besonders solchen von I. G.-Wachs E und BJ; *Mengen*: zur Herstellung einer Oleinemulsion in Wasser: 2,5—5% des Oleins (geschmolzenen Emulgator in der 5fachen Menge Olein lösen; unter gutem Umrühren zu 70—85 Teilen Olein geben und dann in etwa die gleiche Menge Wassers unter Rühren einlaufen lassen; die erhaltene ca. 50%ige Stammemulsion kann durch weitere Wasserzugabe nach Bedarf vor Gebrauch verdünnt werden) oder (durch Übergießen mit der gleichen Menge kochendem Wasser hergestellte konzentrierte Lösung mit dem Olein gut vermischen und durch Zugießen weiterer Wassermengen die Emulsion auf den gewünschten Oleingehalt einstellen); z. Herstellung von I. G.-Wachs-Emulsionen: ca. 10% des Wachsgewichtes.

Encollin **J. Simon & Dürkheim, Offenbach a. M.**

i/Kurs: ja; *Eigensch.:* macht den Faden geschmeidig und kräftig; *Verw.:* beim Appretieren; als Schlichte für grobe Garne, z. B. auch Jute usw.

Entbastungsöl **Dr. A. Schmitz, Düsseldorf-Oberkassel.**

Konstit.: Rizinusölsulfonat (siehe bei Monopolöl!); *Verw.:* zum Entbasten von Seide.

Enzymolin **Röhm & Haas AG., Darmstadt. Vertr.: Aug. Jacobi AG., Darmstadt.**

i/Kurs: ja; *analog:* Burnus und Burnus-Neutral; *Konstit.:* aus den Pankreasdrüsen der Schlachttiere gewonnene Enzyme (für Reinigungszwecke wirksame, tryptische Enzyme); Pankreas-Tryptase, -Diastase, -Lipase; (enthält weder Wasserglas noch Chlor noch sauerstoffhaltige Mittel!); *Äuß.:* Pulver, weiß; *Reakt.:* alkalisch; *Eigensch.:* kann im Gegensatz zu Burnus und Burnus-Neutral auch zusammen mit Seife angewandt werden (Enzymolin zuerst für sich allein dem Wasser zusetzen und dann 5 Min. hinterher die Seife, am besten eine solche, die bei der Temperatur der Vorwäsche, bei 35—40°, gut schäumt!); nimmt an feuchter Luft allmählich etwas Wasser auf, zerfließt jedoch nicht; *Lö. Be.:* wirkt in weichem, hartem und Seewasser; *Verw.:* zum Einweichen bzw. Vorwaschen; in der Weißwäscherei; zum Entfernen von Eiweißflecken in der Detachur und Färberei; zum Waschen von, insbesondere auch durch Blut und Eiter beschmutzter, Krankenhauswäsche; für Stärkewäsche (ein besonderes Entstärkungsverfahren ist nicht nötig!); *Mengen:* je nach Beschmutzungsgrad und Anwendungszweck: 0,2—0,5% (zum Einweichen und zum Vorwaschen zuerst Enzymolin, in kaltem oder besser lauwarmem Wasser gelöst, zusetzen!); *V. Pat.:* DRP. 283923 (Otto Röhm); DRP. 316098 (Otto Röhm); *Lit.:* Dtsch. Wäscherei-Ztg. Nr. 20 v. 16. Mai 1931 und Nr. 9 vom 27. Februar 1932.

Epifosol

Konstit.: Naphthensulfosäuren; *Eigensch.:* entschlichtend; *Lit.:* Melliand Textilber. 1925 S. 336 u. 417.

Erdnußölemulsion 100%ig (Olivenölemulsion 100%ig) **J. Simon & Dürkheim, Offenbach a. M.**

Geb.-J.: 1928; *i/Kurs:* ja; *Konstit.:* Erdnußöl + Emulgator (Puropolöl EM oder EMP); *Äuß.:* Flüssigkeit, bräunlich; *Reakt.:* neutral; *Eigensch.:* fast wasserfrei; *Lö. Be.:* gibt mit Wasser eine Emulsion; *Verw.:* für Kunstseidenappretur und -schlichte; *Mengen:* 1—10% d. W. der durch langsames Verdünnen mit Wasser erhältlichen Appretur- bzw. Schlichtemasse.

Esdeform A **J. Simon & Dürkheim, Offenbach a. M.**

i/Kurs: ja; *analog:* Esdeform T; *Eigensch.:* entfernt, für sich ohne Wasser angewandt, Flecken von Mineralöl, Harz usw.; sofort trocknend; *Verw.:* beim Detachieren.

Esdeform T **J. Simon & Dürkheim, Offenbach a. M.**

i/Kurs: ja; *analog:* Esdeform A; *Eigensch.:* entfernt, für sich ohne Wasser angewandt, Flecken von Mineralöl, Harz usw.; sofort trocknend; *Verw.:* beim Detachieren.

Esdoformkernseife **J. Simon & Dürkheim, Offenbach a. M.**

i/Kurs: ja; *analog:* Esdeformseifenpulver; Esdeform-Seifen-Extrakt; *Konstit.:* Kaliseife + Kohlenwasserstoff (aromatisch); *Eigensch.:* harzfrei; macht Wolle und Baumwolle weich; erleichtert das Färben; *Verw.:* zur Vorbehandlung von feiner Baumwolle und Wolle; beim Waschen; *H. Pat., V. Pat.:* DRP.

Esdeform-Seifen-Extrakt **J. Simon & Dürkheim, Offenbach a. M.**

i/Kurs: ja; *Ersatz:* hieß früher Listoform-Seifen-Extrakt, mit dem es identisch ist; *analog:* Listoform-Seifen-Extrakt; Esdeformseifenpulver; Esdeformkernseife; *ähnlich:* Verapol; *Konstit.:* Seife + aromatischer Kohlenwasserstoff; *Äuß.:* dickflüssig; transparent; *Eigensch.:* beseitigt Schmutz aller Art, wie Schweiß, Fett, Öl, Harz usw.; gibt der Wäsche frisches, angenehmes Aroma; erhält der Seidenfaser den Glanz; vermeidet bei Wollwäsche das Einschrumpfen; frischt die Farben bei bunter Wäsche auf; *Verw.:* beim Waschen, auch von loser Wolle, von Gerberwolle, von Kammzug und Kammgarn, von Streichgarn, von Stückware; zum Vorwaschen bzw. Einweichen; für feine Wäsche, Hauswäsche; für bunte und gewerbliche Wäsche (evtl. unter Zusatz von etwas Esdeformseifenpulver!) ebenso wie für Küchenwäsche; für Seidenwäsche, Naßwäsche und Wollwäsche (bei der die Temperatur bis auf 60° gesteigert werden kann, ohne daß die Wolle einschrumpft!); für die Reinigung von Portieren und Teppichen; *H. Pat., V. Pat.:* DRP. 267439 und DRP. 312465 (DRGM. 224052).

Esdeformseifenpulver **J. Simon & Dürkheim, Offenbach a. M.**

i/Kurs: ja; *analog:* Esdeformkernseife; Esdeform-Seifen-Extrakt; *Konstit.:* Kaliseife + Kohlenwasserstoff (aromatisch); *Äuß.:* Pulver; *Verw.:* zum Waschen, evtl. zusammen mit Esdeform-Seifen-Extrakt; *H. Pat., V. P.:* DRP.

Estamit 302 **H. Th. Böhme AG., Chemnitz.**

Geb.-J.: 1932; *i/Kurs:* ja; *analog:* Lorinol E; *Konstit.:* emulgierte Fettkörper; *Äuß.:* weiße Paste; *Reakt.:* neutral; *Eigensch.:* lagerbeständig; avivierend, weichmachend, fettend; *Lö. Be.:* gibt mit Wasser (gut haltbare) Emulsionen; besitzt genügende Kalk- und Salzbeständigkeit; *Verw.:* zum Avivieren von Kunstseide, Baumwolle und Mischmaterialien sowie als Zusatz zu Appreturen und Schlichten; *Mengen:* b. Avivieren: 0,5—2 g/l; als Zusatz zu Schlichten und Appreturen: 1—20 g, evtl. bis 100 g/kg; *H. Pat., V. Pat.:* Pat. angemeldet.

Este-Emulsion WK **Chemische Fabrik Stockhausen & Cie., Krefeld.**

i/Kurs: ja; *Konstit.:* Fette, Öle bzw. Fettsäuren + Türkischrotöl; *Äuß.:* Paste, weiß; *Reakt.:* neutral; *Eigensch.:* zusammen mit essigsaurer oder ameisensaurer Tonerde macht es Wasser abstoßend (mit schwach mattierender Wirkung); *Verw.:* NB. möglichst nur mit weichem Wasser verwenden! zum Imprägnieren von Baumwolle, Wolle, Kunstseide; zur Herstellung wasserabstoßender Mattierungen im Zweibadverfahren zusammen mit essigsaurer oder ameisensaurer Tonerde; (NB. kann auch in Mischung mit Prästabitöl V oder Tallosan verwendet werden: Prästabitöl erhöht die Mattierung, Tallosan die Weichheit und Griffigkeit!); NB. für die Nachbehandlung zwecks Erzielung weichen Griffs ist essigsaure Tonerde günstiger! *Mengen:* zur Vorbehandlung b. d. Herst. von Mattierungen mit Wasserabstoßung: neben 5—10 g/l Prästabitöl V: 2—8 g/l; NB. zur Nachbehandlung nimmt man die 2—3fache Menge ccm essigsaure Tonerde von 6° Bé bezogen auf die Anzahl g Prästabitöl V! *V. Pat.:* DRP. angem.

Este-Mattierung P **Chem. Fabr. Stockhausen & Cie., Krefeld.**

i/Kurs: ja; *Äuß.:* Paste, weiß; *Reakt.:* neutral; *Eigensch.:* gibt Matteffekt jeden Grades auf Kunstseide; erzeugt geschlossene Maschen; erhält das Gewebe weich und geschmeidig; *Verw.:* NB. in hartem Wasser unter Zusatz von Neopol TB oder T extra anwenden! zum Mattieren von Kunstseide zur Herst. nicht wasserabstoßender Mattierungen im Einbadverfahren; zur Verstärkung beim Mattieren und gleichzeitiger Wasserabstoßendmachung im Spülbad nach der Tonerdebehandlung; *Mengen:* b. d. Herstellung von Mattierungen ohne Wasserabstoßung: 3—10—30 g/l (kalte bis lauwarme Mattierungsflotte; 10—15 Minuten; ohne Spülen schleudern; abpressen); i. Nachbehandlungsbad b. Mattieren m. Wasserabstoßung unter Verwendung von Prästabitöl V, Tallosan oder Este-Emulsion WK: 3—5—10 g/l (wobei die Prästabitöl V-Menge wesentlich reduziert oder ganz weggelassen werden kann).

Este-Öl für Schwefelschwarz **Chem. Fabr. Stockhausen & Cie., Krefeld.**

i/Kurs: ja; *Konstit.:* Türkischrotöl + Mineralöl; *Äuß.:* Öl, gelb; *Reakt.:* neutral; *Eigensch.:* egalisierend in Schwefelfarbflotten; verhindert das Bronzieren und erhöht die Reibechtheit der Färbungen; *Verw.:* in Schwefelfarbflotten; zur Nachavivage von Schwefelfärbungen.

Eucarnit **H. Th. Böhme AG., Chemnitz.**

Geb.-J.: 1926; *i/Kurs:* ja; *Konstit.:* alkylierte Naphthalinsulfosäure + Lösungsmittel (gechlorter Kohlenwasserstoff; Trichloräthylen); nach Herst. Angaben: aromatische Sulfosäuren + Fettlöser; *Äuß.:* Flüssigkeit, hellklar; *Reakt.:* neutral; *Eigensch.:* verleiht Karbonisierflotten ein hervorragendes Netzvermögen und gewährleistet so gleichmäßigen und durchgreifenden Karbonisiereffekt; *Lö. Be.:* hochbeständig gegen Karbonisierflotten; *Verw.:* als Netzmittel in Karbonisierflotten; *Mengen:* b. Karbonisieren: 1—3 ccm/l Karbonisierflotte; *Lit.:* Melliand Textilber. 1928 S. 759; 1930 S. 610.

Eufullon extra **Farb- u. Gerbstoffwerke C. Flesch jr., Frankfurt a. M.**

Geb.-J.: 1927; *i/Kurs:* ja; *Konstit.:* Fettsulfoverbindungen + Lösungsmittel (Trichloräthylen); *Reakt.:* die wässerige Lösung reagiert neutral, $p_H = 7$; *Eigensch.:* löst Mineralöle; hohes Reinigungs- und Netzvermögen; gibt vollen, weichen Griff; verhindert selbst bei Anwendung von Fettstoffen die Bildung von Kalkseife; *Verw.:* (s. a. Mengen!) in der Walke wollener Materialien; *Mengen:* b. d. Walke: neben der üblichen Menge Soda: 1,5% d. W.; z. Ausrüstung reinwollener und halbwollener Trikots: 2% d. W.

Eufullon H **Farb- u. Gerbstoffwerke C. Flesch jr., Frankfurt a. M.**

Geb.-J.: 1927; *i/Kurs:* ja; *Konstit.:* aromatische Sulfosäure + Fettlösungsmittel (ca. 20%); *Äuß.:* bräunliche Flüssigkeit; *Reakt.:* die wässerige Lösung reagiert schwach sauer, $p_H = 6{,}5$; *Eigensch.:* löst Mineralöle; hohes Reinigungs- und Netzvermögen; gibt vollen, weichen Griff; verhindert selbst bei Anwendung von Fettstoffen die Bildung von Kalkseife; *Lö. Be.:* kalkbeständig; *Verw.:* (s. a. Mengen!) für die Wäsche, insbesondere wollener Materialien; *Mengen:* i. d. Wäsche: 1% d. W.

Eufullon W **Farb- u. Gerbstoffwerke C. Flesch jr., Frankfurt a. M.**

i/Kurs: nein.

Eukesolappretur **I. G. Farbenindustrie AG., Frankfurt a. M.**

Konstit.: Leim + Fett; *Verw.:* für die Kunstseidenschlichte; *Lit.:* Melliand Textilber. 1930 S. 610.

Eulan extra **I. G. Farbenindustrie AG., Frankfurt a. M.**

i/Kurs: nein; *analog:* Eulan F (jedoch doppelt so stark in der Wirkung!); Eulan M; *Verw.:* zum Mottenechtmachen; *Mengen:* zur Erzielung von Mottenechtheit: neben 2 g/l HSO_4 konz.: 4 g/l; *Lit.:* Seifensieder-Ztg. 1932 S. 382.

Eulan neu **I. G. Farbenindustrie AG., Frankfurt a. M.**

Geb.-J.: 1928; *i/Kurs:* ja; *Ersatz:* für die Marken F und M; *analog:* den Eulanen NK und W extra; *Konstit.:* organische Sulfosäure; *Äuß.:* weißes Pulver; *Eigensch.:* schützt Wolle gegen Mottenfraß; kann dem sauren Färbebad zugesetzt werden; beginnt bei 60° C aus essig-, ameisen- oder schwefelsaurer Flotte auf die Wolle zu ziehen; läßt sich wie ein saurer Farbstoff aus kochendem Bade ausfärben; geruchlos; Egalisierungsvermögen; beeinflußt den Griff der Ware nicht; wasch-, walk-, bleich-, lichtecht; *Lö. Be.:* wasserlöslich; bleibt auch in saurem Bad in Lösung; beständig gegen Chrom; *Verw.:* als Mottenschutzmittel zum Mottenechtmachen; beim Färben von loser Wolle, Kammzug, Strang und Stück; *Mengen:* allgemein: 3% d. W.; *H. Pat., V. Pat.:* patentiert; *Lit.:* Seifensieder-Ztg. 1932 S. 382.

Eulan F **I. G. Farbenindustrie AG., Frankfurt a. M.**

Geb.-J.: 1921; *i/Kurs:* nein; *Ersatz:* Eulan neu, NK und W extra; *analog:* Eulan M; Eulan extra (jedoch nur halb so stark als Eulan extra in der Wirkung!); *Verw.:* zum Mottenechtmachen; *Mengen:* zur Erzielung von Mottenechtheit: neben 4 g/l HSO_4 konz.: 8 g/l; *Lit.:* Seifensieder-Ztg. 1932 S. 382.

Eulan M **I. G. Farbenindustrie AG., Frankfurt a. M.**

Geb.-J.: 1921; *i/Kurs:* nein; *Ersatz:* Eulan neu, NK und W extra; *analog:* Eulan F; Eulan extra; *Verw.:* zum Mottenechtmachen; *Lit.:* Seifensieder-Ztg. 1932 S. 382.

Eulan NK **I. G. Farbenindustrie AG., Frankfurt a. M.**

Geb.-J.: 1930; *i/Kurs:* ja; *Ersatz:* für die Eulane F und M; *analog:* Eulan neu und W extra; *Konstit.:* aromatische Verbindung; *Äuß.:* Pulver, hellbraun; *Reakt.:* neutral; *Eigensch.:* mottenschützend; gute Haftfestigkeit auf der Faser (wird in seiner Wirksamkeit nur durch eine intensive Naßwäsche beeinträchtigt); *Lö. Be.:* wasserlöslich, beim Übergießen mit heißem Wasser leicht; unbeständig gegen Zusätze zu den Eulanbädern (schwer lösl. Niederschläge!); *Verw.:* als Mottenschutzmittel; für die Nachbehandlung ungefärbter und gefärbter Wolle in jeder Form (Garne, Tuche, Möbelstoffe, Plüsche, Wirkwaren usw.) sowie für Haare und Borsten; besonders auch für die Nachbehandlung von Halbwollfabrikaten; *Mengen:* b. d. Behandlung von Wolle: 3% d. W. (Tuche, Möbelstoffe und ähnliche Fabrikate: auf der Waschmaschine; Garne: auf der Kufe oder im Apparat — bei Bleichware kann die Behandlung auch im Blankitbad erfolgen —; Decken, Plüsche, Filze, Trikotagen, Wirkwaren: auf der Breitwaschmaschine unter Druckwalzen, auf Haspel, Apparat oder Kufe; Teppiche: in flacher Kufe) (Flottenverhältnis 1:10 bis 1:30, ca. $^1/_2$ Stde. bei 20—40° behandeln, abschleudern oder abquetschen und trocknen); b. d. Behandlung von Roßhaaren und Borsten: 2% d. W. (im Bottich bei Flottenlänge 1:10 behandeln, abschleudern, trocknen; bei gebleichten Borsten kann die Behandlung im Dekrolinbad erfolgen); *Lit.:* Seifensieder-Ztg. 1932 S. 382.

Eulan RHF **I. G. Farbenindustrie AG., Frankfurt a. M.**

analog: Eulan W extra; *Konstit.:* aromatische Verbindung; *Eigensch.:* bessere Spülechtheit als Eulan W extra; *Verw.:* zum Mottenechtmachen; ausschließlich im sauren Färbebad; für Wollartikel, die keinen Walkprozeß durchmachen (Strickwaren, Teppichgarne, Damentuche); auch für Haare und Borsten; *Mengen:* neben 0,8% Schwefelsäure bzw. 1,6% Ameisensäure: 2% d. W. (50° C, färben, spülen, trocknen wie üblich); *Lit.:* Seifensieder-Ztg. 1932 S. 382.

Eulan W extra **I. G. Farbenindustrie AG., Frankfurt a. M.**

i/Kurs: ja; *Ersatz:* für die Eulane F und M; *analog:* Eulan neu, NK und RHF; *Konstit.:* anorganische Verbindung; *Äuß.:* weißes Pulver; *Reakt.:* sauer; *Eigensch.:* geruchlos; schützt die behandelte Ware vor Mottenfraß; bleibt auch nach der chemischen Reinigung (Benzin, Asordin) noch wirksam, leidet jedoch in der gewöhnlichen Seifenwäsche; auch wird die Schutzwirkung durch eine nachherige Walke oder starkes Spülen herabgesetzt (Eulanausrüstung daher als letzte Naßoperation ausführen!); *Lö. Be.:* in Wasser leicht löslich, auch in der Kälte; *Verw.:* zur Nachbehandlung von Wolle, Haaren, Borsten in kalter, wässeriger Lösung zum Zwecke des Mottenechtmachens; NB. nicht für Halbwollerzeugnisse oder Waren, die mit wasser- bzw. säureunechten Farbstoffen gefärbt wurden! *Mengen:* bei weichem Wasser: 2% d. W.; bei hartem Wasser: neben zunächst zuzusetzendem 0,5—1 g/l Igepon T: 2% d. W. (Flottenverhältnis 1:10 bis 1:30, 20—30° C, $^1/_2$—$^3/_4$ Stde.; Möbelstoffe: in der Waschmaschine; Wollabfälle: im Apparat; Schuh- und Filzstoffe: auf der Breitwaschmaschine unter Druckwalzen oder auf der Haspel; Roßhaare und Borsten: im Bottich; nach der Behandlung schleudern und trocknen!); NB. bei gebleichten Borsten setzt man dem Geradekoch- bzw. Brühbad 2—3 g/l zu! *Lit.:* Seifensieder-Ztg. 1932 S. 382.

Eulysin A **I. G. Farbenindustrie AG., Frankfurt a. M.**

Geb.-J.: 1928; *i/Kurs:* ja; *Konstit.:* alkylierte Naphthalinsulfosäuren + Fettlöser; nach Herstellers Angaben: nicht + Fettlöser, sondern + Amin; *Äuß.:* gelbliche Flüssigkeit (Siedepunkt über 200° C); *Reakt.:* stark basisch; *Eigensch.:* fast geruchlos; netzend; mit Wasserdämpfen nicht flüchtig; greift auch in verhältnismäßig hohen Mengen und bei Kochtemperatur die Wollfaser nicht an; befördert den Abbau der Schlichtemittel (Entschlichten evtl. unnötig); erzeugt geschonte, volle, weiche Ware; verhindert das Einbrennen der Schmelze in der Vorappretur von Wollstückware; ergibt gute Lösung der Spinnfette; erleichtert den folgenden Waschprozeß; ergibt einwandfrei zu färbende Ware und vorzüglichen Griff; *Lö. Be.:* in jedem Verhältnis mit Wasser mischbar; gegen hartes Wasser unempfindlich; *Verw.:* allein oder zusammen mit Leonil S, SB, Nekal BX trocken, Laventin BL, Monopolbrillantöl, Prästabitöl, Intrasol usw. in der Veredlung von Baumwolle, Kunstseide usw.; zum Anteigen und Lösen von Farbstoffen beim Färben, auch in der Apparatfärberei; beim Veredeln von Wolle und Halbwolle; zum Anteigen und Lösen der Farbstoffe; in der Vorappretur von Wollstückware; als Ersatz für Soda bei schweren Walkartikeln; NB. nicht zum Lösen basischer Farbstoffe! s. a. Mengen! *Mengen:* b. Anteigen und Lösen subst. Farbstoffe sowie Schwefel- und Küpenfarbstoffe, besonders Indanthrenfarbstoffe: auf 1 Teil Farbstoff: die zwei- bis dreifache Menge einer 10%igen Eulysinlösung (dann mit heißem Wasser verdünnen, die erhaltene Farbstofflösung dem Färbebad zusetzen, bei Schwefel- und Küpenfarbstoffen unter gleichzeitigem Zusatz von Schwefelnatrium bzw. Hydrosulfit beim Lösen vor dem Zusatz zum Farbbad); im Färbebad als Egalisier- und Durchfärbemittel für Garn in Form von Strang, Kops, Kreuzspule, Kettbaum, ebenso für Stückware: 1 ccm/l; z. Verhinderung der Bronzebildung beim Färben von Schwefelfarbstoffen: 1—2 ccm/l; z. Verbesserung reibunechter, abschmierender Färbungen mit Schwefelfarbstoffen: 1—2 ccm/l ($^1/_2$—1 Stde. kochend nachbehandeln); z. Lösen und Anteigen der Farbstoffe für Wolle und Halbwolle: auf 1 Teil Farbstoff: 2—3fache Menge 10%ige Lösung (Farbstoff übergießen, mit heißem Wasser verdünnen und dem Färbebad zusetzen); (NB. bei Wollechtblau BL und GL die Hälfte der Eulysinmenge durch Alkohol ersetzen!); i. d. Vorappretur von Wollstückware (Kamm- und Streichgarn): 1—2 ccm/l Brennflotte; b. d. Nachwäsche von Stückware zur Beseitigung letzter Seifenreste und Vermeidung von Schwierigkeiten durch Fettsäureabscheidung im sauren Färbebad: 0,5—1 ccm/l; *H. Pat.*, *V. Pat.:* In- und Auslandspatente; *Lit.:* Melliand Textilber. 1930 S. 610.

Eumol neu — **I. G. Farbenindustrie AG., Frankfurt a. M.**

Verw.: in der Baumwollfärberei und Druckerei zur Erzeugung von Anilinschwarz.

Eunaphthol K — **I. G. Farbenindustrie AG., Frankfurt a. M.**

i/Kurs: nein; *Konstit.:* alkylierte Naphthalinsulfosäuren; *Äuß.:* Pulver; *Eigensch.:* gutes Netzvermögen; *Lö. Be.:* gut kalkbeständig; *Verw.:* zum Anteigen für die Naphthole der AS-Reihe; *Lit.:* Melliand Textilber. 1930 S. 610.

Eupolin — **J. D. Riedel — E. de Haen AG., Berlin-Britz.**

i/Kurs: nein; *analog:* Kollodor; *Konstit.:* gallertartige Aluminium-Magnesiumhydroxyde und Kieselsäurehydrate (kolloides Magnesiumhydroxyd oder Magnesiumsilikat oder Aluminiumhydroxyd[1]); *Verw.:* als Waschmittel (Seifenersatz während des Krieges); *H. Pat.*, *V. Pat.:* DRP. 312220, —

Max Buchner — Seifensieder-Ztg. 1919 S. 361; *Lit.:* [1] Ullmann, Bd. 10 S. 382.

Fadenfest

Konstit.: Paraffin + Wachse + feste und flüssige Fettsäuren (Stearinsäure und Olein); *Verw.:* als Kettenglätte.

Falxan

Konstit.: Sulforizinat + Trichloräthylen.

Färböl KM **Max Wunderlich, Glauchau i. Sa.**

Geb.-J.: 1925; *i/Kurs:* ja; *analog:* Netzöl Brillant MW; *Konstit.:* sulfoniertes Rizinusöl; *Äuß.:* Flüssigkeit; *Reakt.:* schwach sauer; *Eigensch.:* Wasch-, Netz-, Reinigungs- und Egalisiervermögen; weichmachend; *Lö. Be.:* beständig gegen hartes Wasser, Säure und Lauge; *Verw.:* zum Netzen, Waschen, Egalisieren, b. Färben; *Mengen:* 2—5 g/l.

Feltron C **I. G. Farbenindustrie AG., Frankfurt a. M.**

Konstit.: alkylierte Naphthalinsulfosäuren + Fettlöser; nach Herstellers Angaben: alkylierte Naphthalinsulfosäure im Gemisch mit Formaldehyd; *Eigensch.:* vermeidet die Verringerung der Walkfähigkeit der Labraze und losen Materials, Lockerung der Stumpen, Verkochen der hellen Farben; *Verw.:* für die Haar- und Wollhutindustrie als Zusatz zum sauren Färbebad; *Mengen:* im sauren Färbebad: 3,5—5 g/l; *Lit.:* Melliand Textilber. 1930 S. 610.

Fermasol DB konz. **Diamalt AG., München.**

i/Kurs: ja; *analog:* Novofermasol A, B, S und AS (verschieden durch die Konzentration); *Konstit.:* Pankreaspräparat (tierische Diastase auf Holzmehl); *Verw.:* zur Verflüssigung von Stärke durch Abbau; als Entschlichtungsmittel.

Fibrit D

ähnlich: Glyecin A; *Äuß.:* Flüssigkeit, gelblich; *Reakt.:* neutral; *Lö. Be.:* mit Wasser in jedem Verhältnis mischbar; *Verw.:* zum Lösen basischer und saurer Farbstoffe.

Filatoleum konz. **Louis Blumer, Zwickau i. Sa.**

analog: Filatoleum A; *Konstit.:* Seife (6,3%) + freie Ölsäure (9,8%) + Neutralfett (45,3%) + Wasser (38,7%); *Verw.:* als Schmälzmittel.

Filatoleum A **Louis Blumer, Zwickau i. Sa.**

analog: Filatoleum konz.; *Konstit.:* Seife (5,8%) + freie Ölsäure (8,9%) + Neutralfett (18%) + Wasser (67,2%); *Verw.:* als Schmälzmittel.

Filzit

Lit.: Seifensieder-Ztg. 1917 S. 171 (R. König).

Fixacol **Adler-Farbwerke, Essen.**

Äuß.: Flüssigkeit; *Verw.:* zur Erhöhung der Reibechtheit von Färbungen oder Drucken.

Flerhenol BT **Farb- u. Gerbstoffwerke C. Flesch jr., Frankfurt a.M.**

i/Kurs: nein; *Konstit.:* Ölsulfonat + Fettlöser; *Eigensch.:* netzend; *Verw.:* beim Beuchen; in der Färberei und Druckerei; *Lit.:* Seifensieder-Ztg. 1931 S. 650.

Flerhenol BT Special **Farb- u. Gerbstoffwerke C. Flesch jr., Frankfurt a. M.**

Geb.-J.: 1927; *i/Kurs:* ja; *Konstit.:* hochsulfonierte Rizinolsäureverbindung + hochsiedendes Fettlösungsmittel; Lösungsmittelgehalt: ca. 50%; *Äuß.:* hellgelbe Flüssigkeit; *Reakt.:* neutral, $p_H = 7$; *Eigensch.:* technisch wasserfrei; gutes Netzvermögen; ergibt weichen Griff; egalisiert; *Verw.:* NB. vor dem Zusatz zur Koch- oder Beuchflotte mit heißem Wasser verdünnen! zum Abkochen und Waschen; als Netzmittel in der Färberei und Druckerei; als Zusatz zur Beuchflotte; beim Bleichen von Baumwolle; (s. a. Mengen!); *Mengen:* z. Abkochen von Garn: 1% d. W. neben: 2% d. W. Soda und 1% d. W. Ätznatron; i. d. Beuche: $^1/_2$—1% d. W.; *Lit.:* Seifensieder-Ztg. 1931 S. 650.

Flerhenol M **Farb- u. Gerbstoffwerke C. Flesch jr., Frankfurt a.M.**

Geb.-J.: 1925; *i/Kurs:* ja; *ähnlich:* Triumph-Öl-Spezial M; *Konstit.:* Natriumsalze von Sulfoverbindungen der Rizinolsäure und von Derivaten derselben und von aromatischen Sulfosäuren + ca. 5% Lösungsmittel; (nach Prof. Herbig: Ölsulfonat + aromatische Sulfosäure); (n. Dr. Heermann: Sulforizinat); *Äuß.:* bräunliche Flüssigkeit; *Reakt.:* die wässerige Lösung reagiert schwach sauer, $p_H = 6{,}5$; *Eigensch.:* netzend; *Verw.:* für Färberei und Ausrüstungsprozesse; *H. Pat., V. Pat.:* F 4/30; *Lit.:* Melliand Textilber. 1928 S. 759; 1930 S. 610.

Flerhenol M Superior **Farb- u. Gerbstoffwerke C. Flesch jr., Frankfurt a. M.**

Geb.-J.: 1927; *i/Kurs:* ja; *Konstit.:* Natriumsalz des Schwefelsäureesters einer Dioxyfettsäure; (nach Prof. Herbig: fettlöserhaltig); (hochsulfoniertes Rizinusöl ohne Fettlöser[1]); *Äuß.:* rotbraune Flüssigkeit; *Reakt.:* die wässerige Lösung reagiert sauer, $p_H = 6{,}5$; *Eigensch.:* netzend; *Lö. Be.:* beständig gegen Schwefelsäure von 4° Bé sowie gegen Bittersalz bis zu 300 g Bittersalz pro Liter; *Verw.:* als Netzmittel in der Färberei von Wolle, Kunstseide, Baumwolle usw. und in der Druckerei; als Zusatz zur Beuchflotte; beim Bleichen von Baumwolle; für die Merzerisation; in der Karbonisation; in der Bittersalzappretur; *H. Pat., V. Pat.:* DRP. 557088; *Lit.:* [1] Melliand Textilber. 1930 S. 610; Seifensieder-Ztg. 1931 S. 650.

Flerhenol M Superior Special **Farb- u. Gerbstoffwerke C. Flesch jr., Frankfurt a. M.**

Geb.-J.: 1928; *i/Kurs:* ja; *Konstit.:* Ölsäuresulfonat + Lösungsmittel; *Äuß.:* rotbraunes Öl; *Reakt.:* schwach sauer, $p_H = 6{,}0$; *Eigensch.:* netzend; dispergierend; emulgierend; egalisierend; reinigend; zusammen mit Seifen hält es sich bildende Kalkseifen in kolloidaler Emulsion; *Lö. Be.:* hohe Beständigkeit gegen hartes Wasser, verdünnte Säuren und Alkalilaugen; *Verw.:* in der Färberei und Druckerei; als Zusatz zur Beuchflotte beim Bleichen von BW; für die Merzerisation; in der Karbonisation; *H. Pat.:* DRP. 568209; F 71275; F 73347.

Flerhenol P **Farb- u. Gerbstoffwerke C. Flesch jr., Frankfurt a.M.**

Geb.-J.: 1931; *i/Kurs:* ja; *Konstit.:* Quaternäre Ammoniumbasen; *Äuß.:* rotbraune Flüssigkeit; *Reakt.:* die wässerige Lösung reagiert schwach sauer, $p_H = 6$; *Eigensch.:* gutes Netz-, Durchdringungs-, Reinigungs- und Egalisiervermögen; *Lö. Be.:* in Säure- und Chromierungsflotten beständig; *Verw:* in der Wollfärberei; zum Anteigen von Farbstoffen; z. Färben von sauren Farbstoffen und Chromierungsfarbstoffen; *Mengen:* $^1/_2$—1% d. W.; *H. Pat. V. Pat.:* F 72252.

Flerhenol PF **Farb- u. Gerbstoffwerke C. Flesch jr., Frankfurt a. M.**

i/Kurs: nein; *Konstit.:* alkylierte Naphthalinsulfosäuren + Fettlöser (Trichloräthylen!); *Lö. Be.:* beständig gegen Wasser von 20° DH; *Verw.:* als Netzmittel; *Lit.:* Melliand Textilber. 1928 S. 759; 1930 S. 610.

Flerhenol S **Farb- u. Gerbstoffwerke C. Flesch jr., Frankfurt a.M.**

i/Kurs: nein; *Konstit.:* Ölsulfonat + aromatische Sulfosäure.

Flerhenol 251 **Farb- u. Gerbstoffwerke C. Flesch jr., Frankfurt a.M.**

i/Kurs: nein.

Flexabon **Diamalt AG., München.**

i/Kurs: ja; *Konstit.:* Maltosepräparat; *Verw.:* als Appreturmittel; als Füllmittel in der Ausrüstung der Baumwolle, Seide und Kunstseide; zur Verbesserung des Griffs; zur Erzielung von Weichheit.

Floranit **H. Th. Böhme AG., Chemnitz.**

Verw.: als Spezialnetzmittel für die Merzerisation; *H. Pat.*, *V. Pat.:* Pat. angem.

Floranit HF **H. Th. Böhme AG., Chemnitz.**

Geb.-J.: 1933; *i/Kurs:* ja; *Konstit.:* Lösungsmittel; *Äuß.:* gelbbraune Flüssigkeit; *Reakt.:* neutral; *Eigensch.:* verleiht Laugen von 1—36° Bé erhöhte Netzfähigkeit und Schrumpfwirkung (günstiger Wirkungsbereich zwischen 26 und 36° Bé Lauge!); gibt der Ware besseren Glanz und weicheren Griff; Regenerierbarkeit der Laugen; kein Schäumen der Laugen; geruchfrei; erzeugt Netz- und Schrumpfwirkung auch bei wochenlangem Stehen der Lauge; *Lö. Be.:* vorzügliche Beständigkeit; löst sich in Laugen von 1—36° Bé hell und klar; *Verw.:* als Netzmittel in Merzerisierlaugen; als Zusatz zu Krepponierbädern sowie zu Druckpasten; vorzüglich für Rohmerzerisation, Strang- und Stückmerzerisation; *Mengen:* b. Rohmerzerisation: 10—25 ccm/l Merzerisierlauge von 26—36° Bé; b. Merzerisieren vorgenetzter Ware: 10—20 ccm in Laugen von 26—36° Bé; in Krepponierbädern: 5—10 ccm in Laugen von 1° Bé aufwärts; als Druckpastenzusatz: 1—30 ccm/kg Druckansatz; *H. Pat.*, *V. Pat.:* Pat. angemeldet.

Floranit M **H. Th. Böhme AG., Chemnitz.**

Geb.-J.: 1925; *i/Kurs:* ja; *Konstit.:* Ölsulfonat + Fettlöser (= Kohlenwasserstoff): nach Prof. Herbig; nach Dr. P. Heermann: alkylierte Naphthalinsulfosäure + Amylalkohol; Alkylnaphthalinsulfosäure + Amylazetat[1]; nach Dr. Landolt: alkylierte Naphthalinsulfosäure + Fettlöser[2]; nach

Herstellers Angaben: fetthaltiges Neztmittel; *Äuß.:* Flüssigkeit, gelbbraun; *Reakt.:* schwach alkalisch; *Eigensch.:* erhöht die Netz- und Schrumpfwirkung von Merzerisierlaugen; gutes Netzvermögen; Avivagewirkung; *Lö. Be.:* beständig in Merzerisierlaugen bis zu 30° Bé; in jedem Verhältnis in Wasser mischbar; ausreichend kalkbeständig; *Verw.:* für Merzerisierlaugen und Bleichbäder (Natriumhypochloritbleichbäder); zum Abkochen von Baumwolle und Kunstseidematerialien; als Zusatz zu Indanthrenfarbflotten, Indanthrenküpen-, Abkoch- und Kreppbädern; *Mengen:* b. Merzerisieren: 10—20 ccm/l Lauge von 22—30° Bé; als Zusatz zu Bleichbädern und Indanthrenküpen: 0,5—2 ccm/l; als Zusatz zu Abkochflotten und Kreppbädern: 0,5—5 ccm/l; *Lit.:* [1] Melliand Textilber. 1928 S. 759; [2] 1930 S. 610.

Flüssige Industrieseife B **Chem. Fabrik Stockhausen & Cie., Krefeld.**

i/Kurs: ja; *analog:* Spezialindustrieseife B; *Konstit.:* Seife + Lösungsmittel; *Äuß.:* Flüssigkeit; *Reakt.:* alkalisch; *Eigensch.:* erhöht die Waschwirkung von Seifenbädern; *Verw.:* zum Waschen von Baumwolle und Wolle (namentlich für billiges Material).

Gabalit

ähnlich: Diastafor; *Konstit.:* Malzdiastase; *Verw.:* als Entschlichtungsmittel; *Lit.:* Melliand Textilber. 1930 S. 610.

Gardinol **H. Th. Böhme AG., Chemnitz.**

Geb.-J.: 1930; *i/Kurs:* nein; *ähnlich:* C. F. D. 1931 N; C. F. D. 1931 S; *Ersatz:* Gardinol WA konz.; Gardinol CA; *analog:* Gardinol WA konz.; Oxycarnit L 50; Brillant-Avirol L 168; Brillant-Avirol L 142; *Konstit.:* Fettalkoholsulfonat (auch nach Herstellers Angaben); *H. Pat., V. Pat.:* angemeldet; *Lit.:* Seifensieder-Ztg. 1931 S. 258; 1932 S. 358; Melliand Textilber. 1931 Heft 2; Chem.-Ztg. 1932 S. 835 u. 893; Z. f. ges. Textilind. 1931 Heft 20 u. 29/30; s. a. Gardinol WA konz.!

Gardinol CA **H. Th. Böhme AG., Chemnitz.**

Geb.-J.: 1930; *i/Kurs:* ja; *Ersatz:* für Gardinol; *analog:* Gardinol WA konz.; *Konstit.:* Natriumsalz eines sauren Alkylschwefelsäureesters ($C_nH_{2n+1} \cdot OSO_2ONa$); Fettalkoholsulfonat (auch nach Herstellers Angaben); *Äuß.:* Pulver, weiß; (wird auch als Paste geliefert!); *Reakt.:* neutral; *Eigensch.:* netzend; waschend; emulgierend; avivierend ;*Lö. Be.:* alkali-, salz-, säure- und hartwasserbeständig (Säure- und Kalkbeständigkeit nicht so gut wie die von Gardinol WA konz.); *Verw.:* in erster Linie für alle Reinigungsprozesse in neutraler, alkalischer und saurer Flotte; auch zum Färben in neutralen, alkalischen und schwach sauren Bädern; zum Nachseifen aller Bleich- und Farbware; allgemein da, wo Gardinol WA konz. angewandt wird (mit Ausnahme der stark sauren Wollfärberei); *Mengen:* s. Gardinol WA konz.!; *H. Pat., V. Pat.:* Pat. angemeldet; *Lit.:* Melliand Textilber. 1931 S. 111; Z. f. ges. Textilind. 1931 Heft 20; Dtsch. Wollengewerbe 1931 S. 92; Seifensieder-Ztg. 1932 S. 358 u. 361.

Gardinol R **H. Th. Böhme AG., Chemnitz.**

Geb.-J.: 1930; *i/Kurs:* nein; *Ersatz:* Gardinol WA konz.; *analog:* Gardinol WA konz.; *Konstit.:* Natriumsalz eines sauren Alkylschwefelsäureesters ($C_nH_{2n+1} \cdot OSO_2ONa$); Laurinalkoholsulfonat[1]; Fettalkoholsulfonat (auch nach Herstellers Angaben); *Äuß.:* Pulver, weiß; *H. Pat.*, *V. Pat.:* Pat. angemeldet; *Lit.:* Melliand Textilber. 1931 S. 111; Z. f. ges. Textilind. 1931 Heft 20; Dtsch. Wollengewerbe 1931 S. 92; Seifensieder-Ztg. 1932 S. 358 u. [1] 361.

Gardinol SE **H. Th. Böhme AG., Chemnitz.**

Geb.-J.: 1931; *i/Kurs:* ja; *analog:* Gardinol WA konz.; Brillant-Avirol K 10; *Konstit.:* Fettalkoholsulfonat (auch nach Herstellers Angaben); *Äuß.:* Pulver; *Reakt.:* neutral; *Eigensch.:* weichmachend und reinigend; in kochenden bis kalten Bädern anwendbar; *Lö. Be.:* kalk-, säure- und alkalibeständig; *Verw.:* zum Avivieren von Baumwoll- und Kunstseidematerialien; zum Nachseifen von Bleich- und Farbware; *Mengen:* NB. 1 Teil mit 20 Teilen heißem Wasser übergießen und durch Aufkochen am Stechrohr in Lösung bringen! b. d. Kunstseidenpräparation und Kunstseidenavivage: 0,5—3 g/l; b. Nachseifen von Bleich- und Farbware: 0,5—2 g/l; *H. Pat.*, *V. Pat.:* Pat. angemeldet; *Lit.:* Seifensieder-Ztg. 1932 S. 358.

Gardinol WA konz. **H. Th. Böhme AG., Chemnitz.**

Geb.-J.: 1932; *i/Kurs:* ja; *Ersatz:* für Gardinol und Gardinol R; *analog:* Gardinol; Gardinol R; Gardinol CA; Gardinol SE; Lanaclarin LM; *Konstit.:* Fettalkoholsulfonat (auch nach Herstellers Angaben); *Äuß.:* Pulver, weiß bzw. Paste, weiß; *Reakt.:* neutral; *Eigensch.:* netzend; waschend; emulgierend; avivierend; ermöglicht sicheres und störungsfreies Arbeiten in hartem Wasser; nicht filzende und nicht verseifende Reinigungswirkung; unempfindlich gegen die Einflüsse des Lagerns, also kein Nachgilben und kein Ranzigwerden der behandelten Materialien; spaltet, im Gegensatz zu Seife, kein freies Alkali durch Hydrolyse ab; *Lö. Be.:* in Wasser mit neutraler Reaktion klar löslich; alkali-, säure-, salz- und hartwasserbeständig; *Verw.:* für nahezu alle Veredelungsprozesse; zum Waschen von Schweißwolle und Kalkwolle; zum Waschen und Entölen von Kammzug auf der Lisseuse; zum Einbrennen von Woll- und Halbwollmaterialien; in der Garnwäsche; in der Stückwäsche und Walke; zum Vorreinigen von Baumwolle, Halbwolle und Kunstseidenmaterial, Trikotagen und Strümpfen; zum Färben in neutralem, saurem und alkalischem Bade; zum Nachbehandeln von Farb-, Bleich- und Druckware; zum Waschen alkali- und farbempfindlicher Waren im neutralen oder sauren Bad; zur sauren Walke; als Zusatz zu Appreturen, Schlichten, Druckmassen, zu Abkoch- und Bleichbädern; NB. nicht als Zusatz zu Merzerisier- und Karbonisierflotten! *Mengen:* NB. 1 Teil mit 20 Teilen heißem Wasser übergießen und durch Aufkochen am Stechrohr klar lösen! b. Waschen von Woll- und Halbwollmaterialien, b. Netzen, Vorreinigen und Abkochen von Baumwoll-, Kunstseide- und Leinenmaterialien: 0,5—2 g/l; als Zusatz zu Bleichbädern: 0,5—2 g/l; als Zusatz zu Farbbädern: 0,5—1,5 g/l; b. Nachseifen von Farb- und Bleichware (evtl. unter Mitverwendung von Seife, Soda bzw. Perborat): 0,5—1 g/l; b. Entschlichten mit oder ohne Zusatz von Soda, Ammoniak, Lanapolseife TE bzw. Marseiller Seife: 0,5—2 g/l; b. Schlichten und Appretieren: 0,5—5 g/l Masse; *H. Pat.*, *V. Pat.:* angemeldet; *Lit.:* Seifensieder-Ztg. 1932 S. 358; Melliand Textilber. 1931 S. 111; 1932 Heft 11; 1933 Heft 1; Z. f. ges. Textilind. 1931 H. 20 u. S. 539; 1931 H. 29 u. 30; Dtsch. Wollengewerbe, Grünberg 1931 S. 414; Leipzig. Mschr. Textil-Ind. 1931 S. 67 u. 256; Textil Lloyd 1931, September und Oktober; Textil, Prag, April 1932; Textil Revue, November 1932.

Gardinol WPP **H. Th. Böhme AG., Chemnitz.**

Geb.-J.: 1931; *i/Kurs:* ja; *Konstit.:* Fettalkoholsulfonat; *Verw.:* zum Ton in Tonfärben bei Kunstseidestrümpfen; *Lit.:* Seifensieder-Ztg. 1932 S. 358.

Geneucol **A. Th. Böhme, Dresden-N. 6.**

i/Kurs: ja; *analog:* Geneucol konz.; Geneucol M, jedoch nicht so beständig und netzfähig wie dieses (Geneucol und Geneucol konz. sind bezüglich Konstitution gleich!); *Konstit.:* sulf. Ölprodukt + Lösungsmittel von hohem Siedepunkt (Ölsulfonat + Kohlenwasserstoff: nach Prof. Herbig); *Äuß.:* flüssig, gelb; *Reakt.:* neutral; *Eigensch.:* netzend; egalisierend; reinigend; waschend; weichmachend; farbstofflösend; *Lö. Be.:* Kalk-, Säure- und Alkalibeständigkeit genügen allgemein den in der Textilindustrie gestellten Anforderungen; in kaltem und warmem Wasser in jedem Verhältnis klar löslich; *Verw.:* als Netz-, Beuch- und Färbeöl; vor allem als Zusatz beim Färben auf dem Apparat (Kops, Kettbaum, Kreuzspule usw.); als Zusatz z. Färbebad bei subst. Naphthol-, Schwefel- und Küpenfarbstoffen; s. a. Mengen! *Mengen:* allgemein: 1—2 g/l; b. Färben auf Apparaten: ca. 0,25 bis 0,3% d. W.

Geneucol konz. **A. Th. Böhme, Dresden-N. 6.**

i/Kurs: ja; *analog:* Geneucol und Geneucol M (jedoch nicht so beständig und netzfähig wie dieses!) NB. Geneucol und Geneucol konz. sind bezüglich Konstitution gleich.

Geneucol M **A. Th. Böhme, Dresden-N. 6.**

i/Kurs: ja; *analog:* Geneucol; Geneucol konz. (jedoch höhere Netzfähigkeit und Beständigkeit); *Konstit.:* sulfoniertes Öl ohne Fettlöser[1] (nach Prof. Herbig: + Lösungsmittel); mittlerer Sulfurierungsgrad; *Äuß.:* flüssig, hellbraun; *Reakt.:* neutral; *Eigensch.:* netzend, schon im kalten Bade; auch für Bleichflotten geeignet; *Lö. Be.:* in kaltem und warmem Wasser in jedem Verhältnis klar löslich; unempfindlich gegen Kalk-, Magnesia- und schwache Bittersalzlösungen; *Verw.:* als Netz- und Färbeöl; z. Appretieren; f. Apparatefärberei (Kopse, Kettbäume, Kreuzspulen usw.); i. d. Naphtholfärberei; b. Bleichen; s. a. Mengen; *Mengen:* b. Färben mit substantiven, Schwefel- und Küpenfarbstoffen: 1—2 g/l; b. Kaltnetzen: 2—3 g/l; b. Beuchen: $^1/_4$—$^1/_2$% d. W.; *Lit.:* [1] Melliand Textilber. 1930 S. 610.

Geneucol MM **A. Th. Böhme, Dresden-N. 6.**

i/Kurs: ja; *analog:* Inferol 50; *Konstit.:* hochsulfoniertes Öl; *Äuß.:* flüssig, braun; *Reakt.:* schwach sauer; *Eigensch.:* als Zusatz zu Bittersalzappreturen verhindert es Ausschlag und Schreiben der Ware; gibt einen geschmeidigen, elastischen Griff; läßt sich in Verbindung mit den üblichen Verdickungsmitteln, wie Dextrin, Stärke usw., ohne weiteres verwenden; auch die üblichen Füllmittel, wie beispielsweise Talkum, Glykose u. dgl., können ohne weiteres beigegeben werden; *Lö. Be.:* hervorragende Magnesiabeständigkeit; NB. die Bittersalzbeständigkeit bezieht sich sowohl auf stark konzentrierte (1:1, 1:3, 1:5) sowie auf verdünnte Lösungen (1:10, 1:20 usw.); *Verw.:* als Spezialöl für die Bittersalzappretur; *Mengen:* $^1/_{10}$ bis $^1/_{20}$ der angewendeten Menge Bittersalz.

Gerbstoff F **I. G. Farbenindustrie AG., Frankfurt a. M.**

i/Kurs: ja; *analog:* den Neradolen D und ND, den Ordovalen G und 2 G; Gerbstoff H; *Konstit.:* salzhaltiges Neradol ND; *Verw.:* (als Seifenersatz vorgeschlagen); in erster Linie als Gerbstoff.

Gerbstoff H **I. G. Farbenindustrie AG., Frankfurt a. M.**

i/Kurs: nein; *analog:* den Neradolen D und ND, insbesondere dem Neradol ND, den Ordovalen G und 2 G, Gerbstoff F; *Konstit.:* Naphthalinsulfosäure + Schwefel (der als Brücke an Stelle der CH_2-Gruppe des Neradols ND dient); *Verw.:* (als Seifenersatz vorgeschlagen); in erster Linie als Gerbstoff; *H. Pat.:* DRP. 292531; *V. Pat.:* DRP. 290965.

Glicorzo

Konstit.: Diastasepräparat; *Verw.:* zur Verflüssigung der Stärke durch Abbau.

Gloy III **J. Simon & Dürkheim, Offenbach a. M.**

i/Kurs: ja; *Eigensch.:* wasserklar; gibt Glanz, Fülle und Geschmeidigkeit; greift die Farben nicht an; *Lö. Be.:* verträgt sich mit Bittersalz (und Dextrin!); *Verw.:* in der Appretur, vorzugsweise für Wolle und wollartige Gewebe; als Beschwerungsmittel, auch für merzerisierte Futterstoffe.

Glutinose **J. Simon & Dürkheim, Offenbach a. M.**

i/Kurs: ja; *Eigensch.:* hohe Ergiebigkeit; gibt vollen, kräftigen, doch geschmeidigen, auf Lager sich nicht ändernden, nicht fleckigen Appret; verbindet sich leicht mit Salzen, Dextrin usw.; *Verw.:* beim Appretieren, für sich allein oder zusammen mit Appreturöl, für alle Arten von Baumwolle.

Glycidin **Louis Blumer, Zwickau i. Sa.**

i/Kurs: ja; *Eigensch.:* erteilt dem Faden Kraft und Reißfestigkeit; der Griff ist etwas rüsch, kann jedoch durch Zugabe von beispielsweise Spulfett, Soietine oder Schlicht- und Appreturfett beliebig weich gemacht werden; allein verwandt gibt es Stand; *Verw.:* als Schlichtmittel: 1. allein zur Erzeugung von Stand und Griff, oder: 2. zusammen mit Spulfett, Soietine oder Schlicht- und Appreturfett zur Erzeugung weicheren Griffes; auch in der Farbflotte anwendbar; für die Weberei v. Kunstseide, Baumwolle und Wolle zusammen mit Schlichtfett; für d. Appretur v. KS, BW und W zusammen mit Appreturfett; *Mengen:* NB. mit Wasser aufkochen und während des Kochens gegebenenfalls Spulfett, Soietine oder Schlicht- und Appreturfett zugeben! in der Kettenschlichte: auf 10 Teile Wasser: 1 Teil, evtl. neben: 5% Spulfett, Soietine oder Schlicht- und Appreturfett.

Glyezin A **I. G. Farbenindustrie AG., Frankfurt a. M.**

Geb.-J.: 1926; *i/Kurs:* ja; *ähnlich:* Fibrit D; *analog:* Glyezin J (jedoch teurer); *Konstit.:* Glykolderivat; *Äuß.:* gelbliche Flüssigkeit; *Reakt.:* neutral; *Eigensch.:* ähnlich wie Glyzerin; hygroskopisch; Lösevermögen für schwer lösliche basische und sauerziehende Farbstoffe; liefert sattere Drucke als Azetin bzw. Glyzerin und beständige Druckfarben mit basischen Farbstoffen, bei substantiven und sauren Farbstoffen im Woll- und Seidedruck sattere Drucke als Glyzerin; liefert beim Druck von Küpenfarben sowie als

Zusatz bei Alizarinfarben stärkere Drucke; *Lö. Be.:* wasserlöslich; *Verw.:* beim Drucken mit basischen Farbstoffen als Ersatz für Azetin und Glyzerin sowohl beim Direktdruck als auch beim Buntätz- und Reservedruck, besonders bei schwer löslichen Farbstoffen, wie Indulin-Scharlach, Nilblau BBX, Indoinblau BB, Indolin NN; im Woll- und Seidedruck bei schwer löslichen substantiven und sauren Farbstoffen; beim Druck von Küpenfarben an Stelle von Glyzerin; als Zusatz bei einzelnen Alizarinfarben, z. B. Alizarin SX, Galozyanin D, Anthrazenbraun D; *Mengen:* allgemein: die gleichen wie bei Azetin bwz. Glyzerin; NB. darf nicht mit konzentrierter Salzsäure oder Salzsäure abspaltenden Substanzen bei einer Temperatur über 60° C zusammengebracht werden, da die Produkte sonst gesundheitsschädliche Wirkungen ausüben können.

Glyezin J **I. G. Farbenindustrie AG., Frankfurt a. M.**

Geb.-J.: 1926; *i/Kurs:* ja; *analog:* Glyezin A (jedoch billiger); *Äuß.:* Flüssigkeit, gelb; *Reakt.:* neutral; *Eigensch.:* ähnlich wie Glyzerin; hygroskopisch; Lösevermögen für basische Farben; Geruch nach Ammoniak; *Lö. Be.:* wasserlöslich; *Verw.:* zum Lösen basischer Farben; zur Verbesserung alter Druckfarben; nicht, wie Glyezin A, als Lösungsmittel für saure Farben; NB. darf nicht mit konzentrierter Salzsäure oder Salzsäure abspaltenden Substanzen bei einer Temperatur über 60° C zusammengebracht werden, da die Produkte sonst gesundheitsschädliche Wirkungen ausüben können.

Gumappret **Chem. Fabr. Grünau Landshoff & Meyer AG., Berlin-Grünau.**

Geb.-J.: 1929; *i/Kurs:* ja; *Konstit.:* Stärkezucker + Salze; *Äuß.:* Teig; spez. Gew. = 1,5 (ca. 50° Bé); fast farblos, zähflüssig; *Reakt.:* neutral bis schwach sauer; *Eigensch.:* ist frei von jeglicher Schimmelbildung; gibt auf Woll- und Halbwollstoffen weichen, vollen Griff; verhindert den durch Pressen, Mangeln und Kalander verursachten Speckglanz; trübt die Farben nicht; verhindert das Stäuben der Ware; *Lö. Be.:* in Wasser klar löslich; *Verw.:* als Füll- und Appreturmittel für Woll- und Halbwollstoffe; *Mengen:* f. wollene und halbwollene Cheviots: 2—5° Bé; f. dünn eingestellte Ware, die hoch gefüllt werden kann: 10—12° Bé schwere Lösungen.

Gumbenzapon **Chem. Fabr. Stockhausen & Cie., Buch & Landauer AG., Berlin SO 16.**

i/Kurs: ja; *Konstit.:* Seife + Fettlöser; *Äuß.:* dicke, schmierseifenartige, braune Masse; *Reakt.:* alkalisch; *Lö. Be.:* nicht beständig gegen Alkalien und Säuren; *Verw.:* für Trenchcoats und Gummimäntel sowie zur Naßwäsche.

Gummagon **Zschimmer & Schwarz, Chemnitz.**

Geb.-J.: 1929; *i/Kurs:* ja; *Konstit.:* Gemisch von Bittersalz und Zucker; *Äuß.:* plastische, weißliche, knetbare Masse; *Reakt.:* neutral; *Eigensch.:* gibt hohe Beschwerung und vollen, kernigen, flauschigen Griff; *Lö. Be.:* bittersalzbeständig; *Verw.:* in der Beschwerungsappretur von Wollstücken, auch Seide (speziell zum „Gummieren“!), Baumwolle und Kunstseide; *Mengen:* NB. man stellt eine wässerige Lösung von etwa 1—4° Bé her! Zusatz je nach Bedarf.

Gumminat **R. Bernheim, Augsburg-Pfersee.**

ähnlich: Gummagon.

Haake-Stärke

Konstit.: Stärke (lösl.); *Verw.:* als Stärkeschlichte, die nicht aufgeschlossen zu werden braucht.

Heptalin **Dehydag, Berlin-Charlottenburg.**

i/Kurs: ja; *analog:* identisch mit Methylhexalin; *Konstit.:* H_2 (Ring: H CH_3 H_2 / H_2 / H_2 H OH) H_2; Hexahydrokresole (Methylcyclohexanole); *Lö. Be.:* klar löslich in wässeriger Seifenlösung.

Hexalin **Dehydag, Berlin-Charlottenburg.**

i/Kurs: ja; *analog:* Methylhexalin und Cyclonol; *Konstit.:* Hexahydrophenol bzw. Cyclohexanol (erhalten durch Wasserstoffanlagerung an Phenol-Karbolsäure-);$C_6H_{11}OH$; H_2 (Ring: H_2, H / OH, H_2, H_2, H_2); *Äuß.:* Flüssigkeit, wasserhell; *Reakt.:* neutral; *Eigensch.:* Sp. 155—178° C, spez. Gew. 0,950; Azetylzahl 561; löst vorzüglich feste und flüssige Kohlenwasserstoffe, Fette, Öle, Harze, Wachse usw.; ergibt mit Seifen Gemische von hoher Lösekraft für organische Stoffe; *Lö. Be.:* wasserunlöslich; *Verw.:* als Zusatz zu Seifen; in Verbindung mit Seifen oder Kohlenwasserstoffen (Benzin, Benzol, Tetrachlorkohlenstoff, Tetralin usw.); als hochwertiges Waschmittel für Wäschereibetriebe; bei der Wäsche feiner Wolle mit starkem Schweißgehalt; bei der Wäsche von mit mineralölhaltigen Schmälzmitteln geschmälzten Garnen; bei der Reinigung von Hutfilzen und Filztuchen; bei der industriellen und häuslichen Reinigung der Baumwolle; als Zusatz beim Kochen und Beuchen unter Druck; zur Herstellung von Fleckseifen; zusammen mit den Alkalisalzen der Tetralinsulfosäure zur Herstellung von Lösungs- und Emulgierungsmitteln; *V. Pat.:* DRP. 365160 (ausschließliche Lizenz f. Herst. von Haushaltseifen steht der Benzit-AG. zu)[1]; DRP. 371293; DRP. 393627; *Lit.:* [1] Seifensieder-Ztg. 1931 S. 862; Z. dtsch. Öl- u. Fettind. 1921 Nr. 34.

Hexapol **Oranienburger Chem. Fabr. AG., Charlottenburg 2.**

i/Kurs: nein (wurde früher von der chemischen Fabrik Milch AG., Oranienburg, hergestellt); *ähnlich:* Tetrapol und Verapol.

Hexasol **Oranienburger Chem. Fabr. AG., Charlottenburg 2.**

i/Kurs: nein (wurde früher von der Chemischen Fabrik Milch AG., Oranienburg, hergestellt); *ähnlich:* Tetrapol und Verapol.

Hexoran **Oranienburger Chem. Fabr. AG., Charlottenburg 2.**

Geb.-J.: 1911; *i/Kurs:* in größerem Umfange nicht mehr; *Ersatz:* fast vollständig durch Cyklorane ersetzt; *ähnlich:* Tetralix; *Konstit.:* Fettlöserseife; Tetrachlorkohlenstoffemulsion; (nach Prof. Herbig: Ölsulfonat 90% + Tetrachlorkohlenwasserstoff; nach Dr. P. Heermann: Türkischrotöl + Tetrachlorkohlenstoff[1]); *Äuß.:* milchigweiße, dünnflüssige Emulsion; *Eigensch.:* Lösevermögen für Fettstoffe aller Art; *Verw.:* als Detachiermittel; zum Entgerbern und Walken von Wolle und Halbwolle; zum Entfetten und Reinigen von Woll- und Baumwollgarnen; als Zusatz zu Beuchflotten; *Lit.:* Seifensieder-Ztg. 1930 S. 495; [1] Melliand Textilber. 1928 S. 759.

Homogenit B **H. Th. Böhme AG., Chemnitz.**

Geb.-J.: 1932; *i/Kurs:* ja; *Konstit.:* Schwefelsäureester höhermolekularer Alkohole; *Äuß.:* Pulver; *Reakt.:* neutral; *Eigensch.:* stabilisierend in ätzalkalischen Superoxydflotten (unter Mitverwendung von Natronlauge und Wasserglas); gewährleistet höhere Stabilität der Bleichbäder, bessere Reinigungskraft, besseres Netzvermögen; ergibt daher höheren Weißgehalt, bessere Benetzbarkeit, weicheren Griff, leichtere Verarbeitung der Bleichware; (NB. die Stabilisierung mit Homogenit B ist die Vorbedingung für die Durchführung des neuen Ce-Es-Bleichverfahrens, welches gegenüber den bisherigen Chlor- und Superoxydbleichen bedeutende Vorteile in Bezug auf Qualitätsverbesserung und größere Wirtschaftlichkeit bietet!); *Verw.:* in der ätzalkalischen Superoxydbleiche, sowie beim Ce-Es-Bleichverfahren; *Mengen:* NB. mit 20 Teilen heißem Wasser lösen! b. Bleichen: neben den erforderlichen Zusätzen gemäß Angaben der Herstellerfirma: ca. 1% d. W.; *H. Pat., V. Pat.:* Pat. angemeldet.

Homogenit W **H. Th. Böhme AG., Chemnitz.**

Geb.-J.: 1932; *i/Kurs:* ja; *Konstit.:* Schwefelsäureester höhermolekularer Alkohole; *Äuß.:* Paste oder Pulver; *Reakt.:* neutral; *Eigensch.:* stabilisierend für schwach alkalische (ammoniakalische) Wasserstoffsuperoxydflotten; ersetzt in Verbindung mit Ammoniak Zusätze von Pyrophosphat usw.; bedeutend bessere Ausnutzung des Sauerstoffgehaltes der Bleichbäder; größere Schonung, besserer Griff und höheres Weiß des Bleichgutes; *Lö. Be.:* hartwasser-, alkali-, säure- und salzbeständig; *Verw.:* zum Bleichen von Wolle, Seide, Stroh, Federn usw.; zum Bleichen im schwach alkalischen Superoxydbad; *Mengen:* NB. 1 Teil mit 20 Teilen warmem Wasser lösen! 1—2 g/l Flotte, neben: 0,5—1,5% Ammoniak konz./l Bleichbad (mit 20 bis 30 ccm Wasserstoffsuperoxyd 40% ig/l); *H. Pat., V. Pat.:* Pat. angemeldet.

Homogenol WW **H. Th. Böhme AG., Chemnitz.**

Geb.-J.: 1929; *i/Kurs:* ja; *analog:* Brillant-Avirol L 142 konz.; Brillant-Avirol L 168 konz.; Brillant-Avirol L 142 und L 168; *Konstit.:* Fettalkoholsulfonat: nach Herstellers Angaben; *Äuß.:* weißes Pulver; *Reakt.:* neutral; *Eigensch.:* erteilt, in geringen Mengen Appreturmassen zugesetzt, Weichheit, Glanz und Fülle; schützt die appretierte Ware weitgehendst gegen Vergilben und Ranzigwerden; *Verw.:* in der Weiß- und Buntwarenappretur von Baumwolle, Leinen, Kunstseide, Wolle und Halbwolle; *Mengen:* NB. 1 Teil mit 20 Teilen heißem Wasser übergießen u. d. Aufkochen am Stechrohr in

Lösung bringen! allgemein: 1 Teil an Stelle 10 bisher verwendeter Teile Türkischrotöl; i. d. Appretur: 0,5—10 g/kg Appreturmasse; *H. Pat.*, *V. Pat.*: Pat. angemeldet.

Humectol C **I. G. Farbenindustrie AG., Frankfurt a. M.**

Geb.-J.: 1930; *i/Kurs:* ja; *Konstit.*: sulfoniertes Fettsäurederivat; *Äuß.*: dunkelbraune Flüssigkeit; *Eigensch.*: Netzvermögen, auch in alkalischen Bädern, selbst in der Hitze; *Lö. Be.*: gut kalkbeständig; *Verw.*: als Netzmittel, auch in hartem Wasser und in alkalischen Bädern, besonders auch heißen; zum Netzen von Textilwaren an Stelle gewöhnlicher Türkischrotöle; *Mengen:* 0,25—0,75 g/l (mit ca. 3—4 Teilen warmem Wasser verdünnt dem Behandlungsbad zusetzen!).

Hutsteife A **I. G. Farbenindustrie AG., Frankfurt a. M.**

Geb.-J.: 1930; *i/Kurs:* nein; *Konstit.*: Kunstharz; *Äuß.*: wasserhelle, harzähnliche Masse; *Eigensch.*: läßt zarte Farbtöne unverändert infolge absoluter Farblosigkeit; ist gut wetterbeständig; beim Belichten tritt kein Nachbräunen ein; erzeugt Textilien, die in der Wärme leicht formbar sind, bei Normaltemperatur erstarren, ohne brüchig zu werden, das saure Überfärben aushalten, Elastizität und vollen, kernigen Griff behalten; *Verw.*: wie Schellack, zur Herstellung von Steifen für Textilien, beispielsweise für Woll- und Haarhüte, ferner für Fasergeflechte aus Stroh, Kunstseide usw.; in der Nachsteife, Randsteife usw. von Woll- und Haarhüten; in der Appretur von Fasergeflechten, Strohhüten usw.; in der Filzwarenindustrie; *Mengen:* 25 Teile, bei Zimmertemperatur in 80 Teilen Sprit und 20 Teilen eines anderen Harzlösungsmittels gelöst (das zu steifende Material bestreichen oder eintauchen, danach abquetschen und in gut ventiliertem Raum trocknen!).

Hydralin (Hydrohexalin) **Dehydag, Berlin-Charlottenburg.**

i/Kurs: nein; *Lö. Be.*: in Wasser klar löslich; *H. Pat.*, *V. Pat.*: DRP. 365160; *Lit.*: Z. dtsch. Öl- u. Fettind. 1923 S. 695.

Hydraphthal **Chemische Fabrik Pott & Co., Pirna-Copitz.**

Konstit.: Seife + Fettlöser (90,5% Tetralin, 3,5% Wasser, 6% ölsaures Ammon)[1]; (nach Dr. Heermann: Seife + Tetralin + Methylhexalin); *Reakt.*: stark alkalisch; *Lit.*: Herbig: Z. f. ges. Textilind. 1922 S. 197; Seifensieder-Ztg. 1930 S. 495; [1] Melliand Textilber. 1928 S. 759.

Hydraphthal GF **Chemische Fabrik Pott & Co., Pirna-Copitz.**

Konstit.: Seife + Fettlöser; *Lit.*: Melliand Textilber. 1930 S. 610.

Hydrosan **R. Bernheim, Augsburg-Pfersee.**

i/Kurs: ja; *analog:* Hydrosan D; *ähnlich:* Intrasol, Kaseito; *Konstit.*: Ölsulfonat; *Eigensch.*: liefert weiches Wasser bei allen Seifprozessen; verhindert die Bildung schädlicher Kalkseife; NB. bereits gebildete Kalkseife wird nicht mehr beseitigt! erzeugt reine, fleckenlose Gewebe, weichen Griff, leuchtende Farben und geschonte Fasern. *Lö. Be.*: löst sich in Wasser schwerer als Seife (wird daher nach der Seife aus dem Gewebe gespült); *Verw.*: zur Enthärtung des Wassers (vor oder mit der Seife zugeben!); *H. Pat.*, *V. Pat.*: Österr. Anm. A 6076/25 vom 11. 11. 1925 (Ullmann!),

A 1406/25 vom 6. März 1925, A 4911/27 vom 5. 8. 1927, Zus. zu A 6076; Deutsche Anm. U 9072 IV/23c vom 3. 12. 1925, U 9542 vom 23. 12. 1926, abgetr. v. U. 9072 mit Priorität vom 3. 12. 1925, U 9833 vom 11. 8. 1927, Zus. zu U 9072, österr. Priorität vom 5. 8. 1927; (s. a. DRP. 294028 der I. G., sowie DRP. 466420!); *Lit.:* Seifensieder-Ztg. 1926 S. 624 u. 716 u. 833; 1930 S. 495; 1932 S. 733. Melliand Textilber. 1929 S. 40; Z. f. ges. Textilind. 1931 H. 42.

Hydrosan D **R. Bernheim, Augsburg-Pfersee.**

analog: Hydrosan; *Konstit.:* Sulforizinat (bzw. Sulfoleat) mit mittlerem Sulfonierungsgrad (ohne Fettlöser) + Harnstoff; *Eigensch.:* verhindert die Bildung schädlicher Kalkseife; *Lö. Be.:* beständig gegen Wasser bis zu 20° DH; *Verw.:* als Netzmittel; *Lit.:* Melliand Textilber. 1930 S. 610.

Hydrosulfit konz. Pulver **I. G. Farbenindustrie AG., Frankfurt a.M.**

i/Kurs: ja; *Konstit.:* Natriumhydrosulfit, techn. wasserfrei; (hydroschwefligsaures Na, $Na_2S_2O_4$); (90% Gehalt an $Na_2S_2O_4$); *Verw.:* in der Küpenfärberei.

Hydrosulfit AZ **I. G. Farbenindustrie AG., Frankfurt a. M.**

i/Kurs: nein (veraltete Hydrosulfit-Marke).

Hydrosulfit AZ lösl. konz. **I. G. Farbenindustrie AG., Frankfurt a.M.**

i/Kurs: nein (veraltete Hydrosulfit-Marke).

Hydrosulfit AZA **I. G. Farbenindustrie AG., Frankfurt a. M.**

i/Kurs: nein (veraltete Hydrosulfit-Marke).

Hydrosulfit BZ **I. G. Farbenindustrie AG., Frankfurt a. M.**

i/Kurs: nein; *Konstit.:* Formaldehydsulfoxylsäure; sekundäres Zn-Salz; $O \cdot CH_2 \cdot SO_2 + 3\,H_2O$; *Verw.:* als Bleichmittel; *Lit.:* Melliand Textilber.
$\searrow Zn \swarrow$
1930 S. 610.

Hydrosulfit BZ wasserlösl. **I. G. Farbenindustrie AG., Frankfurt a.M.**

i/Kurs: nein; *Konstit.:* Formaldehydsulfoxylsäure; primäres Zn-Salz; $(OH \cdot CH_2 \cdot SO_2)_2\,Zn$; *Verw.:* als Bleichmittel; *Lit.:* Melliand Textilber. 1930 S. 610.

Hydrosulfit CL **I. G. Farbenindustrie AG., Frankfurt a. M.**

i/Kurs: nein (veraltete Hydrosulfit-Marke).

Hydrosulfit NF konz. **I. G. Farbenindustrie AG., Frankfurt a. M.**

i/Kurs: nein (veraltete Hydrosulfit-Marke).

Hydrosulfit NFA **I. G. Farbenindustrie AG., Frankfurt a. M.**

i/Kurs: nein (veraltete Hydrosulfit-Marke).

Hydrosulfit NFW konz. **I. G. Farbenindustrie AG., Frankfurt a. M.**

i/Kurs: nein (veraltete Hydrosulfit-Marke).

Hydrosulfit R konz. **I. G. Farbenindustrie AG., Frankfurt a. M.**

i/Kurs: nein; *Konstit.:* Formaldehydsulfoxylsäure; primäres Na-Salz; $OHCH_2SO_2Na + 2\,H_2O$; *Verw.:* als Bleichmittel; *Lit.:* Melliand Textilber. 1930 S. 610

Hyraldit C extra **I. G. Farbenindustrie AG., Frankfurt a. M.**

i/Kurs: nein (veraltete Hydrosulfit-Marke).

Hyraldit CL **I. G. Farbenindustrie AG., Frankfurt a. M.**

i/Kurs: nein (veraltete Hydrosulfit-Marke).

Hyraldit CW extra **I. G. Farbenindustrie AG., Frakkfurt a. M.**

i/Kurs: nein (veraltete Hydrosulfit-Marke).

Hyraldit Z lösl. konz. **I. G. Farbenindustrie AG., Frankfurt a. M.**

i/Kurs: nein (veraltete Hydrosulfit-Marke).

Hyraldit Z zum Abziehen **I. G. Farbenindustrie AG., Frankfurt a. M.**

i/Kurs: nein (veraltete Hydrosulfit-Marke).

Hyraldit ZA zum Abziehen **I. G. Farbenindustrie AG., Frankfurt a. M.**

i/Kurs: nein (veraltete Hydrosulfit-Marke).

Hystabol D **H. Th. Böhme AG., Chemnitz.**

Geb.-J.: 1933; *i/Kurs:* ja; *analog:* Hystabol F (jedoch höchstkonzentriert); *Konstit.:* Lösungsmittel; *Äuß.:* gelbe, hellklare Flüssigkeit; *Reakt.:* neutral; *Eigensch.:* hervorragendes Lösevermögen für alle gebräuchlichen Farbstoffe, insbesondere basische, substantive, saure, Halbwollfarbstoffe, Chromierungsfarbstoffe; ergibt tiefere, gleichmäßigere und echtere Drucke; durch Aufdruck von konz. Hystabol-D-Lösung gelingt es, auf Azetatseide, Cellit und Kollodiumwolle Damasteffekte zu erzielen oder durch Einverleibung von Pigmenten farbige Muster zu erzeugen, da diese Fasern in 5—10 Teilen unverdünntem Hystabol D löslich sind; *Lö. Be.:* indifferent gegen hartes Wasser, Alkalien, Säuren, Salze, Druckverdickungen; *Verw.:* zur Herstellung schwach bis hochkonzentrierter Druckpasten mit feinst gelöstem Farbstoffanteil; zum Anteigen von Küpenfarbstoffen und Indigosolen; *Mengen:* z. Lösen der Farbstoffe: man teigt an und löst mit konz. oder 1:1 bis 1:10 mit Wasser verdünntem Produkt (der Druckpastenzusatz beträgt 5—30 g/kg!); *H. Pat., V. Pat.:* Pat. angemeldet.

Hystabol F **H. Th. Böhme AG., Chemnitz.**

Geb.-J.: 1933; *i/Kurs:* ja; *analog:* Hystabol D; *Konstit.:* Lösungsmittel; *Äuß.:* hellklares Öl; *Reakt.:* neutral; *Eigensch.:* kann konzentriert und in jeder beliebigen Verdünnung angewendet werden; farbstofflösend; Siedepunkt etwa 160° C (daher: auch bei anhaltendem Kochen der Bäder volle Wirksamkeit des Zusatzes); verhindert das Schäumen von Farbstofflösungen; beeinflußt das Aufziehvermögen der Farbstoffe nicht (deshalb hervorragend für die Herstellung konz. Farbstofflösungen geeignet!); *Lö. Be.:*

gegen hartes Wasser, Alkalien, Säuren, Salze indifferent; läßt sich mit Wasser in jedem Verhältnis verdünnen; *Verw.:* zum Lösen von sauren, substantiven, Halbwoll- und Azetatseidenfarbstoffen; zum Anteigen und Lösen von Küpen- und Schwefelfarbstoffen; zum Lösen basischer Farbstoffe (wo die meisten Lösemittel versagen); zum Herstellen der Farbstofflösungen für die Apparatfärberei, für das Färben im kleinen Flottenverhältnis, das Klotzen, sowie für Stamm- und Nuancieransätze; *Mengen:* b. Anteigen und Lösen der Farbstoffe: man teigt mit konz. oder 1:1 bis 1:10 mit Wasser verdünntem Produkt an und bringt durch Übergießen mit heißem bis kochendem Wasser in Lösung bzw. verküpt durch Zusatz von Alkali und Reduktionsmittel; *H. Pat., V. Pat.:* Pat. angemeldet.

Idrapidspalter 100% ig — **Dehydag, Berlin-Charlottenburg.**

i/Kurs: nein; wurde früher von I. D. Riedel AG., Berlin-Britz, hergestellt; *analog:* Idrapidspaltpulver 50% ig; *Konstit.:* hochmolekulare Sulfosäure; nach Schrauth: Oktohydroanthrazensulfosäure; nach Noll: Natriumsalz propylierter Naphthalinsulfosäuren; *Äuß.:* Flüssigkeit; *Lit.:* Schrauth: Seifensieder-Ztg. 1927 S. 221; 1923 S. 97, 200, 209 u. 223.

Idrapidspaltpulver 50% ig — **Dehydag, Berlin-Charlottenburg.**

i/Kurs: nein; wurde früher von I. D. Riedel AG., Berlin-Britz, hergestellt; *analog:* Idrapidspalter 100% ig; *Konstit.:* hochmolekulare Sulfosäure; nach Schrauth: Oktohydroanthrazensulfosäure; Natriumsalz propylierter Naphthalinsulfosäuren; + gereinigte Kieselgur (im Verh. 1:1); *Äuß.:* Pulver; *Lit.:* Schrauth: Seifensieder-Ztg. 1927 S. 221; 1923 S. 97, 200, 209 u. 223.

Igepon A — **I. G. Farbenindustrie AG., Frankfurt a. M.**

Geb.-J.: 1930; *i/Kurs:* ja; *analog:* Igepon AP und AP extra (Preisunterschied!), jedoch nicht so wirksam wie AP extra, sowie Igepon T und T Pulver, jedoch von höherem Reinigungs- und Waschvermögen, aber von geringerer Säure- und Alkalibeständigkeit; *Konstit.:* Fettalkoholsulfonat; Schwefelsäureester höher molekularer, mehrwertiger, aliphatischer Alkohole; nach Herstellers Angaben: Fettsäurederivat; *Äuß.:* Teig von schmierseifenartiger Konsistenz, gelblich; *Reakt.:* neutral, auch in wässeriger Lösung; spaltet kein freies Alkali ab; *Eigensch.:* hohe Waschkraft (größer als bei Seife!); die Wasch- und Reinigungswirkung ist auch in hartem Wasser und in schwach sauren Flotten sowie bei schwach alkalischer Reaktion gut; verhindert, auch bei der Verwendung zusammen mit Seife, die Bildung schädlicher Kalkseife; löst bereits gebildete, auch schon getrocknete Kalkseife; erhält der Seife die Wirksamkeit; zeigt nur ganz geringe Affinität zur Faser, so daß Bäder lange wirksam bleiben; schont die Textilfaser, insbesondere die Wolle (kein Verfilzen!); verleiht der Faser angenehmen, geschmeidigen Griff; erzeugt klare Töne, offene, gut verspinnbare Wolle; läßt sich leicht ausspülen, verringert daher die Wasch- und Spüldauer; besitzt hohes Emulgiervermögen, insbesondere auch gegenüber Wollfett und dies auch bei saurer Reaktion; besitzt hohes Schaumvermögen in verd. Lösungen; erzeugt reines Weiß und auch beim Trocknen nicht vergilbende Fasern; ermöglicht die Entfernung von Schmelzen aus mit Igepon geschmelzten Garnen durch einfaches Spülen unter Zusatz von etwas Ammoniak; verkürzt das Auswaschen bei Walkwaren, bei denen in der Walke Seife mitverwendet wurde; *Lö. Be.:* leicht löslich in Wasser, besonders in heißem; beständig gegen Säuren und Alkalien sowie gegen Wasser jeden Härtegrades; bildet leicht lösliche Zn-, Cu-, Fe-, Mg- und Ca-Salze; NB. konzentrierte, wässerige Lösungen gelatinieren in der Kälte! *Verw.:* nicht für die Karbonisation und Merzerisation! als Waschmittel für Wolle (lose, Garn oder Stück) sowie Seide; als Wasch- und Entfettungsmittel für Bettfedern bei gewöhnlicher Temperatur; zum Waschen von Geweben aus Baumwolle, Halbwolle, Kunstseide usw.; zum Waschen von Schweißwolle, Gerberwolle, Abfällen, Wickeln usw.; in der Vorappretur von Stückware; zur Entfernung geringer Mengen Neutralöl aus rohen Kammgarngeweben, evtl. unter Zusatz von wenig Ammoniak oder Soda; zur Entfernung von Ölschmierflecken durch örtliche Behandlung mit nachfolgendem Auswaschen; zur Wäsche leichter Kammgarnstoffe, z. B. Damenkonfektionsstoffe, ohne Seifenzusatz, nur unter Zugabe von wenig Ammoniak (wenn Schluß verlangt wird, evtl. auch unter Mitverwendung von etwas Seife); zur Reinhaltung von Weißeffekten in weißgemusterten Stoffen und zur Verhütung des Ausblutens von Farbstoff auf das Weiß in schwach essig- oder ameisensaurem Waschbad; zur Erzeugung gleichmäßiger Verteilung des Oleins in der Walke von schwer walkenden Kunstwollstoffen; *Mengen:* NB. man setze 5—10%ige Stammlösungen an durch Anrühren mit etwa der vierfachen Menge heißem Wasser, evtl. kurzem Aufkochen und Verdünnen mit warmem Wasser! b. Waschen, Entfetten und Bleichen von Bettfedern: 0,25—0,5 g/l (gew. Temp.); NB. bei stark fetthaltigem Material: 0,75—1 g/l und bei besonders schwierigem Material: neben 0,5 g/l Ammoniak oder Soda: 0,75—1 g/l (1/4 bis 1/2 Stde.; 1/4 Stde. spülen!); i. d. Walke von Stoffen vor der Wäsche ohne Vorwäsche: neben evtl. Ammoniak oder Soda: 100 g/Stück; i. d. Walke stückfarbiger Kammgarnfeintuche mit Seife und Soda oder Ammoniak nach Abstoßen des Gerbers, vor Beginn des Fertigspülens: 100 g/Stück; z. Walken von garnfarbigen Kammgarnstoffen, z. B. Herrenstoffen, an Stelle der Seifenwalke: neben 1/4 l Ammoniak: 250 g/Stück von ca. 25 kg Rohgewicht; (Walkdauer wie bei der Seifenwalke! anschließend neben etwa 1 l Ammoniak: 1 kg Seife je Stück zugeben und zur Verbesserung des Schlusses auf die Waschmaschine geben!); i. d. Walke von Streichgarntuchen, wie Uniform- und Manteltuchen, Paletotstoffen und Wolldecken ohne Vorwäsche zur Erzielung guten Schlusses und guter Decke: neben Seife (beim Walken und Waschen): 100 g/Stück; i. d. Walke von Artikeln, bei denen eine starke Verfilzung der Oberfläche vermieden werden muß, z. B. Naßfilzen für die Papierindustrie: neben etwa der Hälfte der zur Verseifung des gesamten Oleins nötigen Sodamenge (bei 8% Oleingehalt etwa 1% d. W. Soda): 100 g/Stück (gelöst in der 20fachen Menge Wasser); (NB. beim Entgerbern nochmals Igepon und Soda zusetzen, daß das Bad auf Phenolphthaleinpapier kräftig rot reagiert); i. d. Wäsche von Waren, bei denen jegliche Verfilzung vermieden werden soll: neben 1,5 kg Soda: 150—200 g je Stück von 25 kg Rohgewicht; z. Entfernung unverseifbarer Öle (Mineralöle) aus Geweben nach kurzer Vorwäsche mit Soda (ca. 3 kg je Waschmaschine) und Seife (0,5 kg je Waschmaschine): neben 4 kg Soda, 2 kg Seife und evtl. 0,7 kg Laventin: 1 kg je Waschmaschine und 150 kg Ware; *Lit.:* Seifensieder-Ztg. 1931 S. 543 u. 760; 1932 S. 65, 358, 608, 733 u. 838; Melliand Textilber. 1931 S. 196—198; Z. f. ges. Textilind. 1931 Heft 29/30 u. 42.

Igepon AP **I. G. Farbenindustrie AG., Franfurt a. M.**

Geb.-J.: 1931; *i/Kurs:* ja; *analog:* Igepon A und AP extra, jedoch nicht so wirksam wie AP extra, sowie Igepon T und T Pulver, jedoch besser im

Wasch- und Reinigungsvermögen, aber nicht so säure- und alkalibeständig; *Konstit.:* Fettalkoholsulfonat; Schwefelsäureester höher molekularer, mehrwertiger, aliphatischer Alkohole; nach Herstellers Angaben: Fettsäurederivat; *Äuß.:* Pulver, gelblich; *Reakt.:* schwach sauer (praktisch neutral), auch in wässeriger Lösung; *Eigensch.:* hohe Waschkraft (größer als bei Seife!); die Wasch- und Reinigungswirkung ist auch in hartem Wasser und in schwach sauren Flotten, sowie bei schwach alkalischer Reaktion gut; verhindert. auch bei der Verwendung zusammen mit Seife, die Bildung schädlicher Kalkseife; löst bereits gebildete, auch schon getrocknete Kalkseife; erhält der Seife die Wirksamkeit; zeigt nur ganz geringe Affinität zur Faser, so daß Bäder lange wirksam bleiben; schont die Textilfaser, insbesondere die Wolle (kein Verfilzen!); verleiht der Faser angenehmen, geschmeidigen Griff; erzeugt klare Töne, offene, gut verspinnbare Wolle; läßt sich leicht ausspülen, verringert daher die Wasch- und Spüldauer; besitzt hohes Emulgiervermögen, insbesondere auch gegenüber Wollfett und dies auch bei saurer Reaktion; besitzt hohes Schaum-, Egalisier- und Durchdringungsvermögen in verd. Lösungen; erzeugt reines Weiß und auch beim Trocknen nicht vergilbende Fasern; fett- und schmutzlösend; erzeugt reine, reibechte Materialien; ermöglicht die Entfernung von Schmelzen aus mit Igepon geschmelzten Garnen durch einfaches Spülen unter Zusatz von etwas Ammoniak; verkürzt das Auswaschen bei Walkwaren, bei denen in der Walke Seife mitverwendet wurde; *Lö. Be.:* leicht löslich in Wasser, besonders in heißem; beständig gegen Säuren und Alkalien, sowie gegen Wasser jeden Härtegrades; bildet leicht lösliche Zn-, Cu-, Fe-, Mg- und Ca-Salze; NB. konzentrierte, wässerige Lösungen gelatinieren in der Kälte! *Verw.:* als Reinigungs- und Waschmittel, allein oder zusammen mit Seife; zum Waschen von loser Wolle (insbesondere schwer waschbaren Sorten), Kammgarn, Stückware, Wirkware, Plüschgeweben, Wollgarnen, Mischgeweben (in schwach alkalischer Flotte bei niederer Temperatur) auf Apparaten, Kufen und Haspelkufen; zum Waschen und Reinigen von Seide; zusammen mit Lösungsmittel enthaltenden Produkten, wie Laventin KB, zur Beseitigung schwer verseifbarer und auswaschbarer Verunreinigungen; zum Waschen von Schweißwolle, Gerberwolle, Abfällen, Wickeln; in der Vorappretur von Stückware; als Zusatz bei der Schmutzwalke oder beim Entgerbern in hartem Wasser; für die Tuchwalke; für Streichgarnware, beim Waschen von Baumwolle, Halbwollgeweben und Kunstseide, wie allgemein bei der neutralen oder annähernd neutralen Wäsche bei allen Temperaturen; beim Waschen von Garnen jeglicher Art, insbesondere zur Wäsche von Kammgarn sowie Kammzug unter Zusatz von Alkali (so, daß die Waschbäder auf Lackmus deutlich alkalisch reagieren; NB. bei hohem Ölsäuregehalt der Schmelze größere Mengen!) auf allen Systemen; auch zum Waschen von Kreuzspulen oder Bündelgarn im Packapparat; zum Waschen von Streichgarnen (mit Olein geschmelzt!) unter Zusatz von Soda, Pottasche oder Ammoniak, besonders bei hartem Wasser oder bei Gerberwollen mit viel Kalk; als Schutzmittel gegen das Ausfallen von Kalkseife; in der Vorappretur; zur Entfernung geringer Mengen Neutralöl aus rohen Kammgarngeweben, evtl. unter Zusatz von wenig Ammoniak oder Soda; zur Entfernung von Ölschmierflecken durch örtliche Behandlung mit nachfolgendem Auswaschen; zur Wäsche von leichten Kammgarnstoffen, z. B. Damenkonfektionsstoffen, ohne Seifenzusatz, nur unter Zugabe von wenig Ammoniak (wenn Schluß verlangt wird, evtl. auch unter Mitverwendung von etwas Seife!); zur Reinhaltung von Weißeffekten in weißgemusterten Stoffen und zur Verhütung des Ausblutens von Farbstoff auf das Weiß in schwach essig-

oder ameisensaurem Waschbad; zur Erzeugung gleichmäßiger Verteilung des Oleins in der Walke von schwer walkenden Kunstwollstoffen; *Mengen:* NB. man setze 5—10% ige Stammlösungen an durch Anrühren mit etwa der vierfachen Menge heißem Wasser, evtl. kurzem Aufkochen und Verdünnen mit warmem Wasser! b. Waschen: neben geringen Mengen Soda: 1—2 g/l; b. Verw. als Kalkschutzmittel: 0,5—1 g/l; i. d. Walke von Stoffen vor der Wäsche ohne Vorwäsche: neben evtl. Ammoniak oder Soda: 100 g/Stück; i. d. Walke stückfarbiger Kammgarnfeintuche mit Seife und Soda oder Ammoniak nach Abstoßen des Gerbers, vor Beginn des Fertigspülens: 100 g/Stück; z. Walken von garnfarbigen Kammgarnstoffen, z. B. Herrenstoffen, an Stelle der Seifenwalke: neben $^1/_4$ l Ammoniak: 250 g/Stück von ca. 25 kg Rohgewicht; (Walkdauer wie bei der Seifenwalke! anschließend neben etwa 1 l Ammoniak: 1 kg Seife je Stück zufügen und zur Verbesserung des Schlusses auf die Waschmaschine geben!); i. d. Walke von Streichgarntuchen, wie Uniform- und Manteltuchen, Paletotstoffen und Wolldecken ohne Vorwäsche zur Erzielung guten Schlusses und guter Decke: neben Seife (beim Walken und Waschen!): 100 g/Stück; i. d. Walke von Artikeln, bei denen eine starke Verfilzung der Oberfläche vermieden werden muß, z. B. Naßfilzen für die Papierindustrie: neben etwa der Hälfte der zur Verseifung des gesamten Oleins nötigen Sodamenge (bei 8% Oleingehalt etwa 1% d. W. Soda): 100 g/Stück (gelöst in der 20fachen Menge Wasser; NB. beim Entgerbern nochmals Igepon und Soda zusetzen, daß das Bad auf Phenolphthaleinpapier kräftig rot reagiert); i. d. Wäsche von Waren, bei denen jegliche Verfilzung vermieden werden soll: neben 1,5 kg Soda: 150—200 g je Stück von 25 kg Rohgewicht; z. Entfernung unverseifbarer Öle (Mineralöle) aus Geweben nach kurzer Vorwäsche mit Soda (ca. 3 kg je Waschmaschine) und Seife (0,5 kg je Waschmaschine): neben 4 kg Soda, 2 kg Seife und evtl. 0,7 kg Laventin: 1 kg je Waschmaschine und 150 kg Ware; *Lit.:* Seifensieder-Ztg. 1931 S. 543 u. 760; 1932 S. 358, 733 u. 838; Melliand Textilber. 1931 S. 196—198.

Igepon AP extra **I. G. Farbenindustrie AG., Frankfurt a. M.**

Geb.-J.: 1931; *i/Kurs:* ja; *analog:* den übrigen Igepon-Marken, jedoch besser in der Wasch- und Reinigungswirkung als Igepon A, AP, T und T Pulver; nicht so säure- und alkalibeständig als Igepon T und T Pulver; *Konstit.:* Fettalkoholsulfonat; Schwefelsäureester höher molekularer, mehrwertiger aliphatischer Alkohole; nach Herstellers Angaben: Fettsäurederivat; *Äuß.:* Pulver, gelblich; *Reakt.:* schwach sauer (praktisch neutral), auch in wässeriger Lösung; *Eigensch.:* hohe Waschkraft (größer als bei Seife!); die Wasch- und Reinigungswirkung ist auch in hartem Wasser und in schwach sauren Flotten, sowie bei schwach alkalischer Reaktion gut; verhindert, auch bei der Verwendung zusammen mit Seife, die Bildung schädlicher Kalkseife; löst bereits gebildete, auch schon getrocknete Kalkseife; erhält der Seife die Wirksamkeit; zeigt nur ganz geringe Affinität zur Faser, sodaß Bäder lange wirksam bleiben; schont die Textilfaser, insbesondere die Wolle (kein Verfilzen!); verleiht der Faser angenehmen, geschmeidigen Griff; erzeugt klare Töne, offene, gut verspinnbare Wolle; läßt sich leicht ausspülen, verringert daher die Wasch- und Spüldauer; besitzt hohes Emulgiervermögen, insbesondere auch gegenüber Wollfett und dies auch bei saurer Reaktion; besitzt hohes Schaum-, Egalisier- und Durchdringungsvermögen in verd. Lösungen; erzeugt reines Weiß und auch beim Trocknen nicht vergilbende Fasern; fett- und schmutzlösend; erzeugt reine, reibechte Materialien; ermöglicht die Entfernung von Schmelzen aus mit Igepon geschmelzten Garnen durch einfaches Spülen unter Zusatz von etwas Ammoniak, verkürzt das Auswaschen bei Walkwaren, bei denen in der Walke Seife mitverwendet wurde; *Lö. Be.:* leicht löslich in Wasser, besonders in heißem; beständig gegen Säuren und Alkalien, sowie gegen Wasser jeden Härtegrades; bildet leicht lösliche Zn-, Cu-, Fe-, Mg- und Ca-Salze; NB. konzentrierte, wässerige Lösungen gelatinieren in der Kälte! *Verw.:* als Wasch- und Reinigungsmittel, für sich allein oder zusammen mit Seife, für Wolle, Halbwolle, Baumwolle, Seide; beim Waschen und Walken neben üblichen Soda- oder Ammoniakmengen für mit Olein geschmelzte Streichgarnware; zum Waschen gepackter Ware; zusammen mit lösungsmittelhaltigen Produkten, wie Laventin KB, zur Beseitigung schwer verseifbarer und auswaschbarer Verunreinigungen; als Hilfsmittel beim Färben von Baumwolle, Kunstseide, Azetatseide in neutralen Färbebädern; als Hilfsmittel zur Veredlung von Wolle, besonders von Garn- und Stückware, Baumwolle, Kunstseide und Mischgeweben; in der Streichgarnindustrie; in der Vorappretur von Stückware; zum Waschen von Schweißwolle, Gerberwolle, Abfällen und Wickeln; bei der Behandlung vegetabilischer oder künstlicher Fasern, Gespinste oder Gewebe in Bädern üblicher Alkalität; bei der neutralen Wäsche von Azetatseide, Kunstseide und Mischgeweben bei allen Temperaturen; beim Waschen von Garnen jeglicher Art, insbesondere zur Wäsche von Kammgarn sowie Kammzug unter Zusatz von Alkali (daß die Waschbäder deutlich lackmus-alkalisch reagieren — NB. bei hohem Ölsäuregehalt der Schmelze größere Mengen!) auf allen Systemen, auch zum Waschen von Kreuzspulen oder Bündelgarn im Packapparat; als Schutzmittel gegen das Ausfallen von Kalkseife; zur Wäsche von Streichgarnen (mit Olein geschmelzt!) unter Zusatz von Soda, Pottasche oder Ammoniak, besonders bei hartem Wasser oder Gerberwollen mit viel Kalk; in der Vorappretur; zur Entfernung geringer Mengen Neutralöl aus rohen Kammgarngeweben, evtl. unter Zusatz von wenig Ammoniak oder Soda; zur Entfernung von Ölschmierflecken durch örtliche Behandlung mit nachfolgendem Auswaschen; zur Wäsche leichter Kammgarnstoffe, z. B. Damenkonfektionsstoffe, ohne Seifenzusatz, nur unter Zugabe von wenig Ammoniak (wenn Schluß verlangt wird, evtl. auch unter Mitverwendung von etwas Seife!); zur Reinhaltung von Weißeffekten in weißgemusterten Stoffen und zur Verhütung des Ausblutens von Farbstoff auf das Weiß in schwach essig- oder ameisensaurem Waschbad; zur Erzeugung gleichmäßiger Verteilung des Oleins in der Walke von schwer walkenden Kunstwollstoffen; *Mengen:* NB. man setze 5—10%ige Stammlösungen an durch Anrühren mit etwa der 4fachen Menge heißem Wasser, evtl. kurzem Aufkochen und Verdünnen mit warmem Wasser! b. Waschen: neben soviel Soda oder Ammoniak, daß die Waschflotte schwach alkalisch ist: 0,5—1 g/l; z. Nachbehandlung gefärbter Artikel zwecks Verbesserung der Reibechtheit, allein oder zusammen mit Seife oder Walkerde: 1,5 g/l; b. Waschen von reichlich mit Olivenöl geschmelztem Kammgarn: neben 0,5 g/l Soda kalz.: 1 g/l (45° C); als Schutzmittel gegen das Ausfallen von Kalkseife: 0,3—0,5 g/l; z. Entfernen von eingetrockneten Kalkseifenniederschlägen: 1—5 g/l (15—30 Min.; ca. 50°; zweckmäßig vorher einige Stunden kalt einweichen!); z. Wäsche von Halbwoll-, Vigogne-, Haargarnen usw. (die z. B. meist auch mit Mineralöl geschmelzt sind): 1. neben 2—4 g/l Soda kalz. und evtl. 2—3 ccm/l Laventin KB: 2 g/l; 2. (neben 3—5 g/l Soda in einem Vorwaschbad m. kurzem Spülen!) neben 0,1 g/l Soda kalz. und 1—2 ccm/l Laventin KB: 1—1,5 g/l (ca. 50° C); 3. bei der Nachbehandlung von gefärbten Garnen zwecks Verbesserung der Reibechtheit bei sauer ziehenden Farbstoffen (z. B. Supramin- oder Supranolfarbstoffen): 0,5—1 g/l ($^1/_2$ Stde.; 60—65° C); z. Waschen von Schweißwolle: a) im Einweichtrog: neben 2 g/l Soda kalz.: 1 g/l; b) im Waschtrog: neben 1,3 g/l Soda kalz.: 1,3 g/l (50° C; spülen); b. Waschen von Wolle a. d. Leviathan: 1 g/l im 1. Bottich, 1,5 g/l im 2. und 3. Bottich, neben: je ca. 0,5—2 g/l Soda (und zwar im 1. Bad: niederste Igepon- und höchste Sodamenge, also 1 g/l und 2 g/l, in den folgenden: etwa gleiche Mengen, nämlich 1,5—1 g/l, im letzten Waschbad: nur 0,5 g/l Igepon A (ca. 50° C); z. Waschen von Abfällen, Enden, Wickeln, Haaren usw., auch Mineralöl enthaltenden Spinnereiabgängen: neben 1–2 g/l Soda kalz. u. 2 ccm/l Laventin KB: 2–3 g/l; z. Waschen von Gerberwollen (Hautwollen) nach einer Vorwäsche mit Soda bzw. einem Absäuern mit Salzsäure und Spülen: 1—2 g/l; b. Färben loser, ungewaschener Wolle mit sauren Farben: 5 g/l; (NB. vorzuziehen ist eine Vorwäsche im Apparat und dann erst nach kurzem Spülen das Färben!); i. d. Walke von Stoffen vor der Wäsche ohne Vorwäsche: neben evtl. Ammoniak oder Soda: 100 g/Stück; i. d. Walke stückfarbiger Kammgarnfeintuche mit Seife und Soda oder Ammoniak nach Abstoßen des Gerbers, vor Beginn des Fertigspülens: 100 g/Stück; z. Walken von garnfarbigen Kammgarnstoffen, z. B. Herrenstoffen, an Stelle der Seifenwalke: neben $^1/_4$ l Ammoniak: 250 g/Stück von ca. 25 kg Rohgewicht; (Walkdauer wie bei der Seifenwalke; anschließend neben etwa 1 l Ammoniak: 1 kg Seife je Stück zufügen und zur Verbesserung des Schlusses auf die Waschmaschine geben!); i. d. Walke von Streichgarntuchen, wie Uniform- und Manteltuchen, Paletotstoffen und Wolldecken ohne Vorwäsche zur Erzielung guten Schlusses und guter Decke: neben Seife (beim Walken und Waschen!): 100 g/Stück; i. d. Walke von Artikeln, bei denen eine starke Verfilzung der Oberfläche vermieden werden muß, z. B. Naßfilzen für die Papierindustrie: neben etwa der Hälfte der zur Verseifung des gesamten Oleins nötigen Sodamenge (bei 8% Oleingehalt etwa 1% d. W. Soda!): 100 g/Stück (gelöst in der 20fachen Menge Wasser; NB. beim Entgerbern noch Igepon und Soda zusetzen, daß das Bad auf Phenolphthaleinpapier kräftig rot reagiert!); i. d. Wäsche von Waren, bei denen jegliche Verfilzung vermieden werden soll: neben 1,5 kg Soda: 150—200 g je Stück von 25 kg Rohgewicht; z. Entfernung unverseifbarer Öle (Mineralöle) aus Geweben nach kurzer Vorwäsche mit Soda (ca. 3 kg je Waschmaschine) und Seife (0,5 kg je Waschmaschine): neben 4 kg Soda, 2 kg Seife und evtl. 0,7 kg Laventin: 1 kg je Waschmaschine und 150 kg Ware; *Lit.:* Seifensieder-Ztg. 1931 S. 543 u. 760; 1932 S. 358, 733 u. 838; Melliand Textilber. 1931 S. 196—198.

Igepon T **I. G. Farbenindustrie AG., Frankfurt a. M.**

Geb.-J.: 1931; *i/Kurs:* ja; *analog:* Igepon T Pulver, von dem es sich nur durch die äußere Beschaffenheit und die schwerere Löslichkeit, nicht aber in seinen allgemeinen Eigenschaften und in der Ausgiebigkeit unterscheidet, sowie Igepon A, AP und AP extra, jedoch von höherer Säure- und Alkalibeständigkeit als die A-Marken, aber von geringerem Wasch- und Reinigungsvermögen; *Konstit.:* Fettalkoholsulfonat (enthält noch ein zweites Sulfonierungsprodukt[1]); saure Gruppe enthaltender Schwefelsäureester des 7-18-Stearylen-Glykols (Hydr. Prod. des Rizinusöls[2]); nach Herstellers Angaben: Fettsäurederivat; *Äuß.:* Paste, gelblich-weiß; *Reakt.:* neutral, auch in wässeriger Lösung; erleidet keine Hydrolyse; *Eigensch.:* hohe Wasch- und Reinigungswirkung (besser als die der Seife!), auch in saurem Medium und in hartem Wasser; verhindert, auch zusammen mit Seife angewandt, die Bildung von Kalkseife; löst bereits gebildete und getrocknete Kalkseife; Schutz- und Lösewirkung auf Kalkseife, auch in alkalischen Flotten und bei hohen Temperaturen; Walkwirkung in saurer Flotte; Beuchwirkung; netzend, egalisierend, dispergierend; Lösevermögen für Fette, Wachse, Pektinstoffe, Schalen; hohes Schaumvermögen; faserschützend (kein Filzen!); gibt vollen, weichen, geschmeidigen Griff und hohen Weißeffekt (kein Vergilben der Weißtöne!); erzeugt reine Töne und reibechte Färbungen; ist fast geruchlos, sowie lager-, farb- und geruchsbeständig; in der Bleiche steigert es den Bleicheffekt; verringert die Dauer sowie den Alkaligehalt der Bleichbäder und die angewandten Bleichmittel; kann zusammen mit Ameisen- oder Essigsäure und evtl. Chromkali bzw. Perborat zur raschen Entwicklung von Färbungen verwendet werden; zieht, ähnlich wie ein Farbstoff, gut wasch- und walkecht auf die Faser, deren Gewicht dabei erhöhend; beeinträchtigt nicht die Licht- und Lagerechtheit von Färbungen bzw. Waren; verlangsamt i. d. Halbwollfärberei b. Kochtemperatur das Anfärben d. Wolle, sodaß die Baumwolle tiefer als Wolle gefärbt wird; verringert die Gefahr des Ausblutens unechter Färbungen in der sauren Walke; erzeugt in der Herstellung von Wollhüten beim Schmelzen (an Stelle von Glyzerin oder Türkischrotöl) gleichmäßigen Krempelflor und ausgezeichnetes Rendement; beschleunigt, Spülbädern zugesetzt, das Auswaschen der letzten Seifenreste und erspart die Anwendung übermäßig großer Mengen Spülwasser; *Lö. Be.:* leicht löslich in Wasser (konzentrierte Lösungen werden beim Erkalten dickflüssig und fadenziehend); alkali- und säurebeständig (fast absolut), auch bei hohen Konzentrationen und bei allen Temperaturen; härtebeständig; (löst sich in Wasser von 100° d. H. klar); metallsalzbeständig (bildet lösliche Cu-, Cr-, Zn-, Pb-, Mn-, Fe- und Al-Salze!); beständig in Chlorkalk-, Natriumhypochlorit- und Wasserstoffsuperoxydlösungen; (im Gegensatz zu den Igepon A-Marken) auch beständig in kochendem, schwefelsaurem Bad; *Verw.:* nicht für Kaliumpermanganatbäder! nicht in Merzerisierlaugen! nicht beim Färben mit basischen Farbstoffen! beim Bleichen von Wolle als Zusatz zu den Bleichbädern (Superoxyd-, Blankit I- und Bisulfitbäder); zum Vornetzen bei der Schwefelkastenbleiche; zum Bleichen auch von unausgekochtem Material (lose, Garn, Kreuzspule, Kettbaum, Stückware!), Leinen und Stroh, sowohl auf der Haspelkufe wie auf dem Apparat; zum Veredeln vegetabilischer und künstlicher Fasern; zum Färben von Baumwolle; als Zusatz bei Direkt-, Schwefel- und Küpenfärbungen, für Apparat- und Stückfärberei, insbesondere beim Färben mit Indanthrenfarbstoffen; beim Färben von Kunstseide und Mischgeweben; zum Spülen und Nachwaschen; zum Nachbehandeln von Küpenfarbstoffen, insbesondere Indanthrenfarbstoffen, sowie zum Auswaschen von Drucken, für sich oder zusammen mit Seife; beim Färben von Naphtholprodukten; zum Lösen der Naphthole (evtl. in Kombination mit unbeständigen Färbeölen!); beim Entschlichten mit Säuren oder Fermenten (Biolase oder Viveral E!); zum Waschen von Wolle, Baumwolle und Kunstseide; als Egalisierungsmittel für saure Farbstoffe und Chromentwicklungsfarbstoffe; beim Färben mit schwer egalisierenden Farbstoffen oder bei schwer gleichmäßig und schwierig durchzufärbenden Materialien (Garne, Stückware, Filze!) neben den üblichen Mengen Ameisensäure, Essigsäure oder Schwefelsäure bei unter Umständen reduzierten Salzzusätzen; als Hilfsmittel beim Abziehen von Lappen mit Dekrolin löslich konz. und von Umfärbern und als Hilfsmittel beim Umfärben oder bei der Nachbehandlung nicht einwandfrei ausgefallener Ware; beim Färben von Wolle (loses Material, Kammzug, Garn, Stückware, Filz!), besonders auf Apparaten; in der Halbwollfärberei; in der sauren (insbesondere in der schwefelsauren) Walke von Webartikeln, Filzen, Woll- und Haarhüten; zum Schmelzen der Wolle; in der Weißwäscherei, besonders bei hartem Wasser, allein oder neben Seife, in Einweich- und Kochflotten sowohl wie in Spülwässern; zum Abziehen von Imprägnierungen fettsaurer Tonerde; *Mengen:* NB. man setze 5—20%ige Stammlösungen an durch Verrühren der Paste mit kochend heißem Wasser, evtl. Aufkochen und weiterer Zugabe heißen Wassers! b. d. Wasserstoffsuperoxydbleiche: 1—2 g/l des schwach alkalischen oder sogar neutralen Superoxydbades (40° C; zum Alkalischmachen nimmt man statt des unstabilen Ammoniaks bzw. starker Alkalien besser Stoffe, wie Trinatriumphosphat, Wasserglas, Natriumpyrophosphat!); b. schwer bleichbarer Ware: 5 g/l; b. leicht bleichbarer Ware: 0,5 g/l; b. d. Blankit I-Bleiche: neben 2—3 g/l Blankit I: 1—2 g/l (nicht mehr, da keine Wirkungssteigerung!); b. d. Bisulfitbleiche: neben 8 ccm/l Natriumbisulfit (38—40° Bé) und 0,6 ccm/l H_2SO_4 (66° Bé = 96%): 0,2 g/l; b. d. Schwefelkastenbleiche im Vorbad: 2 g/l; i. d. Bleiche mit Hypochloritlauge, Chlorkalk, Peroxyd, sowie in der kombinierten Chlorsauerstoffbleiche: neben 2% d. W. Soda kalz. und 1—1,5 g/l akt. Chlor: 1—2% d. W. (2—$2^1/_2$ Stdn. bei 25° oder 1—$1^1/_2$ Stdn. bei 40—45°); b. Nachwaschen von Bleichware: 0,25 g/l; b. Nachbehandeln von Küpenfärbungen: neben 3—4 g/l Seife: 0,5—1 g/l; b. Nachbehandeln von Naphtholfärbungen: 0,5—1 g/l Seifenbad; z. Lösen von Kalkseife beim Spülen: 2 g/l Spülbad; b. Beuchen von Baumwolle mit Druck: 0,5—1 g/l; b. Beuchen von Baumwolle ohne Druck: 1—2 g/l; b. Schlichten als Zusatz zu mit Hilfe von Seife hergestellten, ölhaltigen Schlichte- und Appreturflotten: neben abgebrochenen Seifenmengen: 0,5—2 g/l; zum Entfernen von Leinölschlichte aus Kunstseide: neben 2 g/l Seife und 2 g/l Laventin BL (sowie 1—2 g/l Soda kalz. bei Viskose!): 0,5 g/l (70—80°); i. d. Woll- und Halbwollfärberei: 1—2% d. W.; beim Abziehen von Lappen mit Dekrolin löslich konz. und von Umfärbern: 1—2 g/l; b. Umfärben und bei der Nachbehandlung nicht einwandfrei ausgefallener Ware: 2—4% d. W.; i. d. sauren Walke: 0,5 g/l; b. d. Herstellung von Wollhüten, zum Schmelzen an Stelle von Glyzerin oder Türkischrotöl: 15 l einer 6—10%igen Lösung/100 kg Material; i. d. Weißwäscherei, als Zusatz zu Einweichbädern, Kochflotten und ersten Spülwässern: 1—2 g/l; i. d. Weißwäscherei, als Zusatz neben Seife: 0,2 g/l (bei ungünstigen Wasserverhältnissen); b. Abziehen von Imprägnierungen fettsaurer Tonerde (in schwach saurem Bade): 3—5 g/l; *Lit.:* Seifensieder-Ztg. 1931 S. 543 u. 760; 1932 S. [1]65, 283, 358, 361, [2]643, 733 u. 838; Melliand Textilber. 1931 S. 196 bis 198.

Igepon T Pulver **I. G. Farbenindustrie AG., Frankfurt a. M.**

Geb.-J.: 1931; *i/Kurs:* ja; *analog:* Igepon T, von dem es sich nur durch die äußere Beschaffenheit und Löslichkeit, nicht aber in seinen allgemeinen Eigenschaften und in der Ausgiebigkeit unterscheidet, sowie Igepon A, AP und AP extra, jedoch von höherer Säure- und Alkalibeständigkeit als die A-Marken, aber von geringerem Wasch- und Reinigungsvermögen; *Konstit.:* Fettalkoholsulfonat (enthält noch ein zweites Sulfonierungsprodukt[1]!); saure Gruppe enthaltender Schwefelsäureester des 7-18-Stearylen-Glykols (Hydrierungsprodukt des Rizinusöls[2]); nach Herstellers Angaben: Fettsäurederivat; *Äuß.:* Pulver, weiß; *Reakt.:* siehe Igepon T! *Eigensch.:* siehe Igepon T! *Lö. Be.:* leichter löslich in Wasser als Igepon T, sonst jedoch wie Igepon T; *Verw., Mengen:* siehe Igepon T; *Lit.:* Seifensieder-Ztg. 1932 S. [1] 65, 283, 358, 361, [2] 643, 733 u. 838.

Impregnator **J. Simon & Dürkheim, Offenbach a. M.**

Geb.-J.: 1931; *i/Kurs:* ja; *analog:* Rayonit, Paraffinemulsion EMP 100%ig und Paraffinemulsion 100%ig; *Konstit.:* Paraffin + $\frac{\text{Emulgator + Tonerde}}{\text{Metallseife}}$; *Äuß.:* weißl. Paste; *Reakt.:* techn. neutral; *Eigensch.:* wasserdichtmachend, wasserabstoßend; *Lö. Be.:* gibt mit Wasser eine Emulsion; *Verw.:* zum Imprägnieren pfl. und tier. Fasermaterialien in einem Bade; *Mengen:* 10% d. W.

Imprägnier-Emulsion AH — **Zschimmer & Schwarz, Chemnitz.**

i/Kurs: ja; *Eigensch.:* wasserdichtmachend (zusammen mit essigsaurer oder ameisensaurer Tonerde); erhält das Gewebe luftdurchlässig und porös; *Verw.:* zum Wasserdichtmachen von Textilien, wie W, HW, S, KS, in Form von Stückware, Garn, Filz usw. im Einbadverf. zusammen mit ameisensaurer oder essigsaurer Tonerde; *Mengen:* zum Emulgieren: 15 bis 20 g/l Emulgierbad, das nebenher ca. 30 ccm/l ameisensaure Tonerde von 6° Bé bzw. 8—10 ccm/l 19/20°ige Lösung enthält (die Emulsion vorher mit der 2—3fachen Menge warmen Wassers anrühren!).

Imprägnierseife CFD — **Zschimmer & Schwarz, Chemnitz.**

Konstit.: Kernseife; *Verw.:* speziell für Imprägnierungen aller Arten nach dem Seife-ameisensauren Tonerde-Verfahren.

Imprägnierung CFD (Fixierlösung CFD) — **Zschimmer & Schwarz, Chemnitz.**

Geb.-J.: 1930; *i/Kurs:* ja; *analog:* Anthydrin; *Konstit.:* seifenartige Körper + Wachse; *Äuß.:* Paste, weiß; (die Fixierlösung ist eine wasserhelle Flüssigkeit!); *Reakt.:* fast neutral bis schwach alkalisch; *Eigensch.:* erzeugt weiches, elastisches, knitterfreies, luftdurchlässiges Gewebe; beeinträchtigt die Farben nicht; macht zusammen mit der Fixierlösung CFD angewandt Gewebe und Gewirke wasserabstoßend; *Verw.:* zum Wasserabstoßendmachen bei feinen und zarten Web- und Wirkwaren, wie kunstseidenen Strümpfen, leichten Mantel- und Schalstoffen; *Mengen:* z. Imprägnieren: a) Imprägnierbad: 1 Teil Imprägnierung CFD auf 20—60 Teile Wasser (zuerst mit der doppelten, 60—70° heißen Menge Wasser verrühren!) (10 Min.); b) Fixierbad: 25 g/l kalten Wassers (10 Min.); NB. das Fixierbad läßt sich nur einmal benützen! imprägniertes Material darf nicht getrocknet werden, um es dann wieder anzufeuchten, da es kein Wasser mehr aufnimmt! *H. Pat., V. Pat.:* DRP. a.

Imprägnol — **R. Bernheim, Augsburg-Pfersee.**

i/Kurs: ja; *ähnlich:* Anthydrin; *Eigensch.:* frostbeständig; *Verw.:* zum Wasserdichtmachen.

Indulan PE — **Dr. A. Schmitz, Düsseldorf-Oberkassel.**

Geb.-J.: 1930; *i/Kurs:* ja; *Äuß.:* Flüssigkeit, technisch wasserfrei, Siedepunkt von etwa 170° C, gelb; *Lö. Be.:* in hartem Wasser ziemlich, in Kochlaugen gut beständig; wegen der Gefahr des Aussalzens soll man es weder zu unverdünnter Natronlauge noch zu kalten, stark alkalischen Kochlaugen geben, sondern soll es der kochend heißen Kochlauge zusetzen; gibt, wenn mit heißem Wasser vermischt wird, haltbare und gleichmäßige Emulsionen; *Verw.:* für Baumwolle und Leinen als Beuchöl zum Entfetten und Reinigen beim Abkochen und Beuchen; für Bleicherei und Wäscherei;

Mengen: b. Beuchen: 3—5% d. W. in sonst üblicher Beuchflotte von 2,5—4% Soda kalz. oder 2—3% Natronlauge 40° Bé.

Inferol M **A. Th. Böhme, Dresden-N. 6.**

i/Kurs: ja; *analog:* Inferol MO; Inferol M spezial; Inferol M xtra; *Konstit.:* Kresol + Netzkörper + Lösungsmittel; *Äuß.:* Flüssigkeit; *Reakt.*: neutral; *Eigensch.:* netzend; *Lö. Be.:* beständig in Merzerisierlaugen bis zu 36° Bé (über 36° Bé siehe Inferol M extra); monatelang gleichbleibend; *Verw.:* als Netzmittel für Merzerisierlaugen; *Mengen:* b. d. Merzerisation abgekochter Ware: 2—5 g/l; b. d. Rohmerzerisation: 15 g/l; *H. Pat., V. Pat.:* DRP. angem.

Inferol M extra **A. Th. Böhme, Dresden-N. 6.**

i/Kurs: ja; *analog:* Inferol MO; Inferol M; Inferol M spezial; *Konstit.:* Kresol + Netzkörper + Lösungsmittel; *Äuß.:* Flüssigkeit; *Reakt.:* neutral; *Eigensch.:* netzend; *Lö. Be.:* beständig in Merzerisierlaugen über 36° Bé (unter 36° Bé siehe Inferol M!); monatelang gleichbleibend; *Verw.:* als Netzmittel für Merzerisierlaugen; *Mengen:* b. d. Merzerisation abgekochter Ware: 2—5 g/l; b. d. Rohmerzerisation: 15 g/l; *H. Pat., V. Pat.:* DRP. angem.

Inferol M spezial **A. Th. Böhme, Dresden-N. 6.**

i/Kurs: ja; *analog:* Inferol MO; Inferol M; Inferol M extra; *Konstit.:* Kresol + Netzkörper + Lösungsmittel; *Äuß.:* Flüssigkeit, rotbraun; *Reakt.:* neutral; *Eigensch.:* netzend; ausgezeichnete Netz- und Schrumpfwirkung in Laugen unter 30° Bé (besser als Inferol M!); *Lö Be.:* wie Inferol M; *Verw.:* als Netzmittel für Merzerisierlaugen; *Mengen:* b. d. Merzerisation abgekochter Ware: 2—5 g/l; b. d. Rohmerzerisation: 15 g/l; *H. Pat., V. Pat.:* DRP. angem.

Inferol MO **A. Th. Böhme, Dresden-N. 6.**

i/Kurs: ja; *analog:* Inferol M, M extra und M spezial; *Konstit.:* sulfoniertes Ölprodukt (+ Lösungsmittel); *Äuß.:* flüssig, braun; *Eigensch.:* netzfähig; *Lö. Be.:* hohe Laugenbeständigkeit; *Verw.:* als Zusatz zu Merzerisierlaugen; *Mengen:* 2—5 g/l bei vorgenetzter Ware, Bleich- oder Farbware.

Inferol NF **A. Th. Böhme, Dresden-N. 6.**

i/Kurs: nein; *analog:* (der Name Inferol NF wurde geändert in NFK) identisch mit NFK; *Eigensch.:* Netz- und Durchdringungsvermögen; verkürzt den Färbeprozeß; *Lö. Be.:* kalkbeständig; *Verw.:* als Kaltnetzmittel; beim Färben; beim Abkochen.

Inferol NFK **A. Th. Böhme, Dresden-N. 6.**

i/Kurs: ja; *analog:* (der Name Inferol NF wurde geändert in NFK) identisch mit NF; Sapidan LN und Sapidan LN konz.; *Eigensch.:* Netz- und Durchdringungsvermögen; verkürzt den Färbeprozeß; *Lö. Be.:* kalkbeständig; *Verw.:* als Kaltnetzmittel; beim Färben; beim Abkochen.

Inferol 50 **A. Th. Böhme, Dresden-N. 6.**

i/Kurs: ja; *analog:* Geneucol MM; *Konstit.:* hochsulfoniertes Ölprodukt; *Äuß.:* flüssig, braun; *Reakt.:* schwach sauer; *Eigensch.:* netzend; verhindert, zusammen mit Seife angewendet, die Bildung von Kalkseife; *Lö. Be.:* kalkbeständig bis zu 50° d. H.; bittersalz- und säurebeständig; *Verw.:* als Netz- und Färbeöl in Fällen, wo besonders hohe Kalkbeständigkeit verlangt wird; als Zusatz zu Seifenbädern, um Kalkseifenbildung zu verhindern; in der Bittersalzappretur; *Mengen:* 0,5—1 g/l; *Lit.:* Melliand Textilber. 1930 S. 610.

Inferol 229 B **A. Th. Böhme, Dresden-N. 6.**

Geb.-J.: 1931; *i/Kurs:* ja; *analog:* den übrigen Inferol 229-Marken; *Konstit.:* sulfonierter Fettalkohol (+ Lösungsmittel); *Äuß.:* gelbliche Paste; *Reakt.:* neutral, $p_H = 6{,}2$; *Eigensch.:* hohes Netzvermögen bei Temperaturen von 35° C an aufwärts; höchste Netzfähigkeit zwischen 50 und 80° C, jedoch auch noch beim Kochen; Egalisiervermögen; verhindert das Schäumen der Küpe sowie Hautbildung auf der Oberfläche in der Indanthrenfärberei; *Lö. Be.:* löst sich durch Übergießen mit der 5—10fachen Menge heißem Wasser bzw. durch Aufkochen, ist alsdann in kaltem mit leichter Opaleszenz löslich; in hartem Wasser praktisch vollkommen beständig; bleibt in kaltem Wasser von 50° D. H. vollkommen klar; verträgt beim Kochen ca. 30° D. H.; vermag als Zusatz zu Seifenbädern bei Wasser bis zu 15° D. H. die klebrigen Kalkseifenausscheidungen zu verhindern; selbst bei härterem Wasser treten sich etwa bildende Kalkseifenausscheidungen in einer Form auf, die die Ware nicht verschmieren läßt; in Alkalien beständig bis zu 3° Bé Natronlauge (was praktisch für alle Indanthren- und Beuchbäder genügt); *Lö. Be.:* beständig in Schwefelsäure (2,5 g/l) selbst bei längerem Kochen; beständig in Sauerstoffbleichbädern üblicher Konzentration; *Verw.:* zum Färben von Wolle und Baumwolle; zum Vornetzen bei Temperaturen von 40° C und darüber; als Zusatz zu den gebräuchlichen Farbbädern; zum Drucken; in heißen Wasserstoffsuperoxydbleichbädern (H_2O_2, Na_2O_2); zum Durchfärben von Nähten bei Strumpfware; wie 229 G insbesondere für die Veredlung pflanzl. Fasern sowie für Halbwollwaren; *Mengen:* allgemein: 0,3—1,5 g/l; z. Klotzen: 20—30 g/kg Paste; i. d. Beuche: 0,3—0,5 g/l; b. Abkochen vor dem Färben oder Bleichen in offener Kufe oder auf dem Jigger: 0,5 g/l; b. Vornetzen: 0,5—1 g/l (60—70° C); b. Vornetzen vor der Merzerisation: 0,5 g/l (60—70° C) evtl. unter Zusatz von etwas Soda; i. d. Apparatefärberei: 0,5 g/l; i. d. Schlichte: 0,3—0,5 g/kg Schlichtmasse; als Zusatz zu Waschbädern: auf 1 kg Seife: 70—100 g (in gut gelöstem Zustand bereits vor dem Seifenzusatz in das Bad geben!); *H. Pat., V. Pat.:* DRP. angem.

Inferol 229 BNS **A. Th. Böhme, Dresden-N. 6.**

Geb.-J.: 1931; *i/Kurs:* ja; *analog:* den übrigen Inferol 229-Marken; *Konstit.:* sulfonierter Fettalkohol; *Äuß.:* gelbliche Paste; *Reakt.:* neutral, $p_H = 6{,}2$; *Eigensch.:* hohes Netzvermögen bei Temperaturen von 35° C an aufwärts; höchste Netzfähigkeit zwischen 50 und 80° C, jedoch auch noch beim Kochen; Egalisiervermögen; verhindert das Schäumen der Küpe sowie Hautbildung auf der Oberfläche in der Indanthrenfärberei; kein Schaumvermögen; *Lö. Be.:* löst sich durch Übergießen mit der 5 bis 10fachen Menge heißem Wasser bzw. durch Aufkochen, ist alsdann in kaltem mit leichter Opaleszenz löslich; in hartem Wasser praktisch vollkommen beständig; bleibt in kaltem Wasser von 50° D. H. vollkommen klar; verträgt beim Kochen ca. 30° D. H.; vermag als Zusatz zu Seifenbädern bei Wasser bis zu 15° D. H. die klebrigen Kalkseifenausscheidungen zu verhindern; selbst bei härterem Wasser treten sich etwa bildende Kalkseifenausscheidungen in einer Form auf, die die Ware nicht verschmieren läßt; in Alkalien beständig bis zu 3° Bé Natronlauge (was praktisch für alle Indanthren- und Beuchbäder genügt); *Lö. Be.:* beständig in Schwefelsäure (2,5 g/l) selbst bei längerem Kochen; beständig in Sauerstoffbleichbädern üblicher Konzentration; *Verw.:* zum Färben von Wolle und Baumwolle; zum Vornetzen bei Temperaturen von 40° C und darüber; als Zusatz zu den gebräuchlichen Farbbädern; zum Drucken; in heißen Wasserstoffsuperoxydbleichbädern (H_2O_2, Na_2O_2); zum Durchfärben von Nähten bei Strumpfware; insbesondere für die Beuche; *Mengen:* allgemein: 0,3—1,5 g/l; z. Klotzen: 20—30 g/kg Paste; i. d. Beuche: 0,3 bis 0,5 g/l; b. Abkochen vor dem Färben oder Bleichen in offener Kufe oder auf dem Jigger: 0,5 g/l; b. Vornetzen: 0,5—1 g/l (60—70° C); b. Vornetzen vor der Merzerisation: 0,5 g/l (60—70° C) evtl. unter Zusatz von etwas Soda; i. d. Apparatefärberei: 0,5 g/l; i. d. Schlichte: 0,3—0,5 g/kg Schlichtmasse; als Zusatz zu Waschbädern: auf 1 kg Seife: 70—100 g (in gut gelöstem Zustand bereits vor dem Seifenzusatz in das Bad geben); *H. Pat., V. Pat.:* DRP. angem.

Inferol 229 G **A. Th. Böhme, Dresden-N. 6.**

Geb.-J.: 1931; *i/Kurs:* ja; *analog:* den übrigen Inferol 229-Marken; *Konstit.:* sulfonierter Fettalkohol; *Äuß.:* gelbliche Paste; *Reakt.:* neutral, $p_H = 6{,}2$; *Eigensch.:* hohes Netzvermögen bei Temperaturen von 35° C an aufwärts; höchste Netzfähigkeit zwischen 50 und 80° C, jedoch auch noch beim Kochen; Egalisiervermögen; verhindert das Schäumen der Küpe sowie Hautbildung auf der Oberfläche in der Indanthrenfärberei; *Lö. Be.:* löst sich durch Übergießen mit der 5—10fachen Menge heißem Wasser bzw. durch Aufkochen, ist alsdann in kaltem mit leichter Opaleszenz löslich; in hartem Wasser praktisch vollkommen beständig; bleibt in kaltem Wasser von 50° D. H. vollkommen klar; verträgt beim Kochen ca. 30° D. H.; vermag als Zusatz zu Seifenbädern bei Wasser bis zu 15° D. H. die klebrigen Kalkseifenausscheidungen zu verhindern; selbst bei härterem Wasser treten sich etwa bildende Kalkseifenausscheidungen in einer Form auf, die die Ware nicht verschmieren läßt; in Alkalien beständig bis zu 3° Bé Natronlauge (was praktisch für alle Indanthren- und Beuchbäder genügt); *Lö. Be.:* beständig in Schwefelsäure (2,5 g/l) selbst bei längerem Kochen; beständig in Sauerstoffbleichbädern üblicher Konzentration; *Verw.:* zum Färben von Wolle und Baumwolle; zum Vornetzen bei Temperaturen von 40° C und darüber; als Zusatz zu den gebräuchlichen Farbbädern; zum Drucken; in heißen Wasserstoffsuperoxydbleichbädern (H_2O_2, Na_2O_2); zum Durchfärben von Nähten bei Strumpfware; wie 229 B insbes. f. die Veredlung pflanzl. Fasern sowie f. Halbwollwaren; *Mengen:* allgemein: 0,3—1,5 g/l; z. Klotzen: 20—30 g/kg Paste; i. d. Beuche: 0,3—0,5 g/l; b. Abkochen vor dem Färben oder Bleichen in offener Kufe oder auf dem Jigger: 0,5 g/l; b. Vornetzen: 0,5—1 g/l (60—70° C); b. Vornetzen vor der Merzerisation: 0,5 g/l (60—70° C) evtl. unter Zusatz von etwas Soda; i. d. Apparatefärberei: 0,5 g/l; i. d. Schlichte: 0,3—0,5 g/kg Schlichtmasse; als Zusatz zu Waschbädern: auf 1 kg Seife: 70—100 g (in gut gelöstem Zustand bereits vor dem Seifenzusatz in das Bad geben!); *H. Pat., V. Pat.:* DRP. angem.

Inferol 229 W **A. Th. Böhme, Dresden-N. 6.**

Geb.-J. :1931; *i/Kurs:* ja; *analog:* den übrigen Inferol 229-Marken; *Konstit.:*

sulfonierter Fettalkohol; *Äuß.:* gelbliche Paste; *Reakt.:* neutral, $p_H = 6,2$; *Eigensch.:* hohes Netzvermögen bei Temperaturen von 35° C an aufwärts; höchste Netzfähigkeit zwischen 50 und 80° C, jedoch auch noch beim Kochen; Egalisiervermögen; verhindert das Schäumen der Küpe sowie Hautbildung auf der Oberfläche in der Indanthrenfärberei; *Lö. Be.:* löst sich durch Übergießen mit der 5—10fachen Menge heißem Wasser bzw. durch Aufkochen, ist alsdann in kaltem mit leichter Opaleszenz löslich; in hartem Wasser praktisch vollkommen beständig; bleibt in kaltem Wasser von 50° D. H. vollkommen klar; verträgt beim Kochen ca. 30° D. H.; vermag als Zusatz zu Seifenbädern bei Wasser bis zu 15° D. H. die klebrigen Kalkseifenausscheidungen zu verhindern; selbst bei härterem Wasser treten sich etwa bildende Kalkseifenausscheidungen in einer Form auf, die die Ware nicht verschmieren läßt; in Alkalien beständig bis zu 3° Bé Natronlauge (was praktisch für alle Indanthren- und Beuchbäder genügt); *Lö. Be.:* beständig in Schwefelsäure (2,5 g/l) selbst bei längerem Kochen; beständig in Sauerstoffbleichbädern üblicher Konzentration; *Verw.:* in erster Linie als Netzmittel für die Wollfärberei; zum Färben von Wolle und Baumwolle; zum Vornetzen bei Temperaturen von 40° C und darüber; als Zusatz zu den gebräuchlichen Farbbädern; zum Drucken; in heißen Wasserstoffsuperoxydbleichbädern (H_2O_2, Na_2O_2); zum Durchfärben von Nähten bei Strumpfware; *Mengen:* allgemein: 0,3—1,5 g/l; z. Klotzen: 20—30 g/kg Paste; i. d. Beuche: 0,3—0,5 g/l; b. Abkochen vor dem Färben oder Bleichen in offener Kufe oder auf dem Jigger: 0,5 g/l; b. Vornetzen: 0,5—1 g/l (60—70° C); b. Vornetzen vor der Merzerisation: 0,5 g/l (60—70° C) evtl. unter Zusatz von etwas Soda; i. d. Apparatefärberei: 0,5 g/l; i. d. Schlichte: 0,3—0,5 g/kg Schlichtmasse; als Zusatz zu Waschbädern: auf 1 kg Seife: 70—100 g (in gut gelöstem Zustand bereits vor dem Seifenzusatz in das Bad geben!); *H. Pat., V. Pat.:* DRP. angem.

Intrasol **I. G. Farbenindustrie A.-G., Frankfurt a. M.**

Geb.-J.: 1930; *i/Kurs.:* ja; *ähnlich:* Intrasol v. Stockhausen, Hydrosan; *Konstit.:* Rizinusölspezialsulfonat ohne Fettlöser[1]; *Äuß.:* dunkelbraune Flüssigkeit; *Eigensch.:* schutzkolloidale Wirkung gegenüber Kalkseifenausfällungen; bewirkt Bildung von Kalkseifen in so fein verteilter Form, daß diese sich leicht abspülen lassen; erteilt den behandelten Waren weichen Griff, schönen Glanz und lebhafte Farbe; fördert das Egalisieren, auch in hartem Wasser; verhindert stumpfen und verschleierten Farbton bei Naphtholklotzen; *Lö. Be.:* beständig gegen hartes Wasser; beständig gegen Bittersalz bis zu 300 g/l Bittersalz; *Verw.:* zum Netzen als Mittel zur Verhütung von Schäden durch Kalkseifen oder kohlensauren Kalk bei allen Seif- und Spülprozessen mit hartem Wasser, insbesondere bei gewöhnlicher und mittlerer Temperatur (NB. bei Steigerung der Temperatur bis zur Siedehitze nimmt die Wirkung allmählich ab); zum Färben von Baumwolle und Kunstseide; zur Erzielung besseren Glanzes, größerer Lebhaftigkeit, Egalität und Frische sowie weicheren Griffs; zur Entwicklung von Indanthrenfärbungen; zur Herstellung von Naphtholklotzen nach dem Kaltlöseverfahren; beim Seifen von Kunstseide zwecks Verhinderung des Verschleierns des Glanzes; zum Avivieren von Kunstseide mit Emulsionen; beim Waschen und Walken von Wolle; in der Bittersalzappretur; *Mengen:* NB. vor allen anderen Zusätzen, wie Seife, Farbstoffe usw., mit etwa der 10fachen Menge handwarmem Wasser verdünnt, den Flotten zugeben; bei Verwendung in heißen Seifenbädern die mit Intrasol bereitete Flotte auf 70—80° erwärmen und dann erst die Seifenlösung zugeben! als Zusatz zum ersten Spülbad: 0,3—0,5 g/l; b. Färben von Baumwolle und Kunstseide mit Indanthrenfarben in hartem Wasser (am besten ohne Sodazusatz): 1—1,5 g/l; b. Entwickeln von Indanthrenfärbungen: 1—1,5 g/l; b. Avivieren von Kunstseide mit Emulsionen: neben Avivierölen, z. B. Monopolbrillantöl SO 100% ig (das mit der 4—6fachen Menge kaltem Wasser angerührt der intrasolhaltigen Flotte zuzusetzen ist): 0,5 g/l; b. Waschen und Walken zusammen mit Seife: $^1/_3$ bis $^1/_4$ der Seife; *Lit.:* Melliand Textilber. [1] 1930 S. 610; 1931 S. 196; Z. f. ges. Textilind. 1931 Heft 42; Seifensieder-Ztg. 1932 S. 733.

Intrasol **Chemische Fabrik Stockhausen & Cie., Krefeld.**

i/Kurs: ja; *ähnlich:* Intrasol v. d. I. G., Hydrosan; *analog:* Prästabitöl S; *Konstit.:* Türkischrotöl (Schwefelsäureester + aliphatische Sulfosäuren); *Äuß.:* Öl, rotbraun; *Reakt.:* sauer; *Eigensch.:* verhindert infolge seiner schutzkolloiden Wirkung das Ausfallen von Härtebildnerverbindungen der Seife in Form störender Niederschläge; wirksam auch gegen Eisen- und Manganverbindungen; *Lö. Be.:* leicht löslich in Wasser; hochbeständig gegen Säure; höchstbeständig gegen Kalk und Bittersalz; *Verw.:* bei Seif- und Spülprozessen; beim Färben kalkempfindlicher Farben; bei der Herstellung von Naphtholklotzen; (s. a. Mengen!) *Mengen:* allgemein: 0,5—1 g/l bei 30° D. H. hartem Wasser oder: 15% und mehr d. Seife; NB. mit der 10fachen Menge handwarmem Wasser verdünnen und vor der Seife oder dem Farbstoff usw. zusetzen; in heißen Bädern Seifenlösung erst zugeben, nachdem Intrasolflotte auf 70—80° erwärmt! — NB. nicht anwendbar beim Arbeiten mit basischen Farbstoffen! z. Färben von Baumwolle und Kunstseide mit Indanthrenfarben in hartem Wasser (am besten ohne Sodazusatz): 1—1,5g/l; b. Entwickeln von Indanthrenfärbungen in hartem Wasser: 1—1,5 g/l; b. Avivieren von Kunstseide mit Emulsionen neben Monopolbrillantöl SO 100% ig: 0,5 g/l; b. Waschen und Walken von Wolle: 25—33% der Seife; *H. Pat., V. Pat.:* C 36279; *Lit.:* Melliand Textilber. 1931 S. 196; Z. f. ges. Textilind. 1931 Heft 42; Seifensieder-Ztg. 1932 S. 733.

Iso-Seife **Louis Blumer, Zwickau i. Sa.**

Geb.-J.: 1907; *i/Kurs:* nein; *analog:* Iso-Seife flüssig und Iso-Seife A; Thionöl, Isol N und S; — Nachfolgerin der Vegta-Seife A —; *ähnlich:* Monopolseife; *Konstit.:* türkischrotähnliches Produkt, 80—85% Fettgehalt (nach Ullmann, Bd. 10, erhalten durch Wasserabspaltung aus freier Rizinsäure und nachfolgender Schwefelsäurebehandlung sowie Neutralisation); *Äuß.:* feste Riegel, wie Kernseife, dunkelbraun; *Reakt.:* neutral; *Eigensch.:* nicht hygroskopisch, nicht austrocknend; netzend, reinigend, emulgierend, avivierend; erzeugt volle Farben; bildet keine störenden Kalkseifen; *Lö. Be.:* vollkommen klar löslich in heißem Wasser; die erkalteten Lösungen bleiben klar; 2 - 3% ige Lösungen vertragen einen geringen Zusatz von Mineralsäure sowie von beliebig großen Mengen organischer Säuren; 5—10% ige Lösungen geben erst nach Zusatz von 20 ccm gesättigten Kalkwassers dauernd trübe Lösungen; ein bereits entstandener Kalkniederschlag wird bei Zusatz neuer Isoseifenlösung wieder vollkommen gelöst; *Verw.:* siehe Vegta-Seife A! außerdem in der Lederfabrikation: beim Fettungsprozeß, beim Schmieren während der Zurichtung (gibt guten Griff und gleichzeitig Füllung), sowie beim Färben für vegetabilisch und chromgegerbte Leder, bei basischen, sauren und substantiven Farbstoffen als Zusatz zum Färbebad; (NB. in heißem Wasser lösen vor der Zugabe zum Färbebad!); *Mengen:* beim Fetten chromgegerbter Leder: auf 1 kg Falzgewicht: neben 50 g Degras u. 25 g Talg: 25 g oder: 25 g neben: 25 g Knochenöl und 2 l Wasser; b. vegetabilisch gegerbten Leder: für 1 kg Trockengewicht: 35 g neben: 30 g Knochenöl, 30 g Degras, 30 g Talg und 2 l Wasser; *H. Pat.:* DRP. 227993; Chem. Revue 1910 S. 194; *Lit.:* Seifensieder-Ztg. 1930 S. 495; 1931 S. 87.

Iso-Seife flüssig — **Louis Blumer, Zwickau i. Sa.**

analog: Iso-Seife und identisch mit Iso-Seife A; *Verw.:* zum Waschen und Avivieren von Wolle und Halbwolle.

Iso-Seife A — **Louis Blumer, Zwickau i. Sa.**

analog: Iso-Seife und identisch mit Iso-Seife flüssig; *Äuß.:* Flüssigkeit; *Eigensch.:* gibt als Zusatz zur Appreturflotte weichen Griff; *Verw.:* i. d. Appretur.

Isodrucköl — **Louis Blumer, Zwickau i. Sa.**

Eigensch.: ermöglicht das Drucken auf ungeölter Ware; *Verw.:* als Zusatz zu Druckfarben.

Isol N — **Louis Blumer, Zwickau i. Sa.**

analog: Iso-Seife, Thionseife und Isol S; *Verw.:* als Füll- und Beschwerungsmittel.

Isol S — **Louis Blumer, Zwickau i. Sa.**

analog: Iso-Seife, Thionseife und Isol N; *Verw.:* als Füll- und Beschwerungsmittel.

Isolschmälze — **Louis Blumer, Zwickau i. Sa.**

Äuß.: ölartige Flüssigkeit; *Verw.:* zum Schmälzen.

Isomerpin — **Chemische Fabrik Pott & Co., Pirna-Copitz.**

Konstit.: Ölsulfonat (nach Prof. Herbig).

Kalischnitzelseife — **Chem. Fabr. Stockhausen & Cie., Buch & LandauerAG., Berlin SO 16.**

Geb.-J.: 1924; *i/Kurs:* ja; *Konstit.:* Kaliseife; *Äuß.:* hellgelbe, transparente Schnitzel; *Reakt.:* neutral; *Eigensch.:* wie Seife! *Lö. Be.:* nicht beständig gegen Alkalien und Säuren; *Verw.:* zum Waschen von Wollstückwaren aller Art; zum Abseifen indanthrengefärbter Baumwolle; zum Entbasten von Seide.

Kaltnetzmittel W — **Zschimmer & Schwarz, Chemnitz.**

Äuß.: klare, goldgelbe Flüssigkeit; *Eigensch.:* wasserfrei; netzend, schon in der Kälte, gegen alle tierischen und pflanzlichen Fasern; Löse- bzw. Emulgierfähigkeit für Fett- und Schmutzstoffe, Kalk- und Magnesiaseifen; egalisierend; Waschwirkung; *Lö. Be.:* leicht und vollkommen löslich in Wasser; unempfindlich gegen Kalk und Magnesiasalze; *Verw.:* zum Kaltnetzen in der Beuche; als Egalisierungsmittel im Farbbad; als Wollwaschmittel; *Mengen:* 0,25—1% d. W.

Karbidöl **Korndörfer & Junginger, Wiesbaden.**

Konstit.: mit sulfoniertem Tran wassermischbar gemachtes Mineralöl; *H. Pat.:* DRP. 159220.

Karbidöl B. H. **L. E. Heydenreich, Leipzig-Lindenau.**

Konstit.: fetts. NH_4 (5%) + freie Ölsäure (9,9%) + Neutralfett (3,1%) + Ammoniak 0,3% + Wasser (57,2%); *Verw.:* als Schmälzmittel.

Karbidöl BX **Korndörfer & Junginger, Wiesbaden.**

analog: Karbidöl SW; *Konstit.:* türkischrotölhaltiges Produkt (mit sulfoniertem Tran wassermischbar gemachtes Mineralöl[1]); *Verw.:* zum Netzen und Reinigen von Baumwollgarn; *H. Pat.:* DRP. 188595; *Lit.:* Z. angew. Chem. 1926 S. 78 u. [1] 286.

Karbidöl SW **Korndörfer & Junginger, Wiesbaden.**

analog: Karbidöl BX; *Konstit.:* türkischrotölhaltiges Produkt (mit sulfoniertem Tran wassermischbar gemachtes Mineralöl[1]); *Verw.:* zum Weichmachen gefärbter Baumwolle; *H. Pat.:* DRP. 188595; *Lit.:* Z. angew. Chem. 1926 S. 78 u. [1] 286.

Kaseito **Zschimmer & Schwarz, Chemnitz.**

Geb.-J.: 1924; *i/Kurs:* ja; *analog:* CFD 1931 N u. S bzw. Peptapon (in bezug auf Kalkseifenverhütung, jedoch nicht so wirksam als die beiden!); *Konstit.:* sulfoniertes Rizinusöl (Alkalisalz) + Seife + Tetralin + Methylhexalin; *Äuß.:* gelbliche Flüssigkeit; *Reakt.:* nahezu neutral; *Eigensch.:* Netz-, Wasch-, Reinigungs-, Emulgier- und Lösevermögen für Schmutz-, Schmieröl-, Paraffin- usw. Flecken; verhindert, zusammen mit Seife angewandt, die Bildung von Kalkseifen; vermeidet Fleckenbildung in der Appretur und Nachgilben; erzeugt leuchtendes Weiß und reine Farben; greift die Faser nicht an; *Lö. Be.:* beständig gegen Alkalien und nicht allzu hartes Wasser; gegen Säuren mäßig beständig; gibt mit Wasser milchig weiße, feine Emulsionen; *Verw.:* allein bzw. zusammen mit Seife (wird am besten vor der Seife den Flotten zugesetzt; verhütet jedoch störende Kalkseifenbildung auch dann noch, wenn es zusammen mit der flüssigen bzw. gelösten Seife zugesetzt wird!); in der Rohwollwäscherei; in der Wäscherei von Wolle in Strang und Stück; beim Entgerbern; vor dem Karbonisieren; zum Entbasten der Seide; in der Vorwäsche von Seide bei Gegenwart von Seife und Ammoniak; in allen Farbbädern, wo Seide in schwachem Seifenbade gefärbt wird; beim Beuchen von Baumwolle; im Spülbad; beim Nachseifen von Bleichware; beim Färben von Baumwolle, wo Seife zugesetzt wird; bei der Wäsche von Trikotagen, Strümpfen usw.; in der Vorwäsche und im Färbebad von Kunstseide; zum Lösen und Anteigen von Farbstoffen; in Appreturbädern; *Mengen:* 2 g/l bei Wasser von 10° D. H.; 3 g/l bei Wasser von 20° D. H.; 4 g/l bei Wasser von 30° D. H.; *Lit.:* Z. f. ges. Textilind. 1931 Heft 42.

Katanol O **I. G. Farbenindustrie AG., Frankfurt a. M.**

Ersatz: für die alte Tannin-Antimonbeize für Baumwolle; *analog:* Phenoresin D; Katanol ON und W; *Konstit.:* Phenolschwefelungsprodukt; *Lö. Be.:* leicht löslich in Kondenswasser (stark kalkhaltiges Wasser vorher enthärten!);

mit Säure entsteht Fällung; wenig empfindlich gegen Eisensalze; *Verw.:* einbadig beim Färben und Drucken mit basischen Farbstoffen; als Beizmittel; *H. Pat.*, *V. Pat.:* DRP. 348530; *Lit.:* Melliand Textilber. 1930 S. 610.

Katanol ON **I. G. Farbenindustrie AG., Frankfurt a. M.**

analog: Katanol O und W; *Eigensch.:* läßt, im Gegensatz zu Katanol O, die Faser beim Beizen fast ungefärbt und ungetrübt und ermöglicht so lebhafte und leuchtende Töne; *Verw.:* als Beize.

Katanol W **I. G. Farbenindustrie AG., Frankfurt a. M.**

analog: Katanol O und ON; *Konstit.:* geschwefeltes Phenol; *Eigensch.:* verhindert beim Färben von Mischgeweben aus tierischen und pflanzlichen Fasern das Aufziehen der BW-Farbstoffe auf die W und S; *Lö. Be.:* im Gegensatz zu Katanol O in Essigsäure löslich; *Verw.:* als Beize für basische Farbstoffe, hauptsächlich aber für die Reservierung von Wolle und Seide; *H. Pat.*, *V. Pat.:* DRP. 446219; *Lit.:* Melliand Textilber. 1930 S. 610.

Katanol WL **I. G. Farbenindustrie AG., Frankfurt a. M.**

Ersatz: für Katanol W; *analog:* Setamol WS; *Verw.:* als Beizmittel; *Lit.:* Melliand Textilber. 1930 S. 610.

Kavonseife **Kavon-Werke, Dresden.**

Konstit.: transparente feste Kaliseife; *Verw.:* für Textilzwecke.

Keranit

Lit.: Seifensieder-Ztg. 1917 S. 171 (R. König).

Kettenglätte **J. Simon & Dürkheim, Offenbach a. M.**

i/Kurs: ja; *Verw.:* zum Glätten der Ketten bei der Herstellung von Läufern usw. in Kokoswebereien.

Ketterol

Konstit.: Paraffin + Wachse + feste und flüssige Fettsäuren (Stearinsäure und Olein); *Verw.:* als Kettenglätte.

Kollodor **J. D. Riedel — E. de Haen AG., Berlin-Britz.**

i/Kurs: nein; *analog:* Eupolin; *Konstit.:* gallertartige Aluminium-Magnesiumhydroxyde und Kieselsäurehydrate (kolloides Magnesiumhydroxyd oder Magnesiumsilikat oder Aluminiumhydroxyd[1]); *Verw.:* als Waschmittel (Seifenersatz während des Krieges); *H. Pat.*, *V. Pat.:* DRP. 312220 — Max Buchner—; Seifensieder-Ztg. 1919 S. 361; *Lit.:* [1] Ullmann, Bd. 10 S. 382.

Kontakt-Spalter **Sudfeldt & Co., Melle b. Hannover. Zweigniederlassung: Berlin W 35, Magdeburger Str. 5.**

i/Kurs: ja; *analog* bzw. *ähnlich:* Twitchel- und Pfeilring-Spalter; Kontaktspalter T; *Konstit.:* aromatische Sulfosäuren (n. Schrauth); die wirksamen Agentien sind Naphthasulfosäuren; *Eigensch.:* hohes Emulgiervermögen, das durch Zusätze von Glyzerin oder von freier Fettsäure noch erhöht wird; vermag die Schaumfähigkeit von Seifenlösungen außerordentlich zu steigern, wie dies auch andere organische Verbindungen, in geringer Menge zugesetzt, tun und zwar freie Fettsäuren, meist ungesättigte oder hydroxylierte, wie Rizinolsäure (Schrauth, DRP. 275171; Stephan: Seifensieder-Ztg. 1915 Heft 42) weiter hydrogenierte Phenole, z. B. Cyclohexanol, ganz im Gegensatz zu Fetten, Mineralölen (Bergell: Seifensieder-Ztg. 1924 S. 627), organischen Lösungsmitteln (Stephan: Seifensieder-Ztg. 1915 Heft 42; Jungkunz: Seifensieder-Ztg. 1925 S. 260; Bergell: Seifensieder-Ztg. 1924 S. 627) und Kolloiden, wie Ton, Tragant (Kind u. Zschacke: Z. dtsch. Öl- u. Fettind. 1923 S. 499); *Verw.:* zum Spalten von Fetten und Ölen nach Petroff; als Zusatz zu Seifen; *H. Pat.*, *V. Pat.:* engl. Patent 27 244 (1911); DRP. 264 785, 271 433, 310 455; *Lit.:* Chem. Revue 1915 S. 80.

Kontakt-Spalter T — **Sudfeldt & Co., Melle b. Hannover. Zweigniederlassung: Berlin W 35, Magdeburger Str. 5.**

analog: Kontakt-Spalter; *Konstit.:* Naphthensulfosäuren; *Eigensch.:* besitzt entschlichtende Wirkung; *Lit.:* Melliand Textilber. 1925 S. 336 u. 417.

Kristallappretur

Konstit.: Stärke (löslicher Stärkeleim, erhalten durch Quellen von Stärke mit Lauge); *Verw.:* als Verdickungsmittel.

Kromocon — **Diamalt AG., München.**

i/Kurs: ja; *Konstit.:* Malzpräparat; *Eigensch.:* Sauerstoff aktivierend; *Verw.:* als Zusatz zur Chlorkalkbleichflotte.

Kunstseidenschlichte Grünau — **Chem. Fabr. Grünau Landhoff & Meyer AG., Berlin-Grünau.**

Geb.-J.: 1929; *i/Kurs:* ja; *analog:* Appreturstärke Grünau; *Konstit.:* lösliche Stärke + wasserlösliches Öl (Türkischrotöl!); *Äuß.:* Pulver, weiß; *Reakt.:* neutral; *Eigensch.:* schließt den Kunstseidenfaden gut und macht ihn später gut auswaschbar; gibt dünnflüssige, leicht i. d. Faden eindringende Lösungen; kein Verkleben der Fäden; *Lö. Be.:* unlöslich in kaltem Wasser; leicht löslich beim Aufkochen; *Verw.:* zum Schlichten von Kunstseiden aller Art; *Mengen:* 5—30 g/l Schlichtelösung (1 Teil Schlichte mit ca. 10 Teilen Wasser kalt anrühren und aufkochen, hierauf mit kaltem Wasser entsprechend verdünnen! geschlichtet wird kalt! beim Schlichten nach der Farbe ist es ratsam, 0,3—0,5 g Ameisensäure/l zuzusetzen!).

Kunstseidenschlichte ZS — **Zschimmer & Schwarz, Chemnitz.**

Geb.-J.: 1931; *i/Kurs:* ja; *Konstit.:* Öle verschiedener Art + Kohlenwasserstoffe + harzartige Stoffe; *Äuß.:* Paste, gelb; *Reakt.:* schwach alkalisch; *Eigensch.:* vollkommen gebrauchsfertig, daher keine Lösungsmittel erforderlich und keine Vorbereitung der Bäder, keine Apparatur nötig; ergibt vorzüglichen Fadenschluß, hohe Reißfestigkeit, geschmeidigen, milden, nicht zu starren Griff, gute Windefähigkeit; verhindert Zersplittern und Verkleben des Fadens; *Lö. Be.:* liefert mit Wasser stabile Emulsionen; *Verw.:* zum Schlichten von Kunstseide an Stelle von Leinölschlichte; *Mengen:* 5—10% d. W. (Flottenverhältnis 1:10).

Lamepon A **Chem. Fabr. Grünau Landhoff & Meyer AG., Berlin-Grünau**

Geb.-J.: 1932; *i/Kurs:* ja; *analog:* Cupalit; *Konstit.:* Eiweiß-Fettsäure-Kondensationsprodukt; *Äuß.:* Öl, gelbbraun, dickflüssig, klar; *Reakt.:* schwach alkalisch; *Eigensch.:* Reinigungs-, Wasch-, Egalisier-, Dispergier-, Netz- und Emulgierfähigkeit; *Lö. Be.:* hochbeständig gegen Kalk- und Magnesiumsalze; verhindert Kalkseifenbildung; in Wasser klar löslich; *Verw.:* zum Waschen und Nachseifen von Woll-, Baumwoll- und Seidenwaren aller Art; als Egalisierungsmittel beim Färben von substantiven und Küpenfarbstoffen; zur Herstellung von Emulsionen (Spinnschmelzen); *Mengen:* zum Waschen und Nachseifen: 0,5—2 g/l; beim Färben: 0,5 bis 2% d. W.; zur Herstellung von Spinnschmelzen: 0,5—1 kg neben: 25 kg Olein auf 100 l Schmelze (NB. zum Schluß 1—2 kg Salmiakgeist 0,91 spez. Gew. zugeben!); *H. Pat., V. Pat.:* In- und Auslandspat. angem.

Lanablank-Seife **H. Th. Böhme AG., Chemnitz.**

Konstit.: feste Kaliseife.

Lanaclarin hü. **H. Th. Böhme AG., Chemnitz.**

Geb.-J.: 1926; *i/Kurs:* ja; *Konstit.:* Ölsulfonat + Fettlöser (nach Prof. Dr. Herbig: aromatische Sulfosäure + gechlorter Kohlenwasserstoff; nach Dr. Landolt: alkylierte Naphthalinsulfosäuren + Fettlöser[1]); *Äuß.:* hellklare Flüssigkeit; *Reakt.:* schwach alkalisch; *Eigensch.:* fettlösend; *Lö. Be.:* in jedem Verhältnis mit Wasser mischbar; säurebeständig; *Verw.:* allein oder in Verbindung mit Seife, Gardinol, Ammoniak, Soda oder auch Essig- oder Ameisensäure zu allen üblichen Waschprozessen; zum Vorreinigen von Woll- und Halbwollmaterialien; *Mengen:* b. Reinigen: 0,5—2 g/l; *Lit.:* [1] Melliand Textilber. 1930 S. 610.

Lanaclarin LM **H. Th. Böhme AG., Chemnitz.**

Geb.-J.: 1930; *i/Kurs:* ja; *analog:* Gardinol WA konz.; Lanaclarin LT; Oxyvol CA; *Konstit.:* Fettalkoholsulfonat (Gardinol) + hochsiedender Fettlöser (auch nach Herstellers Angaben!); *Äuß.:* gelbe Flüssigkeit; *Reakt.:* neutral, in wässeriger Lösung; *Eigensch.:* netzend; waschend; emulgierend; übertrifft Gardinol WA konz., dem es in seinen Gesamteigenschaften entspricht, in der fettlösenden Wirkung; spaltet auch in der Hitze kein freies Alkali durch Hydrolyse ab; *Lö. Be.:* in Wasser klar löslich; alkali-, säure-, salz- und hartwasserbeständig; *Verw.:* zum Netzen, Waschen, Reinigen, Emulgieren und Färben (wie ja auch Gardinol WA konz.!); NB. wird jedoch insbesondere da bevorzugt, wo eine spezifische Lösewirkung gegenüber Mineralölen, Fetten und Harzen erwünscht ist! insbesondere beim Entschlichten leinölhaltiger Kunstseidenmaterialien; *Mengen:* b. Netzen, Waschen, Reinigen und Entfetten: 0,5—2 g/l; b. Färben: 0,5 bis 1 g/l; b. Entschlichten, evtl. unter Mitverwendung von Soda, Ammoniak und Lanapolseife TE: 0,5—3 g/l; z. Entfernen von Mineralölflecken: konzentriert oder in Lösungen von 50—300 g/l; *H. Pat., V. Pat.:* Pat. angemeldet; *Lit.:* Melliand Textilber. 1931 U; Z. f. ges. Textilind. (Klepzig) Leipzig 1931 S. 163; Die Kunstseide, Berlin, 1931 S. 230; Seifensieder-Ztg. 1932 S. 838.

Lanaclarin LT **H. Th. Böhme AG., Chemnitz.**

Geb.-J.: 1932; *i/Kurs:* ja; *analog:* Lanaclarin LM; *Konstit.:* Fettalkoholsulfonat (Gardinol) + Fettlöser; *Äuß.:* gelbe Paste; *Reakt.:* die wässerige Lösung ist vollkommen neutral und spaltet auch in der Hitze kein freies Alkali durch Hydrolyse ab; *Eigensch.:* Netz-, Wasch-, Emulgiervermögen, für sich allein oder in Verbindung mit Alkalien oder Seife; hervorragende Reinigungs- und Fettlösewirkung; *Lö. Be.:* hartwasser-, alkali-, säure- und salzbeständig; löst sich in Wasser leicht; *Verw.:* besonders zum Waschen, Reinigen, Entfetten und Netzen aller Textilmaterialien; zum Vornetzen und Vorkochen von Strümpfen, Baumwollwaren und zum Entschlichten leinölgeschlichteter Kunstseiden- und Mischmaterialien; *Mengen:* NB. 1 Teil mit 20 Teilen heißem Wasser übergießen! b. Vorreinigen, Netzen, Entfetten und Vorkochen: 0,5—2 g/l; b. Entfernen von Leinölschlichten: 1—3 g/l; b. Entfernen von Mineralölflecken: Lösungen 1:5 bis 1:20; *H. Pat., V. Pat.:* Pat. angemeldet.

Lanadin **H. Th. Böhme AG., Chemnitz.**

Geb.-J.: 1908; *ähnlich:* Tetralix; *Konstit.:* Seife + gechlorter Kohlenwasserstoff[1] (Tetrachloräthan); (nach Herbig: alkoholische Seifenlösung mit 87% Trichloräthylen); *Äuß.:* braunrote Flüssigkeit; *Lit.:* [1] Melliand Textilber. 1928 S. 759; 1930 S. 610.

Lanadin extra **H. Th. Böhme AG., Chemnitz.**

Konstit.: Seife + Fettlöser; *Lit.:* Melliand Textilber. 1930 S. 610.

Lanadin LAN **H. Th. Böhme AG., Chemnitz.**

Geb.-J.: 1909; *i/Kurs:* ja; *analog:* Lanapol extra; Lanapolseife TE; Lanadin W konz.; *Konstit.:* Seife (bzw. Ölprodukt) mit hohem Gehalt an Fettlöser (Trichloräthylen); nach Herstellers Angaben: Fettlöserseife; *Äuß.:* Flüssigkeit, hellbraun; *Reakt.:* schwach alkalisch; *Lö. Be.:* mit Wasser in jedem Verhältnis mischbar; nicht besonders kalk-, säure- und alkalibeständig (werden diese Beständigkeiten gewünscht, so verwendet man Lanaclarin LT oder LM!); *Verw.:* als Reinigungs- und Waschmittel in kalten bis heißen Bädern für Wollwaren, Trikotagen, Garne usw. ohne weiteren Seifenzusatz; *Mengen:* b. Waschen und Reinigen: 0,5—5 g/l; *Lit.:* Seifensieder-Ztg. 1930 S. 495; Z. f. ges. Textilind. 1921 S. 224 u. 434; Melliand Textilber. 1930 S. 610.

Lanadin W konz. **H. Th. Böhme AG., Chemnitz.**

Geb.-J.: 1909; *i/Kurs:* ja; *analog:* Lanadin LAN (besitzt jedoch höheren Gehalt an Fettlösern); *Konstit.:* Seife + Fettlöser (Trichloräthylen); nach Herstellers Angaben: emulgierter Fettlöser; *Äuß.:* Flüssigkeit, gelbbraun; *Reakt.:* schwach alkalisch; *Lö. Be.:* mit Wasser in jedem Verhältnis mischbar; *Verw.:* zum Waschen und Reinigen zusammen mit Seife und Alkalien; auch zum Detachieren in konzentrierter Lösung sowie auch zum Entfernen von Pechspitzen; *Lit.:* Z. f. ges. Textilind. 1921 S. 224 u. 434.

Lanapol **H. Th. Böhme AG., Chemnitz.**

Geb.-J.: 1908; *ähnlich:* Tetrapol; Verapol; *Konstit.:* Seife + gechlorter Kohlenwasserstoff (Seife + Tri- oder Perchloräthylen nach Prof. Herbig).

Lanapol extra **H. Th. Böhme AG., Chemnitz.**

Geb.-J.: 1908; *i/Kurs:* ja; *ähnlich:* Tetraseife; Tetraseife P; *analog:* Lanadin

LAN; Lanapolseife TE; *Konstit.:* Seife bzw. Ölprodukt mit hohem Gehalt an Fettlöser (Tri- oder Perchloräthylen); nach Herstellers Angaben: Fettlöserseife; *Äuß.:* hellbraune Flüssigkeit; *Reakt.:* schwach alkalisch; *Lö. Be.:* mit Wasser in jedem Verhältnis mischbar; *Verw.:* als Reinigungsmittel und Waschmittel in kalten bis heißen Bädern, allein oder zusammen mit Seife, Ammoniak bzw. Soda; *Mengen:* 1—5 g/l.

Lanapolseife TE **H. Th. Böhme AG., Chemnitz.**

Geb.-J.: 1923; *i/Kurs:* ja; *analog:* Lanapol extra; Lanadin LAN; *Konstit.:* Seife + Fettlöser (auch nach Herstellers Angaben); *Äuß.:* seifenähnlich, halbfest; *Reakt.:* schwach alkalisch; *Verw.:* in erster Linie zum Auskochen und Beuchen von Baumwollmaterialien, dann zum Entfernen von Leinölschlichten, jedoch auch für alle anderen Reinigungszwecke, allein oder zusammen mit Ammoniak, Soda, Ätznatron, Seife, Gardinol, Lanaclarin LT, Lanaclarin LM usw.; als Zusatz zu Abkoch- und Beuchflotten in der Baumwoll- und Kunstseidenveredelung; zum Entschlichten leinölgeschlichteter Kunstseide; zum Entbasten realer Seide; *Mengen:* 1 Teil in 20 Teilen heißem Wasser lösen! b. Abkochen und Beuchen: 0,5—2% d. W.; b. Entschlichten leinölgeschlichteter Kunstseide: 1—5 g/l Entschlichtungsbad (neben evtl. Soda, Ammoniak oder Gardinol); *Lit.:* Dtsch. Wirker-Ztg. 1930 v. 28. August 1933.

Lanettewachs **Dehydag, Berlin-Charlottenburg.**

i/Kurs: ja; *analog:* den Lanettewachsen extra, SX und U; *Konstit.:* Gemisch aus dem primären n-Hexadecyl- und Octadecylalkohol (Palmitinalkohol = Cetylalkohol = Äthal und Stearinalkohol; $C_{16}H_{33}OH + C_{18}H_{37}OH$); *Äuß.:* weiße, paraffinähnliche Masse; *Eigensch.:* Schmelzpunkt: ca. 50° C; s = 0,81; S.-Z., V.-Z., E.-Z. = 0; Azetyl-V.-Z. = 180—190; MG: ca. 250; ist befähigt, mit Seifen und Seifenersatzmitteln, Türkischrotölen, aromatischen Sulfosäuren und deren Salzen usw. in Wasser leicht emulgierbare Gemische zu bilden, die auch die Emulsionen anderer Stoffe, wie Paraffin, Ceresin, Palmitin, Stearin, Fette, Öle, Wachse, Lösungsmittel usw. stabilisieren; weichmachend; *Lö. Be.:* unlöslichlich in Wasser; löslich in Alkohol, Äther, Benzol; *Verw.:* zum Avivieren, Emulgieren (Fettlicker, Degras!); zum Überfetten für Creme-Grundlagen; als Emulsionsstabilisator; als Zusatz zu Schmelzen, Schlichten, Appreturen; in der Färberei und Druckerei; als Zusatz zu Imprägnierungen; *Mengen:* z. Herstellung einer Paraffin-Imprägnieremulsion: neben 10 Teilen Seife, aufgekocht in 30 Teilen Wasser: 20 Teile: nebst 30 Teilen Paraffin (NB. brauchbar beim Imprägnieren von Textilien als 1. Bad nach Verdünnung bis auf 1% Paraffingehalt — als 2. Bad nimmt man ein essig- oder ameisensaures Tonerdebad von 2,5° Bé!); NB. nur weiches Wasser nehmen, in die heiße Seifenlösung erst Lanettewachs, dann Paraffin langsam einrühren! *Lit.:* Chem.-Ztg. 1931 S. 3 u. 17; Seifensieder-Ztg. 1931 S. 433 u. 701; 1932 S. 838.

Lanettewachs-Ester **Dehydag, Berlin-Charlottenburg.**

i/Kurs: ja; *analog:* identisch mit Walrat synth. raff.; *Konstit.:* Palmitinsäureester des Gemisches von Palmitin- und Stearinalkohol (Lanettewachs); Palmitinsäure-Cetylester[1]; *Äuß.:* fest, kristallin; *Eigensch.:* Erstarrungspunkt: 48—50° C; V.-Z.: 130—135; J.-Z.: 5; S.-Z.: 0; s = 0,940 bis 0,945; *Verw.:* (in der kosmetischen und wachsverarbeitenden Industrie: für Wachskompositionen, zur Herstellung von Pomaden, Hautcremes und

Salben); in der Textilindustrie: als Imprägnierungsmasse und insbesondere in der Appretur, und zwar in Verbindung mit Lanettewachs selbst; zum Avivieren von Kunstseide und Baumwolle; in der Seifenindustrie: als Überfettungsmittel, zweckmäßig in Verbindung mit Lanettewachs; (i. d. Lederind.: zum Fetten von Leder); *Lit.:* [1] Seifensieder-Ztg. 1932 S. 770.

Lanettewachs extra **Dehydag, Berlin-Charlottenburg.**

i/Kurs: ja; *analog:* Lanettewachs, Lanettewachs SX und U; *Konstit.:* Gemisch von Palmitin- und Stearinalkohol + Gemisch von Fettsäuren (das nach der Verseifung zur Emulgierung der Alkohole in Wasser ausreicht); *Äuß.:* feste Masse; *Eigensch.:* ist befähigt, große Mengen Paraffin oder Ceresin in Wasser zu emulgieren; verbessert den Griff behandelter Textilien; *Lö. Be.:* gibt mit Alkalien, Soda, Pottasche und Seifenlösungen Emulsionen; *Verw.:* zur Herstellung von Paraffin-Wasseremulsionen mit hohem Paraffingehalt, die auch für gefärbte Textilien, bei der Imprägnierung im Zweibadverfahren, beim Ausrüsten und beim Wasserdichtmachen von Geweben und Kleiderstoffen Verwendung finden können; *Mengen:* z. Herstellung einer Paraffinemulsion: 4 Teile und 6 Teile Paraffin, 0,5 Teile Kernseife, 90 Teile Wasser (bei etwa 60° C das Wasser mit dem Gemisch der übrigen Substanzen verrühren!).

Lanettewachs SX **Dehydag, Berlin-Charlottenburg.**

i/Kurs: ja; *analog:* Lanettewachs, Lanettewachs extra und U; *Konstit.:* Palmitin- und Stearinalkohol + neutral reagierender Emulgator; *Äuß.:* weiße, paraffinähnliche Masse; *Eigensch.:* Schmelzpunkt: 60° C; für sich allein in neutraler, alkalischer und saurer Lösung mit Wasser emulgierbar; auch in Kombination mit organischen Sulfosäuren, Salzen und Türkischrotölen verwendbar; gibt Emulsionen von hohem Wassergehalt; emulgiert Paraffin und Öle (die Emulsionen sind unempfindlich gegen Wasserhärte!); liefert, insbesondere nach Zusatz gelatinierbarer Stoffe, wie Leim, Gelatine, wasserlösliche Gummiarten usw., feine Dispersionen von hoher Beständigkeit; vermag als Zusatz zu Stärkeschlichten die Stärke aufzuschließen; *Lö. Be.:* gibt mit Wasser Emulsionen; *Verw.:* als wässerige Emulsion zum Weichmachen; als Zusatz zu Schlichten und Appreturen; in Kombination mit organischen Sulfosäuren und Salzen, Türkischrotölen usw. zur Herstellung von Aviviermitteln, zum Wasserdichtmachen von Geweben; als Zusatz zu Stärkeschlichten, als Stärkeaufschließungsmittel; z. Herstellung v. Emulsionen; *Lit.:* Seifensieder-Ztg. 1931 S. 663 u. 697; 1932 S. 141ff., 156 u. 181.

Lanettewachs U **Dehydag, Berlin-Charlottenburg.**

i/Kurs: ja; *analog:* Lanettewachs, Lanettewachs extra und SX; *Konstit.:* Wachsalkohol; *Äuß.:* wachsartige, gelbliche Masse; *Reakt.:* neutral; *Eigensch.:* emulsionsfähig; erhöht das Reinigungsvermögen des Seifenkörpers; fixiert Riechstoffe vorzüglich; gibt, allein oder zusammen mit Seife, feine Emulsionen von Paraffin und Olivenöl; erteilt Geweben weichen Griff; *Verw.:* (für die Herstellung kosmetischer Präparate); als Überfettungsmittel in der Seifenindustrie (geschmolzen oder mit Wasser emulgiert der Seife im Kessel, den Seifenspänen in der Mischmaschine oder beim Pilieren zusetzen!); zur Herstellung von Paraffin- und Olivenölemulsionen ohne weiteren Zusatz oder auch zusammen mit Seife zwecks

Erzeugung von Mitteln für das Imprägnieren, Appretieren und Avivieren; *Mengen:* zur Herstellung einer Paraffinemulsion für Appretur- und Avivierzwecke: 10 Teile (gelöst in 30 Teilen heißem Wasser!) für 20 TeileParaffin; zur Herstellung von Oliven- oder Erdnußölemulsionen für Avivagezwecke für kunstseidene Gewebe und Mischgewebe: 10 Teile (gelöst in 30 Teilen heißem Wasser!) für 50 Teile Olivenöl oder Erdnußöl; *Lit.:* Seifensieder-Ztg. 1930 Nr. 18, 21 u. 22.

Lavado F **V. Sternberg, Hamburg.**

Konstit.: Türkischrotöl; *Lit.:* Seifensieder-Ztg. 1930 S. 495.

Laventin **I. G. Farbenindustrie AG., Frankfurt a. M.**

i/Kurs: ja; *analog:* den übrigen Laventin-Marken; *Konstit.:* alkylierte Naphthalinsulfosäuren + Fettlöser (Terpen).

Laventin BL **I. G. Farbenindustrie AG., Frankfurt a. M.**

Geb.-J.: 1928; *i/Kurs:* ja; *analog:* den übrigen Laventin-Marken; *Konstit.:* alkylnaphthalinsulfosaures Natrium + Fettlöser (Methylcyclohexanol, Terpentinöl; mit Kampferöl parfümiert[1] (seifenfrei) (nach Dr. P. Heermann: alkylierte Naphthalinsulfosäure + Terpen[2]); *Äuß.:* Flüssigkeit, braun; *Reakt.:* neutral; *Eigensch.:* netzend; entfettend; beseitigt unverseifbare und schwer verseifbare Öle oder Fette oder schwer lösliche Verunreinigungen aus Textilien; geringe Flüchtigkeit; löst in der Beuche die natürlichen und mechanischen Verunreinigungen der BW-Faser; bewirkt, besonders in Verbindung mit Seifen, gleichmäßigen Beuch- und Bleicheffekt; verstärkt d. Wirkung d. Alkalien und verkürzt den Kochprozeß; schützt Bastseife vor Fäulnis; *Lö. Be.:* hohe Säure- und Salzbeständigkeit; *Verw.:* als Reinigungs- und Entfettungsmittel für Faserstoffe aller Art, insbesondere dann, wenn die Textilien unverseifbare oder schwer verseifbare Öle oder Fette oder schwer lösliche Verunreinigungen enthalten; allein oder meist zusammen mit Seife; auch in heißen Bädern; für die Behandlung von Abfallwolle, Borsten, Haaren; als Zusatz zu Seifenwaschbädern für Abfallwolle; zum Reinigen stark verschmutzter Abfallmaterialien; als Zusatz zur Walkseife oder in Verbindung mit Soda in der Walke; als Zusatz zu Beuchflotten bei der Behandlung von Baumwolle; in Verbindung mit Seife zum Reinigen von Strümpfen und Trikotagen aus Kunstseide (Viskose, Azetatseide); zusammen mit Seife als Entschlichtungsmittel für Kunstseide; als Detachiermittel in unverdünnter Form oder in hochkonzentrierter Lösung; NB. nicht für das Detachieren von Azetatseidegeweben mit dem konzentrierten Präparat (höchstens mit 10—20%iger Lösung!) NB. bei gefärbtem Material, das zum Ausbluten neigt, Schwefel- oder Essigsäure bis zur schwach sauren Reaktion zugeben! *Mengen:* allgemein: auf 1 Teil Seife: 0,1—0,2 Teile; b. Konservieren von Bastseife: 1—2 ccm/l Bastseife; b. Detachieren: 10—20%ige Lösungen (gründlich auswaschen!); i. d. Kleiderfärberei als Reinigungsmittel vor dem Färben zum gleichmäßigen Überfärben auch abgetragener Stellen: 20%ige Lösungen; *H. Pat., V. Pat.:* In- und Auslandspatente; *Lit.:* [1] Seifensieder-Ztg. 1930 Nr. 23; Z. f. ges. Textilind. 1928 S. 775; [2] Melliand Textilber. 1928 S. 759; 1930 S. 610.

Laventin HW **I. G. Farbenindustrie AG., Frankfurt a. M.**

Geb.-J.: 1931; *i/Kurs:* ja; *analog:* Lenocal flüssig; den übrigen Laventin-

Marken; *Konstit.:* alkylierte Naphthalinsulfosäuren + Fettlöser; nach Herstellers Angaben: fettaliphatische Sulfosäure + Fettlösungsmittel; *Äuß.:* Flüssigkeit, milchig; *Reakt.:* neutral; *Eigensch.:* seifenähnliche Wirkung; waschend, reinigend, netzend, schäumend, egalisierend; emulgiert Schmutz; verhindert die Fällung von Kalkseifen; löst Kalkseifen; hält Kalkseifen, auch in der Wärme, in feiner Suspension; erleichtert das Ausspülen mitverwendeter Seife; verkürzt die Waschzeit; entfernt gut mineralölhaltige Schmelzen; erzeugt, in Chlorkalkbädern verwendet, gutes Weiß sowie im Griff weiches Bleichgut; reinigt auch in saurer Flotte; wirkt nicht verfilzend; *Lö. Be.:* beständig gegen Kalk, Säure, Alkali, gegen Eisen-, Mangan-, Kupfer-, Nickel-, Kalzium-, Magnesiumsalze; beständig auch in Chlorkalkbädern; *Verw.:* als Wasch-, Detachier- und Reinigungsmittel, besonders für Materialien mit starkem Ölgehalt, Altmaterialien, Spinnereiabfälle; allein oder zusammen mit Seife; zur Vorreinigung von Kreuzspulen, Wolle und Baumwolle auf Apparaten; zum Abkochen von besonders ölhaltigem Material, wie Baumwollspinnabfällen in Verbindung mit Alkali im offenen wie im geschlossenen Kessel; in der Färberei zur Vorreinigung des Färbeguts sowie in der Farbflotte; auch als Farbstofflösemittel; s. a. Mengen! *Mengen:* für Reinigungszwecke: auf 2—3 Teile Seife: 1—2 Teile; bei Wasser über 30° D. H. bis 5 g/l; z. Anteigen von Schwefelfarbstoffen: 10%ige Lösung; i. d. Weißwäscherei, als Einweichmittel für besonders fetthaltige Wäsche und Blutwäsche (Berufs- und Krankenhauswäsche), evtl. neben Seife und Soda: 2—5 g/l; b. Chloren der Wäsche: 2—3 g/l; *Lit.:* Chem.-Ztg. 1928, Fortschrittsberichte S. 116.

Laventin KB **I. G. Farbenindustrie AG., Frankfurt a. M.**

Geb.-J.: 1928; *i/Kurs:* ja; *analog:* den übrigen Laventin-Marken; *Konstit.:* alkylierte Naphthalinsulfosäuren + Fettlösungsmittel (frei v. Chlor, Sauerstoffpräparaten, Wasserglas, Seife!); *Äuß.:* dickliche Flüssigkeit, gelbbraun; *Reakt.:* neutral; *Eigensch.:* waschend, reinigend, entfettend; verringert nicht die Schaumbildung der Seife, b. Waschen v. Stückware beispielsweise, auch nicht bei Verwendung erheblicher Mengen; hohes Netz-, Emulgier- und Durchdringungsvermögen; zeigt nur schwachen Geruch und geringe Flüchtigkeit; verwendbar in kalter und kochender Flotte; behält auch bei saurer Reaktion Schaumkraft und Fettlösevermögen; *Lö. Be.:* vollkommen wasserlöslich; weitgehend kalkbeständig; hoch säurebeständig; *Verw.:* als Wasch-, Reinigungs- und Entfettungsmittel; insbesondere zur Reinigung stark verschmutzter Berufs-, Haus- und Stärkewäsche; zur Entfernung von Mineral-, Blut-, Schweiß-, Fett-, Schmutz-, Graphitflecken usw.; allein oder zusammen mit Seife zur Beseitigung auch solcher Verunreinigungen, die mit Seife und Alkalien allein nicht entfernbar sind; für Weißwäschereien; in der Gardinenwäscherei; für echtfarbige Buntwäsche; zur Entfernung verseifbarer Fette, zweckmäßig zusammen mit Soda oder Ammoniak in den üblichen Mengen; in konzentrierter oder verdünnter Form zum Fleckentfernen; zur Beseitigung von Schlichten, auch in Verbindung mit Seife; zum Auskochen von Stückware auf der Haspelkufe zwecks Vornahme eines kurzen Bleichprozesses; *Mengen:* i. d. Vorwäsche: neben Seife und auch Soda: 2 ccm/l; z. Entfernung schwieriger Flecken: 20%ige Lösung (bestreichen; 10 Min. einwirken lassen; mit Seifenlösung auswaschen); i. d. Weißwäsche, in Verbindung mit Seife oder Seifenpulver: neben 1 kg Kernseife oder Seifenflocken: $^1/_4$—$^1/_2$ l, oder: neben 2 kg Seifenpulver: $^1/_4$ l (mit Wasser 1:10 verdünnen oder gemeinsam mit der Seife lösen — beim Spülprozeß dem ersten Spülwasser etwas Soda oder besser Intrasol von Stockhausen, Krefeld, zusetzen!); z. Reinigen von Abfallwollen, Haaren, Borsten usw., in der Stückwäsche und Stückwalke, als Zusatz zum Beuchen von Baumwolle, zum Reinigen von Kunstseide, Trikotagen usw., z. Entölen von Kunstseide, z. Entfernen von Kunstseidepräparationen, zum Auskochen von Baumwolle in Verbindung mit Harz bzw. mit Harzseife: 1—2 ccm/l; als Zugabe zu den Stücken bei der Walke von Waren im Schmutz: 10% ige Lösung; z. Detachieren: konzentriert oder als 20% ige Lösung; i. d. Kleiderfärberei beim Überfärben auch abgetragener Stücke: 20% ige Lösung (die Reinigung vor dem Färben vornehmen!); NB. nicht zum Detachieren von Azetatseidegeweben mit dem konzentrierten Präparat (hierbei 20% ige Lösung anwenden; gut nachspülen!) NB. bei sauer gefärbtem Material, das zum Ausbluten neigt, Essig- oder Ameisensäure bis zur schwach sauren Reaktion zugeben! *H. Pat.*, *V. Pat.*: In- und Auslandspatente; *Lit.*: Chem.-Ztg. 1928, Fortschrittsberichte S. 116; Melliand Textilber. 1930 S. 610.

Leico-Gummi **Leico G. m. b. H., Frankfurt a. M.**

ähnlich: Meconin; *Konstit.*: Pflanzenprodukt aus Johannisbrotkernen; *Verw.*: als Stärkeschlichte, die nicht aufgeschlossen zu werden braucht.

Lenocal flüssig **I. G. Farbenindustrie AG., Frankfurt a. M.**

Geb.-J.: 1931; *i/Kurs:* ja; *analog:* Laventin HW; *Äuß.*: gelbbraune, ziemlich viskose Flüssigkeit von charakteristischem Geruch; *Reakt.*: neutral; *Eigensch.*: (seifenfrei); sowohl in kalten wie in heißen Bädern, in letzteren sogar gesteigert netzend; reinigend; Emulgierwirkung auch für anorganische Schmutzstoffe; öl- und fettlösend; auch in heißen und kochenden Bädern wirksam infolge geringer Flüchtigkeit; leicht auswaschbar; wirkt nicht verfilzend; *Lö. Be.*: gut kalk- (Wasser auf 30—40° C erwärmen!) und säurebeständig; nicht beständig in Merzerisierlaugen und Chlorkalkbädern; *Verw.*: als Netz-, Reinigungs- und Detachiermittel für Faserstoffe aller Art; als Ersatz für Türkischrotöl und ähnliche, auf Türkischrotöl- oder Seifenbasis aufgebaute Produkte; zum Anteigen von Farbstoffen; zum Vornetzen; als Zusatz beim Auskochen und Beuchen; beim Bleichen mit Natriumhypochlorit, ohne vorheriges Abkochen und beim Eingehen mit trockener Ware direkt in das Bleichbad; in der Baumwollfärberei zum Anteigen der Farbstoffe; als Zusatz zum Färbebad; zum Durchfärben der Nähte und Fersen in der Strumpffärberei; zum Vornetzen vor dem Beizen; als Reinigungs- und Detachiermittel für stark verunreinigte Abfallwollen, Haare, Borsten; hierbei zweckmäßig in Verbindung mit Seife und evtl. Soda (bei Gegenwart verseifbarer Fette); beim Reinigen von Putzwollen, Kunstseide, Trikotagen; beim Entölen von Kunstseide und bei der Entfernung von Kunstseidepräparationen; in der Kleiderfärberei; als Reinigungsmittel vor dem Färben; NB. nicht in Chlorkalkbädern, nicht in Merzerisierlaugen (wird ausgesalzen!), nicht zusammen mit basischen Farbstoffen! *Mengen:* z. Vornetzen: 2—3 g/l; b. Bleichen: 2 g/l; z. Anteigen von Farbstoffen: 50 g/l; b. Reinigen und Detachieren, zusammen mit Seife: 10—20% d. Seife, allein: 100 g/l; als Reinigungsmittel vor dem Färben in der Kleiderfärberei: 50—100 g/l; *H. Pat.*, *V. Pat.*: In- und Auslandspatente.

Leonil LE **I. G. Farbenindustrie AG., Frankfurt a. M.**

Geb.-J.: 1926; *i/Kurs:* ja; *analog:* Nekal AEM; *Konstit.*: alkylierte Naphthalinsulfosäure (Na-Salz) + Leim; *Äuß.*: gelblich-braunes Pulver von charakteristischem Geruch; *Reakt.*: neutral; *Eigensch.*: hygroskopisch;

hohes Emulgiervermögen; erzeugt äußerst feine und netzkräftige Emulsionen, die beim Schmelzen gleichmäßiges, weiches Garn und gleichmäßigen Flor erzeugen und das Verschmieren der Krempelverschläge, ebenso Fadenbrüche in der Feinspinnerei und Materialverluste in der Vorspinnerei verringern; verhindert infolge Ausschluß von Alkalien Schädigung der Wolle und Angriff der Kratzen usw.; erzeugt Emulsionen, die sich insbesondere auch zum Reißen von Wolle, Altmaterial usw. eignen; erzeugt sehr lange beständige Emulsionen; *Lö. Be.:* leicht löslich in Wasser; *Verw.:* zur Herstellung von Spinnschmelzen für alle Zwecke der Kammgarn- und Streichgarnspinnerei; auch zur Herstellung von Schmelzen aus fetten Ölen und Mineralölen; zur Herstellung haltbarer Paraffinemulsionen; zusammen mit wenig Amoniak zur Herstellung von Emulsionen aus schwer emulgierbaren, verseifbaren Ölen; *Mengen:* z. Herstellung von Emulsionen: auf 10 Teile (unter Rühren mit der 3—4fachen Menge 70° heißem Wasser während 30 Min. auflösen!): 150—200 Teile Mineralöl, Paraffinöl, Vaselinöl oder 200 Teile Olivenöl, Erdnußöl usw. oder 400 Teile Olein oder 50 Teile geschmolzenes Paraffin; (diese Öle in dünnem Strahl unter lebhaftem Rühren langsam einlaufen lassen, dann bis zum gewünschten Ölgehalt Wasser von 60—80° C zurühren! NB. wenn die Schmelzen zu dünnflüssig sind, wenig Soda oder Ammoniak zusetzen!); *H. Pat., V. Pat.:* In- und Auslandspatente; *Lit.:* Melliand Textilber. 1930 S. 610; Seifensieder-Ztg. 1932 S. 141ff. u. 156.

Leonil N **I. G. Farbenindustrie AG., Frankfurt a. M.**

i/Kurs: nein; *Ersatz:* Leonil SB; *analog:* Leonil S, Nekal S, Nekal A trocken sowie Nekal BX trocken; Leonil SB und SBS Teig hochkonz.; *Konstit.:* alkylnaphthalinsulfosaures Na; *Eigensch.:* netzend, emulgierend, egalisierend; *Verw.:* zur Herstellung von Spinnschmälzen; zum Anteigen von Farbstoffen; in der Wollwäscherei, Karbonisation, Färberei; in der Schlichte; *Lit.:* Melliand Textilber. 1926 Heft 10; 1931 S. 196.

Leonil S **I. G. Farbenindustrie AG., Frankfurt a. M.**

Geb.-J.: 1928; *i/Kurs:* ja; *analog:* Leonil N, Nekal S, Nekal A trocken, sowie Leonil SB und SBS Teig hochkonz., Nekal BX trocken; (Netzkraft geringer als die der Leonile SB und SBS Teig hochkonz., dagegen Dispergiervermögen größer als das der Leonile SB und SBS Teig hochkonz.!); Servital A; *Konstit.:* alkylnaphthalinsulfosaures Natrium; nach Prof. Herbig: Na-Salz einer mit Formaldehyd kondensierten Naphthalinsulfosäure; *Äuß.:* Pulver, gelblich; *Reakt.:* neutral, auch in wässeriger Lösung; *Eigensch.:* netzend, schäumend, dispergierend; ohne Affinität zur Faser, daher Nachsatz nur entsprechend dem Flüssigkeitsverlust; gewährleistet bei der Karbonisation gleichmäßiges Durchtränken der Ware mit Säure und Zerstörung aller pflanzlichen Bestandteile; gleicht Unregelmäßigkeiten beim Abschleudern sowie Konzentrationsänderungen beim Ablegen und Liegenlassen aus; vermeidet Karbonisierflecken und reibunechte, fleckige Färbungen sowie Schwierigkeiten in der Nachwäsche und Stockigwerden der Ware; ermöglicht, selbst fetthaltige Ware mit normalen Säuremengen zu karbonisieren bzw. die Säurekonzentration zu erniedrigen, schont daher die Faser bzw. verbessert die Wollqualität; kein Umschlagen der Farbe in der Karbonisation gefärbter Ware; verhindert die Bildung schädlicher Kalkseifen; ergibt reine, gut entfettete, durch Alkali nicht geschädigte Ware bei der Wäsche loser Wolle bei gleichzeitiger Verringerung der durch hartes Wasser verursachten Schwierigkeiten, sowie außerdem eine Erhöhung des Rendements; läßt sich in hohen Konzentrationen beim Waschen loser Wolle anwenden, so daß bei der Gewinnung des Wollfetts geringere Wassermengen als sonst zu bewältigen sind; vermeidet bei der Verwendung in kalkhaltigem Wasser Klebrigwerden der Faser, unangenehmen Geruch nach ranzigem Fett und unegale Färbungen; erhöht die Emulgierkraft der Seife; erzeugt in der Wäsche hohen Reinheitsgrad; beschleunigt den Walkprozeß; schont das zu walkende Material, was insbesondere bei Streichgarnartikeln von Bedeutung ist; hohe Emulgierfähigkeit, die ein leichtes Auswaschen nach der gewöhnlichen Seifenwalke, wie auch nach der Schmutzwalke ermöglicht, so daß die Nachwäsche leichter und rascher vor sich geht; erzeugt beim Färben von Wolle in saurem Bade sowohl in der Garn- als auch in der Stückfärberei und insbesondere in der Hutfärberei infolge langsamen und in feiner Verteilung erfolgenden Aufziehens der Farbstoffe gleichmäßig und gut durchgefärbte Waren bei gleichzeitig bis auf die Hälfte und noch weiter verringerter Glaubersalzmenge; *Lö. Be.*: in Wasser (in der Wärme besser als in der Kälte!), verdünnten Alkalien und Säuren löslich; hochbeständig, auch in konzentrierten Säuren (selbst bei 100° C keine Zersetzung!); nicht kalkempfindlich; *Verw.*: insbesondere als Emulgier- und Dispergiermittel in der Veredlung von Wolle und Halbwolle; in der Wäsche, Walke und Färberei; auch in der Karbonisation beim Waschen loser Wolle; beim Waschen von Stückware auf Strangwaschmaschinen in möglichst kurzer Flotte und insbesondere beim Entgerbern; in der Wäsche von Garnen; in der Vorwäsche von getragenen und aufzufärbenden Kleidern; bei der Walke, insbesondere von Streichgarnartikeln, schweren Streichgarnstoffen, Paletot- und Deckenstoffen (die, da mit viel Olein gespickt, zweckmäßig vorgegerbert, d. h. mit wenig Sodalösung auf einer Wasch- oder Walkmaschine bis zur reichlichen Schaumbildung laufen gelassen, dann geschleudert und gespült werden); in der Schmutzwalke; als Zusatz bei der sauren Walke zur Walksäure in der Hutfabrikation für Haar- und Wollmaterial; in der Garn-, Stück- und Hutfärberei; beim Färben der Wolle in saurem Bade; *Mengen:* NB. man setze 10—15%ige Stammlösungen an! in der Karbonisation: 2,5 g/l neben (gegen sonst: H_2SO_4 von 4° Bé): H_2SO_4 von 1,5° Bé für wenig verunreinigte Wolle, 2° Bé beim Eingehen mit trockner Ware (bei normal verunreinigter Wolle), 2,5° Bé für normal verunreinigte Wolle, 2,5—3° Bé für Stücke, 3—4° Bé für Abgänge; i. d. Stückwäsche auf der Strangwaschmaschine in möglichst kurzer Flotte: neben um etwa 30% abgebrochener Seifen- und Sodamenge: 0,1—0,2% d. W.; b. d. Wäsche von Kammgarnware in möglichst kurzer Flotte auf der Breitwaschmaschine: 2 g/l; b. d. Walke schwerer Waren: (statt, wie bisher, $1^1/_2$ Stdn. mit 10 l Seifenlösung — Seife v. mindestens 60% Fettgehalt — 1:10 auf ca. 50 kg Rohgewicht): 7 l Seifenlösung 1:10 und 3 l Wasser, die 50 g Leonil gelöst enthalten (1 Stde.); i. d. Schmutzwalke: 0,1—0,2% d. W.; b. Färben von Wolle in saurem Bade, in der Garn-, Stück- und Hutfärberei: 0,5—2% d. W.; *V. Pat.:* DRP. 336558; *Lit.:* Melliand Textilber. 1926 Heft 10; 1928 S. 759; 1930 S. 610; 1931 S. 196; Leipzig. Mschr. Textil-Ind. 1928 Heft 1 u. 2.

Leonil SB **I. G. Farbenindustrie AG., Frankfurt a. M.**

Geb.-J.: 1928; *i/Kurs:* ja; *Ersatz:* für die ältere Marke Leonil N; *analog:* Nekal BX trocken und Leonil SBS Teig hochkonz., sowie Leonil N und Nekal A trocken und S; (Netzkraft gleich Leonil SBS Teig hochkonz. und größer als die von Leonil S; dagegen Dispergiervermögen gleich Leonil SBS Teig hochkonz., aber geringer als die von Leonil S!); Servital A;

Konstit.: alkylnaphthalinsulfosaures Natrium; nach Prof. Herbig: Na-Salz einer mit Formaldehyd kondensierten Naphthalinsulfosäure; *Äuß.:* farbloses Pulver; *Reakt.:* neutral, auch in wässeriger Lösung; *Eigensch.:* netzend, schäumend, dispergierend; ohne Affinität zur Faser, daher Nachsatz nur entsprechend dem Flüssigkeitsverlust; gewährleistet bei der Karbonisation gleichmäßiges Durchtränken der Ware mit Säure und Zerstören aller pflanzlichen Bestandteile; gleicht Unregelmäßigkeiten beim Abschleudern sowie Konzentrationsänderungen beim Ablegen und Liegenlassen aus; vermeidet Karbonisierflecken und reibunechte, fleckige Färbungen sowie Schwierigkeiten in der Nachwäsche und Stockigwerden der Ware; ermöglicht, selbst fetthaltige Ware mit normalen Säuremengen zu karbonisieren bzw. die Säurekonzentration zu erniedrigen, schont daher die Faser bzw. verbessert die Wollqualität; kein Umschlagen der Farbe in der Karbonisation gefärbter Ware; verhindert die Bildung schädlicher Kalkseifen; hebt die Seifenschaum zerstörende Wirkung von Mineralöl auf; beschleunigt den Walkprozeß; schont das zu walkende Material, was insbesondere bei Streichgarnartikeln von Bedeutung ist; verhindert Fäulnisbildung und vermeidet daher Stockflecken, die sich beim Naßverweben am Webstuhl bzw. Webbaum oft bilden; erzeugt gleichmäßig eindringende Spinnschmelzen von guter Verteilung des Öles, die nicht so rasch eintrocknen und ein Material liefern, das sich leicht netzt, beim Entgerbern leicht gereinigt wird, nicht schimmelt und keine Stockflecken zeigt; macht bereits fertige Spinnschmelzen dünnflüssiger; erzeugt beim Zusatz zu Schlichten bzw. Leimen gleichmäßigere Verteilung und besseres Eindringen in den Faden; setzt die Viskosität der Schlichte herab; macht die Schlichtmasse bei gleichbleibender Schlichtwirkung dünnflüssiger und leichter hantierbar; vermeidet Fadenbrüche und vorzeitiges Faulen der Schlichtmasse und des Kettenleims; ermöglicht Ersparnisse bis zu ca. 20% an Kartoffelmehl; erzeugt nach dem Trocknen leicht benetzbare Ketten, erleichtert deren Wäsche; erzeugt beim Appretieren von Woll- und Kuhhaarfilzen, besonders als Zusatz zu Appreturen aus Kartoffelmehl und Amylose D, im Innern vorzüglich gesteifte Filze; ermöglicht bei der Verwendung zum Vornetzen in der Halbwollfärberei leichtes und gleichmäßiges Durchfärben einbadig zu färbender Mischgewebe bei gleichzeitig erzieltem weichen Griff; *Lö. Be.:* in Wasser (in der Wärme besser als in der Kälte!), verdünnten Alkalien und Säuren löslich; hochbeständig, auch in konzentrierten Säuren (selbst bei 100° C keine Zersetzung); nicht kalkempfindlich; *Verw.:* als Netzmittel, auch in der Karbonisation; in der Veredlung von Wolle und Halbwolle; in der Stückwäsche mineralölhaltiger oder -fleckiger Ware sowie mineralölgespickter Mischgewebe; bei der Walke, insbesondere von Streichgarnartikeln, schweren Streichgarnstoffen, Paletot- und Deckenstoffen (die, da mit viel Olein gespickt, zweckmäßig vorgegerbert, d. h. mit wenig Sodalösung auf einer Wasch- oder Walkmaschine bis zur reichlichen Schaumbildung laufen gelassen, dann geschleudert und gespült werden); in der Hutfabrikation bei besonders schwer netzbarem Material; an Stelle von Leonil S in der sauren Walke als Zusatz zur Walksäure; zum Vornetzen von Woll- und Halbwollstoffen bei mäßiger Wärme; beim Annetzen von Kammgarnstücken auf der Rauhmaschine; zum Netzen von Schußspulen, die zum Naßverweben bestimmt sind; zur Bereitung von Spinnschmelzen, insbesondere an Stelle von Leonil LE dann, wenn das geschmelzte Material vor dem Verspinnen einige Zeit liegen bleibt; als Zusatz zur Behandlung von Kunstwollmaterial mit Ölemulsionen beim Reißen (NB. nicht als Zusatz zu reinen, mit Wasser nicht verdünnten Ölen!) als Zusatz zu Schlichten bzw. Leimen; als Zusatz zu Appreturen aus Kartoffelmehl und Amylose D beim Appretieren v. Woll- und Kuhhaarfilzen und als Zusatz zu Kammgarnkettenschlichten aus Kartoffelmehl und Amylose D; als Zusatz b. Vornetzen i. d. Halbwollfärberei beim Färben einbadig zu färbender Mischgewebe; *Mengen:* NB. man setze 10—15%ige Stammlösungen an! in der Karbonisation: 1 g/l neben: (gegen sonst: H_2SO_4 von 4° Bé) H_2SO_4 von 1,5° Bé für wenig verunreinigte Wolle, 2° Bé beim Eingehen mit trockner Ware (bei normal verunreinigter Wolle), 2,5° Bé für normal verunreinigte Wolle, 2,5—3° Bé für Stücke, 3—4° Bé für Abgänge; i. d. Stückwäsche mineralölhaltiger oder -fleckiger Ware: 0,2—0,4% d. W.; i. d. Wäsche mineralölgespickter Mischgewebe: 0,2% d. W.; b. d. Walke schwerer Waren: statt wie bisher: 1,5 Stdn. mit 10 l Seifenlösung — Seife mit mindestens 60% Fettgehalt — 1:10 auf ca. 50 kg Rohgewicht: 7 l Seifenlösung 1:10 und 3 l Wasser, die 50 g Leonil gelöst enthalten (1 Stde.); b. Vornetzen von Woll- und Halbwollstoffen jeder Art: 0,5—1 g/l; b. Annetzen von Kammgarnstücken auf der Rauhmaschine: 1—2 g/l; b. Netzen von zum Naßverweben bestimmten Schußspulen bei 30° C: 2—3 g/l; z. Herstellung von Spinnschmelzen: auf 80 Teile Olein: 4—8 Teile (1:10 in Wasser gelöst einrühren und 2—400 Teile Wasser, evtl. mit 0,5 Teilen Ammoniak versetzt, höchstens 50° C warm, zusetzen!); als Zusatz zu Schlichtmassen oder Kettenleimen: 0,1—0,2%; z. Vornetzen v. d. Färben einbadig zu färbender Mischgewebe i. d. Halbwollfärberei: 0,5—1% d. W.; *Lit.:* Melliand Textilber. 1926 Heft 10; 1928 S. 759; 1930 S. 610; 1931 S. 196.

Leonil SBS Teig hochkonz. I. G. Farbenind. AG., Frankfurt a.M.

Geb.-J.: 1928; *i/Kurs:* ja; *analog:* Leonil SB und Nekal BX trocken sowie Leonil N und S und Nekal S und A trocken (Netzkraft gleich Leonil SB, doch größer als Leonil S; Dispergiervermögen gleich Leonil SB, dagegen geringer als Leonil S); *Konstit.:* Alkylnaphthalinsulfosäure (nach Heermann: säurehaltig); *Äuß.:* Teig, dunkelbraun; *Reakt.:* sauer, auch in wässeriger Lösung; *Eigensch.:* netzend, schäumend, dispergierend; ohne Affinität zur Faser, daher Nachsatz nur entsprechend dem Flüssigkeitsverlust; gewährleistet bei der Karbonisation gleichmäßiges Durchtränken der Ware mit Säure und Zerstörung aller pflanzlichen Bestandteile; gleicht Unregelmäßigkeiten beim Abschleudern sowie Konzentrationsänderungen beim Ablegen und Liegenlassen aus; vermeidet Karbonisierflecken und reibunechte, fleckige Färbungen sowie Schwierigkeiten in der Nachwäsche und Stockigwerden der Ware; ermöglicht, selbst fetthaltige Ware mit normalen Säuremengen zu karbonisieren bzw. die Säurekonzentration zu erniedrigen, schont daher die Faser bzw. verbessert die Wollqualität; kein Umschlagen der Farbe in der Karbonisation gefärbter Ware; *Lö. Be.:* in Wasser (in der Wärme besser als in der Kälte!), verdünnten Alkalien und Säuren löslich; hochbeständig, auch in konzentrierten Säuren (selbst bei 100° C keine Zersetzung!); *Verw.:* als Netzmittel — ausschließlich — für die Karbonisation sowohl von losem Material als auch von Stückware; *Mengen:* in der Karbonisation: 1 g/l neben (gegen sonst: H_2SO_4 von 4° Bé): H_2SO_4 von 1,5° Bé für wenig verunreinigte Wolle, 2° Bé beim Eingehen mit trockener Ware (bei normal verunreinigter Wolle), 2,5° Bé für normal verunreinigte Wolle, 3—4° Bé für Abgänge, 2,5—3° Bé für Stücke; *Lit.:* Chem.-Ztg. 1928, Fortschrittsberichte S. 116; Melliand Textilber. 1926 Heft 10; 1930 S. 610; 1931 S. 196.

Leophen M I. G. Farbenindustrie AG., Frankfurt a. M.

Geb.-J.: 1932; *i/Kurs:* ja; *Konstit.:* Sulfonatgemisch; *Äuß.:* hellbraune

Flüssigkeit; *Reakt.:* neutral; *Eigensch.:* ungiftig; nicht zur Schaumbildung neigend; macht das Abkochen oder Beuchen der Ware vor dem Merzerisieren überflüssig, schont daher die Baumwolle; gewährleistet reinere Ware und weicheren Griff; erhält das Gewicht; vermeidet streifige Färbungen; erzeugt auch bei stark gezwirnten Garnen und dicht geschlagenen Geweben gleichmäßigen Merzerisiereffekt und ebenso gleichmäßiges späteres Färben; hohes Netzvermögen in Merzerisierlaugen; *Lö. Be.:* in Merzerisierlaugen bis zu 30° Bé klar löslich und darin unbeschränkt haltbar; *Verw.:* als Zusatz zu Merzerisierlaugen (Strang- wie Stückmerzerisation, abgekochte wie rohe Ware); *Mengen:* i. d. Merzerisierlauge: bei trockenem Rohmaterial: 10 g/l; b. vorgekochter, feuchter Baumwolle: 5 g/l; (NB. zur Erhaltung des Glanzes setzt man beim Spülen der merzerisierten Garne geringe Mengen Igepon T zu!)

Lertisan **Zschimmer & Schwarz, Chemnitz.**

Geb.-J.: 1930; *i/Kurs:* ja; *Konstit.:* Gummi + Glyzerin + andere Zusätze; *Äuß.:* weiße Emulsion; *Reakt.:* neutral; *Eigensch.:* hohe Bindekraft; macht Füllmittel, wie Kaolin, China-Clay, Talkum, Walkerde fest auf der Faser haftend; wirkt selbst als Füllstoff; *Verw.:* in der Appretur, zur Verhütung des Abstaubens mit Füllappretur versehener Baumwollgewebe; *Mengen:* 5 g/l Appreturmasse (vorher in Wasser lösen und der fertig durchgekochten Appreturmasse zusetzen!).

Lipon L **Röhm & Haas AG., Darmstadt.**

i/Kurs: ja; *Äuß.:* gelbbraunes bis goldgelbes, ziemlich viskoses Öl; *Reakt.:* in wässeriger Lösung gegen Phenolphthalein schwach alkalisch; *Lö. Be:* wasserlöslich; *Verw.:* zum Verhüten des Schäumens von Leimlösungen usw.

Listoform-Seifen-Extrakt **J. Simon & Dürkheim, Offenbach a. M.**

i/Kurs: nein; *Ersatz:* heißt heute Esdeform-Seifen-Extrakt, mit dem es identisch ist; *analog:* Esdeform-Seifen-Extrakt; *Konstit.:* Kaliseife + aromatischer Kohlenwasserstoff.

Lizarol **I. G. Farbenindustrie AG., Frankfurt a. M.**

i/Kurs: nein, wurde früher von den Höchster Farbwerken ausgegeben; *Konstit.:* Sulfonierungs- und Kondensationsprodukt (Methylenderivat) des Rizinusöls (erhalten durch Einwirkung von Formaldehyd und H_2SO_4 konz. auf Rizinusöl bzw. -säure); *Eigensch.:* macht beim Druck von Alizarinrot — direkt zugegeben — die vorherige, umständliche Ölung des Gewebes überflüssig; *H. Pat., V. Pat.:* DRP. 226222; *Lit.:* Chem. Ind. 1910 S. 655.

Lizarol D **I. G. Farbenindustrie AG., Frankfurt a. M.**

i/Kurs: nein, wurde früher von den Höchster Farbwerken ausgegeben; *Konstit.:* Sulfonierungs- und Kondensationsprodukt (Methylenderivat) des Rizinusöls (erhalten durch Einwirkung von Formaldehyd und H_2SO_4 konz. auf Rizinusöl bzw. -säure); *Eigensch.:* macht beim Druck von Alizarinrot — direkt zugegeben — die vorherige, umständliche Ölung des Gewebes überflüssig; *H. Pat., V. Pat.:* DRP. 226222; *Lit.:* Chem. Ind. 1910 S. 655.

Lizarol D konz. **I. G. Farbenindustrie AG., Frankfurt a. M.**

i/Kurs: nein; *analog:* Lizarol R konz.; *Lö. Be.:* wasserunlöslich; *Verw.:* als Fettbeize beim Drucken von Alizarinrot und -rosa auf ungeölter Ware.

Lizarol R konz. **I. G. Farbenindustrie AG., Frankfurt a. M.**

i/Kurs: nein; *analog:* Lizarol D konz.; *Eigensch.:* fettfrei; *Lö. Be.:* gibt mit Wasser eine Emulsion; *Verw.:* als Ersatz für Fettbeize, auch für den Alizarinrotdruck.

Lorinol E **H. Th. Böhme AG., Chemnitz.**

Geb.-J.: 1932; *i/Kurs:* ja; *analog:* Estamit 302; *Konstit.:* emulgierte Fettkörper; *Äuß.:* Paste oder Tabletten; *Reakt.:* neutral; *Eigensch.:* lagerbeständig; verleiht Schlicht- und Appreturmassen Geschmeidigkeit, Fülle und Glätte; zeichnet sich durch weitgehende Beständigkeit gegen Vergilben und Ranzigwerden aus; *Lö. Be.:* mit Wasser leicht emulgierbar; hartwasserbeständig; *Verw.:* als Zusatz zu Appretur- und Schlichtmassen; *Mengen:* b. Zusatz zu Appretur- und Schlichtmassen: 1—20 g, evtl. bis 100 g/kg; *H. Pat., V. Pat.:* Patent angemeldet.

Lorol **Dehydag, Berlin-Charlottenburg.**

i/Kurs: ja; *Konstit.:* Laurylalkohol (Reduktionsprodukt der Laurinsäure, hergestellt aus Kokosöl); *Lit.:* Seifensieder-Ztg. 1932 S. 838.

Ludigol

Konstit.: Oxydationsmittel; *Verw.:* als Oxydationsmittel bei der Beuche; *Lit.:* Melliand Textilber. 1930 S. 610.

Lysamil **Diamalt AG., München.**

i/Kurs: ja; *Konstit.:* Maltosepräparat; *Verw.:* zur Verbesserung der Reibechtheit.

Maizena

Konstit.: Maisstärke (amerikanisch); *Verw.:* als Verdickungsmittel.

Majamin **Dehydag, Berlin-Charlottenburg.**

i/Kurs: ja; *analog:* Majaminkalium und Majammonium; *Konstit.:* β-tetralinsulfosaures Natrium; *Äuß.:* Pulver, weiß; *Reakt.:* neutral; *Eigensch.:* schwaches Netzvermögen; geringe Schaum- und Waschkraft; erhöht die Dichte, Haltbarkeit und Ergiebigkeit des Seifenschaumes; erhöht das Farbstoffabsorptionsvermögen bei Kunstseide; *Lö. Be.:* leicht löslich in Wasser; *Verw.:* als Zusatz zur Seife (z. Kerns.: nach Abtr. d. Unterlauge o. d. Leimniederschlages; z. Leims.: n. Fertigstellung; z. kaltger. S.: z. Öl vor d. Lauge; z. Feins.: a. d. Piliermasch.; z. Seifenpulv. und Waschextr.: b. Verm.!); z. Herst., insbes. zus. mit Methylhexalin und Kohlenwasserstoffen, von Lösungsmittelseifen; zur Herstellung von Seewasserseife; *Mengen:* 5—7% d. Seife; *H. Pat., V. Pat.:* DRP. 317293; *Lit.:* Schrauth: Seifensieder-Ztg. 1923 S. 97, 200, 209 u. 223.

Majaminkalium **Dehydag, Berlin-Charlottenburg.**

i/Kurs: ja; *analog:* Majamin und Majammonium; *Konstit.:* β-tetralinsulfosaures Kalium; *Äuß.:* Pulver; *Reakt.:* neutral; *Eigensch.:* schwaches Netzvermögen; geringe Schaum- und Waschkraft; erhöht die Dichte, Haltbarkeit und Ergiebigkeit des Seifenschaumes; erhöht das Farbstoffabsorptionsvermögen bei Kunstseide; *Lö. Be.:* leicht löslich in Wasser; *Verw.:* als Zusatz zur Seife (z. Kerns.: nach Abtr. d. Unterlauge o. d. Leimniederschlags; z. Leims.: n. Fertigstellung; z. kaltger. S.: z. Öl vor d. Lauge; z. Feins.: a. d. Piliermasch.; z. Seifenpulv. und Waschextr.: b. Verm.!); z. Herst., insbes. zus. mit Methylhexalin und Kohlenwasserstoffen, von Lösungsmittelseifen; zur Herstellung von Seewasserseife; *Mengen:* 5—7% d. Seife; *Lit.:* Schrauth: Seifensieder-Ztg. 1923 S. 97, 200, 209 u. 223.

Majammonium — **Dehydag, Berlin-Charlottenburg.**

i/Kurs: ja; *analog:* Majamin und Majaminkalium; *Konstit.:* β-tetralinsulfosaures Ammonium; *Äuß.:* Pulver; *Reakt.:* neutral; *Eigensch.:* schwaches Netzvermögen; geringe Schaum- und Waschkraft; erhöht die Dichte, Haltbarkeit und Ergiebigkeit des Seifenschaumes; erhöht das Farbstoffabsorptionsvermögen bei Kunstseide; *Lö. Be.:* leicht löslich in Wasser; *Verw.:* als Zusatz zur Seife (z. Kerns.: nach Abtr. d. Unterlauge o. d. Leimniederschlags; z. Leims.: n. Fertigstellung; z. kaltger. S.: z. Öl vor d. Lauge; z. Feins.: a. d. Piliermasch.; z. Seifenpulv. und Waschextr.: b. Verm.!); z. Herst., insbes. zus. mit Methylhexalin und Kohlenwasserstoffen, von Lösungsmittelseifen; zur Herstellung von Seewasserseife; *Mengen:* 5—7% d. Seife; *Lit.:* Schrauth: Seifensieder-Ztg. 1923 S. 97, 200. 209 u. 223.

Maltine

Konstit.: Diastasepräparat; *Verw.:* zur Verflüssigung der Stärke durch Abbau.

Maltoferment

ähnlich: Diastafor; *Konstit.:* Diastasepräparat (Malzdiastase); *Verw.:* zur Verflüssigung der Stärke durch Abbau; als Entschlichtungsmittel; *Lit.:* Melliand Textilber. 1930 S. 610.

Maltose

ähnlich: Diastafor; *Konstit.:* Malzdiastase; *Verw.:* als Entschlichtungsmittel; *Lit.:* Melliand Textilber. 1930 S. 610.

Marienhöher Saponin — **Gronewald & Stommel.**

Konstit.: Lösung von Marseiller Seife in einer Mischung von Essigäther und Spiritus; *Verw.:* in der Wäscherei als (benzinlösliche) „Benzin“-Seife.

Mattierung LC — **Zschimmer & Schwarz, Chemnitz.**

Geb.-J.: 1928; *i/Kurs:* ja; *analog:* Mattierung IV; (LC enthält mehr Weichmachungsmittel, IV mehr Mattierungsstoff!); *Konstit.:* feinverteilte mineralische, mattierend wirkende Stoffe + Bindemittel + Weichmachungsmittel; *Äuß.:* feste, zähe Paste, grau; *Reakt.:* neutral; *Eigensch.:* erzeugt mattiertes, nicht stäubendes Gut mit vollem, weichem Griff; *Lö. Be.:* gibt mit Wasser gleichmäßige, haltbare Suspensionen; *Verw.:* zum Mattieren kunstseidener Web- und Wirkwaren; zur gleichzeitigen Erzeugung krachenden Seidengriffs; *Mengen:* zum Mattieren: 3—10 g/l (LC mit der 3—5fachen Menge Wasser aufkochen, IV mit heißem Wasser anrühren!); Nachsatz: ein Drittel der ursprünglichen Mengen; zur gleichzeitigen Erzielung krachenden Seidengriffs: nachheriges viertelstündiges Hantieren im Griffbad

(2 ccm 85%ige Ameisensäure/l); für besonders starken Seidengriff: Mattierungsbad: neben 2—4 g/l Marseiller Seife: 3—4 g/l Mattierung, anschließend: Griffbad.

Mattierung IV **Zschimmer & Schwarz, Chemnitz.**

Geb.-J.: 1928; *i/Kurs:* ja; *analog:* Mattierung LC (LC enthält mehr Weichmachungsmittel, IV mehr Mattierungsstoff!); *Konstit.*, *Äuß.*, *Reakt.*, *Eigensch.*, *Lö. Be.*, *Verw.*, *Mengen:* siehe Mattierung LC; (NB. wird mit heißem Wasser nur angerührt!).

Meconin **Zschimmer & Schwarz, Chemnitz.**

Geb.-J.: 1930; *i/Kurs:* ja; *Konstit.:* Johannisbrotkernmehl-Präparat (schalenfrei); *Äuß.:* Pulver, weißl.; *Reakt.:* neutral; *Verw.:* in der Appretur.

Meline **Dr. A. Schmitz, Düsseldorf-Oberkassel.**

Geb.-J.: 1931; *i/Kurs:* ja; *analog:* Meline K, letzteres für Rauhware, dies für glatte Ware; *Äuß.:* Flüssigkeit; *Reakt.:* neutral; *Eigensch.:* verleiht, insbesondere halbwollener Ware, Fülle und Griff; greift die Wolle nicht an, da es kein $MgCl_2$ enthält; *Verw.:* als Appreturmittel für halbwollene und wollene Ware, insbesondere für glatte Ware; *Mengen:* i. d. Appretur: Flotten von 7—9° Bé (Zusatz von Dextrin oder Leim zur Appreturmasse schadet nicht!).

Meline K **Dr. A. Schmitz, Düsseldorf-Oberkassel.**

Geb.-J.: 1931; *i/Kurs:* ja; *analog:* Meline, letzteres für glatte Ware, dies für Rauhware; *Äuß.:* Flüssigkeit; *Reakt.:* neutral; *Eigensch.:* verleiht, insbesondere halbwollener Ware, Fülle und Griff; greift die Wolle nicht an, da es kein $MgCl_2$ enthält; *Verw.:* als Appreturmittel für halbwollene und wollene Ware, insbesondere für Rauhware, wie Flausch, Ulster; *Mengen:* i. d. Appretur: Flotten von 3,5—4° Bé.

Melioran B 9 **Oranienburger Chem. Fabr. AG., Charlottenburg 2.**

i/Kurs: nicht mehr als Wasch-, Netz- und Weichmachungsmittel, jedoch noch als Faserschutzmittel; *Ersatz:* ist als Wasch-, Netz- und Weichmachungsmittel ersetzt durch Melioran F 6; *analog:* Melioran CY, jedoch ohne Lösungsmittel; Melioran F 6; *Konstit.:* (ähnlich wie Melioran F 6, D 12 und D 12 spezial); fettarom. Sulfos. (neutralisiert)[1]; Sulfonierungsprodukt von Fettstoffen (kondensiert)[2]; *Äuß.:* dunkelbraune Flüssigkeit; *Reakt.:* neutral, auch in verdünnter wässriger Lösung; *Eigensch.:* Wasch-, Reinigungs-, Netz-, Emulgier-, Weichmachungsverm.; schützt tierische Faser vor Schädigung durch Alkali; spaltet in wässeriger Lösung kein freies Alkali ab; macht Seifen, Türkischrotöle usw. gegen hartes Wasser unempfindlich; erzeugt frische, leuchtende Färbungen; *Lö. Be.:* in Wasser klar löslich; die Lösung ist beständig gegen hartes Wasser, Alkali, Säuren und Salze der praktisch vorkommenden Konzentrationen; *Verw.:* allein oder zus. mit Soda, NH_3, Seife: als Wollwasch- und Faserschutzmittel; zur Durchführung von Reinigungs- und Veredlungsprozessen in sauren Bädern; vorzüglich in der Wäsche von Schweißwolle, sowie in der Garnwäsche, Pelz- und Stückwäsche und Walke nicht allzu viel Fett oder Mineralöl haltiger Waren; in der Kammgarnindustrie; als Netz- und Durchdringungsmittel beim Entbasten von Seidengeweben, bei denen die Mitverwendung von Soda unerläßlich ist; als Faserschutz- und Egalisierungsmittel in der Halbwollfärberei (Einbadverfahren mit subst. Farbstoffen im neutralen bis schwach alkalischen Bade; b. Vordecken der Baumwolle mit Schwefelfarbstoffen); in der Wollküpenfärberei; beim Reinigen empfindlicher, gefärbter Materialien; b. Färben tierischer Fasern in alkalischer Flotte mit Schwefelfarbstoffen oder Küpenfarben, ebenso wie mit sauren Farbstoffen, Chromfarbstoffen usw.; f. d. saure Walke in der Tuch-, Decken- und Filzindustrie; i. d. Appretur v. Wollwaren; i. d. Pelzwarenzurichtung; i. d. Roßhaarindustrie; i. d. BW- und KS-Färberei; *Mengen:* i. d. Schweißwollwäsche a. d. Leviathan: 1. Bottich: 3 g/l gleich 0,43% d. W. (55° C); 2. und 3. Bottich: je 0,7% Seife und 0,7% d. W. Soda kalz.; 4. Bottich: Wasser; b. d. Schweißwollwäsche auf einem Bottich: neben 5—10 g/l Soda kalz. und 0,75—1,5 g/l Seife von ca. 65% Fettsäuregehalt: 3 g/l bei 1:20 Flottenverhältnis (45—50° C; $^1/_2$ Stde. einweichen, abquetschen, spülen!); i. d. Garn- und Stückwäsche sowie Walke: neben 6,5 g/l Soda kalz. und 6,25 g/l Kalischnitzelseife: 12,5 g/l (Zylinderwalke) (anschließend mit Sodalauge von 2° Bé a. d. Waschmaschine gerbern!); b. Entbasten von Seide: neben 0,25—0,75 g/l Soda kalz.: 1 g/l; *H. Pat.*, *V. Pat.:* In- und Auslandspatente angem.; *Lit.:* Melliand Textilber. 1931 S. 38; [2] 1930 S.788; [1] Seifensieder-Ztg. 1931 S. 33.

Melioran CY **Oranienburger Chem. Fabr. AG., Charlottenburg 2.**

i/Kurs: nein; *Ersatz:* Melioran CY ist ersetzt durch Melioran CY konz.; *analog:* Melioran B 9; *Konstit.:* Sulfonierungsprodukt von Fettstoffen; fettarom. Sulfos. (neutralisiert)[1] + Fettlösungsmittel; *Äuß.:* braune, viskose Flüssigkeit; *Reakt.:* neutral, auch in verdünnter wässeriger Lösung; *Eigensch.:* Wasch-, Reinigungs- und Emulgiervermögen; Lösevermögen für Mineralöle, Fette und Öle tierischen und pflanzlichen Ursprungs, Paraffine u. dgl.; spaltet in wässeriger Lösung kein freies Alkali ab; schützt die tierische Faser in alkalischer Flotte; macht Seifen, Türkischrotöle usw. gegen hartes Wasser unempfindlich, erzeugt frische, leuchtende Färbungen; *Lö. Be.:* leicht und klar löslich in Wasser; die Lösung ist gegen die praktisch vorkommenden Konzentrationen von Ameisen-, Essig- und verdünnter Schwefelsäure ebenso beständig wie gegenüber Alkalien; unempfindlich gegen Salze; *Verw.:* wie Melioran B 9, besonders auch als Wollwasch- und Faserschutzmittel, insbesondere in Fällen, wo Mineralöle, Paraffine, Fette usw. emulgiert und entfernt werden sollen; in der Woll-, Garn- und Stückwäsche; als Zusatz zu sauren Farbbädern für tierische Fasern, die nicht vorgewaschen sind; zur Durchführung von Reinigungs- und Veredlungsprozessen in sauren Bädern; *H. Pat.*, *V. Pat.:* In- und Auslandspatente angem.; *Lit.:* Melliand Textilber. 1931 S. 38; [1] Seifensieder-Ztg. 1931 S. 33.

Melioran CY konz. **Oranienburger Chem. Fabr. AG., Charlottenburg 2.**

i/Kurs: ja; *Ersatz:* CY ist ersetzt durch CY konz.; *analog:* Melioran F 6; *Konstit.:* (wie Melioran F 6, also): Sulfonierungsprodukt von Fettstoffen (Salz einer hochmolekularen Sulfonsäure) + Lösungsmittel (und zwar das in den Cykloranen enthaltene); *Äuß.:* gelbe Flüssigkeit; *Reakt.:* neutral bis schwach lackmusalkalisch; *Eigensch.:* gutes Lösevermögen und Schutzwirkung für Kalkseifen; *Lö. Be.:* absolut beständig gegen hartes Wasser; *Verw.:* für die saure Walke, in der Tuch-, Decken- und Filzindustrie; in der Appretur von Wollwaren; in der Pelzwarenzurichtung; in der Roßhaarindustrie; in der Baumwoll- und Kunstseidenfärberei; *Mengen:* i. d. Garn- und Stückwäsche sowie Walke: neben 6,5 g/l Soda kalz. und 6,25 g/l Kalischnitzelseife: 12,5 g/l (Zylinderwalke) (anschließend mit Sodalauge von 2° Bé a. d. Waschmaschine gerbern!); *Lit.:* Melliand Textilber. 1931 S. 38; Seifensieder-Ztg. 1931 S. 33.

Melioran D 12 **Oranienburger Chem. Fabr. AG., Charlottenburg 2.**

i/Kurs: nein; *Ersatz:* D 12 ist ersetzt durch D 12 spezial; *Konstit.:* Sulfonierungsprodukt von Fettstoffen + aromatische Lösungsmittel (kondensiert); Salz einer hochmolekularen Sulfosäure; *Äuß.*, *Reakt.*, *Eigensch.*, *Lö. Be.*, *Verw.*, *Mengen:* siehe Melioran D 12 spezial; *H. Pat.*, *V. Pat.:* im In- und Ausland patentiert.

Melioran D 12 spezial **Oranienburg. Chem. Fabr. AG., Charlottenburg 2.**

i/Kurs: ja; *Ersatz:* für Melioran D 12; *analog:* Melioran F 6; *Konstit.:* Salz einer hochmolekularen Sulfosäure (Sulfonierungsprodukt von Fettstoffen und aromatischen Lösungsmitteln — kondensiert); *Äuß.:* gelblichweiße Paste (kann auch als fast farbloses Öl geliefert werden!); *Reakt.:* neutral, auch in wässeriger Lösung jeder Konzentration; *Eigensch.:* Netz-, Egalisier-, Emulgier-, Reinigungs- und Weichmachungsvermögen; Lösevermögen für Farbstoffe; gutes Schaumvermögen auch in hartem Wasser; spaltet in wässeriger Lösung kein Alkali ab; *Lö. Be.:* beständig gegen Säuren, Alkalien, Salze und hartes Wasser; *Verw.:* als Netzmittel in der Kälte, Wärme und Hitze, sowohl in weichem wie in hartem Wasser, insbesondere günstig auch zusammen mit Kochsalz und Glaubersalzzusätzen (z. B. zur Vornetzflotte); (NB. Anwendungsgebiete siehe auch bei Oranit BN konz.); *Mengen:* allgemein: 0,5—1,5 g/l.

Melioran F 6 **Oranienburger Chem. Fabr. AG., Charlottenburg 2.**

i/Kurs: ja; *Ersatz:* als Wasch-, Netz- und Weichmachungsmittel für B 9; *analog:* Melioran CY konz., D 12 spezial sowie Melioran B 9; *Konstit.:* Sulfonierungsprodukt von Fettstoffen + aromatische Lösungsmittel (kondensiert?); Salz einer hochmolekularen Sulfonsäure; *Äuß.:* gelblich gefärbte Paste; *Reakt.:* absolut neutral gegen Lackmus, auch die wässerigen Lösungen jeder Konzentration; *Eigensch.:* Wasch-, Reinigungs-, Emulgier-, Dispergier-, Netzvermögen besser als Seife; egalisierend; gibt weichen, vollen, fleischigen Griff; gestattet alkalifreie Wäsche oder zusammen mit Seife und Soda Ersparnis an diesen; erleidet keine Hydrolyse; Lösevermögen für Farbstoffe, Schlicht- und Appreturmassen, in Wasser unlösliche Lösungsmittel, Fettstoffe; Faserschutzvermögen; das Kalkschutzvermögen bei Verwendung zusammen mit Seife ist ausgezeichnet; die Schaumkraft ist auch in hartem Wasser gut; *Lö. Be.:* beständig gegen hartes Wasser, Säuren, Alkali und Salze, bes. gegen Soda- und Ätznatron; in warmen bis kochenden Flotten löslich (beim Abkühlen sowie beim starken Auftreten von Härtebildnern Opaleszenz, aber keine Bildung von Niederschlägen!); *Verw.:* (NB. mit wenig heißem Wasser anteigen; portionsweise mit heißem Wasser weiter verdünnen und am besten mit direktem Dampf aufkochen!) zum Heißnetzen; für Baumwollbeuche; zum Färben mit Schwefelfarbstoffen; z. kochend heißen Nachbehandeln von Küpen- und Naphthol-AS-Färbungen unter Zus. v. Soda; für die Wollfärberei; (nicht zus. m. basischen Farbstoffen!); *Mengen:* allgemein: 0,3—0,5% d. W.; i. d. Schweißwollwäsche a. d. Leviathan, sowie auf einfacheren Waschapparaturen nach starrem sowie kontinuierlichem System: im Einweich- und 1. Waschbad: neben 0,5—1 g/l Soda kalz.: 0,8—1,5 g/l (gleich ca. 0,75% der Rohwolle); i. d.

Schweißwollwäsche, auf einzelnen Bottichen a) nach dem Einbadverfahren: 1. Einweichen in warmem Wasser über Nacht, abquetschen, dann 2. 2—3 g/l (55°) oder: neben 1—3 g/l Soda kalz.: 1,5—2,5 g/l (45—55°); b) nach dem Zweibadverfahren: 1. Bad: neben 1—2 g/l Soda kalz.: 1—2 g/l (30 Min.; 45—50° C; abquetschen, sauber spülen!); 2. Bad: 1,5—2 g/l (50—55° C; 30 Min.) (d. s. ca. 0,75% vom Gewicht der Schweißwolle!); i. d. Wäsche von Wollgarnen: a) Kammgarn mit 1—2% Neutralöl v. d. Schmelze: 0,5—1,5 g/l (50—55° C); (wenn Olein i. d. Schmelze: unter Zusatz von 0,5 g/l Ammoniak 25% ig!); b) Streichgarn mit 6—10% Olein a. d. Schmelze: neben 1—2,5 g/l Soda kalz. oder Ammoniak 25%ig: 0,5—1 g/l (45° C; 10—20 Min.!); i. d. Wollgarnbleiche mit H_2O_2, Natriumsuperoxyd, Natriumperborat: neben 5—20 g/l 30 Gew.%igem bzw. 100 Vol.%igem handelsübl. H_2O_2 und 0,5 g/l Ammoniak 25%ig: 0,5—1 g/l (45° C); i. d. Gerberwollwäsche: siehe Schweißwollwäsche! b. Waschen von Haargarnen a) im Bottich nach dem Zweibadverfahren: neben 3 g/l Soda kalz.: 1 g/l (45 bis 50° C; 20 Min.!); b) auf der Waschmaschine (kontinuierlich): 1. Bottich: neben 3—5 g/l Soda: 0,2—0,3 g/l; 2. Bottich: neben 1,5—3 g/l Soda kalz.: 0,3—0,5 g/l; 3. Bottich: 1 g/l; 4. Bottich (Spülbottich) (je 50—55° C); b. Waschen von Kammzug a. d. Lisseuse: 0,5—1 g/l (45—50° C, evtl. unter Zusatz geringer Mengen NH_3 oder Soda, wenn die Wolle vom Spinnen her Olein enthält!); b. d. Walke im seifenalkalischen Medium: 1% d. W.; i. d. sauren Walke: 0,5—1% d. W.; b. d. Wäsche farbunechter Stückware (die insbesondere in alkalischer Flotte zum Ausbluten neigt): neben ca. 1% d. W. Ameisen- oder Essigsäure: 1—2% d. W.; b. Einbrennen (Fixieren von Wollgarn und Wollstückware): 0,5—1 g/l Brühwasser; b. Neutralisieren karbonisierter Wolle und Wollware a) auf dem Leviathan: 1. Bad: Wasser; 2. Bad: neben Soda: 0,3—0,5 g/l; 3. Bad: 0,5—1 g/l; b) auf der Kufe: 0,5% d. W. ($^1/_4$ Stde.; dann Sodalösung zulaufen lassen!); i. d. Wollfärberei: 1. im sauren Färbebade: 0,5—1% d. W.; 2. im Chromfarbstoffbad und b. Färben noch fetthaltigen Materials: 1,5% d. W.; 3. b. d. Wollküpenfärberei, Halbwollfärberei, b. Umfärben nicht einwandfrei ausgefallener Ware, b. Abziehen von Lappen: 0,5—2 g/l; b. Beuchen von Baumwolle (Garne, Gewebe, Linters): neben 1—3% d. W. Alkali: 0,2—0,5% d. W. (3—5 Stdn. kochen!); NB. als Alkali kommt Ätznatron, auch in Verbindung mit Soda, u. U. auch zusammen mit Ätzkalk in Frage! z. Heißnetzen von Baumwolle (zwecks Herstellung von Verbandwatte, Schießbaumwolle usw.) vor dem Bleichen (auch für Strick-, Wirkgarne, Trikotagen): neben 2—6 g/l Ätznatron fest: 1 g/l oder: neben 4—10 g/l Soda kalz.: 1 g/l (60—80° C!); i. d. Leinenbeuche: neben 8 g/l Soda kalz.: 1 g/l; z. Entschlichten von Kunstseide, Seide, Baumwolle und Mischgeweben (zur Leim- oder Stärkeentfernung zuvor eine Stunde bei 70° C, evtl. unter Zusatz eines enzymatischen Mittels, einweichen!): neben 1—2 g/l Soda kalz.: 0,5—1,5 g/l (80—90° C; $^1/_2$ Stde.; dann spülen!); z. Entschlichten alkaliempfindlicher Azetatseide oder -Mischgewebe: 1,5—2,5 g/l ($^1/_2$—1 Stde.; 70° C!); z. Entfernen von Leinölschlichte aus kunstseidenen Geweben (1 Stde. bei 60—70° einweichen!): 2—3 g/l Soda kalz. und 1—2 g/l ($^1/_2$ Stde.); z. Entfernen infolge langer Lagerung stark verharzter Leinölschlichte (einweichen wie oben!): neben 2—3 g/l Soda kalz. und 2—3 g/l Cycloran M: 1—2 g/l; z. Entschlichten von Azetatseide nach dem Superoxydverfahren: neben 2—3 g/l Cykloran M, 1—5 g/l H_2O_2 30 Gew.%ig und 0,5 g/l Ammoniak 25%ig: 1—2 g/l (40° C; innerhalb einer Stunde auf 70° C erwärmen, spülen!); b. Bleichen mit Chlor (Chlorkalk- oder Hypochloritlauge): neben 1—3 g/l akt. Chlor und evtl. etwas Soda: 0,5—1 g/l (1—2 Stdn. bei gewöhnlicher Temperatur; am Schluß mit 0,3—0,5 g/l heiß nachwaschen!); i. d.

Superoxydbleiche: neben 2—10 g/l H_2O_2 30 Gew.% ig und 0,5 g/l Ammoniak 25% ig: 0,5—1 g/l (30—70—80° C); i. d. kombinierten Chlorsuperoxydbleiche: wie oben! b. Färben von Baumwolle, Kunstseide, Seide usw. (ausgenommen basische Farbstoffe!): an Stelle der bisher verwendeten Seife: $^1/_4$—$^1/_3$ dieser; b. Färben mit substantiven, Küpen- und Schwefelfarbstoffen: 0,2—0,8—1,5 g/l; i. d. Naphthol-AS-Färberei: $^1/_4$ der bisher verwendeten Türkischrotölmenge neben $^3/_4$ der bisherigen Türkischrotölmenge; i. d. Seidenfärberei mit Säurefarbstoffen im gebrochenen Bastseifenbad: 0,5 bis 1 g/l; i. d. Azetatseidenfärberei (Alkaliempfindlichkeit!): $^1/_4$—$^1/_3$ der bisherigen Seifenmenge; z. Nachbehandlung von Küpen- und Naphthol-AS-Färbungen (nach der Oxydation der Küpenfärbung bzw. nach der Entwicklung der Naphthol-AS-Färbung im Diazobad): neben 2—3 g/l Soda: 0,5—1 g/l (20—30 Min. kochen; spülen!); f. Appretur und Schlichte: wie bisher Seife, Türkischrotöl usw.; *H. Pat.*, *V. Pat.*: im In- und Ausland pat.

Mercerisier-Flerhenol — **Farb- und Gerbstoffwerke Carl Flesch jr., Frankfurt a. M.**

Geb.-J.: 1928; *i/Kurs:* ja; *Konstit.*: Gemisch von Phenolderivaten; ca. 10% Lösungsmittel; (n. Dr. Landolt: Rohkresol + Fettlöser[1]); *Äuß.*: rotbraune Flüssigkeit; *Reakt.*: die wässerige Lösung reagiert sauer, $p_H = 3{,}5$; *Eigensch.*: hohes Netz- und Durchdringungsvermögen; *Lö. Be.*: in konz. Laugen, insbesondere in Merzerisierlaugen, beständig; *Verw.*: als Zusatz für Merzerisierlaugen; *Mengen:* b. Merzerisieren mit 30° Bé Natronlauge: ca. 15 g/l; *H. Pat.*, *V. Pat.*: F 678/30; *Lit.*: [1] Melliand Textilber. 1930 S. 610.

Metapon — **Louis Blumer, Zwickau i. Sa.**

i/Kurs: ja; *Konstit.*: Fettalkoholsulfonat (90% Fettgehalt); *Äuß.*: Pulver, weiß; *Reakt.*: die wässerige Lösung reagiert ganz schwach alkalisch bzw. praktisch neutral; *Eigensch.*: Netz-, Egalisier-, Reinigungs-, Durchfärbe- und Weichmachungsvermögen; verhindert oder beseitigt Kalkseifenbildung; *Lö. Be.*: leicht löslich in Wasser; kalkbeständig; *Verw.*: beim Schlichten, Beuchen, Bleichen, Färben, Weichmachen von Kunstseide, beim Spinnen und Weben; *Mengen:* bei der Schlichte: 5—10 g/l; beim Beuchen unter Druck: 0,5 g/l, o. Druck: 1 g/l; beim Bleichen: 10—20 g/l; beim Färben: 5—10 g/l.

Metasal K — **Chemische Fabrik Grünau Landshoff & Meyer AG., Berlin-Grünau.**

Geb.-J.: 1928; *i/Kurs:* ja; *Konstit.*: Eiweißspaltprodukt + sulfoniertes Öl; *Äuß.*: hellbraune, dickliche Flüssigkeit; *Reakt.*: gegen Lackmus alkalisch; gegen Phenolphthalein neutral; *Eigensch.*: schützt Wolle bei alkalischer Behandlung (Wäsche und Walke); verhütet Kalkseifenbildung; die Wolle bleibt offen, weich und elastisch; weiße Wolle gilbt nicht an (ebenso Seide, Haare und Leder!); die Schutzwirkung des Metasal K erlaubt beim Waschen höhere Temperaturen als üblich anzuwenden; *Lö. Be.*: leicht löslich in Wasser und schwachen Alkalien; gibt mit hartem Wasser keine flockige Kalkseife; *Verw.*: beim Waschen von Schweißwolle, Wollgarnen und Stücken; beim Walken von Wollstücken; beim Krabben von Woll- und Halbwollstücken; beim Entbasten von Seide; (NB. auch in der Rauchwarenindustrie zum Einweichen und Waschen von Fellen!); *Mengen:* NB.allgemein: $^1/_3$ bis $^1/_2$ der bisher gebrauchten Seife durch Metasal K ersetzen! z. Waschen von Schweißwolle: neben 2—7 g/l Soda und 0,5—2 g/l Seife: 1—4 g/l (20 Min. einweichen bei 55° C und kalt spülen!); b. Waschen von Wollgarnen: neben 3—5 g/l Soda und 1—3 g/l Seife: 1—3 g/l (bei 55° C 5—6mal umziehen, kalt fertig spülen!); z. Walken von Wollstücken im Fett: auf 100 l Sodalösung von 3° Bé: neben 2—3 kg Seife: 2—3 kg; z. Entbasten von Naturseide: $^1/_3$ der bisherigen Seife durch Metasal K ersetzen! z. Entschlichten von Kunstseide (Leinölschlichte): neben 2 g/l Seife und 2 g/l Natriumperborat: 2 g/l (bei 60° C $^1/_2$—2 Stdn.!); (z. Einweichen von Fellen: neben 1—2 g/l Soda: 2—3 g/l); *H. Pat.:* DRP.; *Lit.:* Melliand Textilber. 1931 Heft 7; Z. f. ges. Textilind. 1931 Heft 23.

Methylhexalin **Dehydag, Berlin-Charlottenburg.**

i/Kurs: ja; *analog:* Hexalin und Cyclonol; identisch mit Heptalin; *Konstit.:* Hexahydrokresole bzw. Methylcyclohexanole (erhalten durch Wasserstoffanlagerung an Kresol) $CH_3C_6H_{10}OH$; *Äuß.:* Flüssigkeit, wasserhell; *Reakt.:* neutral; *Eigensch.:* spez. Gew.: 0,92—0,93; Sp.: 160—195°; Azetylzahl: 492; löst vorzüglich Fette, Öle, Wachse, Harze; ergibt mit Seifen Gemische von hoher Lösekraft für organische Stoffe; *Lö. Be.:* wasserunlöslich; *Verw.:* als Zusatz zu Seifen; in Verbindung mit Seifen oder Kohlenwasserstoffen (Benzin, Benzol, Tetrachlorkohlenstoff, Tetralin usw.); als hochwertiges Waschmittel für Wäschereibetriebe; bei der Wäsche feiner Wolle mit starkem Schweißgehalt; bei der Wäsche von mit mineralölhaltigen Schmälzmitteln geschmälzten Garnen; bei der Reinigung von Hutfilzen und Filztuchen; bei der industriellen und häuslichen Reinigung der Baumwolle; als Zusatz beim Kochen und Beuchen unter Druck; zur Herstellung von Fleckseifen; in Verbindung mit Seifen zur Herstellung haltbarer Bohröle, Spinnöle und Webstuhlöle; zur Herstellung von Stoffreinigungsmitteln, Putz-, Appretur- und Lederpräparaten; zur Herstellung von flüssigen, halbflüssigen und festen Seifen als Zusatz; als Zusatz b. d. H. feuerungefährlicher „Benzin“seifen für Wäscheindustrie und chemische Waschanstalten; zusammen mit den Alkalisalzen der Tetralinsulfosäure zur Herstellung von Lösungs- und Emulgierungsmitteln; *V. Pat.:* DRP. 365160 (ausschließl. Lizenz f. Herst. von Haushaltseifen steht der Benzit AG. zu)[1]; DRP. 371293; DRP. 393627; *Lit.:* [1] Seifensieder-Ztg. 1931 S. 862; Z. dtsch. Öl- u. Fettind. 1921 Nr. 34.

Mianin **Fahlberg, List & Cie.**

ähnlich: Chloramin, Aktivin; *Konstit.:* Toluolsulfochloramidnatrium; *Verw.:* als Bleich-, Wasch- und Oxydationsmittel; als Beuchzusatz; als Stärkeaufschließungsmittel; in der Appretur, Schlichterei usw.; zum Chloren von Wolle für die Kleiderfärberei; als Konservierungs- und Desinfektionsmittel; *Lit.:* Z. angew. Chem. 1927 S. 1032.

Mondamin

Konstit.: Maisstärke (schottisch); *Verw.:* als Verdickungsmittel.

Monopolavivageöl **Chemische Fabrik Stockhausen & Cie., Krefeld.**

i/Kurs: ja; *Konstit.:* Sulfonierungsprodukt von Rizinusöl (mittlerer Sulfonierungsgrad) + Mineralöl; *Äuß.:* Öl, gelb; *Reakt.:* neutral; *Eigensch.:* hohes Netz- und Durchdringungsvermögen; egalisierend; weich- und griffigmachend; verhindert bei Schwefelfarbstoffen, besonders bei Schwefelschwarz, das

Bronzieren; erhöht die Reibechtheit von Färbungen; erzeugt tiefen Farbton; verbindet sich mit Leim, Dextrin, Kartoffelmehl, Magnesiasalzen (für gleichzeitige Beschwerung!); *Lö. Be.:* gibt mit Wasser Emulsionen; gut beständig gegen hartes Wasser; salzbeständig; *Verw.:* z. Färben mit subst. und sauren Farbstoffen und Oxydationsschwarz oder Schwefelfarbstoffen; f. d. Avivage v. Schwefelschwarzfärbungen; *Mengen:* b. d. Verwendung als Avivagemittel für Schwefelfarbstoffe, Oxydationsschwarz und direktes Schwarz: 2—4 g/l ($^1/_4$ Stde.; 20—30°); NB. vor dem Zusatz zur Flotte in heißem Wasser lösen! als Zusatz zum Farbbad für subst. und Schwefelfarbstoffe: 1—2 g/l; NB. vor dem Zusatz zur Flotte in heißem Wasser lösen! *Lit.:* Melliand Textilber. 1930. S. 610.

Monopolbrillantöl **Chem. Fabr. Stockhausen & Cie., Krefeld.**

i/Kurs: ja; *ähnlich:* Triumph-Öl spezial, Triumph-Öl spezial L; *analog:* Monopolseife; Monopolbrillantöl konz.; Monopolbrillantöl F und Monopolbrillantöl G; *Konstit.:* 50%ige Monopolseife (30% Fettgehalt); Türkischrotöl (enthält nur Schwefelsäureester, aber keine aliphat. Sulfosäuren!); *Äuß.:* Öl, hellgelb; *Reakt.:* schwach sauer gegen Phenolphthalein; *Eigensch., Lö. Be.:* siehe Monopolseife; *Verw.:* zur Herstellung von Spinnschmelzen in Verbindung mit Olein; Baumwolle: für Grundierungsbäder bei Pararot und Naphtholrot; beim Färben auf Apparaten von loser Baumwolle, Kopsen, Kreuzspulen, Ketten, scharf gedrehten Garnen; in der Alizarinfärberei; beim Druck und Ätzdruck; als Avivagemittel; in der Färberei von Kapock und Vistra; in der Bleicherei; in der Appretur; in der Schlichterei; Wolle: b. Waschen, besonders auch von Gerberwolle, stark ölhaltiger Garne u. Teppichgarne, als Wollschmelzmittel, allein oder zus. mit anderen Ölen, zum Spinnen von Garnen; zum Färben; als Zusatz zum Farbbad, besonders bei der Apparatefärberei; als Avivagemittel; beim Färben nach dem Chromierungsverfahren; b. Färben mit Küpenfarbstoffen, insbesondere zum Anteigen der Farbstoffe; i. d. Appretur; i. d. Decken-, Hut- und Filzindustrie; b. d. sauren Walke; b. Färben aller Arten von Kunstseide (nicht mit basischen Farbstoffen!); zum Avivieren; b. Färben von Halbseide und Halbwolle; b. Färben von Stroh, Jute und Kokosfasern; (s. a. Mengen!) NB. Lösevorschrift siehe Monopolseife! *Mengen:* i. d. Baumwollfärberei: a) als Zusatz z. Farbbad: 10—15 g/l; b) als Avivagemittel: 15 bis 25 g/l; i. d. Wollfärberei als Zusatz z. Farbbad: 10 g/l; i. d. Appretur: 2—4 g/kg Appreturmasse; b. Färben von Kunstseide: 15—25 g/l; b. Färben von Stick- und Nähseide: 0,5 g/l; *Lit.:* Seifensieder-Ztg. 1931 S. 87 u. 760; 1932 S. 45—47; Melliand Textilber. 1928 S. 759.

Monopolbrillantöl konz. **Chem. Fabr. Stockhausen & Cie, Krefeld.**

i/Kurs: ja; *analog:* Monopolbrillantöl; *Konstit.:* Türkischrotöl; *Reakt.:* schwach sauer gegen Phenolphthalein; *Eigensch., Lö. Be.:* siehe Monopolseife; *Verw., Mengen, Lit.:* siehe Monopolbrillantöl.

Monopolbrillantöl F **Chem. Fabr. Stockhausen & Cie., Krefeld.**

i/Kurs: ja; *analog:* Monopolseife; Monopolbrillantöl; Monopolbrillantöl G; *Konstit.:* Türkischrotöl; *Äuß.:* hellgelbe Flüssigkeit; *Reakt.:* stärker sauer eingestellt als Monopolbrillantöl; *Eigensch.:* siehe Monopolbrillantöl! *Lö. Be.:* kalkbeständiger als Monopolbrillantöl; *Verw.:* insbesondere für Appreturzwecke; *Mengen, H. Pat., V. Pat., Lit.:* siehe Monopolbrillantöl!

Monopolbrillantöl G **Chem. Fabr. Stockhausen & Cie., Krefeld.**

i/Kurs.: ja; *analog:* Monopolseife; Monopolbrillantöl F; Monopolbrillantöl; *Konstit.:* 50% ige Monopolseife + Lösungsmittel (Türkischrotöl + Lösungsmittel); *Äuß.:* hellgelbe Flüssigkeit; *Reakt.:* schwach sauer gegen Phenolphthalein; *Eigensch., Lö. Be.:* siehe Monopolbrillantöl! *Verw.:* vor allem für Appreturzwecke und insbesondere für die Beuche; *Mengen, H. Pat., V. Pat., Lit.:* siehe Monopolbrillantöl!

Monopolbrillantöl NFE **Chem. Fabr. Stockhausen & Cie., Krefeld.**

i/Kurs: ja; *analog:* Monopolbrillantöl NFE konz. (unterscheiden sich lediglich in der Konzentration!); *Konstit.:* Türkischrotöl; *Äuß.:* Öl, hellgelb; *Reakt.:* neutral; *Eigensch.:* Emulgierkraft für Öle, wie Mineralöl sowie für pflanzliche und tierische Öle; *Verw.:* zur Herstellung von Ölemulsionen zwecks Bereitung von Spinnschmälzen, Avivageflotten usw.; *Mengen:* als Emulgator bei Pflanzenöl: 1:6 bis 1:12, bei Mineralöl: 1: 6 bis 1:20.

Monopolbrillantöl NFE konz. **Chem. Fabr. Stockhausen & Cie., Krefeld.**

i/Kurs: ja; *analog:* Monopolbrillantöl NFE (unterscheiden sich lediglich in der Konzentration!); *Konstit.:* sulfoniertes Öl; *Eigensch.:* emulgiert Mineralöle; *Verw.:* als Emulgator für Mineralöle; *Mengen:* 1:10 bis 1:30.

Monopolbrillantöl SO 100% ig hü **Chem. Fabr. Stockhausen & Cie., Krefeld.**

i/Kurs: ja; *Konstit.:* Olivenölsulfonat; geringer Sulfonierungsgrad; ohne Gehalt an aliphat. Sulfosäuren (+ Fettlöser nach Dr. Landolt[1]); *Äuß.:* Öl, goldgelb; *Reakt.:* neutral; *Eigensch.:* erteilt einen hervorragenden, weichen, geschmeidigen Griff; erzeugt klare Farbtöne bei größter Weichheit des Färbegutes; beseitigt das Bronzieren der Färbungen bei schwefelschwarzgefärbtem Material; verleiht harter Wollstückware geschmeidigen Griff; NB. nicht in der Apparatefärberei verwendbar; *Lö. Be.:* in der Kälte verhältnismäßig gut beständig gegen Kalk und organische Säuren; bildet mit Wasser feindisperse, gleichmäßige Emulsionen; *Verw.:* als Avivagemittel für Baumwolle und Kunstseide; für die Avivage von Seide und Baumwolle; für die Präparation von Kunstseide; zum Weichmachen harter Baumwollartikel, wie Baumwollripsware; *Mengen:* NB. erst mit der 6—10fachen Menge kalten Wassers verrühren! f. d. Avivage: 1—2% d. W.; b. d. Avivage von Kunstseide im Strang: 3 g/l (45—50° C), evtl. zus. mit Seife unter Abbruch der Seifenmenge; f. d. Avivieren von Kunstseidestücken auf dem Jigger oder auf der Gummiermaschine: 10—15 g/l; b. Kunstseidentrikot: 1 g/l (40° C); f. Kunstseidenstrümpfe: 2 g/l (ca. 40° C); f. Wolle mit Kunstseide: 1 g/l; b. Avivieren v. hartgezwirnten Baumwollgarnen: 2% d. W.; b. d. Avivage von Nesselfasern: 5 g/l; (NB. b. Kunstseide mit weichem Wasser arbeiten, sonst unter Mitverwendung von 0,5 g/l Intrasol, das in der 10fachen Menge Wassers gelöst wird!); *Lit.:* [1] Melliand Textilber. 1930 S. 610.

Monopolbrillantöl SO fest **Chem. Fabr. Stockhausen & Cie., Krefeld.**

i/Kurs: ja; *Konstit.:* Seife + Türkischrotöl; *Äuß.:* Paste, hellgrau-grün; *Reakt.:* neutral; *Eigensch.:* verleiht Waren aus Kunstseide oder Baumwolle bzw. Mischgeweben daraus sehr weichen, geschmeidigen und vollen Griff;

Lö. Be.: löslich in Wasser ähnlich wie Seife; in der Kälte auch in hartem Wasser gut beständig; *Verw.:* zum Avivieren und Appretieren von Waren aus Kunstseide oder Baumwolle oder Mischgeweben hieraus; als Mittel zum Weichmachen und Glätten in Appretur- und Schlichtflotten; *Mengen:* meist 1—3 g/l.

Monopolöl **Dr. A. Schmitz, Düsseldorf-Oberkassel.**

Konstit.: Türkischrotöl (wird nach Ullmann, Enzykl. d. techn. Chemie, Bd. 10, erhalten durch Sulfonierung von Rizinusöl, Abspaltung der Sulfogruppe, Vermischen der erhaltenen Oxysäure unter Erhitzen mit Rizinusöl, erneute Sulfonierung und teilweise oder ganze Neutralisation mit NaOH oder NH_4OH); *Verw.:* zum Wasserlöslichmachen wasserunlöslicher Fettlösungsmittel; *Lit.:* Seifensieder-Ztg. 1930 S. 495; 1931 S. 663 u. 680.

Monopolöl I extra **Dr. A. Schmitz, Düsseldorf-Oberkassel.**

Konstit.: Türkischrotöl (siehe bei Monopolöl!); *Verw.:* zum Entbasten von Seide.

Monopolseife **Chemische Fabrik Stockhausen & Cie., Krefeld.**

i/Kurs: ja; *ähnlich:* Triumph-Seife; *analog:* Monopolbrillantöl (das 50% ige Monopolseife darstellt!); Monopolbrillantöl F und G; *Konstit.:* Sulfonierungsprodukt von Rizinusöl mit H_2SO_4 konz. bei 35° C (nachfolgende Behandlung mit überschüssiger NaOH!); Fettgehalt, auf Sulfofettsäuren bezogen: ca. 80%; mittlerer Sulfonierungsgrad; (NB. nach Lederer sind Monopolseifen im Geg. zu TR-Ölen, die auch noch nicht sulfonierte und nicht verseifte Öle enthalten, völlig verseift, stellen also Gemische sulfofettsaurer und fettsaurer Alkalien dar — Lederer, Kolloidchemie der Seifen, Th. Steinkopf, 1932!); *Äuß.:* Seifenriegel, dunkelgelb, transparent; *Reakt.:* neutral bis schwach sauer gegen Phenolphthalein (frei von überschüssigem Alkali); *Eigensch.:* netzend und egalisierend in neutralem und alkalischem Bade; weichmachend; Durchfärbevermögen; Emulgierfähigkeit für Öle und Fette, auch Mineralöle; verhütet Schimmelbildung bei Appreturmassen; liefert lebh. Farben; faserschützend; *Lö. Be.:* ziemlich gut beständig gegen Säuren, Kalk und Salze (Bittersalz); gibt in Wasser klare Lösungen; *Verw.:* zum Anteigen von Farbstoffen; als Färbeöl für Baumwolle und Kunstseide; für die schwach saure Wollfärberei; in der Appretur von Wollwaren, Halbwolle, Halbseide, Baumwolle und Leinen; als Avivagemittel für alle Warengattungen; in der Färberei, insbesondere für substantive Farbstoffe, eine Reihe von Säurefarbstoffen und einen Teil der Beizenfarbstoffe; zum Färben von Seide; als Zusatz zum Farbbad beim Färben von Kunstseide und Stapelfaser (NB. nicht zum Färben mit basischen Farbstoffen!); zum Färben von Halbseide, Halbwolle sowie Stroh; in der Schlichterei; zum Anteigen von Druckfarben, auch beim Drucken von Alizarin- und Paranitranilinrot; beim Beuchen und Bleichen; in Wasch- und Walkflotten, evtl. in Verbindung mit Tetralix, Terpinopol und Verapol; *Mengen:* NB. man schmilzt die feingeschnittene Seife mit der gleichen Menge Wasser, rührt die 20fache Menge warmen Wassers zu und gibt diese Lösung dann unter Rühren in die Farb- und Appreturflotten als letztes! b. Färben von Baumwolle, Leinen, Hanf und Ersatzfasern (Kopse, Kreuzspulen, Ketten), in der Baumwollstrang- und Stückfärberei, z. Avivieren bei Schwefelfarben, beim Färben mit subst. Farbstoffen: 0,5—1 g/l; b. Färben v. Wolle (i. d. Apparatefärberei sowie b. Färben nach dem

Chromierungsverfahren) als Zusatz z. Färbbad: 1 g/l; *H. Pat.:* DRP. 113433; *V. Pat.:* DRP. 126541 u. 128691; *Lit.:* Seifensieder-Ztg. 1926 S. 749, Antwort Nr. 709; 1928 S. 372 (Pomeranz), S. 405 (Welwart, Nichizawa und Winokuti), S. 406 (Zschacke); 1930 S. 495; 1931 S. 87 u. 760; 1932 S. 733; Melliand Textilber. 1926 Heft 10; 1928 S. 759; 1930 S. 610.

Monopolspinnöl **Chemische Fabrik Stockhausen & Cie., Krefeld.**

i/Kurs: ja; *Konstit.:* sulfoniertes Öl + Mineralöl (85% Fettgeh.); *Äuß.:* Öl, klar, braun; *Reakt.:* neutral; *Eigensch.:* liefert beständige Emulsionen von gleichmäßiger Verteilung; leichtes Eindringungsvermögen; gut auswaschbar; *Lö. Be.:* gibt mit Wasser Emulsionen; gut beständig gegen kalkhaltiges Wasser; *Verw.:* zur Herstellung von leicht auswaschbaren Spinnschmälzen, Wollschmälzen beliebiger Konzentration; zum Fetten und Vorbereiten der Faser für den Spinnprozeß, auch für Kunstwolle allein oder im Gemisch mit Baumwolle und Wolle; auch in der Hutindustrie; *Mengen:* bei alleiniger Verwendung: auf 1 Teil: 8—15 Teile Wasser; bei Verwendung zusammen mit anderen Ölen, z. B. Olein oder Mineralöl: neben 1—2 Teilen dieser: 1 Teil auf 8—15 Teile Wasser.

Monoxanthol

Konstit.: Seife + Fettlösungsmittel (nach Prof. Herbig: Monopolseife + Schwefelkohlenstoff); *Lit.:* Seifensieder-Ztg. 1930 S. 495.

Multomalt

Konstit.: Diastasepräparat; *Verw.:* zur Verflüssigung der Stärke durch Abbau.

Naphtholöl T extra **A. Th. Böhme, Dresden-N. 6.**

Verw.: zum Lösen und schnellen Klären von Naphtholen.

Neberon B **Dr. A. Schmitz, Düsseldorf-Oberkassel.**

Geb.-J.: 1929; *i/Kurs:* ja; *analog:* hieß früher: Nebrol B! *Konstit.:* Rizinusölschwefelsäureester; *Äuß.:* Flüssigkeit; *Reakt.:* neutral; *Lö. Be.:* vollständig beständig gegen Bittersalzlösungen (hohe Bittersalzappreturen); löst sich in 50%iger Bittersalzlösung noch klar auf; ist beständig in kalter und warmer Appreturflotte; verträgt stundenlanges Kochen; *Verw.:* als Appreturöl (ein Schreiben oder Verflecken der Ware tritt nicht ein) für Baumwolle und Mischgewebe aus Baumwolle und Kunstseide; als Appreturmittel auch für Glanzausrüstungen; *Mengen:* für Appreturflotten: 0,3% d. W. Bittersalz, 0,01% d. W. Neberon B und 0,01% d. W. Leim in 1 l Wasser, oder: 0,5% d. W. Bittersalz und 0,01% d. W. Neberon B in 1 l Wasser (Neberon wird für sich mit Wasser verdünnt und dann der fertigen Appreturmasse zugerührt!).

Neberon BA **Dr. A. Schmitz, Düsseldorf-Oberkassel.**

i/Kurs: ja; *analog:* Neberon S und W; hieß früher: Nebrol BA! *Eigensch.:* netzend, reinigend, egalisierend, farbstofflösend; verhindert das Verfilzen der Faser, macht sie voll, weich und geschmeidig; *Lö. Be.:* beständig gegen Säure und hartes Wasser; *Verw.:* in der Woll-, Seiden-, Baumwoll- und

Kunstseidenfärberei; s. a. Mengen! *Mengen:* b. Anteigen der Farbstoffe: 5—10% des Farbstoffes; in Färbeflotten: a) für fette Färbungen: 1% d. W.; b) für dunkle Färbungen: 2% d. W.; c) auf Apparaten: 0,5% d. W.

Neberon BF **Dr A. Schmitz, Düsseldorf-Oberkassel.**

Geb.-J.: 1929; *i/Kurs:* ja; *analog:* hieß früher: Nebrol BF! *Konstit.:* Rizinusölschwefelsäureester; *Äuß.:* Flüssigkeit, ölig, gelb; *Reakt.:* schwach sauer; *Eigensch.:* netzend, lösend, dispergierend; liefert gleichmäßiges Aufziehen der Farbstoffe und durch feine Verteilung der Farbstoffe egalere Färbungen und besser ausgenutzte Farbbäder; auch Material, welches noch Rückstände von Spinnöl, Fette oder Seifen enthält, läßt sich nach guter Vornetze einwandfrei färben; *Lö. Be.:* gegen hartes Wasser, Alkalien und Säuren gut beständig; *Verw.:* als Färbeöl, Egalisier-, Farbstofflöse-, Netz- und Fettlösungsmittel in der Färberei, für Baumwolle, Leinen und Kunstseide; *Mengen:* beim Netzen: 0,3—0,5% der Flotte; auf dem Apparat: 0,5% vom Gewicht der Ware; zum Färben bei hellen Färbungen: 1% vom Gewicht der Ware, bei dunklen Färbungen: 2% d. W.; zum Ansetzen des Farbstoffes: 50—100 g auf 1 kg Farbstoff; *H. Pat., V. Pat.:* DRP. angem.

Neberon M 40 **Dr. A. Schmitz, Düsseldorf-Oberkassel.**

Geb.-J.: 1929; *i/Kurs:* ja; *Konstit.:* Rizinusölschwefelsäureester + Kresol; *Äuß.:* Flüssigkeit, rotbraun; *Eigensch.:* besonders große Netzfähigkeit in Merzerisierlaugen, wobei es die Faser glänzend, weich und geschmeidig macht; *Lö. Be.:* in Merzerisierlauge, in der es sich in jedem Verhältnis klar löst, ohne daß Gelatinierung oder Ausscheidung selbst bei längerem Stehen eintritt, sehr beständig; *Verw.:* als Merzerisieröl für Baumwolle; *Mengen:* 0,2—0,4% der Merzerisierlauge.

Neberon S **Dr. A. Schmitz, Düsseldorf-Oberkassel.**

i/Kurs: ja; *analog:* Neberon W und BA; *Eigensch.:* netzend, reinigend, egalisierend, farbstofflösend; verhindert das Verfilzen der Faser, macht sie voll, weich und geschmeidig; *Lö. Be.:* beständig gegen Säure und hartes Wasser; *Verw.:* in der Woll-, Seiden-, Baumwoll- und Kunstseidenfärberei; s. a. Mengen! *Mengen:* b. Anteigen der Farbstoffe: 5—10% des Farbstoffes; in Färbeflotten: a) für fette Färbungen: 1% d.W.; b) für dunkle Färbungen: 2% d. W.; c) auf Apparaten: 0,5% d. W.

Neberon W **Dr. A. Schmitz, Düsseldorf-Oberkassel.**

i/Kurs: ja; *analog:* Neberon S und BA; hieß früher: Nebrol W! *Äuß.:* Flüssigkeit, gelb; *Eigensch.:* netzend, reinigend, egalisierend, farbstofflösend; verhindert das Verfilzen der Faser, macht sie voll, weich und geschmeidig; *Lö. Be.:* beständig gegen Säure und hartes Wasser; *Verw.:* in der Woll-, Seiden-, Baumwoll- und Kunstseidenfärberei; s. a. Mengen! *Mengen:* b. Anteigen der Farbstoffe: 5—10% des Farbstoffes; in Färbeflotten: a) für fette Färbungen: 1% d. W.; b) für dunkle Färbungen: 2% d. W.; c) auf Apparaten: 0,5% d. W.

Nebrol B **Dr. A. Schmitz, Düsseldorf-Oberkassel.**

i/Kurs: nein; *Ersatz:* der Name wurde abgeändert in Neberon B; *analog:* identisch mit Neberon B; *Konstit.:* Rizinolschwefelsäureester.

Nebrol BA **Dr. A. Schmitz, Düsseldorf-Oberkassel.**

i/Kurs: nein; *Ersatz:* der Name wurde abgeändert in Neberon BA; *analog:* identisch mit Neberon BA.

Nebrol BF **Dr. A. Schmitz, Düsseldorf-Oberkassel.**

i/Kurs: nein; *Ersatz:* der Name wurde abgeändert in Neberon BF; *analog:* identisch mit Neberon BF; *Konstit.:* Rizinusölschwefelsäureester.

Nebrol W **Dr. A. Schmitz, Düsseldorf-Oberkassel.**

i/Kurs: nein; *Ersatz:* der Name wurde abgeändert in Neberon W; *analog:* identisch mit Neberon W.

Nekal AEM **I. G. Farbenindustrie AG., Frankfurt a. M.**

Geb.-J.: 1928; *i/Kurs:* ja; *analog:* Leonil LE; *Konstit.:* alkylnaphthalinsulfosaures Natrium + Schutzkolloid (Leim); *Äuß.:* Pulver, gelblich-braun; *Reakt.:* neutral; *Eigensch.:* hohes Emulgiervermögen; erzeugt lange haltbare Emulsionen von hohem Dispersitätsgrad; hygroskopisch; die mit Nekal AEM hergestellten Emulsionen sind beständig gegen Säuren, Salze und besonders gegen hartes Wasser; sehr beständig gegen Schwefelsäure, genügend gegen Essig-, Ameisen- und Milchsäure; sie dienen für alle Zwecke der Seiden-, Kunstseiden- und Baumwollavivage, beeinflussen die Nuancen der Färbungen auch bei säureunechten Farbstoffen nicht; sie können auch dem sauren Avivierbad zugesetzt werden, finden fernerhin Verwendung zum Schmälzen von Baumwollaltmaterial (Vigogne-Spinnerei), weiter als Zusätze zu Schlichten für gefärbte und ungefärbte Ketten, ebenso für Appreturen sowie zur Erhöhung der Spulfähigkeit von Kunstseide, zur Erzielung krachenden und doch weichen Seidengriffs auf Baumwolle und Kunstseiden aller Art (Olein-Nekal AEM-Emulsion-30% ig, hergestellt aus Nekal AEM und Olein im Verhältnis 1:15 — davon 5—10 ccm/l; Material umziehen; abschleudern; trocknen — NB. beim Griffigmachen ungebrauchter Baumwolle und Viskoseseide außerdem 1—2 ccm Essigsäure 6° Bé pro Liter zusetzen!); *Lö. Be.:* leicht löslich in Wasser; NB. über die Beständigkeit der mit dem Produkt hergestellten Emulsionen siehe unter Eigenschaften! *Verw.:* zur Herstellung von Emulsionen aus Mineralölen, fetten Ölen usw. und auch aus Paraffin; *Mengen:* z. Herstellung der Emulsionen: 1. auf 4—5 Teile Wasser: 1 Teil (das Pulver unter gleichzeitigem Rühren in heißes Wasser einstreuen!); 2. auf 15—20 Teile Mineral- bzw. Paraffinöl oder 20 Teile Olivenöl bzw. Erdnußöl oder 40 Teile Olein für Schmälzen oder 15 Teile Olein zur Erzeugung v. Seidengriff: je 4—5 Teile obiger Lösung (Öl unter kräftigem Rühren in dünnem Strahl eintragen und Rühren, bis alles Öl emulgiert ist!); 3. schließlich auf die erhaltenen Produkte weiter: je 40 Teile Wasser (ca. 60—80° C, kräftig rühren!); NB. die nunmehr erhaltenen Emulsionen sind in jedem Verhältnis mit Wasser mischbar; *H. Pat.*, *V. Pat.:* In- und Auslandspatente; *Lit.:* Seifensieder-Ztg. 1932 S. 156, 141ff. u. Nr. 20; Melliand Textilber. 1930 S. 610.

Nekal A trocken **I. G. Farbenindustrie AG., Frankfurt a. M.**

Geb.-J.: 1926; *i/Kurs:* ja; *analog:* Nekal S, Leonil S und N sowie Nekal BX trocken, Leonil SB und SBS Teig hochkonz., jedoch etwa nur die Hälfte so wirksam als letztere; *Konstit.:* alkylnaphthalinsulfosaures Natrium; *Äuß.:* weißliches Pulver; *Reakt.:* neutral, auch in wässeriger Lösung;

Eigensch.: netzend; emulgierend, dispergierend; *Lö. Be.:* nicht kalkempfindlich; säurebeständig; leicht löslich in Wasser; *Verw.:* für Wollwäscherei, Karbonisation, Stückwäscherei, Walkerei, Schlichterei, Färberei; als Zusatz zu Schmälzen; in der Farblackindustrie, um einen mit Mineralöl geschönten Lack gut mit Wasser benetzbar zu machen, z. B. für Leim- und Kalkfarben; beim Vermahlen von sich schwer auskollernden Pigmentfarben in Pulver mit Substraten; zum leichteren Benetzen von Paranitranilin usw. zwecks schnellerer und besserer Diazotierung; beim Anteigen von Pigmentfarbstoffen; *Mengen:* b. Benetzen mit Mineralöl geschönter Lacke: 100 g/l; 10% der Ölmenge (nachkollern!); b. Vermahlen von Pigmentfarben in Pulver mit Substraten: auf 100 kg Schwerspat u. 5 kg Farbe: 0,25 kg Nekal A trocken, gelöst in 3—5 l Wasser (Farbstoff anteigen, mit dem Schwerspat vermahlen!); b. Netzen von Paranitranilin, Litholechtscharlachbase usw.: 100 g/l; z. Anteigen von trockenen Pigmentfarbstoffen: 100 g/l; *H. Pat.*, *V. Pat.:* In- und Auslandspatente; DRP. 336558; *Lit.:* Seifensieder-Ztg. 1930 S. 495; 1931 S. 760; Z. dtsch. Öl- u. Fettind. 1921 S. 344; Z. f. ges. Textilind. 1930 Heft 38; Leipzig. Mschr. Textil-Ind. 1928 Heft 1 u. 2; Melliand Textilber. 1926 Heft 10; 1928 S. 759; 1930 S. 610 u. 788; 1931 Heft 2 u. S. 196.

Nekal BX trocken **I. G. Farbenindustrie AG., Frankfurt a. M.**

Geb.-J.: 1926; *i/Kurs:* ja; *analog:* Leonil SB und SBS Teig hochkonz. sowie Nekal A trocken, Nekal S, Leonil S und N, jedoch etwa um das Doppelte wirksamer als letztere; *Konstit.:* alkylnaphthalinsulfosaures Natrium; *Äuß.:* fast weißes, nicht staubendes Pulver; *Eigensch.:* hohes Netz-, Löse-, Dispergiervermögen; liefert fast farblose Lösungen, die auch in höheren Konzentrationen die vegetabilische Faser kaum anfärben sowie im Gegensatz zu Türkischrotöl und anderen, auf Türkischrotöl- oder Seifenbasis hergestellten Präparaten keine Affinität zur Faser besitzen und deren Netzwirkung durch Salzzusätze sowie längeres Stehenlassen verbessert wird; verhindert in Verbindung mit Dekol in hartem Wasser die Bildung von Kalkseife in schädlicher (klebriger, voluminöser) Form (Kalkseifenbildung erfolgt in feinster Verteilung; nach längerer Zeit und beim Kochen entsteht ein leicht auswaschbarer, absetzender Niederschlag!); ist hygroskopisch; gewährleistet als Zusatz zur Schmelze beim Spinnen von Vigognegarnen gleichmäßiges Durchschmelzen, feine Verteilung und gute Aufnahme der Schmelze, sodaß sich die Krempelbeschläge weniger mit Ausputz besetzen (weniger oftes Reinigen!), das Spinnvlies gleichmäßig durchölt wird und nicht an den Florteilerriemchen haftet (kein Verkleben daher und kein Abreißen des zerteilten Flors); erzeugt rasche und gründliche Benetzung sowie größere Wasseraufnahme (10—15% mehr) bei Materialien, die naß gesponnen werden, z. B. Spinnfäden; bewirkt beim Reißen von Altbaumwolle, Lappen usw. gleichmäßiges Durchdringen mit Schmelzflüssigkeit, geringere Flugverluste, langen Stapel, leichtes Verarbeiten und Verbesserung des Rendements; begünstigt beim Auskochen und Beuchen mit und ohne Druck die Zerstörung der Schalen und Beseitigung der Verunreinigungen (Verringerung der Abkochzeit sowie der Natronlaugezusätze bei Anwendung höherer Mengen, z. B. 2 g/l) und macht es möglich, mit einer einzigen Kochung auszukommen; gestaltet den Beuchprozeß energischer, sodaß die abgekochte Baumwolle leicht bleichbar ist und nach der Bleiche vorzüglichen Weißeffekt, Griff und geschonte Faser gibt und daß beim späteren Färben mit Indigo und Indanthren auf der Tauchküpe egalerer Ausfall entsteht; macht bei zu färbender Ware bei Verwendung im Färbebade bisweilen den Abkochprozeß überflüssig bei Vermeidung von

Gewichtsverlust; erleichtert bei der Mitverwendung im Beuchprozeß beim späteren Bleichen die Zerstörung der Baumwollschalen; läßt sich auch im Bleichbad selbst verwenden sowohl bei Hypochloritbädern wie Natriumsuperoxydflotten — nicht in Chlorkalkbädern —, wobei die Stabilität nicht beeinträchtigt, der Bleichprozeß verkürzt und der Weißeffekt gesteigert wird (der Weißeffekt kann durch übliche Nachbehandlung mit Blankit I noch gehoben werden!); ermöglicht Erzielung beträchtlichen Bleicheffektes bei rohem, unabgekochtem Material (lose, Garn, Kreuzspule, Kettbaum, Stück), auch Leinen, sogar Stroh ohne Vorkochen; eignet sich auch für die kombinierte Chlorsauerstoffbleiche (Chlormengen etwas höher halten als beim Bleichen ausgekochter Baumwolle!); verbessert den Schlichteffekt bei Vermeidung des lästigen Schäumens und zu starker Feuchtigkeitsaufnahme; bewirkt rasches, gleichmäßigse Durchdringen des Fadens mit der Schlichte (behandelte Ketten lassen sich auf dem Webstuhl gut verarbeiten, zeigen trotz großer Geschmeidigkeit hohe Festigkeit, sodaß größere Leistung — weniger Fadenbrüche — und schönere Ware resultieren); verhindert das Abspringen der Schlichte und erzeugt offene Ketten beim Schlichten von Garnen jeder Art, rohen Ketten, losen oder stark gedrehten Fäden, vorbehandeltem Material oder unvorbehandeltem, gebleichtem, gefärbtem oder ungefärbtem, gezwirnten Fäden aus rohem oder gefärbtem Garn; übt auf die Sterilität der Schlichte — sowohl in der Masse wie im Faden — günstige Wirkung aus, sodaß ß-Naphtol-, Phenol- usw. Zusätze u. U. überflüssig sind; erteilt den Schlichten bei unveränderter Klebkraft größere Dünnflüssigkeit; macht in den meisten Fällen — ausgenommen Schwerschlichten — Stärkeaufschließemittel entbehrlich; verändert die Stärke chemisch nicht; gewährleistet rasches und gründliches Netzen beim Entschlichten (daher schnelles und gründliches Entschlichten); kann auch der Entschlichtungsflotte selbst zugesetzt werden; verleiht beim Appretieren und Ausrüsten von Baumwollwaren infolge der Hygroskopizität und besseren Eindringens der Appreturmittel der Ware einen guten Griff; kann auch in Verbindung mit Türkischrotölen, Magnesiumsalzen, Ölen und Fetten — deren Emulsion es befördert — angewandt werden; macht besonders in der Stranggarnfärberei Abkochen bzw. Vornetzen umgehbar; vermeidet das lästige Schwimmen der Garne; gewährleistet beim Färben tiefer Nuancen auf Mischgeweben aus Baumwolle und Viskose gleichmäßiges Anfärben beider Faserarten sowie gleichmäßiges Durchfärben und somit Egalität beim Färben von Ketten in der Schlichte; ermöglicht ungenetztes Eingehen ins Färbebad bei der Apparatfärberei von losem Material, Kreuzspulen und Kettbäumen (bei hellen Nuancen und ungleichmäßig gewickelten Kreuzspulen ist ein Vornetzen zweckmäßig); begünstigt das Durchfärben von Kreuzspulen im Schaumapparat sowie Erzielung von Gleichmäßigkeit, auch bei empfindlichen Tönen in der Stückfärberei sowie bei dichtgeschlagenen, schwer durchfärbbarem Material sowohl durch Vornetzung wie beim Zusatz zum Farbbad selbst; verhindert die Bildung der berüchtigten Schaumflecken beim Färben von Baumwolle und Kunstseidestückware mit Indanthren- und anderen Küpenfarbstoffen auf der Haspel oder dem Oberflottenjigger; erhöht das Durchfärben in der Cordfärberei, beim Auskochen und Färben von Genuacord, in der Samt- und Trikotfärberei, in der Strumpffärberei (festgezogene Nähte!); läßt bei Küpen- und Schwefelfarbstoffen Nuance und Farbtiefe ziemlich unverändert; erzeugt beim Färben mit hartem Wasser bei Mitverwendung von Dekol einwandfreie Färbungen, weiche und glanzreiche Garne und Waren; ermöglicht in der Naphtolfärberei ein Durchfärben auch unausgekochten Materials sowie solches beim Färben von Kreuzspulen und Kettbäumen mit Naphtolrot, schnelle und gleichmäßige Durchkupplung in der Stückfärberei bei zwischengetrockneter Ware; gestattet in der Indigofärberei das Färben selbst von Rohware bei einer Vornetzung; ermöglicht reine, lebhafte, egale, rotstichige und volle Indigofärbung, auch bei unentschlichteter und ungenetzter Rohware, wenn es der Küpe selbst zugesetzt wird, sodaß evtl. ein Übersetzen mit basischen oder subst. Farbstoffen überflüssig wird; erzeugt dabei gut durchgefärbte, gebläute Stücke oder Ketten von guter Waschechtheit, weichem und vollem Griff nicht nur bei rohen Baumwollgarnen, Ketten und Geweben aller Art, sondern auch bei rohem Halbleinen und sogar rohen Leinengeweben; ermöglicht direkte Zugabe zur Flotte selbst mit unentschlichtetem, ungebeuchtem Material aller Art (Baumwolle lose, Garn, Strang, Kops, Kette, Stück, Halbleinen, Rohleinen) unter Umgehung des Vornetzens beim Färben vegetabilischer Fasern, auch für Indigo-Hydrosulfit-Küpe, unter Erzielung hohen Durchfärbeeffektes, auch beim Färben dichtgeschlagener bzw. harter Stoffe (roher Halb- und Ganzleinenstoffe oder dicker Ware); ergibt beim Ätzen und bei hellen bis mittleren Tönen guten Effekt bei den üblichen Rongalit CL-Mengen (bei dunklen Nuancen etwas mehr Rongalit CL nehmen!), wobei in der nachfolgenden Appretur die Ätzeffekte fast nicht angeblaut werden; gewährleistet bei der direkten Zugabe zur Küpenflotte schöne Färbungen, wenn zum Vornetzen benutzt; bewirkt beim Aufkochen der Stärke gleichmäßige Verkleisterung derselben (beim heißen Kalandern oder Bügeln klebt das Material nicht an den Heizflächen, weist keine Flecken auf, zeigt vielmehr einheitlichen Glanz und egalen Ausfall); gibt glatte, einwandfreie Drucke beim Direktdruck (Maschinen-, Hand-, Spritzdruck), insbesondere bei großflächigen Drucken bzw. hellen Drucken auf schwerbenetzbaren Baumwoll-, ungebleichten Halbleinen-, Leinen-, Halbwoll-, Seide-, Kunstseide-, Azetatseide- und Woll- (Kunstwoll-) Geweben; fördert das Eindringen beim Klotzen von Farbstoffen und die Egalität der Färbungen; bewirkt beim Entwickeln von Colloresin-Küpenfarben-Drucken, den alkalischen Rongalit- bzw. Hydrosulfitlösungen zugesetzt, ausgiebige, volle Druckeffekte, auch bei harten (durch längeres Lagern!) Colloresindrucken; macht im Indigoblaudruck das Auskochen der Ware durch eine einfache Passage ersetzbar; erzeugt Ätzeffekte, die bei der Appretur fast nicht angeblaut werden, beim Arbeiten auf Indigohydrosulfitküpe; netzt Basen, wie Paranitranilin leicht und erreicht so schnelle und gute Diazotierung; beim Katanol O-Druck mit basischen Farbstoffen erhält man gute Fixierung bei genügend langer Behandlung selbst ohne vorheriges Fixieren; hemmt bei der Verwendung als Zusatz zur Schlichte und Appreturmasse das Wachstum von Schimmelpilzen; übt keinen, die Gesundheit schädigenden Einfluß aus (kann sogar für die Herstellung hydrophiler Watten für medizinische Zwecke verwandt werden); *Lö. Be.:* in Wasser, besonders in der Wärme, leicht löslich; ausgezeichnet beständig gegen organische Säuren, Mineralsäuren und Alkalien — n i c h t i n M e r z e r i s i e r l a u g e n —; beständig gegen Härtebildner des Wassers, wie Kalk- und Magnesiasalze (Betriebswasser von 20—40° D. H.); *Verw.:* NB. man setze 10% ige Stammlösungen an! N i c h t: zusammen mit basischen Farbstoffen! beim Färben sowie beim Drucken in Zink-Kalk- oder Gärungsküpen oder kalkhaltigen Netzküpen! bei der Herstellung des Guinée-Artikels auf der sehr starken Hydrosulfitküpe (zu feine Verteilung des Indigos)!! — in der Spinnerei und Reißerei; als Zusatz zur Schmelze beim Spinnen von Vigognegarnen; als Zusatz zum Auskochen und Beuchen mit und ohne Druck; beim Abkochen von Water-Garn (das leicht zum Kräuseln neigt, um einer Verkürzung und Kräuselung der Stränge entgegen zu wirken); zusammen mit

Soda; im Bleichprozeß, besonders auch zusammen mit Chlorbleichlauge, in der Trikotagenindustrie; zum Schlichten und Entschlichten sowie Appretieren (wobei häufig an Schlichtemitteln bis zu 30% abgebrochen werden kann); bei der Herstellung von Eisengarnen; in der Färberei: a) beim Anteigen und Lösen von Färbstoffen; b) beim Vornetzen und Färben; c) in der Naphtolfärberei (mit Ausnahme bei den schwerlöslichen Naphtolen AS-TR und AS-SW!); in Verbindung mit (um ca. 50% abgebrochenem) Türkischrotöl zum Anteigen der Naphtole; d) in der Indigofärberei; im Textildruck; beim Klotzen von Farbstoffen; zur Entwicklung von Colloresin-Küpenfarbendrucken; bei Indanthren- und Indigopappdrucken; im Indigoblaudruck; zum Anteigen und Lösen von Küpenfarbstoffen in Pulverform und schwer löslichen Indigosolen (z. B. den Indigosolen O 4 B); zum Lösen von Katanol O; als Zusatz zur Hydrosulfitküpe; beim Färben vegetabilischer Fasern mit Indigo; beim Stärken von Kragen und ähnlichen Wäscheartikeln; als Zusatz beim Ansetzen des Stärkekleisters; in der Baumwoll- und Kunstseidedruckerei; als Zusatz zu Beizbädern, Vornetz- und Nachbehandlungsflotten für basisch gefärbte Materialien; auch in der Karbonisation; also allgemein: im Veredlungsprozeß vegetabilischer Fasern, wie Baumwolle, Kunstseide, Jute, Hanf, Leinen, Stroh, Holzbast usw.; s. a. unter Eigensch. und Mengen! *Mengen:* i. d. Spinnerei und Reißerei, als Zusatz zur Schmälze beim Spinnen von Vigognegarnen: 1—2 g/l; als Zusatz zum Auskochen und Beuchen mit und ohne Druck: 0,5 g/l Kochflotte; i. d. kombinierten Chlor-Sauerstoffbleiche: 1—2 g/l; i. Chlorbleichlaugen (Trikotagenindustrie!): neben 2% d. W. Soda und evtl. etwas Monopolbrillantöl: 1% d. W. (1—1,5 g/l akt. Chlor; 25° C; 2—2$^1/_2$ Stdn. oder bei 40—45° C 1—1$^1/_2$ Stdn.); z. Schlichten und Entschlichten: 0,5—1,5 g/l (nicht mehr!); i. d. Appretur, zur Herstellung von Eisengarnen: 1 g/l der etwa 25% schwächer gehaltenen Appreturmasse (Nekal in Wasser lösen und der Schlichtmasse zusetzen, dann aufkochen!); i. d. Färberei: a) beim Anteigen und Lösen von Farbstoffen: 8—10%ige Lösung; b) beim Vornetzen und Färben: i. d. Strangfärberei ungenetzter Ware: 1,5—2,5 g/l; b. Vornetzen auf stehendem Bad: 3 g/l; b. Färben tiefer Nuancen auf Mischgeweben aus Baumwolle und Viskose: 2 g/l; i. d. Apparatfärberei (Kreuzspulen, Kettbäume, loses Material usw.); b. ungenetztem Material: 1—2 g/l; b. Färben von BW und KS-Stückware mit Indanthren- und anderen Küpenfarbstoffen a. d. Haspel oder dem Oberflottenjigger: 1 g/l; als Zusatz zum Färbebad: 0,5—2 g/l; b. Küpen- und Schwefelfarbstoffen: 3 g/l; b. Färben unter Verwendung von Wasser mittlerer Härte: auf 100 l Färbebad: 1 l folgender Lösung: 10 l HOH, 10 l Dekol, 1,6 kg Soda, 0,3 kg Nekal BX trocken (evtl. noch Monopolbrillantöl zusetzen!) NB. Vorsicht bei einigen subst. Farbstoffen wegen des Dekols! c) i. d. Naphtolfärberei: 1—2 g/l Grundierungsbad; d) i. d. Indigofärberei: beim Färben vegetab. Fasern auf der Hydrosulfit-Netzküpe, beim Bläuen ausgekochter Ware: 1—2 g/l; bei Rohware: 3—5 g/l; als Zusatz zur Küpe selbst: 0,5—2 g/l (mit etwa 10 Teilen kochendem Wasser lösen; der vorgeschärften Färbeküpe zusetzen; Stammküpe zugeben; aufrühren; stehen lassen; dann färben — NB. beim Nachschärfen nur soviel Hydrosulfit und Natronlauge zugeben, bis eine grüne — nicht die normale gelbgrüne — Küpenfarbe erreicht ist —); Nachsatz: 0,5—2 g/l verbrauchter Flotte; im Textildruck: als Zusatz zu Druckfarben: 2—5 g/kg; b. d. Vorpräparation dicker Baumwolldecken: neben 20 g/l Prästabitöl V: 5—10 g/l; b. Klotzen der Farbstoffe: 2—5 g/l Klotzfarbe; b. d. Vorpräparation: 5—10 g/l; b. d. Entwicklung von Colloresin-Küpenfarbendrucken: 2—5 g/l alkalischer Rongalit- bzw. Hydrosulfitlösung; zur Herstellung der Verdickung aus Colloresin D:

1,5 g/l (in Wasser kalt lösen und das Colloresin D anrühren!); i. d. Vorappretur küpenfarbiger Pappreserveartikel bei Indanthren- und Indigopappdrucken: 1 g/l Stärkepapp; z. Passage an Stelle einer Auskochung im Indigoblaudruck: 3—5 g/l; z. Lösen von Katanol O: 5% des Katanol O; i. d. Weißwäscherei: als Zusatz beim Ansetzen des Stärkekleisters: 1—2 g/l Gesamtstärkeflotte (den verkleisternden Teil der Gesamtstärke mit Wasser anschlämmen; vorher in wenig heißem Wasser gelöstes Nekal und evtl. noch Borax zusetzen und Dampf einleiten!); *H. Pat.*, *V. Pat.*: In- und Auslandspatente; *Lit.*: Chem.-Ztg. 1928, Fortschrittsberichte S. 116; Melliand Textilber. 1926 Heft 10; 1928 S. 759; 1930 S. 610 u. 788; 1931 S. 196 u. Heft 2; Z. f. ges. Textilind. 1930 Heft 38; Seifensieder-Ztg. 1931 S. 760.

Nekal S **I. G. Farbenindustrie AG., Frankfurt a. M.**

i/Kurs: nein; *analog:* Nekal A trocken, Leonil N und S sowie Nekal BX trocken und den Leonilen SB und SBS Teig hochkonz.; *Konstit.*: alkylierte Naphthalinsulfosäure; *Lit.*: Melliand Textilber. 1930 S. 610.

Neo-Flerhenol **Farb- u. Gerbstoffwerke C. Flesch jr., Frankfurt a. M.**

Geb.-J.: 1928; *i/Kurs:* ja; *Konstit.*: hochsulfonierte Rizinolsäureverbindung; ca. 5% Lösungsmittel; *Äuß.*: rotbraune Flüssigkeit; *Reakt.*: die wässerige Lösung reagiert schwach sauer, $p_H = 6{,}5$; *Eigensch.*: verleiht weichen, vollen Griff; hervorragendes Netz-, Durchdringungs-, Egalisierungs-, Lösungs-, Reinigungs- und Emulgiervermögen; hohes Farbstoffdispersionsvermögen; wirksam in fast kalten Appreturen; verhindert die Bildung schädlicher Kalkseife; *Lö. Be.*: gegen die Härtebildner des Wassers und gegen verdünnte Säuren völlig beständig; *Verw.*: in der Beuche, Bleicherei, Färberei und Avivage; insbesondere in der Strumpffärberei; bei der Schlichte von Baumwolle oder Kunstseide; bei der Appretur; (s. a. Mengen!); *Mengen:* f. d. Beuche von Strangware im offenen Behälter: 1% d. W. neben: 3% d. W. Soda und 1% d. W. Ätznatron; f. d. Beuche von Stückware: 1% d. W. neben: 3% d. W. Ätznatron und 1% d. W. Soda; f. d. Leinenbeuche: 1% d. W.; f. d. Bleiche vegetabilischer Faserstoffe ohne vorherige Beuche: neben ca. 5—8 g/l akt. Chlor, 1% d. W. Bikarbonat und 1% d. W. Soda: 1—2% d. W. (man spült im kalten Chlorlaugenbad v. 1° Bé (3—5 g/l akt. Chlor), dem 1 g/l zugesetzt wird!); f. d. Färberei von Baumwolle, Wolle, Seide, Kunstseide usw. (man teigt zunächst den Farbstoff mit ein wenig Neo-Flerhenol an!): 1 g/l; z. Färben mit Direktfarbstoffen: 1—2 g/l; z. Färben mit Schwefelfarbstoffen: 1—2 g/l; z. Färben mit Hydron- und Küpenfarbstoffen: 1—2 g/l (man teigt die Hydron- oder Küpenfarbstoffe mit 8—10% Neo-Flerhenol an!); z. Färben von Kunstseidenstückware und Kunstseidentrikot, Kunstseidenwirkware und Strümpfen (Crèpe de Chine, Crèpe Georgette): 1—2 g/l; *H. Pat.*, *V. Pat.*: F 62916; *Lit.*: Melliand Textilber. 1930 S. 610.

Neomerpin **Chemische Fabrik Pott & Co., Pirna-Copitz.**

Konstit.: nach Noll: Natriumsalz alkylierter Naphthalinsulfosäuren; (nach Prof. Herbig: Ölsulfonat + KW-stoff; nach Dr. P. Heermann: alkylierte Naphthalinsulfosäure + Methylhexalin[1]); *Reakt.*: neutral; *Lö. Be.*: beständig gegen Wasser bis zu 20° D. H.; *Verw.*: als Egalisierungsmittel für Küpenfarbstoffe; als Netzmittel; für die Merzerisation; *Lit.*: [1] Melliand Textilber. 1926 Heft 10; [1] 1928 S. 759; [1] 1930 S. 610; Seifensieder-Ztg. 1930 S. 495.

Neomerpin N (Stoff X) **Chemische Fabrik Pott & Co., Pirna-Copitz.**

i/Kurs: nein; *ähnlich:* Nekal A trocken und Carbolan; nach Noll: ident. mit Nekal A bzw. S! *Konstit.:* alkylierte Naphthalinsulfosäuren; *Reakt.:* *sauer*; *Eigensch.:* Netz-, Walk-, Durchfärbe-, Reinigungs- und Egalisiervermögen; erzeugt leuchtende Farbtöne; schont das Material; besitzt entschlichtende Wirkung[1]; *Lö. Be.:* säurebeständig; *Verw.:* besonders für Wollfilz- und Haarhutherstellung; in der Karbonisation; *Lit.:* Seifensieder-Ztg. 1930 S. 495; Melliand Textilber. 1926 Heft 10; [1] 1927 S. 875; 1928 S. 759; 1930 S. 610.

Neopol **Chemische Fabrik Stockhausen & Cie, Krefeld.**

i/Kurs: ja; *Verw.:* für die Naphtholrotfärberei.

Neopol T **Chemische Fabrik Stockhausen & Cie., Krefeld.**

i/Kurs: ja; *analog:* Neopol T Pulver und Neopol T Pulver konz.; *Konstit.:* neues synthetisches Produkt; *Äuß.:* Paste, gelbl.-weiß; *Reakt.:* neutral; die wässerige Lösung reagiert ebenfalls neutral; spaltet auch in der Kochhitze kein freies Alkali ab; *Eigensch.:* starke Reinigungs- und Waschwirkung, auch in saurer Flotte; hervorragendes Netzvermögen; schutzkolloidale Wirkung; Lösungsvermögen gegenüber gebildeter Kalkseife; schont die Faser; verhindert das Verfilzen der Wolle; erteilt Seidengriff; macht weich; erzeugt reibechte Färbungen; verhindert Ausbluten von Farben; *Lö. Be.:* unbegrenzt kalkbeständig (bis 60° D. H.); sehr gute Säure- und Salzbeständigkeit; hervorragende Kochbeständigkeit; *Verw.:* als Waschmittel an Stelle von Seife für alle Gebiete der Textilindustrie, für Baumwolle, Wolle und Kunstseide; als Avivagemittel; als Netz- und gleichzeitiges Reinigungsmittel im Färbebad; beim Seifen von Indanthren- und Naphtholrotfärbungen sowie gebleichtem Material; zum Waschen von Baumwolle und Kunstseidentrikot; i. d. Baumwollappretur; i. d. Wollwäscherei; als Zusatz b. d. Walke; b. d. Behandlung von Azetat-, Viskose- und Kupferseide; *Mengen:* i. d. Wollwäscherei: neben 0,5—1 g/l Soda: 1 g/l; b. Waschen von Gerberwolle: neben 0,5—1 g/l Essigsäure: 1 g/l; b. d. Strangwäsche: neben 0,5 g/l kalz. Soda: 0,5—2 g/l; b. d. Stückwäsche: 1—2 g/l, evtl. neben 0,5 g/l Ameisen- oder Essigsäure; i. d. Stückwäsche von Streichgarnware: neben etwa $1/_4$ der bisherigen Sodamenge: 2,5% d. W.; b. d. Behandlung von Azetat-, Viskose- und Kupferseide: 0,5 g/l.

Neopol T Pulver **Chem. Fabrik Stockhausen & Cie., Krefeld.**

i/Kurs: ja; *analog:* Neopol T und Neopol T Pulver konz. (Unterschiede nur im Äußeren und in der Konzentration!); *Konstit.:* neues synthetisches Produkt; *Äuß.:* Pulver.

Neopol T Pulver konz. **Chem. Fabr. Stockhausen & Cie., Krefeld.**

i/Kurs: ja; *analog:* Neopol T und Neopol T Pulver (Unterschiede nur im Äußeren und in der Konzentration!); *Konstit.:* neues synthetisches Produkt; *Äuß.:* Pulver.

Neopol T extra **Chem. Fabr. Stockhausen & Cie., Krefeld.**

i/Kurs: ja; *analog:* Neopol T extra Pulver; Neopol TB; *Konstit.:* neues synthetisches Produkt; *Äuß.:* Paste, weiß; *Reakt.:* neutral; auch die wässerigen Lösungen reagieren neutral; spaltet kein freies Alkali ab, auch nicht beim Kochen; *Eigensch.:* starkes Schaum- und Reinigungsvermögen; hohe Emulgier- und Waschwirkung, auch in saurer Flotte; hervorragendes Netzvermögen; starke Schonung der Faser (kein Verfilzen der Wolle); erteilt weichen Griff und seidenähnliche Glätte; verhindert die Bildung von Kalkseifen (schutzkolloide Wirkung) und löst bereits gebildete Kalkseifen; *Lö. Be.:* höchst beständig gegen Kalk (30° D. H.), Magnesia, Alkali, Salze (auch Schwermetallsalze), Säuren und gegen Bleichmittel (Hypochloritlauge, Peroxyde, Chlorkalk); *Verw.:* zur Avivage; als Zusatz zu Bleich- und Färbeflotten; zum Abziehen von Imprägnierungen; beim Seifen von Indanthren- und Naphtolfärbungen, von Druck- und Bleichware; in der Appretur baumwollener Waren, beim Bleichen, auch in der Chlorkalkbleiche; beim Waschen von unecht gefärbten Konfektionssachen in schwach saurem Bade; bei der Behandlung von Reparanten; als Zusatz zur Walke; beim Waschen von Azetatseide; *Mengen:* zur Verhütung der Kalkseifenbildung in Wasser von 30° D. H.: 0,3 g/l; z. Lösen bereits ausgefallener Kalkseife: 2 g/l; i. d. Beuche: 0,5—1 g/l; b. Waschen von Wolle: 1 g/l oder 1 g/l neben 0,5—1 g/l Soda; b. Reinigen von Gerberwolle: neben 0,5—1 g/l Essigsäure: 1 g/l; b. Waschen von Wollgarn: neben 0,5 g/l kalz. Soda: 0,5—2 g/l; i. d. Stückwäsche: neben 0,5 g/l Ameisen- oder Essigsäure: 1—2 g/l; b. Waschen von Streichgarnstückware: 2,5% d. W.; b. Färben von Kunstseide: 1 g/l; *Lit.:* Seifensieder-Ztg. 1932 S. 733.

Neopol T extra Pulver — **Chem. Fabr. Stockhausen & Cie., Krefeld.**

i/Kurs: ja; *analog:* Neopol T extra (von dem es sich nur im Äußern unterscheidet!); *Konstit.:* neues synthetisches Produkt; *Äuß.:* Pulver.

Neopol TB — **Chem. Fabr. Stockhausen & Cie., Krefeld.**

i/Kurs: ja; *analog:* Neopol T extra; *Konstit.:* neues synthetisches Produkt; *Äuß.:* Pulver, weiß; *Reakt.*, *Eigensch.*, *Lö. Be.*, *Verw.:* wie Neopol T extra pulv.

Neradol D — **I. G. Farbenindustrie AG., Frankfurt a. M.**

i/Kurs: ja; *analog:* Neradol ND, den Ordovalen G und 2 G, den Gerbstoffen F und H; *Konstit.:* Kondensationsprodukte von Arylsulfosäuren mit Formadlehyd (z. B. Phenol-, Kresol-, Naphthalinsulfosäure-Formaldehydverbindungen); *Reakt.:* sauer; *Eigensch.:* wirkt, wie natürliche Gerbstoffe (Tannin), gerbend auf die tierische Haut; zeigt — ebenso wie Tannin — starkes Schaumvermögen, jedoch keine Waschwirkung (nach Lederle; nach dem gleichen Autor soll das Verhalten gegen Seifenlösungen — ob diese künstlichen Gerbstoffe beispielsweise das Schaumvermögen von Seifenlösungen vermindern — nicht bekannt sein); besitzt emulgierende Wirkung; *Verw.:* (als Seifenersatz[1] vorgeschlagen) in erster Linie als Gerbstoff; *H. Pat.:* DRP. 262558; *V. Pat.:* DRP. 280233; *Lit.:* Seifensieder-Ztg. 1919 S. 522; [1] DRP. 304024 — Z. angew. Chem. 1917 S. 85; Seifensieder-Ztg. 1918 S. 198 — I. Geppert.

Neradol ND — **I. G. Farbenindustrie AG., Frankfurt a. M.**

i/Kurs: ja; *analog:* Neradol D, den Ordovalen G und 2 G, den Gerbstoffen F und H; *Konstit.:* Kondensationsprodukte von Arylsulfosäuren mit Formaldehyd (z. B. Phenol-, Kresol-, Naphthalinsulfosäure-Formaldehydverbindungen); *Reakt.:* sauer; *Eigensch.:* wirkt, wie natürliche Gerbstoffe (Tannin), gerbend auf die tierische Haut; zeigt — ebenso wie Tannin — starkes Schaumvermögen, jedoch keine Waschwirkung (nach Lederle; nach dem gleichen Autor soll das Verhalten gegen Seifenlösungen — ob diese künstlichen Gerbstoffe beispielsweise das Schaumvermögen von Seifenlösungen vermindern — nicht bekannt sein); besitzt emulgierende Wirkung; *Verw.:* (als Seifenersatz[1] vorgeschlagen) in erster Linie als Gerbstoff; *H. Pat.:* DRP. 292531; *V. Pat.:* DRP. 290965; *Lit.:* Seifensieder-Ztg. 1919 S. 522; [1] DRP. 304024 — Z. angew. Chem. 1917 S. 85; Seifensieder-Ztg. 1918 S. 198 — I. Geppert.

Nerolan **Dr. A. Schmitz, Düsseldorf-Oberkassel.**

i/Kurs: ja; *Konstit.:* Ölprodukt; *Äuß.:* Flüssigkeit, braun; *Eigensch.:* netzend (in kalten bis kochenden, neutralen, alkalischen und sauren Bädern voll wirksam); schmutzlösende und reinigende Wirkung; egalisierend, farbstofflösend, faserschützend; erteilt dem Material gute Weichheit und vollen Griff; gewährleistet gleichmäßige Färbungen; bewirkt besonders bei Indanthrenen rasches und gleichmäßiges Verküpen; zeigt in der Küpe schutzkolloide Wirkung, erzeugt nicht lästiges Schäumen und vermeidet Schaumflecke; bringt auch schwer lösliche Farbstoffe zum gleichmäßigen Ausfärben; *Lö. Be.:* beständig gegen hartes Wasser, Alkali und Säure; *Verw.:* beim Färben von Wolle und Seide, auch in stark sauren Bädern; in der Apparatfärberei zum Vornetzen; zum Netzen und Abkochen; *Mengen:* z. Netzen und Abkochen auf stehendem Bad: evtl. neben 1—2 g/l Soda kalz.: 2—3 g/l (Flottenlänge 1:20 bis 1:30, trocken bei 20—40° C eingeben, 20 Min. behandeln — zum Nachsatz $^1/_4$ bis $^1/_2$ des anfänglichen Zusatzes!); in alkalischen Abkochbädern: 1—2% d. W. (bei verminderter Alkalimenge und verkürzter Kochdauer!); b. d. Verwendung als Netz- und Färbeöl: 1—2% d. W. ($^1/_3$ zum Anteigen des Farbstoffes, Rest zum Färbebad!).

Nettolavol **Dr. A. Schmitz, Düsseldorf-Oberkassel.**

Konstit.: Seife + Tetrachlorkohlenstoff.

Nettolavol C **Dr. A. Schmitz, Düsseldorf-Oberkassel.**

i/Kurs: ja; *Konstit.:* Rizinusölschwefelsäureester + Fettlöser; *Äuß.:* Flüssigkeit von gelber Farbe, aromatischem Geruch und öliger Beschaffenheit; *Eigensch.:* vorzügliche Reinigungs- und Entfettungswirkung; *Lö. Be.:* in jedem Verhältnis mit Wasser mischbar; ziemlich beständig in hartem Wasser; in Abkochlaugen gut beständig; *Verw.:* als Wasch- und Entfettungsmittel; als Abkochöl zum Reinigen von mit Fetten, harzigen Substanzen, Schmutz usw. verunreinigter Wolle, Seide, Baumwolle, Kunstseide oder Mischgeweben; *Mengen:* bei Waren mit weniger Fett- und Schmutzgehalt nach der Behandlung auf der Maschine mit 2grädiger Sodalauge: 3% vom Gewicht der Ware; für sehr fettige Wollen und 4grädige Sodalauge: 4—8% Nettolavol C und 0,5% Ammoniak (dann Spülen; bei ganz schweren Waren unter Zusatz von 1—1,5% Ammoniak warm spülen!).

Netzol **Louis Blumer, Zwickau Sa.**

i/Kurs: ja; *analog:* Spulfett, Soietine, Seidol, Blumol, Blumol 1698 d; *Verw.:* zum Präparieren von Wolle.

Netzöl Brillant MW **Max Wunderlich, Glauchau i. Sa.**

Geb.-J: 1925; *i/Kurs:* ja; *analog:* Färböl KM, doch besseres Löse- und Dispergiervermögen sowie höhere Beständigkeit; *Konstit.:* sulfoniertes Rizinusöl + Kohlenwasserstoffe; *Äuß.:* Flüssigkeit; *Reakt.:* schwach sauer; *Eigensch.:* Wasch-, Egalisier-, Netz- und Lösevermögen (für Schmutz, Harze, Farbstoffe, Öle); *Lö. Be.:* beständig gegen hartes Wasser, Säure und Lauge; *Verw.:* als Kaltnetzmittel und Fettlösungsmittel; zum Waschen, Reinigen und Egalisieren; für Wolle und Baumwolle; *Mengen:* 1—5 g/l.

Netzöl F extra konz. **Zschimmer & Schwarz, Chemnitz.**

Äuß.: goldgelbe Flüssigkeit; *Eigensch.:* in der Kälte und Wärme netzend; *Lö. Be.:* in kaltem und warmem Wasser leicht löslich; *Verw.:* a. Netzöl für Baumwolle (Garne und Stücke), bei denen die Beuche der Billigkeit halber erspart werden soll; in der Kunstseidenveredlung; *Mengen:* z. Netzen: neben 2 g/l Soda: 2 g/l.

Newalol **Zschimmer & Schwarz, Chemnitz.**

Geb.-J.: 1923; *i/Kurs:* ja; *analog:* Newalol O; *Konstit.:* Gemisch organischer, nur schwer brennbarer Lösungsmittel (frei von Fettkörpern!); *Äuß.:* wasserklare Flüssigkeit; *Reakt.:* neutral; *Eigensch.:* Netz-, Reinigungs-, Egalisier-, Dispergier-, Farbstofflöse- und Durchfärbevermögen; erzeugt reib-, koch-, waschechte, leuchtende Färbungen; löst Kalkseifen, Stearin, Paraffin, Fette, Öle, Wachse; entfernt Mineralöle, Spinnschmälzen, Flecken und Schmutz; verhindert das Bronzieren bei Schwefelfarben; von schwachem Geruch; *Lö. Be.:* beständig gegen alle in der Textilindustrie üblichen Säuren, Alkalien, Salzlösungen; beständig gegen hartes Wasser; in Wasser in jedem Verhältnis leicht löslich; *Verw.:* zum Anteigen von Farbstoffen; zum Lösen, insbesondere für Schwefel-, Küpen-(Indanthren-)Farbstoffe sowie für alle anderen Arten von Farbstoffen, auch beim Drucken und Spritzdruckverfahren; als Farbbadzusatz zum Netzen, Egalisieren und Durchfärben, insbes. v. Strumpfnähten bei naturs., Flor-, Cu- und viskoseseidenen und plattierten Strümpfen; verwendbar bei allen Temperaturen für Wolle, Baumwolle und Kunstseide; in der Woll- und Seidenfärberei; zum Färben von Leinen, Baumwolle, Ramie, Jute, Hanf, Papier, Stroh; in der Kunstseidenfärberei; in der Apparatfärberei; beim Färben von Schwefelfarbstoffen, zweckmäßig unter Zusatz der gleichen Menge Beuchöl P; als Zusatz zur Merzerisierlauge und Karbonisierflotte; als Wasch- und Netzmittel; als Zusatz zur Seifenflotte bzw. zur Küpe bei Naphtol- und Küpenfärbungen (NB. beim Anteigen von Farbstoffen den Farbstoff mit Newalol zu einer Paste verrühren und dann bis zur Dünnflüssigkeit mit heißem Wasser versetzen, bei basischen Farbstoffen unter Zusatz von Essig- oder Ameisensäure, bei sauren Farbstoffen unter Zusatz von Schwefel-, Essig- oder Ameisensäure, bei substantiven oder direkt ziehenden Farbstoffen evtl. unter Aufkochen!); zum Färben, sowohl in der Wanne wie auf dem Apparat, für Flocke, Strang, Kops, Kreuzspule, Kettbaum oder Fertigware, wie Tuche, Trikotagen auf dem Haspelbottich oder Strümpfen auf dem Apparat; *Mengen:* allgemein: 1—3 g/l (25—50 — 60° C); i. d. Wollwäscherei: neben 2 g/l Tetraseife: 1 g/l; i. d. Druckerei, zum Lösen der Farbstoffe: 1 g/l; i. d. Küpenfärberei, als Zusatz a) zum Farbbad: 1—2 g/l; b) z. Seifenflotte: 0,5 g/l; z. Vornetzen in handwarmer Flotte: 1 g/l; für schwer durchfärbende Ware (dicke Tuche, Filze, Hutstumpen, Decken, Wirkdoppelware, Strümpfe mit harten Nähten) a) im

Einweichbad: 1 g/l; b. i. Vornetzbad: 1 g/l; Nachsatzmengen: 1 g/l Nachsatzflotte und 1% v. Gew. d. W.

Newalol O **Zschimmer & Schwarz, Chemnitz.**

Geb.-J.: 1930; *i/Kurs:* ja; *analog:* Newalol; *Konstit.:* sulfoniertes Rizinusöl (Alkalisalz) + organische Lösungsmittel; *Äuß.:* gelbe Flüssigkeit (ohne lästigen Geruch); *Reakt.:* neutral; *Eigensch.:* Farbstofflöse-, Dispergier-, Egalisier- Reinigungs- und Netzvermögen; weichmachende Wirkung; erzeugt reibechte Färbungen; *Lö. Be.:* beständig gegen alle in der Textilindustrie üblichen Alkalien, Säuren, Salzlösungen und hartes Wasser; *Verw.:* in der Färberei und Druckerei; zum Anteigen und Lösen aller Arten Farbstoffe; als Zusatz zum Farbbad, speziell für schwer durchzufärbende Materialien; *Mengen:* 1—3 g/l.

Nilin **Hansa-Werke, Hemelingen.**

ähnlich: Tetralix; *Konstit.:* Fettlöserseife.

Noval B **V. Sternberg, Hamburg.**

Konstit.: Türkischrotöl; *Lit.:* Seifensieder-Ztg. 1930 S. 495.

Novazikon spezial **R. Baumheier AG., Oschatz-Zschöllau (Sachsen), Bodenbach (C. S. R.)**

analog: Novazikon B; *Verw.:* als Durchfärbe- und Dispersionsmittel für Farbstoffe.

Novazikon B **R. Baumheier AG., Oschatz-Zschöllau (Sachsen), Bodenbach (C. S. R.).**

analog: Novazikon Spezial; *Verw.:* als Durchfärbe-und Dispersionsmittel für Farbstoffe.

Novocarnit **H. Th. Böhme AG., Chemnitz.**

Geb.-J.: 1925; *i/Kurs:* ja; *analog:* Novocarnit d. c., von dem es sich nur in der Konzentration unterscheidet); Tetracarnit; Oleocarnit; Oxycarnit L 50; *Konstit.:* fettfreies Netzmittel (alkylierte aromatische Sulfosäuren) + Tetracarnit; Pyridinsalz einer alkylierten Naphthalinsulfosäure[1]; aromatische Sulfosäure + Pyridin (nach Prof. Herbig[2]); nach Herstellers Angaben: alkylierte aromatische Sulfosäure + Tetracarnit; *Äuß.:* gelbe Flüssigkeit; *Reakt.:* schwach alkalisch; *Eigensch.:* wie Tetracarnit (jedoch milderen Geruch und größere Netzwirkung!); *Lö. Be.:* mit Wasser in jedem Verhältnis mischbar; kalk-, alkali- und säurebeständig; *Verw.:* wie Tetracarnit (NB. Novocarnit wird bevorzugt, wo der Geruch von Tetracarnit stört, und wo man auf gesteigertes Netzvermögen besonderen Wert legt!); *Mengen:* siehe Tetracarnit; *V. Pat.:* Pat. angemeldet; *Lit.:* [1] Seifensieder-Ztg. 1930 S. 495; 1931 S. 636; [2] Melliand Textilber. 1928 S. 759; 1930 S. 610.

Novocarnit doppelt konz. **H. Th. Böhme AG., Chemnitz.**

i/Kurs: ja; *analog:* Novocarnit (von dem es sich nur durch die Konzentration unterscheidet); *Konstit.:* alkylierte, aromatische Sulfosäuren + Pyridinbasen; *Äuß.:* gelbe Flüssigkeit.

Novofermasol **Diamalt AG., München.**

i/Kurs: ja; *Konstit.:* Pankreasdiastase; *Verw.:* zum Aufschließen von Stärke; als Entschlichtungsmittel; *Lit.:* Melliand Textilber. 1930 S. 610.

Novofermasol A **Diamalt AG., München.**

i/Kurs: ja; *analog:* Novofermasol B und S und AS und Fermasol DB konz.; *Konstit.:* hochkonzentriertes Pankreaspräparat; *Äuß.:* Pulver; *Eigensch.:* haltbar; 5—10mal höheres Verflüssigungs- bzw. Verzuckerungsvermögen als beispielsweise Diastafor, Diastafor extra stark, Diastafor doppelt konz., Ferment D und A; schnellste Aufschließung des Stärkekleisters; vollständig wirksam nur in Gegenwart geringer Mengen Alkali oder Erdalkalichloride (NaCl und $CaCl_2$); *Lö. Be.:* wasserlöslich; *Verw.:* zur Verflüssigung von Stärke; als Zusatz zu Entschlichtungsbädern.

Novofermasol AS **Diamalt AG., München.**

i/Kurs: ja; *analog:* Novofermasol A, B und S (jedoch stärker) und Fermasol DB konz.; *Konstit.:* hochkonzentriertes Pankrespräparat; *Eigensch.:* kann im Gegensatz zu Novofermasol A, B und S ohne Zusatz von Kochsalz verwendet werden; *Verw.:* für Schlichtezwecke; zur Verflüssigung der Stärke durch Abbau; als Entschlichtungsmittel; *Lit.:* Melliand Textilber. 1930 S. 610.

Novofermasol B **Diamalt AG., München.**

i/Kurs: ja; *analog:* Novofermasol A und S und AS und Fermasol DB konz.; *Konstit.:* hochkonzentriertes Pankreaspräparat; *Äuß.:* Pulver; *Eigensch.:* haltbar; 5—10mal höheres Verflüssigungs- bzw. Verzuckerungsvermögen als beispielsweise Diastafor, Diastafor extra stark, Diastafor doppelt konz., Ferment D und A; schnellste Aufschließung des Stärkekleisters; vollständig wirksam nur in Gegenwart geringer Mengen Alkali oder Erdalkalichloride (NaCl und $CaCl_2$); *Lö. Be.:* wasserlöslich; *Verw.:* zur Verflüssigung von Stärke; als Zusatz zu Entschlichtungsbädern.

Novofermasol S **Diamalt AG., München.**

i/Kurs: ja; *analog:* Novofermasol A und B und AS und Fermasol DB konz.; *Konstit.:* hochkonzentriertes Pankreaspräparat; *Äuß.:* Pulver; *Eigensch.:* haltbar; 5—10mal höheres Verflüssigungs- bzw. Verzuckerungsvermögen als beispielsweise Diastafor, Diastafor extra stark, Diastafor doppelt konz., Ferment D und A; *Lö. Be.:* wasserlöslich; *Verw.:* für Schlichtezwecke; zur Verflüssigung von Stärke; als Zusatz zu Entschlichtungsbädern.

Novoneopol **Chem. Fabrik Stockhausen & Cie., Krefeld.**

i/Kurs: ja; *Konstit.:* Harzsulfonat + Kohlenwasserstoff; nach Herstellers Angaben: Türkischrotöl + Lösungsmittel; *Verw.:* für die Naphtolrotfärberei.

Nutrilan **Chem. Fabrik Grünau Landshoff & Meyer AG., Berlin-Grünau.**

Geb.-J.: 1922; *i/Kurs:* ja; *Konstit.:* Eiweißspaltprodukte + Seife + Soda; Abbauprodukte des Glutins (protalbins. u. lysalbins. Na); (nach Prof. Herbig: Eiweißspaltprodukte + Alkali); *Äuß.:* gelblichweiße Körner;

Reakt.: alkalisch gegen Phenolphthalein; *Eigensch.:* wolleschützend; hohe Reinigungskraft; macht die Wolle offen, glänzend, tragfähig sowie griffig; gestattet die Anwendung höherer Temperaturen beim Waschen — 50 bis 55° C — da die Eiweißspaltprodukte die Wolle gegen Schädigung durch Alkali schützen; *Lö. Be.:* in heißem Wasser leicht und klar löslich; konzentrierte Lösungen erstarren in der Kälte zu einer Gallerte; *Verw.:* in der Wollveredlung; zum Waschen loser Wolle (Schmutz- oder Schweißwolle) im Leviathan bzw. in Küpen- oder ähnlichen Einrichtungen; zum Waschen von Wollstranggarnen; z. Waschen von Haar- und Wollteppichgarnen; *Mengen:* allgemein: 5—10 g/l; b. Waschen loser Wolle im Leviathan: im 1. Gefäß: 10 g/l; i. 2. Gefäß: 5 g/l; i. 3. Gefäß: 3,75 g/l; i. 4. Gefäß: 2,5 g/l = 2% d. W.; b. Waschen loser Wolle in Küpen- oder ähnlichen Einrichtungen: 10—15 g/l (55° C); z. Nachsetzen: 10 g/l = 2% d. W.; b. Waschen von Woll-Stranggarnen: 3—5 g/l Waschflotte = 2% d. W. (45—50° C); b. Waschen von Teppichgarnen (Haar- und Wollgarnen): 6—8 g/l Flotte = 2% d. W. (50—55° C); b. Waschen von Schweißwolle: zum Einweichen: 10—15 g/l (20 Min. bei 50° C; kalt spülen!); zum Nachsetzen: 10 g/l = 2% d. W.; *Lit.:* Melliand Textilber. 1930 S. 610.

Oborstärke **Stolle & Kopke.**

Konstit.: Stärke (löslich); *Verw.:* als Verdickungsmittel.

Ocenol **Dehydag, Berlin-Charlottenburg.**

i/Kurs: ja; *Konstit.:* Oleylalkohol (Reduktionsprodukt der Ölsäure); *Lit.:* Seifensieder-Ztg. 1932 S. 838.

Ocenolsulfonat **Dehydag, Berlin-Charlottenburg.**

i/Kurs: ja; *analog:* Texapon Pulver, Texapon Paste, Texaponöl; *Konstit.:* Sulfonat ungesättigter Fettalkohole; Natriumsalz des Sulfonierungsproduktes des Ocenols (Oleylalkohol; Reduktionsprodukt des Oleins — Ölsäure —) R · OSO_3Na; *Äuß.:* Paste, gelblich; *Reakt.:* neutral; *Eigensch.:* NB. bei Texapon sind mehr die netzenden und für alle Färbereiprozesse wertvollen Eigenschaften, bei Ocenolsulfonat mehr das Reinigungs- und Avivagevermögen betont! schäumend; netzend; reinigend; dispergierend; fettlösend; avivierend; greift die Faser nicht an; verhindert die Ausscheidung schädlicher Kalkseifen; löst bereits gebildete Kalkseifen; entfernt Mineralöle und in sauren Bädern ausgefällte Fettsäure; Appretiervermögen; nicht filzend, jedoch in Verbindung mit Seife bzw. Alkali den Verfilzungsprozeß unterstützend; Egalisiervermögen; Durchfärbevermögen; faserschützend; spaltet kein freies Alkali ab; verhindert so das Ausbluten alkaliempfindlicher Farben; gibt der behandelten Ware Griff, Weichheit und Elastizität; *Lö. Be.:* wasserlöslich; nicht beständig in Karbonisier- und Merzerisierbädern! praktisch beständig in hartem Wasser und den i. d. Textilind. gebr. Konz. von Säure und Alkali; hochbeständig gegen Bittersalz; beständig in allen Bleichlaugen; *Verw.:* allein oder zusammen mit Seife! als Farbstofflöse-, Netz- und Egalisiermittel für BW, KS und W, besonders auch in der Apparatefärberei; als Netz- und Hilfsmittel für Beuche, Bleiche und Walke; als Waschmittel für Rohwolle, Wolle in Garn und Stück sowie Mischgewebe; als Hilfsmittel beim Abziehen und Umfärben; ebenso in der Druckerei; beim Schlichten und beim Appretieren; beim Waschen und Walken in saurer Flotte; beim Entschlichten; beim Abziehen von Imprägnierungen; beim Entfernen von Leinölschlichten; bei der Weißwäscherei; beim Waschen in Seewasser; bei der Verarbeitung von Seide; in der Seidenfärberei; beim Reinigen, Bleichen und Färben von Baumwolle und Kunstseide sowie solche enthaltender Mischgewebe; beim Verarbeiten loser Wolle; beim Waschen kalkhaltiger Gerberwollen (evtl. auch zusammen mit Fettlösungsmitteln, wie Methylhexalin, Tetralin usw.); s. a. Mengen! *Mengen:* i. d. Beuche: 0,5—1 g/l; i. d. Bleiche von Baumwolle: 0,5—2 g/l; b. Färben von Baumwolle und Kunstseide: 0,5 g/l; b. d. Nachbehandlung von Indanthren- und Naphtholfärbungen: 0,5 bis 1,5 g/l; zum Nachseifen: neben 1—2 g/l Seife: 0,5 g/l; b. Auswaschen bedruckter Ware: 0,5—1 g/l; b. Waschen von Rohwolle: 0,2—1 g/l; b. Waschen von Wollgarn und Stück: 0,2—0,5% d. W.; b. Färben von Wolle: 0,5—1 g/l (1—2% d. W.); i. d. Apparatefärberei: 0,5% d. W.; b. d. sauren Walke: 0,5 g/l; b. Schlichten und Appretieren: 0,5—2 g/l; i. d. Walke: neben der Hälfte der bisherigen Seife: 15—20% dieser; z. Entfernen der Schmelze: a) bei Streichgarnware (6—12% d. W. Olein): neben Ammoniak oder Soda: 1,5—2 g/l; b) bei Kammgarnware: 1,5 g/l (wenn oleinhaltig, neben Soda oder Ammoniak); NB. evtl. nimmt man 20—30% der bisherigen Seifenmenge noch daneben! b. Neutralisieren karbonisierter Ware: 1—2 g/l; *Lit.:* Seifensieder-Ztg. 1932 S. 361.

Okoton

Konstit.: Türkischrotöl.

Oktaton

Konstit.: oktohydroanthrazensulfosaures Natrium; *Lit.:* Seifensieder-Ztg. 1928 S. 95.

Oleinemulsat **F. Krimmelbein Nachf., Leipzig.**

Konstit.: Ammoniak (0,15%) + fetts. NH_4 (2,6%) + freie Ölsäure (1,8%) + Neutralfett (0,9%) + Wasser (93,6%); *Verw.:* als Schmälzmittel.

Oleocarnit **H. Th. Böhme AG., Chemnitz.**

Geb.-J.: 1925; *i/Kurs:* ja; *ähnlich:* Newalol O; *analog:* Tetracarnit; Novocarnit; Oxycarnit L 50; Oxycarnit L 65; durch Oxycarnit, Oxycarnit L 50 und L 65 ersetzbar; *Konstit.:* Ölsulfonat + Pyridin; nach Herstellers Angaben: Tetracarnit + nichtspaltbares Ölsulfonat; *Äuß.:* Flüssigkeit, rötlich; *Reakt.:* schwach alkalisch; *Eigensch.:* farbstofflösend; durchfärbend; netzend; reinigend; verhütet die Bildung von Kalkseife; entfernt Kalkseifenflecken; erzeugt tiefe, volle, reine Nuancen; zeigt stärkere Reinigungswirkung als Tetracarnit und bessere Avivagewirkung (der Ölzusatz!); *Lö. Be.:* mit Wasser in jedem Verhältnis mischbar; hartwasser-, säure-, salz- und alkalibeständig; *Verw.:* die gleiche wie Tetracarnit! speziell in der Apparatfärberei; besonders zum Durchfärben dichter Materialien aus Baumwolle, Kunstseide und Wolle; beim Lösen und Färben von Schwefel- und Indanthrenfarbstoffen; beim Nachwaschen von gefärbter und gebleichter Ware; beim Drucken; beim Auskochen von Drucktüchern; *Mengen:* beim Farbstofflösen: 0,5—1 g/l Farbbad (anteigen mit etwas 1:10 verdünntem Produkt!); beim Färben und Apparatfärben: 0,5—1,5% d. W.; beim Nachseifen von Farb- und Druckware: 0,5—1 g/l (neben Seife und Soda); beim Drucken: 5—30 g/kg Druckpaste; beim Vornetzen und Vorreinigen, evtl. unter Zusatz von Soda oder Ammoniak: 0,5—1,5 g/l; *V. Pat.:* patentiert; *Lit.:* Seifensieder-Ztg. 1931 S. 636; Melliand Textilber. 1928 S. 759; 1930 S. 610.

Oleol

Eigensch.: ermöglicht das Drucken auf ungeölter Ware; *Verw.:* als Zusatz zu Druckfarben.

Oleolith

Konstit.: 25% Wollfett + 25% Mineralöl + 2,5% Pottasche + 47,5% Wasser; *Verw.:* als Schmälzöl; *Lit.:* Seifensieder-Ztg. 1913 S. 1009.

Oleonat **R. Bernheim, Augsburg-Pfersee.**

analog: Oleonat D; *Konstit.:* Ölsulfonat mit geringem Sulfonierungsgrad; *Verw.:* beim Hydrosan-Verfahren von Dr. G. Ullmann, Wien; *Lit.:* Melliand Textilber. 1926 Heft 10; 1930 S. 610.

Oleonat D **R. Bernheim, Augsburg-Pfersee.**

analog: Oleonat; *Konstit.:* Ölsulfonat.

Olivenölavivage **J. Simon & Dürkheim, Offenbach a. M.**

i/Kurs: ja; *Konstit.:* Olivenöl-Seife-Emulsion; *Äuß.:* weiß; *Verw.* beim Avivieren.

Olivenöl-Avivage **Zschimmer & Schwarz, Chemnitz.**

Geb.-J.: 1919; *i/Kurs:* ja; *Konstit.:* Olivenölkaliseife; *Äuß.:* schmierseifenartig, grün; *Reakt.:* schwach alkalisch; *Eigensch.:* Waschkraft; weichmachende Wirkung; *Lö. Be.:* wie Seife; *Verw.:* zum Avivieren; zur Erzeugung krachenden Seidengriffs (in Verbindung mit organischen Säuren); *Mengen:* allgemein: 3—5 g/l.

Olivenölkaliseife 40% ig **J. Simon & Dürkheim, Offenbach a. M.**

i/Kurs: ja; *Konstit.:* Seife; *Äuß.:* grün; *Verw.:* beim Avivieren, besonders für die Seidenavivage.

Ondal **H. Th. Böhme AG., Chemnitz.**

Geb.-J.: 1933; *i/Kurs:* ja; *Äuß.:* Pulver; *Reakt.:* schwach alkalisch; *Eigensch.* netzend; reinigend; waschend; hervorragende Bleichwirkung; *Verw.:* als Wasch- und Bleichmittel; zum Netzen, Vorreinigen und Halbbleichen von Baumwoll- und Kunstseidenmaterialien sowie Halbwollmaterialien; zum Nachbleichen und Nachseifen gebleichter Baumwoll- und Kunstseidenmaterialien; zum Vorreinigen von Woll- und Halbwollmaterialien, wo eine Bleichwirkung gewünscht ist; zum Entwickeln von Indanthren- und Schwefelfärbungen; insbesondere für Ce-Es-Bleiche und Buntbleiche; *Mengen:* NB. 1 Teil mit 30 Teilen lauwarmem Wasser lösen! b. Vorreinigen und Halbbleichen: 0,5—3 g/l; b. Nachseifen: 0,5—2 g/l (evtl. in Verbindung mit Gardinol oder Seife!); b. Entwickeln von Färbungen: 0,3—0,5 g/l; b. Nachbleichen: 0,5—2 g/l.

Optan extra **Zschimmer & Schwarz, Chemnitz.**

Geb.-J.: 1931; *i/Kurs:* ja; *Konstit.:* Alkalisalz sulfon. Fette + Lösungsmittel; *Äuß.:* Flüssigkeit, braun; *Reakt.:* neutral; auch in wässeriger Lösung nahezu neutral; *Eigensch.:* hohes Reinigungs-, Schaum- und Netzvermögen; spaltet in wässeriger Lösung kein freies Alkali ab; *Lö. Be.:* höchst beständig gegen Säure, Alkali und Salzlösungen; *Verw.:* zum Waschen und Reinigen; als Zusatz zur Entbastungsflotte für Naturseide; zum Netzen; zur Schaumverbesserung; *Mengen:* 2 g/l.

Oranienburger Emulgator Nr. 300 — **Oranienburger Chem. Fabr. AG., Charlottenburg 2.**

i/Kurs: ja; *Konstit.:* organisches Sulfonat + Kolloidstoff; *Äuß.:* weißes Pulver; *Reakt.:* neutral; *Eigensch.:* Emulgierungsvermögen für Fettstoffe; liefert beständige Emulsionen; die Spinnfähigkeit des geschmelzten Materials wird erhöht; die Auswaschbarkeit des Oleins in der Wäsche und Walke wird verbessert; *Lö. Be.:* beständig gegen hartes Wasser und die in der Wollindustrie vorkommenden Reagenzien; *Verw.:* als Emulgierungsmittel für Olein, zur Herstellung von Wollspinnschmelzen; *Mengen:* zur Herstellung von Wollschmelzen: ca. 3% vom Gewicht des angewandten Oleins.

Oranit Pulver — **Oranienburger Chem. Fabr. AG., Charlottenburg 2.**

i/Kurs: nein (wurde früher von der Milch AG. hergestellt); *Konstit:* alkylierte Naphtalinsulfosäuren (Na-Salze); *Lit.:* Melliand Textilber. 1926 Heft 10; 1928 S. 759; 1930 S. 610.

Oranit B — **Oranienburger Chem. Fabr. AG., Charlottenburg 2.**

i/Kurs: nein; *Ersatz:* die Marken BN bzw. BN konz; *analog:* Oranit FW und KS; *Konstit.:* hochmolekulare (alkylierte aromatische) Sulfosäure bzw. deren Alkalisalz + hochsiedender Kohlenwasserstoff; *Äuß.:* dunkelbraune, klare Flüssigkeit; *Eigensch.:* Reinigungs-, Benetzungs-, Durchdringungs-, Schaum- und Lösevermögen für Farbstoffe, Schmutzbestandteile, Fette, Mineralöle usw.; feuerungefährlich; *Lö. Be.:* die Sulfosäuren, sowie die Na-, K-, NH_4-, Ca-, Mg-, Cr-Salze geben mit Wasser klare Lösungen; beständig gegen Alkali, Alkalikarbonat, hartes Wasser, Metallbeizen, Salze, Säuren, ausgenommen ganz konzentrierte Säuren und Alkalilösungen, die aussalzend wirken; *Verw.:* für die Färberei und Druckerei von BW, HW, KS und S; in der Bleicherei von BW, KS, L, J, H; in der Appretur; NB. nicht zum Färben und Drucken mit basischen Farbstoffen! (siehe Oranit C!).

Oranit BN — **Oranienburger Chem. Fabr. AG., Charlottenburg 2.**

i/Kurs: nein; *Ersatz:* war Ersatz für Oranit B; wurde seinerseits ersetzt durch Oranit BN konz.; *analog:* den Oraniten FWN und KSN; *Lit.:* Melliand Textilber. 1930 S. 788.

Oranit BN konz. — **Oranienburger Chem. Fabr. AG., Charlottenburg 2.**

i/Kurs: ja; *Ersatz:* für die Marken B und BN; *analog:* den beiden anderen — N konz. — Marken: Oranit FWN konz. und KSN konz.; *Konstit.:* hochmolekulare echte Sulfosäure (bzw. deren Alkalisalz) auf Ölbasis + Lösungsmittel; *Äuß.:* klares, bräunliches Öl; *Reakt.:* gegen Lackmus schwach alkalisch; *Eigensch.:* Netz-, Egalisier-, Durchfärbevermögen; faserschützend bei Einwirkung von Alkalien, Säuren und Metallsalzen; gibt vollen, voluminösen Griff; höchste Netzfähigkeit in der Kälte; Zunahme der Netzwirkung mit steigender Härte des Wassers; *Lö. Be.:* klar löslich in Wasser in der Kälte; beständig gegen hartes Wasser sowie gegen Laugen üblichen Konzentrationen; *Verw.:* NB. nicht zum Färben mit basischen Farbstoffen! (hierfür siehe Oranit C konz.!); zum Vornetzen, Abkochen, Bleichen und Färben (mit subst., Schwefel-, Küpen- und Naphthol-AS-Farbstoffen) von Baumwolle, Kunstseide und anderen vegetabilischen Fasern; *Mengen:* allgemein: 1 g/l; (zum Nachsatz: 0,5 g/l); z. Vornetzen vor dem Merzerisieren, Färben oder Bleichen von BW und anderen vegetabilischen Fasern (in neutraler oder schwach alkalischer Flotte) (lose, Strang- oder Stückware): 1—2 g/l (40—50° C oder kochend); b. Abkochen von Baumwolle usw. (offen oder im Autoklaven): $^1/_3$—1% d. W.; b. Bleichen von Baumwolle usw.: 1—2 g/l Bleichbad (kalt) (nicht für Chlorkalk!); b. Färben von Baumwolle usw. (Kops, Kreuzspule, Kettbaum, Kardenband, Stückware): 1—2% d. W.; z. Anteigen von Farbstoffen: 40—60 ccm auf 1 kg Farbstoff; i. d. Schlichterei, Appretur und Filzsteife: 5—10 g/l Schlichte, Appreturmasse, Harz- oder Schellacksteife; *H. Pat., V. Pat.:* In und Auslandspatente; *Lit.:* Melliand Textilber. 1930 S. 788; Z. f. ges. Textilind. 1930 Heft 38.

Oranit C **Oranienburger Chem. Fabr. AG., Charlottenburg 2.**

i/Kurs: nein; *Ersatz:* ersetzt durch Oranit C konz.; *analog:* nimmt in der Reihe der Oranite eine Ausnahmestellung ein; *Konstit.:* es ist im Gegensatz zu den übrigen Oranitmarken nicht auf der Basis einer (hochmolekularen) Sulfosäure aufgebaut; es ist auch nicht auf Fettbasis aufgebaut; *Äuß.:* wasserhelle Flüssigkeit von mildem Geruch; *Eigensch.:* Netz- und Durchdringungsvermögen; *Lö. Be.:* beständig gegen Säuren, insbesondere auch Essigsäure jeder Konzentration, hartes Wasser, Beizen usw.; *Verw.:* in der Färberei und Druckerei mit basischen Farben; *Mengen:* i. d. Färberei und Druckerei von basischen Farben: a) im Farbbad: 0,8—1% d. W.; b) i. d. Druckmasse: 10—15 g/kg.

Oranit C konz. **Oranienburger Chem. Fabr. AG., Charlottenburg 2.**

i/Kurs: ja; *Ersatz:* für Oranit C; *analog:* nimmt in der Reihe der Oranite eine Ausnahmestelle ein; *Konstit.:* ist, im Gegensatz zu den übrigen Oranit-Marken, nicht auf der Basis einer (hochmolekularen) Sulfosäure aufgebaut, ebensowenig wie auf Fettbasis; *Äuß.:* wasserhelle Flüssigkeit von mildem Geruch; *Reakt.:* neutral; *Eigensch.:* Netz- und Durchdringungsvermögen; *Lö. Be.:* beständig gegen Säure, insbesondere auch Essigsäure jeder Konzentration, hartes Wasser, Beizen usw.; *Verw.:* in der Färberei und Druckerei mit basischen Farben.

Oranit FW **Oranienburger Chem. Fabr. AG., Charlottenburg 2.**

i/Kurs: nein; *Ersatz:* durch die Marken FWN bzw. FWN konz.; *analog:* B und KS; *Konstit.:* hochmolekulare (alkylierte aromatische) Sulfosäure bzw. deren Alkalisalz + Methylcyclohexanol + Wasser; *Äuß.:* braunes, dickflüssiges Öl; *Eigensch.:* Reinigungs-, Benetzungs-, Durchdringungs-, Schaum- und Lösevermögen für Farbstoffe, Schmutzbestandteile, Fette, Mineralöle usw.; feuerungefährlich; *Lö. Be.:* die Sulfosäuren, sowie die Na-, K-, NH_4-, Ca-, Mg-, Cr-Salze geben mit Wasser klare Lösungen; beständig gegen Alkali, Alkalikarbonat, hartes Wasser, Metallbeizen, Salze, Säuren, ausgenommen ganz konzentrierte Säuren und Alkalilösungen, die aussalzend wirken; *Verw.:* zum Egalisieren und Durchfärben von Wolle in sauren Flotten; NB. Nicht zum Färben und Drucken mit basischen Farbstoffen! (siehe Oranit C!).

Oranit FWN **Oranienburger Chem. Fabr. AG., Charlottenburg 2.**

i/Kurs: nein; *Ersatz:* war Ersatz für Oranit FW; wurde seinerseits ersetzt durch Oranit FWN konz.; *analog:* den Oraniten BN und KSN; *Lit.:* Melliand Textilber. 1930 S. 788.

Oranit FWN konz. **Oranienburger Chem. Fabr. AG., Charlottenburg 2.**

i/Kurs: ja; *Ersatz:* für die Marken FW und FWN; *analog:* den beiden anderen — N konz. —Marken: Oranit BN konz. und KSN konz.; *Konstit.:* hochmolekulare echte Sulfosäure (bzw. deren Alkalisalz) auf Ölbasis + Lösungsmittel; *Äuß.:* klares, rötl.-braunes Öl; *Reakt.:* gegen Lackmus neutral; *Eigensch.:* Netz-, Egalisier-, Durchfärbevermögen; faserschützend bei Einwirkung von Alkalien, Säuren und Metallsalzen; gibt vollen, voluminösen Griff; erzeugt reibechte, volle, blumige Färbungen; *Lö. Be.:* in der Kälte, auch in hartem Wasser, klar löslich; gegen Säuren der üblichen Konzentration auch beim Kochen beständig; *Verw.:* NB. nicht zum Färben mit basischen Farbstoffen! (hierfür siehe Oranit C konz.); zum Vornetzen, Abziehen und Griffigmachen von Wolle, Halbwolle und Filzen, sowie zum Färben dieser mit Säure- und Chromierungsfarbstoffen; *Mengen:* allgemein: 1—1,5% d. W.; b. Färben v. W, S, KW, Haaren usw.: 1—1,5% d. W.; b. Vornetzen schwer färbender Materialien, fettiger Garne, unreiner Stückware: 1—2 g/l; b. Färben von Wolle und Haarfilzen: a) im Färbebad: 1—3% d. W.; b) zum Lösen: 5% d. Farbstoffes; z. Vornetzen bei dicken, technischen Filzen: 1—3% d. W. (langsam das lauwarme Netzbad zum Kochen treiben und ohne Spülen unter Nachsatz ausfärben!); NB. vorher mit Perpentol oder Trioran entpechen! *H. Pat., V. Pat.:* In- und Auslandspatente.

Oranit KS **Oranienburger Chem. Fabr. AG., Charlottenburg 2.**

i/Kurs: nein; *Ersatz:* die Marken KSN bzw. KSN konz.; *analog:* Oranit B und FW; *Konstit.:* hochmolekulare (alkylierte aromatische) Sulfosäure bzw. deren Alkalisalz + Lösungsmittel; *Äuß.:* klare, braune Flüssigkeit; *Eigensch.:* Reinigungs-, Benetzungs-, Durchdringungs-, Schaum- u. Lösevermögen für Farbstoffe, Schmutzbestandteile, Fette, Mineralöle usw.; feuerungefährlich; vermeidet Fleckenbildung; faserschonend; *Lö. Be.:* die Sulfosäuren, sowie die Na-, K-, NH_4-, Ca-, Mg-, Cr-Salze geben mit Wasser klare Lösungen; beständig gegen Alkali, Alkalikarbonat, hartes Wasser, Metallbeizen, Salze, Säuren, ausgenommen ganz konzentrierte Säuren und Alkalilösungen, die aussalzend wirken; *Verw.:* in der Karbonisation; NB. nicht zum Färben und Drucken mit basischen Farbstoffen! (siehe Oranit C!); *Lit.:* Leipzig. Mschr. Textil-Ind. 1928 Heft 1 u. 2; Melliand Textilber. 1930 S. 610 u. 788.

Oranit KSN **Oranienburger Chem. Fabr. AG., Charlottenburg 2.**

i/Kurs: nein; *Ersatz:* war Ersatz für Oranit KS; wurde seinerseits ersetzt durch Oranit KSN konz.; *analog:* den Oraniten BN und FWN; *Lit.:* Melliand Textilber. 1930 S. 788.

Oranit KSN konz. **Oranienburger Chem. Fabr. AG., Charlottenburg 2.**

i/Kurs: ja; *Ersatz:* für die Marken KS und KSN; *analog:* den beiden anderen -N konz.-Marken: Oranit BN konz. und FWN konz.; *Konstit.:* hochmolekulare echte Sulfosäure (bzw. deren Alkalisalz) auf Ölbasis + Lösungsmittel (niedrig siedend); *Äuß.:* klares rötl.-braunes Öl; *Reakt.:* gegen Lackmus neutral; *Eigensch.:* Netz-, Egalisier-, Durchfärbevermögen; faserschützend bei Einwirkung von Alkalien, Säuren und Metallsalzen; gibt vollen, voluminösen Griff; reinigt bei der Karbonisation unter gleichzeitiger Verbesserung der Weichheit und Elastizität; verhindert Karbonisierflecken und später ungleichmäßige Färbungen; *Lö. Be.:* in der Kälte und auch in hartem Wasser klar löslich; beständig gegen Säuren (Schwefelsäure von 3—5° Bé) auch in der Wärme; *Verw.:* NB. nicht zum Färben mit basischen Farbstoffen! (hierfür siehe Oranit C konz.!); in der Karbonisation (gestattet Verringerung der Karbonisiersäure um 25—30%); *Mengen:* beim Karbonisieren: 1,5—2 g/l einer Schwefelsäure von 3—3,5° Bé (Nachsatz: 0,8—1,3 g/l nach jeder Karbonisation); *H. Pat.*, *V. Pat.:* In- und Auslandspatente.

Orapret FK **Oranienburger Chem. Fabr. AG., Charlottenburg 2.**

i/Kurs: nein; *Ersatz:* Orapret FKN; *Verw.:* zur Erzeugung knirschenden Seidengriffs im Einbadverfahren.

Orapret FKN **Oranienburger Chem. Fabr. AG., Charlottenburg 2.**

i/Kurs: ja; *Konstit.:* nicht sulfoniertes (Färbe-) Öl; *Äuß.:* hellgelbes, durchsichtiges, klares Öl; *Reakt.:* neutral bis schwach lackmus-alkalisch; *Eigensch.:* Egalisierungsvermögen; Lösungs- und Emulgierungsvermögen; führt flüssige und feste Fette, Wachse und Paraffine in feinverteilte Form über; *Lö. Be.:* in Wasser klar löslich; beständig gegen verdünnte Essig-, Ameisen-, Milch- und Weinsäure (man erhält zusammen mit diesen eine weiße, opalisierende Emulsion!); *Verw.:* als Färbe- und Avivageöl; zum Griffigmachen von Kunstseide, Seide, Baumwolle und merzerisierter Baumwolle; als Emulgierungsmittel für die verschiedenartigsten Appreturen; für die Appretur von Garnen und Geweben aller Art; zusammen mit organischen Säuren zum Griffig- und Glänzendmachen gefärbter oder gebleichter Garne oder Gewebe im Einbadverfahren; als Zusatzmittel zum substantiven Färbebad; *Mengen:* im Nachbehandlungsbad, zusammen mit organischer Säure: neben 0,5—1 g/l Säure: 1—2 g/l.

Orapret SL **Oranienburger Chem. Fabr. AG., Charlottenburg 2.**

i/Kurs: ja; *analog:* den übrigen SL-Marken; ein Drittel so stark wie SL konz.; *Konstit.:* Dispergierungsmittel für Stärke + Schlichtefettstoff (der durch das Stärkedispergierungsmittel ebenfalls emulgiert wird); *Äuß.:* weiße Paste; *Reakt.:* neutral bis schwach lackmusalkalisch; *Eigensch.:* hohes Dispergiervermögen für Stärke sowie glättende und weichmachende Wirkung; *Lö. Be.:* beständig gegen hartes Wasser und die üblichen, in der Schlichterei angewandten Zusatzstoffe; *Verw.:* zur Herstellung von Schlichtemassen unter Verwendung von Kartoffelmehl; für die Fertigappretur zur Erzeugung eines besonderen Glanzes; insbesondere für Baumwolle und Leinengarne; *Mengen:* bei der Herstellung von Schlichtemassen: 5% vom Gewicht der Kartoffelstärke.

Orapret SL konz. **Oranienburger Chem. Fabr. AG., Charlottenburg 2.**

i/Kurs: ja; *analog:* den übrigen SL-Marken; dreimal so stark wie SL; *Konstit.:* Dispergierungsmittel für Stärke + Schlichtefettstoff (der durch das Stärkedispergierungsmittel ebenfalls emulgiert wird); *Äuß.:* feste, wachsartige Masse; *Reakt.:* neutral bis schwach lackmusalkalisch; *Eigensch.:*

hohes Dispergiervermögen für Stärke sowie glättende und weichmachende Wirkung; *Lö. Be.:* beständig gegen hartes Wasser und die üblichen, in der Schlichterei angewandten Zusatzstoffe; *Verw.:* zur Herstellung von Schlichtemassen unter Verwendung von Kartoffelmehl; für die Fertigappretur zur Erzeugung eines besonderen Glanzes; insbesondere für Baumwolle und Leinengarne; *Mengen:* bei der Herstellung von Schlichtemassen: 1,75% vom Gewicht der Kartoffelstärke.

Orapret SLB **Oranienburger Chem. Fabr. AG., Charlottenburg 2.**

i/Kurs: ja; *analog:* den übringen SL-Marken, insbes. dem Orapret SL konz., dessen Spezialeinstellung es ist; *Konstit.:* Dispergierungsmittel für Stärke + Schlichtefettstoff (der durch das Stärkedispergierungsmittel ebenfalls emulgiert wird); *Äuß.:* Pulver; *Reakt.:* gegen Lackmus schwach alkalisch; *Eigensch.:* besitzt die Fähigkeit, Kartoffelstärke in durchsichtig klarer Form zu lösen; *Lö. Be.:* beständig gegen hartes Wasser und die in der Schlichterei üblichen Zusätze; *Verw.:* zum Schlichten farbiger Kettgarne, für Stuhlware und in allen den Fällen, in denen Gewebe möglichst kernig und steif auszurüsten sind; insbesondere für Baumwolle und Leinengarne; *Mengen:* b. Schlichten: 1—2% vom Gewicht des angewandten Kartoffelmehls.

Orapret WSL **Oranienburger Chem. Fabr. AG., Charlottenburg 2.**

i/Kurs: ja; *analog:* den übrigen SL-Marken (Spezialeinstellung für die Wollschlichte, die in ihrer Konzentration dem Orapret SL entspricht); *Konstit.:* Dispergiermittel für Stärke + Schlichtefettstoff (der durch das Stärkedispergiermittel ebenfalls emulgiert wird); *Äuß.:* weißes Pulver; *Reakt.:* gegen Lackmus schwach alkalisch; *Eigensch.:* ausgezeichnetes Dispergiervermögen für Kartoffelstärke; verhindert infolge seiner speziellen Einstellung bei der Schlichterei von Wolle jede Verflüssigung, Klumpigwerden oder Zersetzung der Schlichteflotte; *Lö. Be.:* beständig gegen hartes Wasser und die in der Schlichterei üblichen Zusätze; *Verw.:* als Dispergierungs- und Zusatzmittel in der Wollschlichterei zusammen mit Kartoffelstärke; *Mengen:* i. d. Wollschlichterei: ca. 5% vom Gewicht des angewandten Kartoffelmehls.

Orapret WTN **Oranienburger Chem. Fabr. AG., Charlottenburg 2.**

i/Kurs: ja; *Konstit.:* unter Mitverwendung von Weichmachungsmitteln hergestelltes Sulfonierungsprodukt von Fettstoffen; *Äuß.:* weiße Paste; *Reakt.:* neutral, auch in wässeriger Lösung; *Eigensch.:* gibt, im substantiven Färbebade angewandt, der behandelten Ware einen weichen Griff; kann infolge seiner Beständigkeit mit allen gebräuchlichen Appreturmitteln kombiniert werden; erhöht bei Naphthol AS-Färbungen durch Nachbehandlung die Reibechtheit; kann ohne weiteres im Färbebad angewandt werden; *Lö. Be.:* gibt beim portionsweisen Behandeln mit kochendem Wasser eine weißliche, kolloide Lösung; kochbeständig in neutralen, alkalischen und sauren Flotten; *Verw.:* als weichmachender Zusatz bei der Herstellung von Bittersalzappreturen; als Weichmachungsmittel für Textilfasern aller Art, besonders für Kunstseide und Baumwolle; direkt beim Färben von Wolle und realer Seide mit Säurefarbstoffen; bei Entwicklungs-, Küpen- und Schwefelfarbstoffen im letzten Naßbehandlungsprozeß; zum Weichmachen von spinnmattierter Kunstseide; als Hilfsmittel für alle Appreturen (Bunt- und Weißwaren), bei denen es darauf ankommt, die

Ware voll und weich zu erhalten; *Mengen:* beim Zusatz zum Färbebad: 0,5—1,5 g/l; b. d. Nachbehandlung (je nach dem weichzumachenden Material und dem gewünschten Effekt): 1—10 g/l; (NB. je härter das Wasser, desto besser der Effekt; durch Zusatz von Kalziumchlorid kann derselbe auch künstlich verstärkt werden; bei spinnmattierter Kunstseide wendet man z. B. 5—7,5 g/l Orapret WTN und 0,5 g/l Kalziumchlorid an!).

Ordoval G **I. G. Farbenindustrie AG., Frankfurt a. M.**

i/Kurs: ja; *analog:* Ordoval 2 G, Neradol D und ND, Gerbstoff F und H; *Konstit.:* sulfonierte Anthrazenrückstände; *Verw.:* (als Seifenersatz vorgeschlagen) in erster Linie als Gerbstoff.

Ordoval 2 G **I. G. Farbenindustrie AG. Frankfurt a. M.**

i/Kurs.: ja; *analog:* Ordoval G, Neradol D und ND, Gerbstoff F und H; *Konstit.:* sulfonierte Anthrazenrückstände (mit Oxalsäure aufgehellt); *Verw.:* (als Seifenersatz vorgeschlagen) in erster Linie als Gerbstoff.

Ortoxin **I. G. Farbenindustrie AG., Frankfurt a. M.**

i/Kurs: nein; *Ersatz:* Ortoxin K (Pulver und Paste).

Ortoxin K (Paste) **I. G. Farbenindustrie AG., Frankfurt a. M.**

Geb.-J.: 1929; *i/Kurs:* ja; *Ersatz:* für Ortoxin; *analog:* Ortoxin K Pulver; *Konstit.:* Stärke-Seifenpräparat; *Äuß.:* weiße, nicht absetzende Paste; *Reakt.:* neutral; *Eigensch.:* geruchlos; in verschlossenen Gefäßen kühl gelagert, nicht zersetzlich; ergibt in der Schlichte Fäden von hervorragender Glätte und Geschlossenheit, die nicht zusammenkleben, nicht angilben, rein weiß und glänzend bleiben; erhöht die Dehnung und Festigkeit des Fadens um ca. 35%; erteilt der Ware guten Griff, ohne den Glanz zu beeinträchtigen; *Verw.:* zum Schlichten von Schuß- und Kettfäden aus Viskose- oder Kupferseide; in der Stückappretur von Kunstseide und Kunstseide-Baumwolle-Mischgeweben; *Mengen:* b. Schlichten von Kunstseide, auf der Kettenschlichtmaschine: 1:10—1:30 mit Wasser verdünnt, im Strang: 1:30—1:60 mit Wasser verdünnt (15—20 Min., 35—40° C); z. Verbesserung der Spulfähigkeit gefärbter Kunstseidenstränge: 16 g/l Wasser (20 Min.); i. d. Stückappretur von Kunstseide und Kunstseide-Baumwolle-Mischgeweben: 30—60 g/l; NB. mit etwas kochendem Wasser anrühren und die erhaltene Lösung der 35—40° C warmen Schlichtflotte zugeben! NB. die Entschlichtung geschieht in 55° C warmer Lösung von 0,5 g/l Soda und 2—3 g/l Laventin KB in $^3/_4$ Stdn.; *Lit.:* Melliand Textilber. 1930 S. 610.

Ortoxin K (Pulver) **I. G. Farbenindustrie AG., Frankfurt a. M.**

Geb.-J.: 1929; *i/Kurs:* ja; *Ersatz:* für Ortoxin; *analog:* Ortoxin K Paste; *Konstit.:* Stärke-Seifenpräparat; *Äuß.:* weißliches Pulver.

Orzil

Konstit.: Diastasepräparat; *Verw.:* zur Verflüssigung der Stärke durch Abbau.

Owokettenglätte

Konstit.: Paraffin + Wachse + feste und flüssige Fettsäuren (Stearinsäure und Olein); *Verw.:* als Kettenglätte.

Oxycarnit **H. Th. Böhme AG., Chemnitz.**

Geb.-J.: 1925; *i/Kurs:* ja; *Ersatz:* vielfach Ersatz für Oleocarnit; *analog:* Tetracarnit (jedoch besseres Reinigungs- und Netzvermögen); *Konstit.:* Fettalkoholsulfonat + Tetracarnit; *Reakt.:* neutral; *Eigensch.:* netzend; emulgierend; reinigend; weichmachend; faserschonend; schäumend; fett- und farbstofflösend; dispergierend; egalisierend; *Lö. Be.:* hohe Kalk-, Salz-, Laugen- und Säurebeständigkeit; *Verw.:* zum Reinigen und Lösen von Farbstoffen; zum Durchfärben, insbesondere von Strümpfen, Strumpfnähten, Drellen, Stickgarnen und Filzen; zum Färben von Baumwolle, Wolle und Kunstseide; zum Färben auf Apparaten; zum Färben mit Schwefel- und Indanthrenfarbstoffen; *Lit.:* Seifensieder-Ztg. 1931 S. 636.

Oxycarnit BR **H. Th. Böhme AG., Chemnitz.**

Geb.-J.: 1929; *analog:* Tetracarnit (dessen Spezialeinstellung es ist); *Konstit.:* Pyridinbasen; *Verw.:* zur Trockenreinigung von Bettfedern.

Oxycarnit L 50 **H. Th. Böhme AG., Chemnitz.**

Geb.-J.: 1930; *i/Kurs:* ja; *Ersatz:* vielfach Ersatz für Oleocarnit; *ähnlich:* Supralan TS; *analog:* Gardinol; Tetracarnit; Oleocarnit; Novocarnit; Oxycarnit L 65; *Konstit.:* Fettalkoholsulfonat (Gardinol) + Tetracarnit (auch nach Herstellers Angaben); *Äuß.:* gelbe Flüssigkeit; *Reakt.:* neutral; *Eigensch.:* netzend; emulgierend; reinigend; farbstofflösend; egalisierend; durchfärbend; *Lö. Be.:* in Wasser klar löslich; alkali-, säure-, salz- und hartwasserbeständig; *Verw.:* NB. das Produkt ist nahezu universell anwendbar; es vereinigt die Eigenschaften des Gardinols — Reinigungswirkung und Beständigkeit — mit denen des Tetracarnit — Lösen, Egalisieren und Durchfärben! vor allem zum Lösen, Färben, Egalisieren und Durchfärben von substantiven, sauren, Halbwoll-, Schwefel- und Indanthrenfarbstoffen; zum Durchfärben aller dichten Materialien (Strumpfnähte, Filze); in der gesamten Apparatfärberei; auch zum Netzen und Vorreinigen aller Farbwaren; zum Färben ohne besondere Vorreinigung; zum Nachseifen von Echtfärbungen; *Mengen:* b. Farbstofflösen und Färben: 0,5 bis 1 g/l Farbbad (die Farbstoffe teigt man mit etwas 1:10 verdünntem Produkt an!); b. Apparatfärben: 0,5—2% d. W.; b. Netzen und Vorreinigen, evtl. in Verbindung mit Soda, Ammoniak und Seife: 0,5—2 g/l Flotte; b. Nachseifen von Färbungen: 0,5—2 g/l; *H. Pat., V. Pat.:* Pat. angemeldet; *Lit.:* Z. f. ges. Textilind. (Klepzig) Leipzig 1930 S. 759; Seifensieder-Ztg. 1931 S. 636.

Oxycarnit L 65 **H. Th. Böhme AG., Chemnitz.**

Geb.-J.: 1932; *i/Kurs:* ja; *Ersatz:* vielfach Ersatz für Oleocarnit; *analog:* dem Oxycarnit L 50 (von dem es sich nur durch die Konzentration unterscheidet); Oleocarnit.

Oxyvol CA **H. Th. Böhme AG., Chemnitz.**

Geb.-J.: 1931; *i/Kurs:* ja; *analog:* Lanaclarin LM; *Konstit.:* Fettalkoholsulfonat (ohne Fettlöser); *Äuß.:* Pulver oder Paste; *Reakt.:* in Wasser vollkommen neutral; spaltet auch in der Hitze kein freies Alkali ab; *Eigensch.:* netzend; schäumend; emulgierend; fettlösend; weichmachend; faserschonend; reinigend; *Lö. Be.:* vollkommen kalkbeständig; sehr hoch säure-, alkali- und salzbeständig; *Verw.:* NB. vorher kochend gut lösen!

zum Waschen, Reinigen und Entfetten; kann auch mit Lanaclarin LM kombiniert werden, sowie mit Oxyvol L 50 und Oxycarnit BR (s. a. Mengen!); *Mengen:* b. Bleichen v. Federn mit H_2O_2: 0,5 g/l; b. Reinigen v. Federn: 1—1,5 g/l; b. Reinigen v. fettigen Federn: 1 g/l neben: 1 g/l Lanaclarin LM; *H. Pat.*, *V. Pat.:* Pat. angem.

Oxyvol L 50 **H. Th. Böhme AG., Chemnitz.**

Geb.-J.: 1931; *Verw.:* für die Reinigung von Bettfedern.

Oxyvol RK **H. Th. Böhme AG., Chemnitz.**

Geb.-J.: 1928; *Konstit.:* Ölsulfonat + Kohlenwasserstoff.

Ozonstärke

Konstit.: Stärke (löslich); *Verw.:* als Verdickungsmittel.

Palatinechtsalz O i/Lsg. **I. G. Farbenind. AG., Frankfurt a. M.**

Geb.-J.: 1932; *i/Kurs:* ja; *Konstit.:* hochmolekulare, organische Verbindung; *Äuß.:* gelbliche Flüssigkeit; *Eigensch.:* ermöglicht Palatinechtfarben mit den gleichen Mengen an Schwefelsäure zu färben, wie sie bei Egalisierungsfarben allgemein zur Anwendung gelangen, ohne daß die Echtheitseigenschaften der Palatinechtfarbstoffe eine Verringerung erfahren, sei es Dekatur-, Schweiß- oder Reibechtheit, die bei dunklen Färbungen, wie Marineblau und Schwarz, sogar verbessert werden; erzeugt tiefe Färbungen; verkürzt unter Umständen die Färbedauer; verringert bei Palatinechtfarben die Schwefelsäuremengen (96% = 66° Bé) von 10—11% auf 5%; schont Wolle und Apparate; ergibt egale Färbungen; verbessert das Erschöpfen der Farbbäder; verkürzt den Spülprozeß; gestattet die Verwendung von Palatinechtfarben für Halbwollstoffe; *Verw.:* beim Färben von Palatinechtfarben mit den gleichen Mengen Schwefelsäure, wie sie bei Egalisierungsfarben üblich sind; beim stark schwefelsauren Färben, beispielsweise beim Färben von Wollstoffen mit Karbonisierflecken; als Egalisiermittel für Chromierfarbstoffe und schwerlösliche saure Farbstoffe; *Mengen:* b. Färben von Wollstoffen mit Karbonisierflecken: 6,5% d. W.; b. Färben von Palatinechtfarbstoffen, zum Vornetzen: 6,5—7% d. W. (mit heißem Wasser verdünnt!) (gut gelösten Farbstoff und 5% Schwefelsäure 96% ig bei 40° C zusetzen; 10 Min. laufen lassen; in einer halben Stde. zum Kochen bringen; 1—1½ Stde. kochen; 1:50 Flottenlänge; nach dem Färben gut spülen!); *H. Pat.*, *V. Pat.:* DRP. angemeldet.

Palatinit **I. G. Farbenindustrie AG., Frankfurt a. M.**

i/Kurs: nein (veraltete Hydrosulfit-Marke).

Pantosept **Chem. Fabrik Ehrenstein.**

ähnlich: Perkuramin; *Konstit.:* p-Sulfamidobenzoesäure; *Verw.:* als Bleich-, Oxydations- und Waschmittel; *H. Pat.*, *V. Pat.:* DRP. 318899.

Paradurol

Konstit.: Naphthalinsulfurierungsprodukt; *Eigensch.:* erhöht die Haltbarkeit von Klotzbrühen; *Verw.:* für Diazodrucke.

Paraffinemulsion **J. Simon & Dürkheim, Offenbach a. M.**

i/Kurs: ja; *Konstit.:* Paraffin + Emulgator; *Verw.:* zur Appretur, auch für Zwirnereien; zum Wasserdichtmachen im Einbadverfahren; *H. Pat., V. Pat.:* DRP. angem.

Paraffinemulsion 100% ig **J. Simon & Dürkheim, Offenbach a. M.**

Geb.-J.: 1928; *i/Kurs:* ja; *analog:* Rayonit, Impregnator und Paraffinemulsion EMP 100% ig, mit der es identisch ist; *Konstit.:* Paraffin + Emulgator (Puropolöl EM oder EMP).

Paraffinemulsion EMP 100% ig **J. Simon & Dürkheim, Offenbach a. M.**

Geb.-J.: 1928; *i/Kurs:* ja; *analog:* Rayonit, Impregnator, Paraffinemulsion 100% ig, mit der es identisch ist; *Konstit.:* Paraffin + Emulgator (Puropolöl EM oder EMP); *Äuß.:* braune Paste; *Reakt.:* neutral; *Eigensch.:* fast wasserfrei; hohes Durchdringungsvermögen; leichte Auswaschbarkeit; griffigmachend; hochdispers (keine Fleckenbildung!); glanzgebend; *Lö. Be.:* gibt mit Wasser eine Emulsion; *Verw.:* zum Appretieren und Schlichten von Baumwolle, Seide und Kunstseide; zum Imprägnieren (zusammen mit ameisensaurer oder essigsaurer Tonerde); (in der Papierfärberei;) *Mengen:* 1—10% d. W. der durch portionsweises Verdünnen mit Wasser erhältlichen Appretur bzw. Schlichtemasse.

Paranantholin

Konstit.: rizinsaures Ammonium.

Paraneon

Lö. Be.: beständig gegen Schwefelsäure von 4° Bé; *Verw.:* als Netzmittel für die Karbonisation; *Lit.:* Melliand Textilber. 1930 S. 610.

Paraöl **A. Th. Böhme, Dresden-N. 6.**

Eigensch.: erzeugt blumigen Blaustich; *Verw.:* für Naphthol und Pararot.

Parasanol

Konstit.: naphthalinsulfosaures Natrium; *Verw.:* als Stabilisator für Diazonitranilinlösungen.

Paraseife PN **I. G. Farbenindustrie AG., Frankfurt a. M.**

i/Kurs: nein (wurde früher von MLB hergestellt); *analog:* Türkischrotöl F; *Konstit.:* Rizinusöl-Ammonseife.

Patentappreturöl IW **Dr. A. Schmitz, Düsseldorf-Oberkassel.**

i/Kurs: ja; *Konstit.:* Rizinusölschwefelsäureester; *Äuß.:* Flüssigkeit, wasserhell; *Eigensch.:* verbindet sich mit allen Appreturingredientien, wie Dextrin, Kartoffelmehl, Kartoffelstärke, Smoothing, Gladinose, Wachspasta, China-Clay, Glyzinol usw., jedoch nicht mit Appreturflotten, die Bittersalz enthalten; verhindert das Nachgilben weißer Ware; bei Verwendung insbesondere in Verbindung mit Reißmehl macht es die Ware weich, geschmeidig und glänzend (verleiht ihr den sogenannten „englischen finish"); *Lö. Be.:* wasserlöslich; *Verw.:* als Appreturöl für Baumwolle; *Mengen:* i. d. Appretur: 0,09% Reißmehl, 0,04% Appreturöl IW, Rest Wasser; NB. das Appreturöl wird in der 5—10fachen Kondenswassermenge gelöst und zuletzt in die erkaltete Gesamtappreturmasse eingerührt.

Patentol-Extrakt **F.C.Wilhelm Schmidt jr., Magdeburg-Sudenburg.**

Eigensch.: seifen- und stabilisatorfrei; *Verw.:* als Emulgator zur Herstellung stabiler Oleinemulsionen, die als Spinnschmälzen Verwendung finden.

Pellastol EN Paste **Farb- und Gerbstoffwerke Carl Flesch jr., Frankfurt a. M.**

Geb.-J.: 1927; *i/Kurs:* ja; *Konstit.:* Speziallösungsmittel + Fettsäureverbindungen; *Äuß.:* Paste; *Lö. Be.:* leicht löslich in weichem, warmem Wasser; *Verw.:* zum Entschlichten von Azetatseidegeweben und Azetatviskoseseidemischgeweben sowie Azetatnaturseidemischgeweben; (s. a. Mengen!); *Mengen:* b. d. Entschlichtung von reiner Azetatseide und Azetatviskoseseidemischgeweben: beim Einweichen: 5—6 g/l; beim anschließenden Entschlichten, bei sehr hartnäckigen Schlichten: bis 10 g/l; (beim gleichzeitigen Entschlichten und Bleichen: außerdem 1 g/l Biancal!); beim Entschlichten von Azetatseidenaturseidemischgeweben: 12 g/l neben: 1 g/l Adulcinol 7; (b. gleichzeitiger Entschlichtung und Bleiche: 12—15 g/l neben: 1—2 g/l Biancal).

Pellastol EN Pulver **Farb- und Gerbstoffwerke Carl Flesch jr., Frankfurt a. M.**

Geb.-J.: 1931; *i/Kurs:* ja; *Konstit.:* Seifenpulver; *Äuß.:* Pulver, grau; *Reakt.:* die wässerige Lösung reagiert alkalisch; *Eigensch.:* verleiht weichen Griff; hygroskopisch; *Lö. Be.:* in warmem Wasser leicht löslich; *Verw.:* NB. man stellt a. b. eine 10%ige Stammlsg. her! für die Kunstseide- (außer Azetatseide-) Entschlichtung; *Mengen:* b. Entschlichten reiner leinölgeschlichteter Viskoseseidegewebe: 1 g/l der 50—60° heißen Einweichflotte (Flottenlänge: 1:30); b. Entschlichten a. d. 80—90° heißen Einweichbad: 1—2 g/l; b. d. Herstellung weißer Ware: im Einweichbad: 1 g/l; im Entschlichtungsbad: 0,5 g/l neben 1 g/l Biancal.

Pellastol SS **Farb- u. Gerbstoffwerke C.Flesch jr., Frankfurt a.M.**

Geb.-J.: 1930; *i/Kurs:* ja; *Konstit.:* Sulfoverbindung fester Fettsäuren (frei von Lösungsmitteln!); *Äuß.:* weißliche Paste; *Reakt.:* schwach sauer, $p_H = 7$; *Verw.:* für Appreturzwecke, insbes. b. d. Mattierung von Kunstseide.

Penterpol **Oranienburger Chem. Fabr. AG., Charlottenburg 2.**

i/Kurs: nein (wurde von der Chemischen Fabrik Milch hergestellt!); *Ersatz:* Perpentole; *Konstit.:* Seife + Terpentinöl (80%); (nach Dr. P. Heermann: Sulforizinat + Terpentinöl); *Verw.:* als Zusatz zu Beuchflotten; *Lit.:* Seifensieder-Ztg. 1923 S. 555; Melliand Textilber. 1928 S. 759.

Peptapon **Zschimmer & Schwarz, Chemnitz.**

Geb.-J.: 1932; *i/Kurs:* ja; *analog:* Kaseito; *Konstit.:* Fettalkoholderivate + Netzmittel + Kohlenwasserstoffe (Lösungsvermittler) + Weichmachmittel; *Äuß.:* zähflüssig, gelb; *Reakt.:* neutral, auch in wässeriger Lösung; *Eigensch.:*

Wasch-, Schaum-, Reinigungs-, Netz- und Lösevermögen; faserschonend; weichmachend; peptisiert bei Verwendung zusammen mit Seife die Kalkseife, verhindert deren Auftreten, dispergiert bereits gebildete; Dispergier- und Lösevermögen f. Wachse, Fette, Pektinstoffe; erzeugt guten Weißeffekt, egale und blumige Färbungen, offene Ware; kein Verfilzen; *Lö. Be.*: kalk-, säure-, alkalibeständig; beständig gegen Metalle (Fe, Mn, Cu, Ni, Mg, Zn); beständig auch in Chlor-, Chlorkalk- und Peroxydbädern; *Verw.*: als Wasch- und Reinigungsmittel für alle Faserarten; in der Beuche, Bleicherei, Färberei und Weißwäscherei; vielfach zum Waschen und Färben in einem Bade; zur Bleiche losen Materials und Kardenband; beim Waschen von Kammgarn und Kammzug; *Mengen:* allgemein: 0,5—2 g/l; i. d. Beuche pflanzlicher Fasern, bei hartem Wasser und stark verschmutzter Ware: 0,5—1 g/l; als Zusatz zu Chlorflotten, Chlorkalkbädern, beim Bleichen mit H_2O_2, Peroxyden, in der kombinierten Chlor-Sauerstoffbleiche: 0,2—0,5 g/l; b. d. Vorbleiche unausgekochten Materials: 0,5 g/l Chlorflotte; z. Vorbehandlung aller Faserarten vor dem Bleichen, Färben und Appretieren (für Wolle in Flocke, Strang und Stück) evtl. auch zusammen mit Seife, bei der Wäsche loser Wolle: 1 g/l, evtl. neben: 0,3—1 g/l Soda kalz.; b. Waschen von Gerberwolle: neben 2—5 ccm/l Salzsäure 30% ig: 2—3 g/l; i. d. Stückwäsche feiner Kammgarnstoffe, Halbgarnmaterial, Streichgarnware, Mischgarn (Viskose- und Azetatseide): 1 g/l (evtl. unter Zusatz von etwas Soda oder Ammoniak bei oleingeschmelzter Ware!); i. d. Vorbehandlung von Baumwolle und Kunstseide (evtl. auch zusammen mit Seife und gegebenenfalls Soda bzw. Ammoniak) im Strang, Stück usw.: 0,5—1 g/l neben: 2—3 g/l Schmierseife und 1 g/l Soda kalz. oder 1—2 ccm Salmiakgeist; im Farbbad ohne Vorwäsche: 0,5—1 g/l; b. Färben mit Direkt- und Schwefelfarben, in der Apparatfärberei (b. Anteigen von Farbstoffen, insbesondere Schwefelfarbstoffen!): 0,5—1 g/l; z. Vorreinigen für Apparatware in der Kops-, Kettbaum- und Kreuzspulenfärberei von Wolle und Baumwolle ohne Seifenzusatz: 1—2 g/l; i. d. Kleiderfärberei a) z. Reinigen und Waschen: 0,5—1 g/l; b) a. Zusatz z. Färbebad: 0,3—0,5 g/l; i. d. Weißwäscherei a) i. d. Kochflotte: 1—2 g/l; b) i. d. Spülbädern: 0,2—0,5 g/l; z. Waschen stark fetthaltiger Wäsche: im Einweichbad: neben evtl. etwas Seife und Soda: 2—3 g/l; b. d. Nachbleiche: 1—2 g/l Chlorflotte; *H. Pat.*, *V. Pat.*: DRP. angemeldet.

Peraktivin **Chem. Fabr. Pyrgos G. m. b. H., Radebeul-Dresden.**

Geb.-J.: 1929; *i/Kurs:* ja; *Konstit.*: Toluolsulfodichloramid ($CH_3 \cdot C_6H_4 \cdot SO_2 \cdot NCl_2$); Gehalt an aktivem Chlor: ca. 30%; *Äuß.*: weißes Pulver (wird auch in Tabletten geliefert); *Reakt.*: alkalisch; *Eigensch.*: bleichend; desinfizierend; ergibt hohen Weißgrad; erzeugt Kunstseide, die sich auch bei schwer egalisierenden Sorten gleichmäßig anfärbt; chlorähnlich riechend; *Lö. Be.*: in Wasser nicht löslich; beim Übergießen mit der 10fachen Menge Natronlauge von 3—5% = 4—8° Bé tritt beim Erwärmen Lösung ein; beständig gegen hartes Wasser, Säuren, Alkali, Salze; das Pulver ist indifferent gegen Mineralöle, Türkischrotöle, nicht gegen Terpentinöl, Leinöl, Olivenöl, Rüböl usw.; *Verw.*: als bleichender Beuchzusatz; zum Entschlichten und Vorbleichen sowie zum Bleichen von Baumwollwaren und Kunstseide; zum Chloren von Wolle; *Mengen:* i. d. Beuche: 0,3% d. W. (zunächst in einem Teil der Beuchlauge unter Erwärmen auflösen! 1,5 Atmosphären; Beuchzeit verringern, Laugenkonzentration bis 1% herabsetzen!) b. Bleichen von Baumwollwaren, Garnen, Web- und Wirkwaren: das 20fache der rohen Baumwolle an Natronlauge von 1% unter Zusatz von Seife und 1—2 g/l (1—2 Stdn. spülen!); (NB. z. starken Vorbleichen führt man die Natronlaugekochung und die Peraktivinbehandlung getrennt und hintereinander aus!); i. d. Kunstseidenbleiche: 1 g/l (20fache Menge der Kunstseide an dieser Lösung bei ca. 70—80° C; nach 10 Minuten Zusatz von 5 ccm 10%iger Essigsäure/l; nach weiteren 20 Min. spülen!); z. Entschlichten und gleichzeitigen Vorbleichen von Mischgeweben aus Baumwolle und Kunstseide: 1—2 g/l (1—2 Stdn.; 80—90° C!); b. Chloren v. Wolle: 3—6 g/l neben: 15 ccm HCl konz./l (30—40° C; spülen!); *H. Pat.*, *V. Pat.:* Patente angem.; *Lit.:* Chem.-Ztg. 1931 Nr. 20.

Pergluton **R. Baumheier AG., Oschatz-Zschöllau (Sachsen). Bodenbach (C. S. R.)**

Verw.: zum Weichmachen von Kunstseide.

Pergluton „K 2" **R. Baumheier AG., Oschatz-Zschöllau (Sachsen). Bodenbach (C. S. R.)**

Verw.: zur Erzielung eines weichen Griffes bei Kammgarnstoffen.

Perkosal

Konstit.: Alkalisalze von Lysalbin- und Protalbinsäuren (aus Abbauprodukten des Eiweißes); *Lit.:* Seifensieder-Ztg. 1917 S. 171 (R. König).

Perintrol **Chemische Fabrik Stockhausen & Cie., Krefeld.**

i/Kurs: ja; *Konstit.:* Türkischrotöl (aliphatische bzw. cycloaliphatische Sulfosäuren + Schwefelsäureester) + Lösungsmittel; *Äuß.:* braune Flüssigkeit; *Reakt.:* sauer; *Eigensch.:* verhindert die Bildung von Kalkseife und das Niederschlagen derselben auf den Stücken; unterstützt den Wascheffekt; ermöglicht bedeutende Abkürzung der Spülzeit; schont das Wollmaterial; verhindert das Ausbluten von Färbungen, namentlich bei Halbwolle; erzeugt frische Farben und klares Warenbild; *Lö. Be.:* hochbeständig gegen Säure, höchstbeständig gegen Kalk und Bittersalz; *Verw.:* in der Stückwäsche beim Schnellwaschverfahren; bei der Walke und Wäsche von Wollstückware; *Mengen:* 150—400 g/Stück (Zusatz vor oder nach dem Ablassen des Gerbers!).

Perlano **H. Th. Böhme AG., Chemnitz.**

Geb.-J.: 1924; *i/Kurs:* ja; *ähnlich:* Beuchöl K, P, PL, PO; *Konstit.:* organische Verbindung, die Chlor chemisch gebunden enthält, mit hohem Gehalt an Fettlösern; nach Prof. Herbig: Ölsulfonat + Fettlöser (Kohlenwasserstoff); nach Herstellers Angaben: hochsiedender Fettlöser + kalkbeständiger Emulgator; *Äuß.:* Flüssigkeit, gelbbraun; *Reakt.:* schwach alkalisch; *Eigensch.:* hervorragende Fettlöse-, Netz- und Emulgierwirkung; gewährleistet besseren Abkocheffekt; erzeugt größere Aufhellung des Materials, das sich bedeutend vorteilhafter bleichen, färben und drucken läßt; *Lö. Be.:* mit Wasser in jedem Verhältnis mischbar; kalkbeständig; *Verw.:* als Beuch- und Abkochmittel für Baumwoll-, Leinen- und Kunstseidenmaterialien auch bei hartem Wasser; *Mengen:* NB. man stellt eine 1:10 verdünnte Lösung her und setzt diese der fertig bereiteten Beuchlauge zu! b. Abkochen und Beuchen: 0,3% d. W.

Perpentol B **Oranienburger Chem. Fabr. AG., Charlottenburg 2.**

i/Kurs: ja; *analog:* Perpentol E; Trioran B; *ähnlich:* Beuchöl K, P, PL, PO;

Konstit.: Oleinkaliseife + hochs. Kohlenwasserstoff (Sp. 210° C; unlöslich in Wasser und Seifenlösung); frei von Chlor- und Peroxydbleichmitteln; technisch wasserfrei; *Äuß.:* klare, gelbe Lösung; *Eigensch.:* netzend; reinigend; fettlösend; Lösevermögen für Fette, Öle, Mineralöle, Harze, Teer, Baumwollwachs; faserschonend; vermindert Oxyzellulosebildung im Beuch- und Bleichprozeß sowie das spätere Vergilben gebleichter Ware; ist sowohl in der Kälte als auch bei Siedetemperatur (im Druckkessel) brauchbar; erzeugt weichen Griff; verbessert den Weißgehalt der Ware; spart gegebenenfalls Ätzalkalien bzw. Bleichmittel; erzeugt frische, tiefe Farben; *Lö. Be.:* gibt mit Wasser, Soda, Ätznatronlauge und Seifenlösung Emulsionen; *Verw.:* insbesondere in der Beuche, Bleiche, Appretur und Schlichterei (s. a. Perpentol E!); *Mengen:* allgemein: 0,2—0,5% d. W.; b. Netzen von Baumwollgarn und Gewebe: 0,3% d. W. (60—100° C; $^1/_2$ Stde.; dann lauwarmes Spülbad!); b. Beuchen normaler Bleichware (lose, Garn und Stück): neben 1,2—3,5% d. W. Ätznatron: 0,2—0,3% d. W. (8—12 Stdn.; 1—2 Atmosphären!); b. sehr öligen Abfällen (lose sowie Fäden): neben 50—100 g/l Soda kalz.: 30—50 g/l (abkochen; heiß spülen; anschließend beuchen wie üblich!); z. Behandlung in der Färberei (für loses Material, Strangware, Kopse, Kreuzspulen und Stückware neben evtl. etwas Soda auf der Kufe, Apparat oder Jigger): 0,3—0,5% d. W. (kochen!); als Zusatz zum Aufschließen von Stärke: 3—5 g/l (Stärke mit der 5—10fachen Wassermenge aufschlemmen; nach Perpentolzusatz bis zum Kochen erhitzen!); b. Auskochen vor der Merzerisation: 0,2—0,3% d. W.; i. d. Kettgarnschlichterei wie i. d. Appretur der Baumwoll- und Leinengewebe: 1—3 g/l Schlichtemasse; *H. Pat., V. Pat.:* DRP. 312465; *Lit.:* Seifensieder-Ztg. 1927 S. 64; 1930 S. 495; Melliand Textilber. 1927 S. 353; 1930 S. 788; Leipzig. Mschr. Textil-Ind. 1927 Heft 10.

Perpentol BE **Oranienburger Chem. Fabr. AG., Charlottenburg 2.**

i/Kurs: ja; *ähnlich:* den Beuchölen K, P, PL, PO; *Konstit.:* Seife + Kohlenwasserstoff + Kolloidstoff; *Äuß.:* gelbe Lösung; *Eigensch.:* technisch wasserfrei; netzend; reinigend; hohes Lösevermögen für Fette, Öle, auch Mineralöle, Harze, Teer, Baumwollwachs; *Lö. Be.:* gibt mit Wasser, Soda, Natronlauge und Seifenlösungen Emulsionen; *Verw.:* als Emulgiermittel für Paraffine, Wachse, Harze, Fettstoffe verschiedenster Art; *Mengen:* z. Herstellung einer Wachsemulsion: auf 2 Teile Wachs: 1 Teil; *H. Pat., V. Pat.:* DRP. 312 465; *Lit.:* Seifensieder-Ztg. 1927 S. 64; 1930 S. 495; Melliand Textilber. 1927 S. 353; Leipzig. Mschr. Textil-Ind. 1927 Heft 10.

Perpentol BNT **Oranienburger Chem. Fabr. AG., Charlottenburg 2.**

i/Kurs: ja; *ähnlich:* Beuchöl P, K, PL, PO; *Konstit.:* hochmolekulare (alkylierte, aromatische) Sulfosäure bzw. deren Alkalisalz + Fettlöser; Sulforizinat + Fettlöser[1]; nach Herstellers Angaben: hochmolekulares Sulfosalz, Spezialseife + Fettlöser; ist eine Kombination von Perpentol B mit Oranit; *Äuß.:* hellbraune Flüssigkeit; *Eigensch.:* besonders hohes Netzvermögen (das größer ist als das von Perpentol B und BT); *Lö. Be.:* beständig gegen hartes Wasser; *Verw., Mengen:* siehe Perpentol B! *Lit.:* Seifensieder-Ztg. 1927 S. 64; [1] Melliand Textilber. 1930 S. 788.

Perpentol BT **Oranienburger Chem. Fabr. AG., Charlottenburg 2.**

i/Kurs: ja; *ähnlich:* Beuchöl K, P, PL, PO; *Konstit.:* Sulfonierungsprodukt von Rizinusöl + Fettlöser; ist eine Kombination aus Coloran K und Perpentol B; *Äuß.:* gelbe Flüssigkeit; *Eigensch.:* Netzvermögen besser als bei Perpentol B! *Lö. Be.:* beständig gegen hartes Wasser; Beständigkeit besser als bei Perpentol B! *Verw., Mengen:* siehe Perpentol B! *Lit.:* Seifensieder-Ztg. 1927 S. 64; Melliand Textilber. 1930 S. 788.

Perpentol E **Oranienburger Chem. Fabr. AG., Charlottenburg 2.**

Geb.-J.: 1920; *i/Kurs:* ja; *analog:* Perpentol B; (NB. unter Perpentol schlechthin wird gewöhnlich das Perpentol E verstanden!); *ähnlich:* Beuchöl K, P, PL, PO; *Konstit.:* Seife + Kohlenwasserstoff (Sp. 210° C; unlöslich in Wasser und Seifenlösung); frei von Chlor- und Peroxydbleichmitteln; 90% Lösungsmittel-Tetralin[1]; 96% Terpentinöl nach anderen Angaben; nach Prof. Herbig: Ölsulfonat + Kohlenwasserstoff; *Äuß.:* Emulsion, weiß; *Eigensch.:* netzend; reinigend; fettlösend; Lösevermögen für Fette, Öle, Mineralöle, Harze, Teer, Baumwollwachs; faserschonend; vermindert Oxyzellulosebildung im Beuch- und Bleichprozeß sowie das spätere Vergilben gebleichter Ware; ist sowohl in der Kälte als auch bei Siedetemperatur (im Druckkessel) brauchbar; erzeugt weichen Griff; verbessert den Weißgehalt der Ware; spart gegebenenfalls Ätzalkalien bzw. Bleichmittel; erzeugt frische, tiefe Farben; *Lö. Be.:* gibt mit Wasser, Soda, Ätznatronlauge und Seifenlösung Emulsionen; ist ohne weiteres mit Wasser und verdünnter Natronlauge usw. mischbar; *Verw.:* insbesondere in der Beuche, Bleiche, Appretur und Schlichterei (s. a. Perpentol B!); *Mengen:* allgemein: 0,2—0,5% d. W.; b. Netzen von Baumwollgarn und Gewebe: 0,3% d. W. (60—100° C; $^1/_2$ Stde.; dann lauwarmes Spülbad!); b. Beuchen normaler Bleichware (lose, Garn und Stück): neben 1,2—3,5% d. W. Ätznatron: 0,2—0,3% d. W. (8—12 Stdn.; 1—2 Atmosphären!); z. Vorbehandlung in der Färberei (für loses Material, Strangware, Kopse, Kreuzspulen und Stückware neben evtl. etwas Soda auf der Kufe, Apparat oder Jigger): 0,3—0,5% (kochen!); als Zusatz zum Aufschließen von Stärke: 3—5 g/l (Stärke mit der 5—10fachen Wassermenge aufschlemmen; nach Perpentolzusatz bis zum Kochen erhitzen!); b. Auskochen v. d. Merzerisation: 0,2—0,3% d. W.; i. d. Kettgarnschlichterei wie i. d. Appretur der Baumwoll- und Leinengewebe: 1—3 g/l Schlichtemasse; *H. Pat., V. Pat.:* DRP. 312465; *Lit.:* Seifensieder-Ztg. 1923 S. 555; 1927 S. 64; 1930 S. 495; [1] Melliand Textilber. 1927 S. 353; Leipzig. Mschr. Textil-Ind. 1927 Heft 10.

Perpentol H **Oranienburger Chem. Fabr. AG., Charlottenburg 2.**

i/Kurs: nein; *Ersatz:* ist Perpentol HN; *analog:* Perpentol HN; *ähnlich:* Beuchöl K, P, PL, PO; *Konstit.:* Seife + Kohlenwasserstoff (Sp. 210° C, unlöslich in Wasser und Seifenlösung); frei von Chlor- und Peroxydbleichmitteln; hochkonzentriert an Fettlöser; technisch wasserfrei; *Äuß.:* transparent; schmierseifenähnlich; *Eigensch.:* netzend; reinigend; fettlösend; Lösevermögen für Fette, Öle, Mineralöle, Harze, Teer, Baumwollwachs; faserschonend; vermindert Oxyzellulosebildung im Beuch- und Bleichprozeß sowie das spätere Vergilben gebleichter Ware; ist sowohl in der Kälte als auch bei Siedetemperatur (im Druckkessel) brauchbar; erzeugt weichen Griff; verbessert den Weißgehalt der Ware; spart gegebenenfalls Ätzalkalien bzw. Bleichmittel, erzeugt frische, tiefe Farben; *Lö. Be.:* gibt mit Wasser, Soda, Ätznatronlauge und Seifenlösung Emulsionen; *Verw.:* insbesondere zum Entfernen fester Verunreinigungen, wie Graphit, Metall, Schmutz in Verbindung mit festen Mineralölen, Wachsen usw.; *Mengen:* allgemein: 0,2—0,5% d. W.; z. Reinigen öliger Abfälle: 0,5—1% d. W. (bei geringem Mineralölgehalt); b. Reinigen graphitfleckiger Ware: neben

3—4% d. W. Ätznatron: 0,3—0,5% d. W. (heiß 12 Stdn. einweichen, ein- oder mehrmal abkochen!); i. d. Kettgarnschlichterei wie in der Appretur von Baumwoll- und Leinengewebe: 1—3 g/l Schlichtemasse; *H. Pat.*, *V. Pat.:* DRP. 312465; *Lit.:* Seifensieder-Ztg. 1927 S. 64; 1930 S. 495; Melliand Textilber. 1927 S. 353; 1930 S. 610; Leipzig. Mschr. Textil-Ind. 1927 Heft 10.

Perpentol HN **Oranienburger Chem. Fabr. AG., Charlottenburg 2.**

i/Kurs: ja; *Ersatz:* für Perpentol H; *analog:* Perpentol H (hat dieselbe Zusammensetzung, wird aber in flüssiger Form geliefert); *ähnlich:* Beuchöl K, P, PL, PO; *Konstit.:* wie Perpentol H: Seife + Fettlöser; *Äuß.:* rotbraune Flüssigkeit; *Eigensch.:* netzend; reinigend; fettlösend; Lösevermögen für Fette, Öle, Mineralöle, Harze, Teer, Baumwollwachse; faserschonend; vermindert Oxyzellulosebildung im Beuch- und Bleichprozeß sowie das spätere Vergilben gebleichter Ware; ist sowohl in der Kälte als auch bei Siedetemperatur (im Druckkessel) brauchbar; erzeugt weichen Griff, verbessert den Weißgehalt der Ware; spart gegebenenfalls Ätzalkalien bzw. Bleichmittel; erzeugt frische, tiefe Farben; *Lö. Be.:* gibt mit Wasser, Soda, Ätznatronlauge und Seifenlösung Emulsionen; *Verw.:* insbesondere zum Entfernen fester Verunreinigungen, wie Graphit, Metall, Schmutz in Verbindung mit festen Mineralölen, Wachsen usw.; *Mengen:* allgemein: 0,2 bis 0,5% d. W.; *H. Pat.*, *V. Pat.:* DRP. 312465; *Lit.:* Seifensieder-Ztg. 1927 S. 64; Melliand Textilber. 1927 S. 353; 1930 S. 788; Leipzig. Mschr. Textil-Ind. 1927 Heft 10.

Perpentol S **Oranienburger Chem. Fabr. AG., Charlottenburg 2.**

i/Kurs: ja; *analog:* Perpentol SN, dessen spezielle Einstellung es ist; *ähnlich:* den Beuchölen K, P, PL, PO; *Konstit.:* Sulfonat + Kohlenwasserstoff; *Äuß.:* klare, gelbe Lösung; *Reakt.:* neutral; *Eigensch.:* netzend; reinigend; fettlösend; *Lö. Be.:* gibt mit Wasser, Soda, Natronlauge und Seifenlösung Emulsionen, die gegen verdünnte Säuren beständig sind; säurebeständig; *Verw.:* als Entpechungsmittel; für die Entpechung nach dem Einweichverfahren; *Mengen:* beim Entpechen: auf 5 Teile Wasser: 1 Teil (Filze ca. 1 Stde. einlegen; schleudern; die abgeschleuderte Lösung wieder zum Einweichbad zurückgeben!); *H. Pat.*, *V. Pat.:* DRP. 312465; *Lit.:* Seifensieder-Ztg. 1927 S. 64; 1930 S. 495; Melliand Textilber. 1927 S. 353; Leipzig. Mschr. Textil-Ind. 1927 Heft 10.

Perpentol SN **Oranienburger Chem. Fabr. AG., Charlottenburg 2.**

i/Kurs: ja; *analog:* Perpentol S, dessen spezielle Einstellung es ist; *ähnlich:* den Beuchölen K, P, PL, PO; *Konstit.:* Sulfonat + Kohlenwasserstoff; *Äuß.:* klare, gelbe Lösung; *Reakt.:* neutral; *Eigensch.:* netzend; reinigend; fettlösend; *Lö. Be.:* gibt mit Wasser, Soda, Natronlauge und Seifenlösung Emulsionen, die gegen verdünnte Säuren beständig sind; säurebeständig; *Verw.:* als Entpechungsmittel; für die Entpechung nach dem Einweichverfahren; *Mengen:* beim Entpechen: auf 5 Teile Wasser: 1 Teil (Filze ca. 1 Stde. einlegen; schleudern; die abgeschleuderte Lösung wieder zum Einweichbade zurückgeben!); *H. Pat.*, *V. Pat.:* DRP. 312465; *Lit.:* Seifensieder-Ztg. 1927 S. 64; 1930 S. 495; Melliand Textilber. 1927 S. 353; Leipzig. Mschr. Textil-Ind. 1927 Heft 10.

Perstabil **Zschimmer & Schwarz, Chemnitz.**

Geb.-J.: 1933; *i/Kurs:* ja; *Konstit.:* Perborat + Stabilisator; *Äuß.:* weißes

Pulver; *Reakt.:* neutral; *Eigensch.:* bleichend; hält den Sauerstoff lange, auch bei höheren Flottentemperaturen; *Verw.:* an Stelle von Perborat; *Mengen:* 20—30% weniger als bei Perborat üblich.

Pertürkol **Chem. Fabr. Stockhausen & Cie., Buch & Landauer AG., Berlin SO 16.**

Geb.-J.: 1910; *i/Kurs:* ja; *ähnlich:* Tetrapol und Verapol; *analog:* Buchol; *Konstit.:* Seife + Chlorkohlenwasserstoff (14% Tri- und Perchloräthylen); (nach Prof. Herbig: Ölsulfonat + Perchloräthylen); (nach Dr. P. Heermann: Sulforizinat + Trichloräthylen[1]); *Äuß.:* dickliche Flüssigkeit; *Eigensch.:* Wasch-, Netz-, Reinigungs-, Fettlösevermögen; *Lö. Be.:* nicht beständig gegen Alkalien und Säuren; *Verw.:* zur Reinigung von Weiß- und Buntwäsche, Stückware u. ä.; *Lit.:* Seifensieder-Ztg. 1930 S. 495; [1] Melliand Textilber. 1928 S. 759.

Pfeilring-Spalter **Vereinigte chem. Werke AG., Charlottenburg.**

i/Kurs: ja; *ähnlich:* Kontakt- und Twitchell-Spalter (nach Schrauth: im wesentlichen mit dem alten Twitchell-Reaktiv identisch); *Konstit.:* Sulfonierungsprodukt eines Gemisches von Naphthalin und gehärtetem Rizinusöl bzw. -fettsäure (vorwiegend Naphthalinrizinolsulfosäure); *Eigensch.:* hohes Emulgiervermögen, das durch Zusätze von Glyzerin und freier Fettsäure noch erhöht wird; vermag die Schaumfähigkeit von Seifenlösungen außerordentlich zu steigern, wie dies auch andere organische Verbindungen, in geringer Menge zugesetzt, tun, und zwar: freie Fettsäuren, meist ungesättigte oder hydroxylierte, wie Rizinolsäure (Schrauth: DRP. 275171; Stephan: Seifensieder-Ztg. 1915 Heft 42), weiter hydrogenierte Phenole, z. B. Cyclohexanol, ganz im Gegensatz zu Fetten, Mineralölen (Bergell: Seifensieder-Ztg. 1924 S. 627), organischen Lösungsmitteln (Stephan: Seifensieder-Ztg. 1915 Heft 42; Jungkunz: Seifensieder-Ztg. 1925 S. 260; Bergell: Seifensieder-Ztg. 1924 S. 627) und Kolloiden, wie Ton, Tragant (Kind u. Zschacke: Z. dtsch. Öl- u. Fettind. 1923 S. 499); *Verw.:* zum Spalten von Fetten und Ölen; als Zusatz zu Seifen; *H. Pat., V. Pat.:* DRP. 298 773; engl. Patent 749 (1912); *Lit.:* Seifenfabrikant 1919 S. 699.

Pflanzengummi

Konstit.: Stärke (löslicher Stärkeleim, erhalten durch Quellen von Stärke mit Lauge); *Verw.:* als Verdickungsmittel.

Pflanzenleim **J. Simon & Dürkheim, Offenbach a. M.**

i/Kurs: ja; *Konstit.:* Stärkepräparat; *Verw.:* für Schlichte und Appretur von Baumwolle, Kunstseide, besonders für Buntwebereien.

Phenoresin D flüssig **I. G. Farbenindustrie AG., Frankfurt a. M.**

i/Kurs: nein; *Ersatz:* für die alte Tannin-Antimonbeize; *analog:* Katanol O; *Äuß.:* Flüssigkeit; *Verw.:* (NB. nicht für Weiß und helle Farben); als Beize für basische Farbstoffe (einbadig).

Physetol **Dehydag, Berlin-Charlottenburg.**

i/Kurs: nein; *Konstit.:* Derivat eines ungesättigten Fettalkohols; *Eigensch.:* sulfonierbar; *Verw.:* zur Herstellung karboxylgruppenfreier, keine Kalkseifen bildender Sulfonierungsprodukte; *Lit.:* Seifensieder-Ztg. 1931 S. 465.

Poliokolle

Konstit.: Stärke (löslicher Stärkeleim, erhalten durch Quellen von Stärke mit Lauge); *Verw.:* als Verdickungsmittel.

Polygen

Konstit.: Diastasepräparat; *Verw.:* zur Verflüssigung der Stärke durch Abbau.

Polyval

Konstit.: Diastasepräparat; *Verw.:* zur Verflüssigung der Stärke durch Abbau.

Praedigen T **H. Th. Böhme AG., Chemnitz.**

Geb.-J.: 1931; *i/Kurs:* ja; *Konstit.:* Paraffinemulsionen; *Äuß.:* weiße Paste; *Reakt.:* schwach sauer; *Eigensch.:* macht Textilien im Einbadverfahren hervorragend wasserabstoßend, wobei die Luftdurchlässigkeit und Porosität der Materialien voll erhalten bleiben (hygienisch allen Anforderungen gerecht!); *Verw.:* zum Imprägnieren von Textilien aller Art; *Mengen:* NB.1 Teil mit 30—40 Teilen heißem Wasser in feine Emulsion bringen! b. Imprägnieren von Wollmaterialien: 5—20 g/l; b. Imprägnieren von Baumwoll- und Kunstseidenmaterialien: 10—40 g/l; b. Imprägnieren auf dem Foulard: 20—100 g/l.

Präparol **Chem. Fabr. Stockhausen & Cie., Krefeld.**

i/Kurs: ja; *Konstit.:* Paraffinemulsion (lösungsmittelhaltig); *Äuß.:* Paste, weiß, dickflüssig; *Reakt.:* neutral; *Eigensch.:* wasserdichtmachend; *Lö. Be.:* empfindlich gegen Elektrolyte; *Verw.:* NB. in Wasser unterhalb 60° C lösen! zum Imprägnieren von Textilmaterialien evtl. unter Zusatz von sulfatfreier essigsaurer Tonerde im Einbadverfahren, im Zweibadverfahren mit Nachbehandlung von essig- bzw. ameisensaurer Tonerde.

Prästabitöl G **Chem. Fabr. Stockhausen & Cie., Krefeld.**

i/Kurs: ja; *analog:* Prästabitöl S, V und K spez.; Prästabitöl NR; *ähnlich:* Triumph-Öl-Supra; *Konstit.:* hochsulfoniertes Öl (ohne Gehalt an aliphat. Sulfosäuren!); *Äuß.:* Flüssigkeit, braun; *Reakt.:* sauer; *Eigensch.:* faserschützende Wirkung gegenüber Wolle; erteilt weichen Griff; Netz-, Egalisier- und Durchfärbevermögen, besonders in saurem Bade; erzeugt frische Farbtöne; *Lö. Be.:* Best. zwischen Monopolbrillantöl und Prästabitöl V; *Verw.:* zur Bittersalzappretur; für Bleicherei und Beuche; beim Färben, namentlich i. d. sauren Wollfärberei; (nach Prof. Herbig auch f. d. Karbonisation!); z. Abziehen; im Zeugdruck; als Zusatz zur Walke; i. d. Hutfärberei; b. Umfärben; *H. Pat.*, *V. Pat.:* DRP. angem.; *Lit.:* Seifensieder-Ztg. 1932 S. 45—47; Melliand Textilber. 1928 S. 759; 1930 S. 610; 1931 S. 196.

Prästabitöl GA **Chem. Fabr. Stockhausen & Cie., Krefeld.**

i/Kurs: ja; *analog:* Prästabitöl VA; *Konstit.:* Türkischrotöl (hochsulfoniert; enthält nur Schwefelsäureester, aber keine aliph. Sulfosäuren!); *Verw.:* in der Appretur; *Lit.:* Melliand Textilber. 1931 S. 196.

Prästabitöl K spez. **Chem. Fabr. Stockhausen & Cie., Krefeld.**

i/Kurs: ja; *analog:* Prästabitöl G; *Konstit.:* Türkischrotöl (hoher Sulfonierungsgrad; fettlöserhaltig[1]); (enthält nur Schwefelsäureester, aber keine aliph. Sulfosäuren!); *Äuß.:* Flüssigkeit, bräunlich; *Reakt.:* sauer; *Eigensch.:* faserschützend und gleichzeitig netzend und egalisierend; besonders wirksam beim Färben in Apparaten mit kupferner Armatur; *Lö. Be.:* wie Prästabitöl G; *Verw.:* beim Färben von empfindlichem Wollmaterial; beim Abziehen; beim Auffärben; *Mengen:* 1—2% d. W.; *Lit.:* Melliand Textilber. 1928 S. 759; [1] 1930 S. 610; 1931 S. 196.

Prästabitöl KG **Chem. Fabr. Stockhausen & Cie., Krefeld.**

i/Kurs: ja; *ähnlich:* Triumph-Öl-Supra; *Konstit.:* hochsulfoniertes Öl + Lösungsmittel (ohne Gehalt an aliph. Sulfosäuren!); *Äuß.:* Öl, hellbraun; *Reakt.:* sauer; *Eigensch.:* lösende Wirkung für Wachsstoffe und Pektinkörper; hohes Netz- und Durchdringungsvermögen; erteilt der Merzerisierflotte hohe Schrumpfwirkung in kürzester Zeit; erteilt dem Material guten Griff und hohes Farbstoffaufnahmevermögen; schont das Merzerisiergut; gestattet die Verwendung von Laugen geringerer Konzentration als üblich (meist genügen Laugen von 25° Bé); gestattet die Merzerisation unabgekochten Materials; *Lö. Be.:* beständig gegen Alkalilaugen bis zu 36° Bé; *Verw.:* für die Merzerisation, auch unabgekochter Ware; *Mengen:* bei abgekochter Ware: 2—5 g/l; bei Rohware: 10—20 g/l (vor dem Zusatz zur Merzerisierlauge mit der zweifachen Menge Wasser verdünnen!); *H. Pat.*, *V. Pat.:* DRP. angemeldet; *Lit.:* Melliand Textilber. 1931 S. 196.

Prästabitöl KN **Chem. Fabr. Stockhausen & Cie., Krefeld.**

i/Kurs: ja; *ähnlich:* Triumph-Öl-Supra; *analog:* Prästabitöl ZA, ZN und NR; *Konstit.:* Ölsulfonat (enthält nur Schwefelsäureester, aber keine aliphatischen Sulfosäuren!) + aromatische Sulfosäure (lösungsmittelhaltig); *Äuß.:* Öl, hellbraun; *Reakt.:* schwach sauer gegen Phenolphthalein; *Eigensch.:* starkes Netzvermögen, auch bei gewöhnlicher Temperatur; *Lö. Be.:* hochbeständig gegen Säuren; gut beständig gegen Kalk und Bittersalz; *Verw.:* zum Vornetzen und leichten Abkochen von Baumwolle und Kunstseide vor d. Färben; als Zusatz b. Färben; zum Kaltnetzen; *Lit.:* Melliand Textilber. 1931 S. 196.

Prästabitöl NR **Chem. Fabr. Stockhausen & Cie., Krefeld.**

i/Kurs: ja; *analog:* Prästabitöl G und V; Prästabitöl ZN; Prästabitöl KN; Prästabitöl ZA; *Konstit.:* Seife + Türkischrotöl (ohne Gehalt an aliphat. Sulfosäuren!); *Äuß.:* dunkelgelbes Öl; *Reakt.:* neutral; *Eigensch.:* ungewöhnlich hohes Netzvermögen, insbesondere in alkalischer Lösung; Fließvermögen; gute egalisierende Wirkung; verleiht in der Beuche und bei offener Laugenabkochung den Bädern rasches Durchdringungsvermögen; *Lö. Be.:* beständig in Natronlauge bis zu 5° Bé; mäßig kalk- und säurebeständig; *Verw.:* NB. nicht in Merzerisierlaugen! als Färbeöl in substantiven, Schwefel-, Naphthol- und Indanthrenfarbflotten; in der Beuche und bei offener Laugenabkochung; zum Durchfärben im Indanthrenklotzverfahren; *Mengen:* zum Vornetzen: 1—2 g; i. d. Beuche: 0,5% d. W.; im Prästabitöl-Klotzverfahren: 10 g/l.

Prästabitöl S **Chem. Fabr. Stockhausen & Cie., Krefeld.**

i/Kurs: ja; *analog:* Prästabitöl G und V sowie Intrasol; *ähnlich:* Triumph-Öl-Supra; *Konstit.:* hochsulfoniertes Rizinusöl (enthält keine aliphatischen Sulfosäuren!); *Äuß.:* bräunlich; *Reakt.:* sauer; *Eigensch.:* schutzkolloide Wirkung; vermeidet die Ausfällung von Kalkseifen in hartem Wasser; Netz-, Egalisier-, und Durchfärbevermögen, besonders in saurem Bade; faserschützende Wirkung; erzeugt frische Farbtöne; *Lö. Be.:* — ebenso wie G — sehr gut säurebeständig; *Verw.:* zum Färben, Abziehen und Umfärben von Wolle sowie Halbwolle; in der Schwerappretur; *H. Pat., V. Pat.:* DRP. angem.; *Lit.:* Seifensieder-Ztg. 1932 S. 45—47; Melliand Textilber. 1931 S. 196.

Prästabitöl V **Chem. Fabr. Stockhausen & Cie., Krefeld.**

i/Kurs: ja; *ähnlich:* Triumph-Öl-Supra; *analog:* Prästabitöl G und S; Prästabitöl NR; *Konstit.:* hochsulfoniertes Rizinusöl[1, 2]; (nach Prof. Herbig: + Lösungsmittel); (enthält nur Schwefelsäureester, aber keine aliph. Sulfosäuren!); *Äuß.:* Flüssigkeit, gelbbraun; *Reakt.:* sauer; *Eigensch.:* Netz-, Egalisier-, Farbstoffdispergier- und Durchfärbevermögen; faserschützende Wirkung gegen Wolle; erzeugt frische Farbtöne und weiches Material; *Lö. Be.:* höchst beständig gegen Kalk, Säure, Bittersalz, Chlor- und Alkalilauge; *Verw.:* in der Beuche und Bleicherei; in der Baumwoll- und Kunstseidenfärberei; namentlich in der Küpenfärberei; speziell zum Durchfärben dichtgeschlagener Ware im Klotzverfahren; in der Bittersalzappretur; in der Wollfärberei; namentlich auch beim Färben von Palatinechtfarbstoffen; als Faserschutzmittel beim Abziehen und Umfärben; zum Färben von Teppichgarn; in der Filzfärberei und für Halbwolle; in der Karbonisation; beim Zeugdruck; *Mengen:* i. d. Beuche und Bleiche: 0,3—1%; i. d. Baumwollfärberei: 0,5—1,5%; im Klotzverfahren: 30 g/l; i. d. Wollfärberei: 0,5—1%; i. d. Karbonisation: 1—3 g/l (unter gleichzeitiger Verringerung der Säurekonzentration um 1—2° Bé); *H. Pat., V. Pat.:* DRP. angem.; *Lit.:* Melliand Textilber.[1] 1928 S. 759; 1930[2] S. 610 u. 788; 1931 S. 196; Seifensieder-Ztg. 1932 S. 45—47.

Prästabitöl VA **Chem. Fabr. Stockhausen & Cie., Krefeld.**

i/Kurs: ja; *analog:* Prästabitöl GA; *Konstit.:* Türkischrotöl (hochsulfoniert; enthält nur Schwefelsäureester, aber keine aliph. Sulfosäuren!); *Verw.:* in der Appretur; *Lit.:* Melliand Textilber. 1931 S. 196.

Prästabitöl ZA **Chem. Fabr. Stockhausen & Cie., Krefeld.**

i/Kurs: ja; *ähnlich:* Triumph-Öl-Supra; *analog:* Prästabitöl KN, ZN und NR; *Konstit.:* neues synthetisches Produkt (enthält Schwefelsäureester, aber keine aliphatischen Sulfosäuren!); *Äuß.:* Öl, rötlich; *Reakt.:* neutral; *Eigensch.:* hervorragende Netzfähigkeit in neutraler und auch in alkalischer Flotte, sowohl in der Kälte als auch besonders in der Kochhitze, sowie auch in sauren Flotten; *Lö. Be.:* beständig in Laugen, die bis zu 12—15 g NaOH/l enthalten; *Verw.:* als Netzmittel für Baumwolle und Kunstseide; (NB. für Merzerisationszwecke Prästabitöl KG verwenden!); b. d. Appretur und b. Färben; *Mengen:* allgemein: 0,3—0,5 g/l; bei sehr konzentrierten Appreturflotten oder sehr kurzen Färbeflotten: bis zu 1 g/l; *Lit.:* Melliand Textilber. 1931 S. 196.

Prästabitöl ZN **Chem. Fabr. Stockhausen & Cie., Krefeld.**

i/Kurs: ja; *ähnlich:* Triumph-Öl-Supra; *analog:* Prästabitöl KN, ZA und NR; *Konstit.:* neues synthetisches Produkt (enthält Schwefelsäureester, aber keine aliphatischen Sulfosäuren!); *Äuß.:* rötliches Öl; *Reakt.:* neutral; *Eigensch.:* siehe Prästabitöl ZA! *Lö. Be.:* siehe Prästabitöl ZA! *Verw.:* als Netzmittel für Baumwolle und Kunstseide; (im Gegensatz zu Prästabitöl ZA) auch in der Chlorbleiche; *Mengen:* siehe Prästabitöl ZA! *Lit.:* Melliand Textilber. 1931 S. 196.

Prima Wollschmälze K **W. Städting Nachf., Leipzig-Lindenau.**

Konstit.: fetts. NH_4 (10,9%) + freie Ölsäure (3,8%) + Neutralfett (1%) + Ammoniak (0,6%) + Wasser (75,2%); *Verw.:* als Schmälzmittel.

Prima Wollschmälze M **W. Städting Nachf., Leipzig-Lindenau.**

Konstit.: fetts. NH_4 (6,3%) + freie Ölsäure (1,4%) + Neutralfett (0,7%) + Ammoniak (0,4%) + Wasser (85,2%); *Verw.:* als Schmälzmittel.

Propylat K 10 **H. Th. Böhme AG., Chemnitz.**

Geb.-J.: 1931; *i/Kurs:* ja; *Konstit.:* Fettalkoholsulfonat; *Äuß.:* Flüssigkeit, bräunlich; *Reakt.:* neutral; *Eigensch.:* weichmachend; faserschonend; netzend; schäumend; emulgierend; erzeugt leicht auswaschbare, nicht verklebende und verharzende, elastische, griffige Kunstseiden; *Lö. Be.:* gibt mit Wasser haltbare Emulsionen; kalk-, säure-, alkali- und salzbeständig; *Verw.:* als Durchspulöl und Avivagemittel; zur Kunstseidenausrüstung (s. a. Mengen!); *Mengen:* b. d. Vorpräparation v. Kunstseide z. Vermeidung v. Ringelbildung: 10—20 g/l; b. Durchspulen v. Kunstseide z. Vermeidung v. Ringelbildung: 5—30—40 g/l; *H. Pat., V. Pat.:* Pat. angemeldet.

Prosapol

Lit.: Seifensieder-Ztg. 1917 S. 171 (R. König).

Protamol

Konstit.: Abkochung aus Reismehl (von entschältem Bruchreis); *Eigensch.:* gibt der Ware einen gut deckenden Appret und vollen Griff; *Verw.:* in der Schlichterei und Appretur.

Protectol I Pulver **I. G. Farbenind. AG., Frankfurt a. M.**

Ersatz: für Protektol-Agfa I; *analog:* Protectol I Pulver doppelt (jedoch nur halb so konzentriert); *Konstit.:* Sulfitzelluloseablauge; *Äuß.:* Pulver; *Eigensch.:* hohes Netz-, Durchdringungs-, Egalisier-, Durchfärbevermögen; erhält bzw. erhöht die Weichheit der Faser und schützt vor Alkaliangriff; *Lö. Be.:* leicht löslich in heißem Wasser; *Verw.:* beim Entbasten von Seide (mit scharfen Seifen), Färben der Wolle mit Küpenfarbstoffen (Ätznatronhydrosulfitküpe); zum Färben empfindlicher Waren, wie Orleans und Filze in schwach alkalischen Bädern; (b. Töten d. Felle m. Sodalsg.;) *Mengen:* 2—5% d. W.

Protectol I Pulver doppelt **I. G. Farbenind. AG., Frankfurt a. M.**

Ersatz: für Protektol-Agfa I; *analog:* Protectol I Pulver (jedoch doppelt so konzentriert); *Konstit.:* Sulfitzelluloseablauge; *Äuß.:* Pulver; *Eigensch.:* hohes Netz-, Durchdringungs-, Egalisier-, Durchfärbevermögen; erhält bzw. erhöht die Weichheit der Faser und schützt vor Alkaliangriff; *Lö. Be.:* leicht löslich in heißem Wasser; *Verw.:* beim Entbasten von Seide (mit scharfen Seifen), Färben der Wolle mit Küpenfarbstoffen (Ätznatronhydrosulfitküpe); zum Färben empfindlicher Waren, wie Orleans und Filze in schwach alkalischen Bädern; (b. Töten d. Felle m. Sodalsg.;) *Mengen:* 1—2,5% d. W.

Protectol II Pulver **I. G. Farbenind. AG., Frankfurt a. M.**

Ersatz: für Protektol-Agfa II; *analog:* Protectol II Pulver doppelt (jedoch nur halb so konzentriert); *Konstit.:* Sulfitzelluloseablauge; *Äuß.:* Pulver; *Eigensch.:* hohes Netz-, Durchdringungs-, Egalisier-, Durchfärbevermögen; erhält bzw. erhöht die Weichheit der Faser und schützt vor Alkaliangriff; *Lö. Be.:* leicht löslich in heißem Wasser; *Verw.:* beim Waschen der Wolle, Kunstwolle, Halbwolle; beim Färben der Halbwolle mit substantiven und Schwefelfarbstoffen; beim Färben der Halbseide mit Schwefelfarbstoffen; (beim Töten der Felle mit Sodalösung;) als Schutz-, Durchfärbe- und Egalisierungsmittel; beim Färben auch empfindlicher Ware, wie Orleans und Filze, selbst in schwach alkalischem Bade; *Mengen:* 2—5% d. W.

Protectol II Pulver doppelt **I. G. Farbenind. AG., Frankfurt a. M.**

Ersatz: f. Protektol-Agfa II; *analog:* Protectol II Pulver (jedoch doppelt so konzentriert); *Konstit.:* Sulfitzelluloseablauge; *Äuß.:* Pulver; *Eigensch.:* hohes Netz-, Durchdringungs-, Egalisier-, Durchfärbevermögen; erhält bzw. erhöht die Weichheit der Faser und schützt vor Alkaliangriff; *Lö. Be.:* leicht löslich in heißem Wasser; *Verw.:* beim Waschen der Wolle, Kunstwolle, Halbwolle; beim Färben der Halbwolle mit substantiven und Schwefelfarbstoffen; beim Färben der Halbseide mit Schwefelfarbstoffen; (beim Töten der Felle mit Sodalösung;) als Schutz-, Durchfärbe- und Egalisierungsmittel; beim Färben auch empfindlicher Ware, wie Orleans und Filze, selbst in schwach alkalischem Bade; *Mengen:* 1—2,5% d. W.

Protektol-Agfa I **I. G. Farbenindustrie AG., Frankfurt a. M.**

i/Kurs: nein; *Ersatz:* Protectol I Pulver und Protectol I Pulver doppelt; *Konstit.:* Erzeugnis aus Zellstoffablauge; *Äuß.:* Flüssigkeit; *Eigensch.:* beseitigt bzw. vermindert die schädliche Wirkung alkalischer Laugen auf die Wollfaser; hohes Netz-, Durchdringungs-, Egalisier-, Durchfärbevermögen; erhält bzw. erhöht die Weichheit der Faser; *Verw.:* als Zusatz zur Küpenfärberei; als Faserschutzmittel; *Mengen:* 2—5% d. W.; *Lit.:* Melliand Textilber. 1921 S. 353; 1930 S. 610; Z. f. ges. Textilind. 1931 Heft 23.

Protektol-Agfa II **I. G. Farbenindustrie AG., Frankfurt a. M.**

i/Kurs: nein; *Ersatz:* Protectol II Pulver und Protectol II Pulver doppelt; *Konstit.:* Erzeugnis aus Zellstoffablauge; *Äuß.:* Flüssigkeit; *Eigensch.:* beseitigt bzw. vermindert die schädliche Wirkung alkalischer Laugen auf die Wollfaser; hohes Netz-, Durchdringungs-, Egalisier-, Durchfärbevermögen; erhält bzw. erhöht die Weichheit der Faser; *Verw.:* in der Wollwäscherei; als Faserschutzmittel; *Mengen:* 2—5% d. W.; *Lit.:* Melliand Textilber. 1921 S. 353; 1930 S. 610; Z. f. ges. Textilind. 1931 Heft 23.

Protegin **Th. Goldschmidt AG., Essen.**

i/Kurs: ja; *Konstit.:* Lösung von Cholesterin-Verbindungen in Vaselin; *Verw.:* zur Herstellung neutraler und saurer Emulsionen; *Lit.:* Seifensieder-Ztg. 1932 S. 141ff.

Pulitol **Dr. A. Schmitz, Düsseldorf-Oberkassel.**

Geb.-J.: 1931; *i/Kurs:* ja; *Konstit.:* Fettalkoholsulfonat; *Äuß.:* Flüssigkeit, gelb; *Eigensch.:* sehr gutes Netzvermögen in kaltem wie in kochendem Bade; faserschützende und weichmachende Wirkung auf die Wollfaser, auf die es aufzieht; verhindert Kalkseifenbildung; *Lö. Be.:* beständig gegen Säure und hartes Wasser; beständig in Bittersalzappreturen höchster Konzentrationen; *Verw.:* als Färbe- und Avivageöl für Wolle, Baumwolle, Seide, Kunstseide und Mischgewebe, die bei Verwendung von Pulitol in einem Arbeitsgang gefärbt und aviviert werden können; als Faserschutzmittel i. d. Karbonisation; zum Weichmachen in der Appretur, auch Bittersalzappretur; *Mengen:* im Färbebade: 0,1%; in der Karbonisierflotte: 0,05%; in Appreturmassen: 0,3—1%.

Purol **Dörr, Frankfurt a. M.**

ähnlich: Produkt gleichen Namens der Chem. Fabr. Pott & Co., Pirna-Copitz; *Konstit.:* Türkischrotöl; *Lit.:* Seifensieder-Ztg. 1930 S. 495.

Puropolöl „A“ **J. Simon & Dürkheim, Offenbach a. M.**

i/Kurs: ja; *Konstit.:* Sulforizinat (mittlerer Sulfonierungsgrad; ohne Fettlöser!); *Äuß.:* gelbe Flüssigkeit; *Eigensch.:* kann jeder Appretur zugesetzt werden; gute Netz- und Emulgierwirkung; klebt nicht; weichmachend; erschließt die Faser leicht; verleiht Farben einen klaren Ton; verhindert das Bronzieren in der Schwarzfärberei; *Lö. Be.:* löst sich klar in Wasser; *Verw.:* für Schlichte und Appretur; *Lit.:* Seifensieder-Ztg. 1930 S. 495; Melliand Textilber. 1930 S. 610.

Puropolöl amg **J. Simon & Dürkheim, Offenbach a. M.**

Geb.-J.: 1928; *i/Kurs:* ja; *Konstit.:* sulfoniertes Rizinusöl (mittlerer Sulfonierungsgrad); *Äuß.:* Öl, gelb; *Reakt.:* neutral bis schwach sauer; *Eigensch.:* netzend; weichmachend; griffigmachend; *Lö. Be.:* säurebeständig; bittersalzbeständig (bei Zusatz von 0,5% Puropolöl amg zu einer 10%igen Bittersalzlösung entsteht eine dauerhafte Emulsion, bei Zugabe größerer Mengen eine klare durchsichtige Lösung; 1% gibt mit 50%iger Bittersalzlösung während 24 Stdn. keine Ausscheidung!); bildet keine Kalkseifen in hartem Wasser; *Verw.:* als bittersalz- und säurebeständiges Appreturöl; zusammen mit Milch- und Ameisensäure, für die Appretur von Wolle, Baumwolle und Kunstseide; auch in saurem Bade verwendbar! (Färberei!); als Zusatz direkt z. Bleichflotte; *Mengen:* 1—5%; *Lit.:* Seifensieder-Ztg. 1930 S. 495; Melliand Textilber. 1930 S. 610.

Puropolöl EM **J. Simon & Dürkheim, Offenbach a. M.**

Geb.-J.: 1927; *i/Kurs:* ja; *analog:* Puropolöl EMP und Puropolöl EMK; *Konstit.:* Rizinusöl- (Kondensationsprodukt) Ammoniumseife; (nach Herbig d. Anhydr. v. Rizinusöl erhalten!); Seife + Fettlöser[1]; *Äuß.:* dunkel rotbraunes, dickliches Öl; *Reakt.:* technisch neutral; *Eigensch.:*

hohes Emulgiervermögen; liefert haltbare und beständige Emulsionen; *Verw.:* zur Herstellung von Emulsionen aus Olivenöl, Erdnußöl, Leinöl, Olein, Talg, Tran, Paraffin, Mineralöl, die für die Avivage von Seide, insbesondere auch Kunstseide, Verwendung finden; zur Selbstherstellung von Spinnschmälzen für Wolle; *Mengen:* a) bei Fett-Ölemulsionen: 6,5 Teile auf 15,5 Teile zu emulgierendes fettes Öl neben: 78 Teilen Wasser und 0,25 Teilen Ammoniak 25%ig; b) bei Paraffin-, (Mineralöl-, Wachs-) Emulsionen: 12 Teile auf 10 Teile Paraffin neben: 76 Teilen Wasser und 2 Teilen Kalilauge 50° Bé (Temperatur ca. 60°); *H. Pat., V. Pat.:* DRP. a.; *Lit.:* Melliand Textilber. 1928 Nr. 9; 1929 Nr. 1; 1930 Nr. 3; [1] 1930 S. 610; 1931 Nr. 11; Seifensieder-Ztg. 1930 S. 495.

Puropolöl EMK **J. Simon & Dürkheim, Offenbach a. M.**

Geb.-J.: 1927; *i/Kurs:* ja; *analog:* Puropolöl EM und Puropolöl EMP; *Konstit.:* Rizinusöl-(Kondensationsprodukt) Natron- bzw. Kaliseife; *Äuß.:* dunkel rotbraunes, dickliches Öl; *Reakt.:* technisch neutral; *Eigensch.:* hohes Emulgiervermögen; liefert haltbare und beständige Emulsionen; *Verw.:* zur Herstellung von Emulsionen aus Olivenöl, Erdnußöl, Leinöl, Olein, Talg, Tran, Paraffin, Mineralöl, die für die Avivage von Seide, insbesondere auch Kunstseide, Verwendung finden; zur Selbstherstellung von Spinnschmälzen für Wolle; *Mengen:* a) bei Fett-Ölemulsionen: 6,5 Teile auf 15,5 Teile zu emulgierendes fettes Öl neben: 78 Teilen Wasser und 0,25 Teilen Ammoniak 25%ig; b) bei Paraffin-, (Mineralöl-, Wachs-) Emulsionen: 12 Teile auf 10 Teile Paraffin neben: 76 Teilen Wasser und 2 Teilen Kalilauge 50° Bé (Temperatur ca. 60°); *H. Pat , V. Pat.:* DRP a. *Lit.:* Melliand Textilber. 1928 Nr. 9; 1929 Nr. 1; 1930, Nr. 3; 1931, Nr. 11; Seifensieder-Ztg. 1930 S. 495.

Puropolöl EMP **J. Simon & Dürkheim, Offenbach a. M.**

Geb.-J.: 1927; *i/Kurs:* ja; *analog:* Puropolöl EM und Puropolöl EMK; *Konstit.:* Rizinusöl-(Kondensationsprodukt) Natron- bzw. Kaliseife; + Alkali (das zur Bereitung der Emulsion noch nötig ist und daher bei der Verwendung fortgelassen werden kann); (siehe Mengen!); *Äuß.:* dunkel rotbraunes, dickliches Öl; *Reakt.:* technisch neutral; *Eigensch.:* hohes Emulgiervermögen; liefert haltbare und beständige Emulsionen; *Verw.:* zur Herstellung von Emulsionen aus Olivenöl, Erdnußöl, Leinöl, Olein, Talg, Tran, Paraffin, Mineralöl, die für die Avivage von Seide, insbesondere auch Kunstseide, Verwendung finden; zur Selbstherstellung von Spinnschmälzen für Wolle; *Mengen:* a) bei Fett-Ölemulsionen: 6,5 Teile auf 15,5 Teile zu emulgierendes fettes Öl neben: 78 Teilen Wasser und 0,25 Teilen Ammoniak 25%ig; b) bei Paraffin-, (Mineralöl-, Wachs-) Emulsionen: 12 Teile auf 10 Teile Paraffin neben: 76 Teilen Wasser und 2 Teilen Kalilauge 50° Bé (Temperatur ca. 60°); *H. Pat., V. Pat.:* DRP. a., siehe auch DRP. 556889! *Lit.:* Melliand Textilber. 1928 Nr. 9; 1929 Nr. 1; 1930 Nr. 3; 1931 Nr. 11; Seifensieder-Ztg. 1930 S. 495.

Puropolöl „NB“ **J. Simon & Dürkheim, Offenbach a. M.**

i/Kurs: ja; *Konstit.:* Sulforizinat (mittlerer Sulfonierungsgrad!) + Kohlenwasserstoff; *Eigensch.:* netzend; farbstofflösend; beseitigt Mineralöl-, Harz-, Paraffinverunreinigungen; *Lö. Be.:* beständig gegen Bittersalz, Milch- und Ameisensäure; *Verw.:* als Netz- und Beuchöl; beim Färben im Farbbad und zum Anteigen von Farbstoffen; *Lit.:* Seifensieder-Ztg. 1930 S. 495; Melliand Textilber. 1930 S. 610.

Puropolöl NB „amg“ **J. Simon & Dürkheim, Offenbach a. M.**

i/Kurs: ja; *Lö. Be.:* kalk-, säure- und bittersalzbeständig; *Verw.:* als Netz- und Fettlösemittel.

Puropolöl S **J. Simon & Dürkheim, Offenbach a. M.**

Geb.-J.: 1932; *i/Kurs:* ja; *analog:* wird 50% ig und 100% ig, neutral, sauer und schwach alkalisch geliefert; *Konstit.:* sulfoniertes Rizinusöl; *Äuß.:* Öl, gelb; *Reakt.:* s. oben! *Eigensch.:* enthält keine klebenden Bestandteile; hinterläßt in der Ware keinen Geruch; gibt geschmeidigen Griff, volle Farben; Durchfärbevermögen; verhindert bei direktem und gekuppeltem Schwarz sowie bei Schwefelschwarz das Bronzieren; verhindert die Bildung von Kalkseifen, löst entstandene Kalkseifen; Netz-, Reinigungs- und Lösevermögen für Öle und Fette, auch Mineralöle; Egalisierungsvermögen; faserschützend; gibt hohen Glanz und weichen Griff; kann auch zusammen mit Seife verwendet werden; *Lö. Be.:* säure-, salz- und kalkbeständig; *Verw.:* (man löst zunächst kochend in der 3—5fachen Menge Wasser!); zum Grundieren von Neurot; zusammen mit den mit anderen Ölen hergestellten Ölbeizen für Krappbäder; für Türkischrot- und Alizarinfarben; für substantive, Entwicklungs- und Schwefelfarbstoffe; in der Halbwoll- und Halbseidenfärberei; in der Apparate- und Kufenfärberei für Kopse und Kreuzspulen; beim Färben gemischter Gewebe — nach dem sauren Vorfärben der Wolle oder Seide —; beim Decken der Baumwolle mit Direktfarbstoffen; als Reinigungsmittel in der Seidenfärberei sowie als Zusatz beim Färben der Seide mit basischen, sauren, substantiven und Entwicklungsfarbstoffen; in der sauren Wollfärberei; bei Chromierungs- und Beizenfarbstoffen; zur Avivage von mit Schwefelfarbstoffen gefärbten Waren; als Zusatz z. Beuchen und Aufschließen der Faser; vor und bei der Bleiche; in der Wollwäsche; als Netzmittel für gewaschene Wolle; zum Waschen karbonisierter Ware; in der sauren Walke; in der Appretur zusammen mit Bittersalz; in der Bleicherei; in der Merzerisation; z. Färben von Fäden und Zwirnen; als Netzmittel für Baumwolle, Wolle usw.; *Mengen:* in der Färberei: 3—4 g/l; b. d. Karbonisation: 5 g/l; i. d. Schlichterei: im Verhältnis 1:10 lösen und dem kochenden Kartoffelmehl zusetzen; z. Weichmachen b. Färben neben Marseiller Seife (4%): 4% d. W.; *Lit.:* Seifensieder-Ztg. 1930 S. 495.

Puropolseife **J. Simon & Dürkheim, Offenbach a. M.**

i/Kurs: ja; *Konstit.:* Sulforizinat; *Verw.:* in der Merzerisation; als Netzmittel beim Beuchen, in der Wollwäsche, in der sauren Walke; besonders auch, in Verbindung mit Marseiller Seife, als Zusatz zur Bleichflotte.

Purpurol

Eigensch.: ermöglicht das Drucken auf ungeölter Ware; *Verw.:* als Zusatz zu Druckfarben.

Purton — Stärke **Zschimmer & Schwarz, Chemnitz.**

Geb.-J.: 1930; *i/Kurs:* ja; *Konstit.:* aufgeschlossene Stärke; *Äuß.:* Pulver, weiß; *Reakt.:* neutral; *Lö. Be.:* leicht und klar löslich in Wasser; *Verw.:* in der Buntwebwaren-Appretur und Streichgarnschlichterei.

Purton, Wasch- und Bleichpulver **Zschimmer & Schwarz, Chemnitz.**

Geb.-J.: 1932; *i/Kurs:* ja; *Konstit.:* Fettalkoholderivat + Netzmittel + Perborat + Soda (geringe Menge) + Stabilisator (zwecks verlangsamter Sauerstoffabgabe!); *Äuß.:* Pulver, weiß; *Reakt.:* schwach alkalisch; *Eigensch.:* enth. kein Chlor; hohes Schaum-, Netz-, Wasch-, Reinigungs-, Emulgier- und Bleichvermögen (etwa 3fache Wirkung wie die üblichen selbsttätigen Waschmittel!); gibt lagerbeständiges Weiß; kein Nachgilben und Riechen; verhindert, zusammen mit Seife benutzt, die Bildung schädlicher Kalkseifen; peptisiert vielmehr die Kalkseifen; faserschonend; *Lö. Be.:* absolut beständig gegen Wasser aller Härtegrade; absolut säurebeständig; *Verw.:* zum Waschen und Bleichen für alle Faserarten, wie Baumwolle, Wolle, Seide, Kunstseide; in der Bleicherei; in Wäschereien; im Haushalt; auch zum Spülen; für sich allein als auch zusammen mit Seife für Weiß- wie für Buntwäsche; als Zugabe neben Seife z. Einweichen; *Mengen:* (NB. vor der Verwendung in etwa der 20fachen Menge Wassers von 35—40° auflösen!); allgemein: 1 g/l (65—85° C); b. Wasser bis 10° D.H.: an Stelle v. bish. 100 g Seifenflocken: 70 g Flocken + 5 g P. neben üblicher Sodamenge; b. Wasser bis 20° D. H.: an Stelle v. bish. 100 g Seifenflocken: 80 g Flocken + 8 g P. neben üblicher Sodamenge; b. Wasser von > 20° D.H.: an Stelle v. bish. 100 g Seifenflocken: 80 g Flocken + 10 g P. neben üblicher Sodamenge; (bei letzterem nach vorheriger Wasserenthärtung durch Erwärmen auf 70° und Zugabe von Soda!); NB. ist die Mitverwendung von Fettlöserseife geboten, dann: b. HOH bis 10° D. H.: Seifenflocken, Tetraseife WW Supra und Purtonpulver im Verhältnis 55:40:5; b. HOH bis 20° D. H.: im Verhältnis 50:40:10; b. HOH v. > 20° D. H.: im Verhältnis 60:40:10; *H. Pat.*, *V. Pat.:* DRP. angem.

Quellin

Konstit.: Stärke (lösl.); *Verw.:* als Stärkeschlichte, die nicht aufgeschlossen zu werden braucht.

Rabic **R. Bernheim, Augsburg-Pfersee.**

analog: Rabic L; *ähnlich:* Purton-Stärke; *Konstit.:* Stärkepräparat; *Verw.:* für Färberei, Bleicherei, Appretur.

Rabic L **R. Bernheim, Augsburg-Pfersee.**

analog: Rabic; *Konstit.:* Stärkepräparat; *Verw.:* als Stärkeschlichte, die nicht aufgeschlossen zu werden braucht.

Radium-Mattine **H. Th. Böhme AG., Chemnitz.**

Geb.-J.: 1932; *i/Kurs:* ja; *Äuß.:* weiße Paste; *Eigensch.:* bewirkt eine hervorragende Mattierung von Kunstseiden aller Art nach dem Einbadverfahren; *Verw.:* zum Mattieren von Kunstseiden und kunstseidehaltigen Materialien nach dem Einbadverfahren im schwach sauren Bad; *Mengen:* NB. 1 Teil mit 30 Teilen heißem Wasser in Emulsion bringen! 5—30 g/l; im Foulard: 10—100 g/l.

Ramasit I **I. G. Farbenindustrie AG., Frankfurt a. M.**

i/Kurs: ja; *analog:* den übrigen Ramasit-Marken; *Konstit.:* Paraffin + Natriumsalz einer alkylierten Naphthalinsulfosäure + Leim (hoher

Paraffingehalt); *Äuß.:* milchweiße Emulsion; *Reakt.:* vollkommen neutral; *Eigensch.:* enthält Paraffin in feinverteilter Form; hohes Benetzungs- und Durchdringungsvermögen; erzeugt Waren von geschmeidigem Griff und Glanz; beeinflußt Schlichten günstig in bezug auf Viskosität und Eindringungsvermögen; erzeugt haltbaren Seidengriff auf Kunstseide und Baumwolle; schont (infolge kalter Behandlung) die Färbung; ermöglicht die Verwendung säureunechter Farbstoffe; gibt Fülle, Hochglanz, Glätte, Weichheit und Geschmeidigkeit; vermeidet die Mitverwendung von Soda; *Lö. Be.:* mit Wasser läßt es sich haltbar verdünnen; ist in Gegenwart von Säuren anwendbar, dabei jedoch von geringerer Haltbarkeit; *Verw.:* für die Behandlung und Veredlung von Baumwolle, Wolle, Seide, Kunstseide und Mischgeweben; als Zusatz zu Schlichten und Appreturen; als Zusatz zu Schlichten für gefärbte und ungefärbte Garne aus Kunstseide (Präparationen); (NB. bei Ketten, die später gefärbt werden, muß die Schlichte vorher gründlich ausgewaschen werden!); als Zusatz beim Kaltschlichten; zur Erzeugung von Seidengriff auf Kunstseide und Baumwolle nach dem Einbadverfahren; in der Weißwäscherei an Stelle von Bienenwachs, Japanwachs und Walrat für Kragen, Tisch-, Bett- und Leibwäsche allein oder als Zusatz zu Stärkeflotten; zur Erzielung von Glanz und Glätte ohne Sprödigkeit, wobei sich ein Nachglanzieren erübrigt; *Mengen:* als Zusatz zu Schlichten und Appreturen: 2 ccm/l (mit der 3—4fachen Menge Wasser von 30—40° C vorverdünnen!); z. Erzeugung von Seidengriff auf Kunstseide: 5—10 ccm/l Wasser (5 Min. bei gewöhnlicher Temperatur; dann schleudern und trocknen!) (NB. das Verfahren eignet sich für alle Arten Kunstseide, auch Azetatseide!) z. Erzeugung von Seidengriff auf Baumwolle nach dem Zweibadverfahren: 3—5 ccm/l Seifenbad; i. d. Weißwäscherei, für Stärkekragen: 3—12 ccm/l (nach dem Aufkochen der Stärke zusetzen, längeres Kollern in der Stärketrommel vermeiden!); für weiche Kragen: 10—20 ccm/l; zur Verwendung ohne Stärke: 4—20 ccm/l; (durchziehen oder mittels Zerstäuber zersprengen, kalandern oder bügeln!); *H. Pat.*, *V. Pat.:* In- und Auslandspatente; *Lit.:* Melliand Textilber. 1930 S. 610.

Ramasit K konz. **I. G. Farbenindustrie AG., Frankfurt a. M.**

Geb.-J.: 1932; *i/Kurs:* ja; *analog:* den übrigen Ramasit-Marken; *Konstit.:* Paraffin + Natriumsalz einer alkylierten Naphthalinsulfosäure + Leim + Salz eines mehrwertigen Metalles; *Äuß.:* weiße Paste; *Reakt.:* schwach sauer; *Eigensch.:* gut haltbar; im Einbadverfahren ohne besondere Zusätze an Tonerdesalzen anwendbar; erhält dem Gewebe die natürliche Porosität und Festigkeit, erteilt ihm vorzüglichen Wasserdicht- und Abperleffekt; erteilt Kunstseide einen seideähnlichen knirschenden Griff; erhält Wolle und Baumwolle weich und geschmeidig und macht sie voller im Griff; wird von Füllmitteln und Appreturhilfsmitteln, wie Dextrin, nicht beeinflußt; ergibt fleckenfreie Ware; *Lö. Be.:* leicht löslich bzw. verdünnbar zu einer homogenen, weißen Emulsion; beständig, auch in hartem Wasser; *Verw.* als Imprägnierungsmittel für alle Arten von Textilien, wie Wolle, Baumwolle, Kunstseide und Mischgewebe; *Mengen:* (NB. zunächst mit der 5 bis 10fachen Menge Wasser von ca. 60° C verrühren!); für das Imprägnieren von Stückware auf dem Foulard und Jigger: 20—30 g/l; a. d. Haspelkufe oder Waschmaschine: 5 g/l; bei gleichzeitigem Zusatz größerer Mengen Füllmittel: 40 g/l; z. Imprägnieren lose gestellten Windjackenstoffs: neben 200 g/l Dextrin: 20 g/l; z. Imprägnieren von Kunstseide im Strang zwecks Herstellung von Schirmstoffen: 5—10 g/l (Temperatur der Imprägnierflotten: ca. 25—30° C, bei trockenem Eingehen und dichtgeschlagenen

Geweben: 60—70° C!) (trocknen auf üblichen Trockenmaschinen oder Hängevorrichtungen bei ca. 60° C und mehr!).

Ramasit WD konz. **I. G. Farbenindustrie AG., Frankfurt a. M.**

Geb.-J.: 1928; *i/Kurs:* ja; *analog:* den übrigen Ramasit-Marken; *Konstit.:* Paraffin + Natriumsalz einer alkylierten Naphthalinsulfosäure + Leim (hoher Paraffingehalt); *Äuß.:* milchigweiße Emulsion; *Reakt.:* neutral; *Eigensch.:* gutes Netzvermögen; erteilt der behandelten Ware gleichzeitig eine Art Appretur und einen festen, doch geschmeidigen Griff sowie Glanz; verhütet Paraffinflecken und Auskristallisieren löslicher Salze beim Anfeuchten; erzeugt Garne guter Webfähigkeit; erhält die natürliche Porosität der Gewebe; ermöglicht trocknes Eingehen mit der Ware sowie Erschöpfen der Bäder bei Wolle oder Halbwolle auf Waschmaschinen oder Haspelkufen; *Lö. Be.:* ist mit Wasser in jedem Verhältnis haltbar zu verdünnen; *Verw.:* zum Wasserdichtmachen im Einbadverfahren von Textilien, wie Wolle, Halbwolle, Baumwolle, Seide, Kunstseide usw. in Form von Garn, Stückware usw., auch Hutstumpen; in Verbindung mit Tonerdesalzen im Einbadverfahren oder auch im Zweibadverfahren unter Nachbehandlung mit essigsaurer Tonerde von 3° Bé oder auch neben Marseiller Seife mit nachfolgender Tonerdebehandlung; bei Erfordernis einer Füllappretur zusammen mit Leim, Blutalbumin, Tragant, Stärke, Dextrin, Glyzerin, die der Imprägnierlösung ohne weiteres zugesetzt werden können; evtl. auch zusammen mit Glyzerin oder Nekal AEM zur Erzielung besonders weichen Griffs; *Mengen:* NB. zunächst mit der 2—3fachen Menge 30—40° warmen Kondenswassers verrühren! zum Wasserdichtmachen: neben 10 ccm essigsaurer bzw. ameisensaurer Tonerde von 6° Bé: 15 ccm/l oder: neben 5—10 g/l Marseiller Seife: 10 ccm/l mit auffolgender Tonerdebehandlung (anschließend abquetschen bzw. schleudern und bei 70—80° trocknen!); NB. evtl. gewünschtes Eulanisieren von Wolle kann nach Erschöpfung des Ramasitbades in üblicher Weise auf der gleichen Flotte erfolgen! *H. Pat., V. Pat.:* In- und Auslandspatente; *Lit.:* Melliand Textilber. 1930 S. 610.

Rapisade **I. G. Farbenindustrie AG., Frankfurt a. M.**

analog: den Biolasen; diese werden unter dem Namen Rapisade im Ausland gehandelt.

Rayonit **J. Simon & Dürkheim, Offenbach a. M.**

Geb.-J.: 1927; *i/Kurs:* ja; *analog:* Paraffinemulsion EMP 100%ig, Paraffinemulsion 100%ig und Imprägnator; *Konstit.:* Paraffin + Emulgator (+ Wasser); *Äuß.:* Teig (weißlich); *Reakt.:* nahezu neutral; *Eigensch.:* in jedem Verdünnungsgrad, auch bei stundenlangem Erwärmen auf 60°, beständig und nicht aufrahmend; hohes Durchdringungsvermögen; leichte Auswaschbarkeit; griffigmachend; hochdispers (keine Fleckenbildung); glanzgebend; *Lö. Be.:* gibt mit Wasser eine Emulsion; *Verw.:* zum Appretieren und Schlichten von Baumwolle, Seide und Kunstseide; zum Imprägnieren im Zweibadverfahren (zusammen mit ameisensaurer oder essigsaurer Tonerde); in der Papierfärberei; *Mengen:* bei der Appretur von Kunstseide: 1—2 g/l; *H. Pat.:* DRP. 556889.

Reisöl CFD **Zschimmer & Schwarz, Chemnitz.**

Geb.-J.: 1922; *i/Kurs:* ja; *Konstit.:* Emulgiermittel + Mineralöl; *Äuß.:*

Flüssigkeit; *Reakt.:* nahezu neutral; *Lö. Be.:* gibt mit Wasser Emulsionen; *Verw.:* zum Ölen losen Fasermaterials; zur Verhütung des Stäubens bei der Reißerei und Spinnerei von Kunstwolle u. ä.; *Mengen:* 1 Teil auf 10 Teile Wasser.

Resolin NCP

Konstit.: Seife + Fettlöser; *Lit.:* Seifensieder-Ztg. 1932 Nr. 28.

Rhodenol **Wacker & Schmitt, Mühlhausen.**

Eigensch.: macht beim Druck von Alizarinrot — direkt zugegeben — die vorherige, umständliche Ölung des Gewebes überflüssig; *Verw.:* als Zusatz zu Druckfarben; *Lit.:* Chem. Ind. 1910 S. 655.

Richterol

ähnlich: identisch mit Antibenzinpyrin; *Konstit.:* wasserfreies Magnesiumoleat; *Eigensch.:* erhöht die Leitfähigkeit des Benzins, verhütet so Brände; *Verw.:* i. d. Trockenwäscherei.

Rilanit **Dehydag, Berlin-Charlottenburg.**

i/Kurs: ja; *Konstit.:* Wachsprodukt (synthetisch); *Eigensch.:* Schmelzpunkt 78—79° C; *Verw.:* zur Erzeugung von Mattierungseffekten auf Kunstseide in Strang oder Gewebe nach vorheriger ganzer oder teilweiser Verseifung oder Emulgierung durch Seifenzusätze; *Mengen:* zur Erzeugung eines Mattierungsmittels für Kunstseide: 100 Teile Rilanit, 35,6 Teile KOH von 50° Bé (zur Verseifung in Gegenwart v. Wasser!); NB. auf 500 Teile Wasser auffüllen; von dieser 20%igen Ware nimmt man zum Mattieren im 1. Bad: 10—20 g/l und säuert im 2. Bad mit 3 g/l Essig- oder Ameisensäure.

Rilanwachs **Dehydag, Berlin-Charlottenburg.**

i/Kurs: ja; *Konstit.:* synthetisches Wachs; *Äuß.:* wachsartiger Körper; *Eigensch.:* besitzt große Härte; macht Gewebe griffiger und härter als Japanwachs; *Verw.:* als Ersatz für Japanwachs — wenigstens teilweise —: bei der Herst. von zur Imprägnierung von Geweben üblichen Wachsemulsionen; als Ersatz für Carnaubawachs: zur Herstellung von Putzmitteln, wie Schuhcreme, Bohnermassen, Poliermittel; an Stelle von Bienenwachs: zur Herstellung verseifter Cremes; für Bohnermassen und Autopoliermittel durch Verseifung unter Zusatz von Lösungsmitteln; in der Buntpapierfabrikation; zur Herstellung konsistenter Fette, Fettfarbstifte, Kohlepapiere usw.; *Mengen:* z. Herstellung einer Imprägnieremulsion: neben 3 Teilen Kernseife und 87 Teilen Wasser: 10 Teile.

Rizinusölsaures Natrium **Chem. Fabr. Stockhausen & Cie., Krefeld.**

i/Kurs: ja; *analog:* Appreturöl W; *Konstit.:* Seife; *Reakt.:* neutral bis schwach alkalisch; *Eigensch.:* weichmachend; netzend; *Lö. Be.:* in Wasser klar löslich; nicht beständig gegen Kalk- und Bittersalz; *Verw.:* zum Weichmachen in der Avivage und in der Füllappretur.

Rodogen M. L. B. **I. G. Farbenindustrie AG., Frankfurt a. M.**

i/Kurs: nein (wurde früher von M. L. B. in den Handel gebracht); *Konstit.:* Natron-Türkischrotöl; *Äuß.:* rötlichbraune Flüssigkeit; *Eigensch.:* steigert die Ätzwirkung von Hydrosulfit NF konz.; *Verw.:* bei Weiß- und Buntätzen von Naphthylaminbordeaux; *Lit.:* Färber-Ztg. 1906 S. 163.

Rongalit C — **I. G. Farbenindustrie AG., Frankfurt a. M.**

i/Kurs: nein; *Konstit.:* Natrium-Sulfoxylat-Formaldehyd; ($NaHSO_2 \cdot CH_2O$) ($+ 2H_2O$)*; *Verw.:* für Ätzzwecke; *Lit.:* *Melliand Textilber. 1930 S. 610.

Rongalit CL — **I. G. Farbenindustrie AG., Frankfurt a. M.**

i/Kurs: nein; *Konstit.:* Natrium-Sulfoxylat-Formaldehyd mit Leukotropzusatz; ($NaHSO_2 \cdot CH_2O$); *Verw.:* für stärkere Ätzen, z. B. Naphthylaminbordeaux.

Rongalit CL extra — **I. G. Farbenindustrie AG., Frankfurt a.M.**

i/Kurs: nein; *Konstit.:* Natrium-Sulfoxylat-Formaldehyd mit Leukotropzusatz; ($NaHSO_2 \cdot CH_2O$); *Verw.:* für stärkere Ätzen, z. B. Naphthylaminbordeaux.

Rongalit CW — **I. G. Farbenindustrie AG., Frankfurt a.M.**

i/Kurs: nein; *Konstit.:* Natrium-Sulfoxylat-Formaldehyd; ($NaHSO_2 \cdot CH_2O$); *Verw.:* für Wollätzzwecke.

Rosulfonseife — **Wagner & Co., Worms-Pfiffligheim.**

Konstit.: Türkischrotöl; *Lö. Be.:* kalkempfindlicher als Monopolseife; *Lit.:* Seifensieder-Ztg. 1930 S. 495.

Salsulfon — **Sudfeldt & Co., Melle b. Hannover.**
Zweigniederlassung: Berlin W 35, Magdeburger Str. 5.

i/Kurs: ja; *Verw.:* als Netzmittel.

Sapidan — **A. Th. Böhme, Dresden-N. 6.**

i/Kurs: ja; *analog:* den übrigen Sapidanen, insbes. Sapidan spez. (m. d. es identisch ist); *Konstit.:* sulfonierter Fettalkohol; *Äuß.:* weißlicher Teig von schwach aromatischem Geruch; *Reakt.:* neutral; *Eigensch.:* waschend; netzend; reinigend; egalisierend; schäumend; emulgierend; weichmachend; verhindert auch als Zusatz zum Seifenbad die Bildung von Kalkseife; *Lö. Be.:* höchst beständig gegen Kalk, Magnesia, starke Alkalien, starke Säuren, Metalle und Salzlösungen; leicht löslich in warmem und heißem Wasser; *Verw.:* NB. nicht für Merzerisierlaugen! zum Nachseifen von Naphtholfärbungen; für die saure Walke; für die Beuche; zum Waschen und Färben von Faserstoffen; *Mengen:* allgemein: 0,5—1 g/l; *H. Pat.*, *V. Pat.:* Pat. angem.

Sapidan spezial — **A. Th. Böhme, Dresden-N. 6.**

analog: den übrigen Sapidanen, insbes. dem Sapidan (mit dem es identisch ist); *Konstit.:* sulfonierter Fettalkohol; *Reakt.:* neutral; *Eigensch.:* waschend; netzend; reinigend; egalisierend; schäumend; emulgierend; weichmachend; verhindert auch als Zusatz zum Seifenbad die Bildung von Kalkseife; *Lö. Be.:* höchst beständig gegen Kalk, Magnesia, starke Alkalien, starke Säuren, Metalle und Salzlösungen; leicht löslich in warmem und heißem Wasser; *Verw.:* NB. nicht für Merzerisierlauge! zum Nachseifen von

Naphtholfärbungen; für die saure Walke; für die Beuche; zum Waschen und Färben von Faserstoffen; *Mengen:* allgemein: 0,5—1 g/l; *H. Pat.*, *V. Pat.:* Pat. angem.

Sapidan CAN **A. Th. Böhme, Dresden-N. 6.**

analog: den übrigen Sapidanen; *Konstit.:* Fettalkoholprodukt; *Äuß.:* Teig; *Reakt.:* neutral; *Eigensch.:* emulgierend; netzend; waschend; reinigend; lösend, insbesondere gegen schwer lösliche Naphthole; verhindert Kalkseifenbildung; *Lö. Be.:* härte- und kalkbeständig; *Verw.:* als Zusatz in der Beuche (um späterhin ein wesentlich blaustichigeres Weiß zu erzielen); (s. a. Mengen!); *Mengen:* als Zusatz zu Naphtholgrundierungsbädern (zur Erhöhung der Reibechtheit): ca. 0,5—1,5 g/l; beim Färben mit Naphtholen: 0,5—1 g/l; z. Anteigen von Naphtholfarbstoffen: 1:5 bzw. 1:10 mit Wasser verdünnen; z. Nachseifen von Naphtholfärbungen: 0,5—1 g/l (oder auch: 0,5—1 g/l Sapidan!); (auch zusammen mit Solventol HS: 0,3—0,5 g Sapidan auf 2—4 g Solventol HS).

Sapidan L **A. Th. Böhme, Dresden-N. 6.**

i/Kurs: ja; *analog:* den übrigen Sapidanen (jedoch Lösungsmittel enthaltend); *Konstit.:* sulfonierter Fettalkohol + große Mengen an Lösungsmitteln; *Äuß.:* braune, viskose Flüssigkeit; *Reakt.:* neutral; *Eigensch.:* waschend; reinigend; emulgierend; *Lö. Be.:* kalk-, säure-, alkalibeständig; *Verw.:* zum Waschen.

Sapidan LN **A. Th. Böhme, Dresden-N. 6.**

i/Kurs: ja; *analog:* Inferol NFK; Sapidan LN konz.; *Konstit.:* sulfonierter Fettalkohol + Lösungsmittel (hoher Gehalt!); *Eigensch.:* waschend; netzend; reinigend; hohes Lösungsvermögen für ölartige Verunreinigungen.

Sapidan LN konz. **A. Th. Böhme, Dresden-N. 6.**

i/Kurs: ja; *analog:* Inferol NFK; Sapidan LN; *Konstit.:* sulfonierter Fettalkohol + Lösungsmittel (hoher Gehalt); *Eigensch.:* waschend; netzend; reinigend; hohes Lösungsvermögen für ölartige Verunreinigungen.

Sapidan N **A. Th. Böhme, Dresden-N. 6.**

analog: den übrigen Sapidanen; *Konstit.:* sulfonierter Fettalkohol; *Reakt.:* neutral; *Eigensch.:* waschend; netzend; reinigend; egalisierend; schäumend; emulgierend; weichmachend; verhindert auch als Zusatz zum Seifenbad die Bildung von Kalkseife; besondere (beste von allen Sapidanen) Netzfähigkeit; *Lö. Be.:* höchst beständig gegen Kalk, Magnesia, starke Alkalien, starke Säuren, Metalle und Salzlösungen; leicht löslich in warmem und heißem Wasser; *Verw.:* NB. nicht für Merzerisierlauge! zum Nachseifen von Naphtholfärbungen; für die saure Walke; für die Beuche; zum Waschen und Färben von Faserstoffen; *Mengen:* allgemein: 0,5—1 g/l; *H. Pat.*, *V. Pat.:* Pat. angem.

Sapidan W **A. Th. Böhme, Dresden-N. 6.**

i/Kurs: ja; *analog:* den übrigen Sapidanen; *Konstit.:* sulfonierter Fettalkohol; *Äuß.:* gelbe Paste; *Verw.:* als Wasch-, Netz- und Reinigungsmittel in stark sauren Woll-Farbbädern (Nerolan-, Palatinechtfarbstoffe).

Sapoleine

Konstit.: rizinsaures Ammonium.

Saponin K **Chemische Fabrik Stockhausen & Cie., Buch & Landauer AG., Berlin SO 16.**

Reakt.: sauer; *Verw.:* als Benzinseife für die chemische Wäscherei zusammen mit Benzin bzw. Trichloräthylen; *Mengen:* 0,5% des Benzins oder Trichloräthylens.

Savonade **Müller & Kalkow, Magdeburg.**

analog: Texapon; *Konstit.:* Seife + Fettlöser (60% Seife + 15% Cyclohexanol + 2,5% Wasser[1]) (nach Prof. Herbig: Methylhexalin + öls. Kali); *Verw.:* als Fleckseife; *Lit.:* [1] Z. dtsch. Öl- u. Fettind. 1924 S. 617.

Savonade W **Chemische Fabrik Polborn G. m. b. H., Eberswalde.**

analog: Waschsavonade, mit dem es identisch zu sein scheint; *Konstit.:* Oleinkaliseife (neutral) + Lösungsmittel (feuerungefährlicher, höherer Alkohol); (soll ein Derivat des i. d. Zellstoffind. gew. Savonetteöles sein); *Äuß.:* gelbes, dickflüssiges Öl; D = 0,97; *Reakt.:* neutral; *Eigensch.:* Wasch-, Reinigungs-, Emulgier- und Lösevermögen für Schmutz, Schmieren, Fette, Öle Mineralöle; *Verw.:* als Wasch- und Reinigungsmittel i. d. Textilind. und auch in Großwäschereien sowie im Haushalt; z. Emulgieren leichter Öle und Kohlenwasserstoffe; *Lit.:* Seifensieder-Ztg. 1928 S. 199.

Sebosan GM **Chemische Fabrik Stockhausen & Cie., Krefeld.**

i/Kurs: ja; *Konstit.:* neues synthetisches Produkt; *Äuß.:* Paste, hellgraubraun; *Reakt.:* neutral; *Eigensch.:* verleiht Kunstseidewaren aller Art einen weichen, geschmeidigen und gleichzeitig etwas knirschenden Seidengriff im Einbadverfahren ohne Mitverwendung von Säure; *Verw.:* zum Avivieren und Appretieren von Kunstseide; insbesondere zur Erzeugung eines knirschenden Griffs auf Kunstseidewaren aller Art; im Farbbad (NB. man verwendet am besten eine Hälfte im Farbbad, die andere Hälfte im Spülbad!); *Mengen:* NB. mit 50—60° warmem Wasser anteigen und unter Rühren mit handwarmem Wasser weiter verdünnen! 1—3 g/l.

Sebosan K **Chemische Fabrik Stockhausen & Cie., Krefeld.**

i/Kurs: ja; *Konstit.:* neues synthetisches Produkt; *Äuß.:* Paste, hellbraun; *Reakt.:* neutral; *Eigensch.:* verleiht Kunstseidewaren aller Art, auch Baumwollgarn und -gewebe sowie Wollwaren einen weichen, fleischigen Griff; *Lö. Be.:* klar löslich in heißem Wasser; gut kalk- und kochbeständig; *Verw.:* zum Avivieren und Appretieren von Kunstseidewaren aller Art wie auch für Textilwaren aus Baumwolle oder Wolle; im Farbbad (auch bei basischen Farbstoffen!); *Mengen:* 0,5—4 g/l.

Sebosan K pulv. **Chemische Fabrik Stockhausen & Cie., Krefeld.**

i/Kurs: ja; *Konstit.:* neues synthetisches Produkt; *Äuß.:* Pulver, fast weiß; *Reakt.:* neutral; *Eigensch.:* verleiht Kunstseidenwaren aller Art, auch Baumwollgarn und -geweben sowie Wollwaren weichen, fleischigen Griff; *Lö. Be.:* löst sich klar in heißem Wasser; gut kalk- und kochbeständig; *Verw.:* zum Avivieren und Appretieren von Kunstseidewaren aller Art wie auch für Textilwaren aus Baumwolle oder Wolle; im Farbbad (ausgenommen basische Farben!); *Mengen:* 0,5—4 g/l.

Sebumol extra **Zschimmer & Schwarz, Chemnitz.**

Geb.-J.: 1931; *i/Kurs:* ja; *Konstit.:* Talg + Emulgator; *Äuß.:* talgartig, weißlich; *Reakt.:* neutral; *Eigensch.:* vermischt sich innig mit Schlichte- bzw. Appreturmassen; wirkt leicht mattierend; fixierend und weichmachend; erzeugt geschmeidige Schlichte- und Appreturmassen; verhindert Nachgilben und Riechen sowie Aufrahmen von Fett, auch in Mattierungs- und Avivagebädern; *Lö. Be.:* gibt, auch mit kaltem und hartem Wasser, beständige Emulsionen; *Verw.:* für Schlichte, Appretur und Avivage (kunstseidener Artikel) an Stelle der sonst unter Zusatz von Seife der verkochten Stärkemasse zugesetzten Gemische von Japanwachs und Fett, vornehmlich Talg; als Zusatz zu Mattierungsbädern; zur Nachbehandlung stark gebleichter Ware; zur Erzielung weichen Charakters; zur Vorbehandlung von Kunstseide für die Spulerei; zur Avivage von spröden Trikotagen; in der Gardinenappretur; *Mengen:* 1—3 g/l Appretur- oder Schlichtemasse (vor dem Zusatz zur Stärkemasse oder der Avivage- bzw. Mattierungsflotte mit etwa der 5fachen Menge heißem Wasser verrühren!).

Seidol **Louis Blumer, Zwickau i. Sa.**

i/Kurs: ja; *analog:* Spulfett, Soietine, Blumol, Blumol 1698 d, Netzol; *Äuß.:* Flüssigkeit, gelbbraun; *Eigensch.:* gewährleistet gute Maschenbildung; gibt weichen Griff; enthält keine Mineralöle und unverseifbare Bestandteile, sodaß es durch Waschen mit heißem Wasser leicht und vollständig wieder entfernt werden kann; besitzt starkes Netzvermögen; übt keinen Einfluß auf die Glanzwirkung aus; vermeidet das Kleben auf der Spule; *Lö. Be.:* gibt klare Lösungen, die auch bei säurehaltigen Kunstseiden keine Ausscheidungen geben; läßt sich im Verhältnis bis 1:40 verdünnen; *Verw.:* in der Kunsteidenspinnerei zum Durchspulen über die Rinne; *Mengen:* NB. mit gleichen Teilen kochend heißem Wasser verrühren, evtl. auch kochen! allgemein: auf 5—15 Teile Wasser: 1 Teil.

Serikose LC extra **I. G. Farbenindustrie AG., Frankfurt a. M.**

Konstit.: Azetylzellulose; *Äuß.:* rein weißer Körper von asbestartigem Aussehen; *Eigensch.:* verleiht Drucken große Reib- und Waschechtheit; *Lö. Be.:* löslich in Serikosol A; unlöslich in Wasser und den meisten organischen Lösungsmitteln; *Verw.:* zur Fixierung von Pigmentfarben im Zeugdruck; für Damasteffekte auf Baumwolle, Seide und Halbseide; auch zur Fixierung feiner Metallpulver.

Serikosol

Äuß.: Flüssigkeit, farblos, S = 1,195; *Eigensch.:* mit Alkohol oder Hexalin streckbar; *Lö. Be.:* in jedem Verhältnis mit Wasser mischbar; *Verw.:* zum Lösen von Serikose bei der Fixierung von Pigmenten; zum Reinigen von Druckwalzen nach Verdünnung mit Alkohol.

Servital A **I.. G. Farbenindustrie AG., Frankfurt a. M.**

i/Kurs: nein; *analog:* Leonil S oder SB (dunkle Sorte); *Konstit.:* alkylierte Naphthalinsulfosäuren + Soda; *Verw.:* als Spezialprodukt ausschließlich für die Wäsche loser Wolle; *Lit.:* Melliand Textilber. 1930 S. 610.

Setaform-Benzinseife fest **Zschimmer & Schwarz, Chemnitz.**

Geb.-J.: 1930; *i/Kurs:* ja; *analog:* Setaform-Benzinseife flüssig; (identisch mit Dölauer Benzinseife fest); *Konstit.:* Kaliseife (hoher Gehalt) + Lösungsmittel; *Äuß.:* Paste, gelb, schmierseifenähnlich; *Reakt.:* schwach sauer; *Eigensch.:* wasserfrei; Reinigungsvermögen; steigert die Reinigungswirkung des Benzins; entfernt Verunreinigungen und Flecken; erleichtert die Naßretusche; macht das Detachieren entbehrlich; zeigt hohe Wasseraufnahmefähigkeit (so daß auch nicht ganz trockenes Waschgut in Benzin gewaschen werden kann!); eignet sich für das Arbeiten mit der Bürste wie in der Maschine; macht die Naßwäsche bei Möbelstoffen, Teppichen und Kleidungsstücken überflüssig; erhält die Appretur (Wattierungen in Kleidern!); ist, in Benzin gelöst, kältebeständig; unschädlich für Fasern aller Art, einschließlich Azetatseide; stört nicht beim nachfolgenden Spülen und Abdestillieren des Benzins; hat angenehmen Geruch; ergibt tadelloses Weiß; frischt die Farben auf; *Lö. Be.:* vollkommen klar in Waschbenzin, Benzol, Alkohol, Äther, Trichloräthylen, Asordin, Chloroform und Tetrachlorkohlenstoff zu unbegrenzt haltbaren Lösungen löslich; (NB. die flüssige Marke löst sich in jedem Verhältnis auch in hartem Wasser!); *Verw.:* in der chemischen Wäscherei und Reinigung; insbesondere in der Trockenwäscherei als Zusatz zur Erhöhung der Reinigungswirkung von Benzinwaschflotten; (NB. die flüssige Form auch zur Verwendung in wässerigen Flotten!); *Mengen:* 1 g/l; *Lit.:* Z. f. ges. Textilind. 1931 Heft 34.

Setaform-Benzinseife flüssig **Zschimmer & Schwarz, Chemnitz.**

Geb.-J.: 1930; *i/Kurs:* ja; *analog:* Setaform-Benzinseife fest; (identisch mit Dölauer Benzinseife flüssig); *Konstit.:* Kaliseife (hoher Gehalt) + Lösungsmittel; wasserfrei; *Äuß.:* gelbe Flüssigkeit; *Lit.:* Z. f. ges. Textilind. 1931 Heft 34.

Setaform-Detachiermittel N **Zschimmer & Schwarz, Chemnitz.**

Geb.-J.: 1931; *i/Kurs:* ja; *analog:* Setaform-Detachiermittel T; *Konstit.:* Gemisch von Lösungsmitteln + Seife; *Äuß.:* Flüssigkeit, gelb; *Reakt.:* neutral; *Eigensch.:* beseitigt Flecken und Verunreinigungen aller Art; schont empfindliches Reinigungsgut; vermeidet Ränder und Hofbildung; hat keinen unangenehmen Geruch; ist nicht brennbar; ist unschädlich, auch gegenüber Azetatseide; *Lö. Be.:* im Gegensatz zu T wasserlöslich; *Verw.:* in der chemischen Reinigung; zum Fleckentfernen (Detachieren); für die Naßdetachur; *Mengen:* wird meist unverdünnt angewandt.

Setaform-Detachiermittel T **Zschimmer & Schwarz, Chemnitz.**

Geb.-J.: 1931; *i/Kurs:* ja; *analog:* Setaform-Detachiermittel N; *Konstit.:* Gemisch von Lösungsmitteln; *Äuß.:* Flüssigkeit, farblos; *Reakt.:* neutral; *Eigensch.:* beseitigt Flecken und Verunreinigungen aller Art; schont empfindliches Reinigungsgut; vermeidet Ränder und Hofbildung; hat keinen unangenehmen Geruch; nicht brennbar; unschädlich, auch gegenüber Azetatseide; *Lö. Be.:* im Gegensatz zu N in Wasser nicht löslich; *Verw.:* in der chemischen Reinigung; zum Fleckentfernen (Detachieren); für die Trockendetachur; *Mengen:* wird meist unverdünnt angewandt.

Setamol WS **I. G. Farbenindustrie AG., Frankfurt a. M.**

analog: Katanol WL; *Eigensch.:* erhält weiße Seideneffekte bei bestimmten

Wollstoffen rein weiß; *Verw.:* beim Färben von Wollstoffen mit weißen Seideneffekten; *Lit.:* Melliand Textilber. 1930 S. 610.

Setavin ON **Zschimmer & Schwarz, Chemnitz.**

Geb.-J.: 1930; *i/Kurs:* ja; *analog:* CFD 1931 N und S; *Konstit.:* hochmolekularer aliphatischer Alkohol (Fettalkohol), verestert mit einer organischen Säure (nicht sulfoniert); *Äuß.:* weißliches Pulver; geruchlos; *Reakt.:* neutral; *Eigensch.:* Netz-, Durchfärbe- und Egalisiervermögen; weichmachende Wirkung; kein Nachgilben, Kleben, Abfetten oder Ranzigwerden; erzeugt klare, leuchtende Farben; verhindert Kalkseifenausscheidung; *Lö. Be.:* vor allem gegen hartes Wasser beständig; *Verw.:* zum gleichzeitigen Netzen, Färben und Avivieren aller pflanzlichen Fasern (BW, L usw.) und aller Kunstseidesorten, sowie von Mischgeweben, z. B. aus Kunstseide und Baumwolle und aus Kunstseide und Wolle, im Einbadverfahren; in der Appretur; *Mengen:* 0,15—0,25—1 g/l (mit wenig Wasser angeteigt, mit mehr Wasser verrührt, aufgekocht und dann der Flotte zugegeben!); Nachsatz: $^1/_7$ des Ansatzes; *H. Pat., V. Pat.:* DRP. angem.

Setavinpaste DS **Zschimmer & Schwarz, Chemnitz.**

Geb.-J.: 1930; *i/Kurs:* ja; *Konstit.:* Fettalkoholderivat + Ölkörper; *Äuß.:* Paste, weiß; *Reakt.:* neutral; *Eigensch.:* macht geschmeidig, weich und glatt; hält feucht; ist verseifbar und restlos auswaschbar; verhindert Kleben des Fadens, Abspringen, Zerreißen, Fadenbrüche, Knoten; *Lö. Be.:* gibt mit Wasser haltbare, nicht aufrahmende Emulsionen; *Verw.:* beim Präparieren von Kunstseide, z. B. von Garnen in der Strumpf- und Wirkwarenfabrikation; beim Umspulen; *Mengen:* zum Einweichen oder zum Durchspulen: 1:10 (mit Wasser von 50—70° C verrühren, nicht kochen!); *H. Pat., V. Pat.:* DRP. angem.

Setoran FN **Oranienburger Chem. Fabr. AG., Charlottenburg 2.**

i/Kurs: ja; *Konstit.:* Ölpräparation; *Äuß.:* durchsichtiges, klares Öl; *Reakt.:* neutral; *Eigensch.:* gibt einen vorzüglich geschlossenen, weichen Kunstseidenfaden von hoher Elastizität und Reißfestigkeit; hat gegenüber der bekannten Leinölschlichte den Vorzug, lagerbeständig und leicht auswaschbar zu sein; vollkommen frei von Leinöl und Sikkativ; *Lö. Be.:* gibt nach Zusatz von Ammoniak milchigweiße Emulsionen; *Verw.:* zum Strangschlichten roher Kunstseide, die für die Breitweberei bestimmt ist; auch zum Schlichten farbiger Kunstseide; zum Präparieren von Kunstseide; *Mengen:* NB. man löst unter Zusatz von ca. 6% des Gewichtes Setoran FN an Ammoniak! b. Schlichten (je nach dem gewünschten Effekt): 10—50 g/l Flotte.

Setoran WN **Oranienburger Chem. Fabr. AG., Charlottenburg 2.**

i/Kurs: ja; *Konstit.:* Ölpräparat; *Äuß.:* durchsichtiges, klares Öl; *Reakt.:* neutral bis schwach alkalisch; *Eigensch.:* enthält keine unverseifbaren Bestandteile, wie Paraffin, Mineralöl usw., so daß es sich leicht auswaschen läßt und beim späteren Färben einen egalen Ausfall der Ware gewährleistet; *Lö. Be.:* gibt mit Wasser milchigweiße Emulsionen; ist auch in organischen Lösungsmitteln, z. B. Sangajol und anderen Petroleumkohlenwasserstoffen, löslich, mit denen es zu klaren Lösungen vermischt werden kann; *Verw.:* entweder in wässeriger Lösung oder mit organischen Lösungsmitteln, wie Chlorkohlenwasserstoffen, Erdöldestillaten usw. verdünnt, zum Vorbereiten kunstseidener Garne für die Wirkerei von Kunstseide; als Durchspulöl; (NB. man imprägniert z. B. Kunstseide beim Abwinden auf der Rinne oder vermittels eines Dochtes, der in die Setoran WN-Kohlenwasserstofflösung eintaucht!) *Mengen:* beim Imprägnieren: a) in wässeriger Lösung: 10 bis 20 g/l; b) bei Mitverwendung eines organischen Lösungsmittels: 1 Teil auf 2 Teile Petroleumkohlenwasserstoff.

Sidurolkaliseife T **J. Simon & Dürkheim, Offenbach a. M.**

i/Kurs: ja; *Konstit.:* Kaliseife + Lösungsmittel; *Äuß.:* Paste; *Eigensch.:* kürzt den Kochprozeß ab; macht die Faser weich und für den Färbeprozeß geeignet; *Verw.:* beim Waschen von loser Wolle mit Sodalösung; zur Vorbehandlung von Wolle; zum Beuchen von Baumwolle.

Sidurolpflanzengummi **J. Simon & Dürkheim, Offenbach a. M.**

i/Kurs: ja; *Konstit.:* Pflanzengummi; *Eigensch.:* unschädlich für Farbe und Faser; dringt selbst bei kalter Anwendung in die Faser ein; gibt der Ware Fülle und Gewicht, weichen und geschmeidigen Griff und natürlichen Glanz; beseitigt das lästige Schreiben und Stäuben; ergibt haltbare Appreturmassen sowie nicht nachfeuchtende Ware; *Verw.:* in der Appretur.

Sipalin MOB

Konstit.: Methyladipinsäure-Butylester; *Reakt.:* neutral; *Eigensch.:* erhöht das Netzvermögen seifenartiger Stoffe; *Verw.:* als Zusatz zu seifenartigen Stoffen; *Lit.:* Melliand Textilber. 1931 Nr. 8.

Sirial **H. Th. Böhme AG., Chemnitz.**

Geb.-J.: 1932; *Eigensch.:* hilft durch Verseifen der Baumwollfette und Wachse der Natronlauge, die auf der Faser befindlichen Inkrustierungen und Samenschalenreste zu entfernen; *Verw.:* für Baumwoll- und Leinenbleiche; *H. Pat., V. Pat.:* In- und Ausland pat.

Softening **J. Simon & Dürkheim, Offenbach a. M.**

i/Kurs: ja; *Konstit.:* Seife; *Äuß.:* weiß; *Eigensch.:* weichmachend; kräftigt etwas; greift die Farben nicht an; *Verw.:* beim Appretieren als Appreturseife; auch als Zusatz zur Stärke.

Softening **Chemische Fabrik Stockhausen & Cie., Krefeld.**

i/Kurs: ja; *Konstit.:* Fette, Öle bzw. deren Fettsäuren; *Äuß.:* weiße Paste; *Reakt.:* neutral bis schwach alkalisch; *Eigensch.:* weichmachend; füllend; *Lö. Be.:* gibt mit Wasser opalisierende Lösungen; nicht beständig gegen Kalksalze und Bittersalz; *Verw.:* in der Avivage und Füllappretur von Baumwollgeweben.

Softenol **J. Simon & Dürkheim, Offenbach a. M.**

i/Kurs: ja; *Konstit.:* Olivenölseife + Rizinusöl; *Eigensch.:* gebrauchsfertig; *Verw.:* zur Avivage von Seide und Kunstseide.

Soietine **Louis Blumer, Zwickau i. Sa.**

i/Kurs: ja; *analog:* Spulfett, Blumol, Blumol 1698 d, Netzol, Seidol; *ähnlich:* Setavinpaste DS; *Äuß.:* weiße Paste; *Eigensch.:* harz- und säurefrei; enthält keine flüchtigen Bestandteile; erzeugt weichen, geschmeidigen, nicht abspringenden, nicht brechenden, nicht schrumpfenden, nicht stäubenden, nicht abreißenden Faden, fehlerfreie, glatte, dichte Gewebe; verhindert das Kleben, rauhen Griff, Bildung von Paraffinflecken und ungleichmäßiges Anfärben (der weiche Griff bleibt auch nach dem Färben erhalten!); läßt sich durch Waschen mit Wasser bei ca. 80° C (evtl. unter Zusatz von etwas Seife oder Soda) während 1—2 Stdn. und darauffolgendem Zentrifugieren und Klarspülen bei 80° C leicht wieder aus der Ware entfernen; *Lö. Be.:* bildet mit Wasser Emulsionen; nicht beständig gegen Säure und Kalk; *Verw.:* für die Naßbehandlung von Kunstseide, insbesondere Strangseide, Baumwolle (Flor), rohe oder gefärbte Wolle; als Weichmacher beim Präparieren zwecks Erzielung besserer Verarbeitbarkeit; auch allein oder zusammen mit Spulfett beim Spulen; *Mengen:* NB. zunächst mit derselben Menge heißem Wasser verrühren! bei Kunstseiden von ca. 120 Den.: auf 10 Teile Wasser: 1 Teil (35—40° C); bei Kunstseiden von ca. 180 Den.: auf 8 Teile Wasser: 1 Teil; bei weichen Kunstseiden, z. B. guter Bembergseide: auf 15 Teile: 1 Teil; bei sehr harten und spröden Kunstseiden: auf 5 Teile: 1 Teil.

Sojol **Oranienburger Chem. Fabr. AG., Charlottenburg 2.**

i/Kurs: ja; *analog:* Coloran B 7 (jedoch beständiger gegen hartes Wasser als dieses) bezüglich der Konstitution: ist wie dieses: *Konstit.:* ein hochsulfoniertes Fettkondensationsprodukt; *Äuß.:* rotbraune Flüssigkeit; *Eigensch.:* netzend; reinigend; dispergierend; verhindert die Bildung von Kalkseifen (etwa eintretende Abscheidungen bleiben feinverteilt in kolloidaler Form und können leicht ausgespült werden!); erzeugt reibechte Färbungen; verhindert Fleckenbildung und harten Griff; *Lö. Be.:* säurebeständig; beständig gegen hartes Wasser; *Verw.:* in Färbe-, Wasch-, Walk- und Appreturflotten; bei Seifprozessen; in Spülbädern; beim Sauberspülen von Waren, die mit Seifenlösungen vorbehandelt wurden; *Mengen:* in Färbe-, Wasch-, Walk- und Appreturflotten: 0,3—0,8 g/l je nach Härte des Wassers; im Spülbad: 1 g/l; im 2. Spülbad: 0,5 g/l; NB. bei Walk- und Seifprozessen setzt man vorteilhaft dem Stammseifenzusatz gleich die entsprechende Menge Sojol zu! *Lit.:* Melliand Textilber. 1930 S. 788.

Soligen **I. G. Farbenindustrie AG., Frankfurt a. M.**

i/Kurs: ja; *Konstit.:* Metallnaphthenate; *Lö. Be.:* öllöslich; *Verw.:* beim Imprägnieren von Netzen und Tauen; auch als Sikkativ; *H. Pat., V. Pat.:* DRP. 352356, 379333, 385494, 395646, 402616; (Möbeverfahren s. a.: DRP. 364564, 412109, 412921, 415842, 415843, 418941!); *Lit.:* Seifensieder-Ztg. 1932 S. 310.

Solutionssalz B

ähnlich: Algosol und Solvenol; *Eigensch.:* dispergierend; *Verw.:* für Druckfarben.

Solutol „P“ **J. Simon & Dürkheim, Offenbach a. M.**

i/Kurs: ja; *Eigensch.:* wasserfrei; löst Fett- und Paraffinreste; *Verw.:* beim Entschlichten, für Wolle und Kunstseide.

Solvenol

ähnlich: Algosol und Solutionssalz B; *Konstit.:* benzylsulfanilsaures Na (arom. Sulfosäure); *Eigensch.:* dispergierend; *Verw.:* für Druckfarben.

Solventol **A. Th. Böhme, Dresden-N. 6.**

i/Kurs: ja; *ähnlich:* Supralan S 131; *analog:* den übrigen Solventol-Marken, insbesondere Solventol konz.; *Konstit.:* Seife + Lösungsmittel[1] (erheblicher Gehalt) (n. Prof. Herbig: Ölsulfonat + Fettlöser); *Reakt.:* neutral bis schwach alkalisch; *Eigensch.:* waschend; reinigend; stark schäumend; Lösevermögen für Öle, Fette, Paraffin, Graphit usw.; *Lö. Be.:* die Beständigkeit ist um ein Geringes besser als die gewöhnlicher Marseiller Seifen; *Verw.:* insbesondere zum Beuchen und Kochen pflanzlicher Faser; *Lit.:* [1] Melliand Textilber. 1926 Heft 10.

Solventol konz. **A. Th. Böhme, Dresden-N. 6.**

i/Kurs: ja; *analog:* den übrigen Solventol-Marken, insbesondere Solventol; *Konstit.:* Seife + Lösungsmittel (erheblicher Gehalt); *Reakt.:* neutral bis schwach alkalisch; *Eigensch.:* waschend; reinigend; stark schäumend; Lösevermögen für Öle, Fette, Paraffin, Graphit usw.; *Lö. Be.:* die Beständigkeit ist um ein Geringes besser als die gewöhnlicher Marseiller Seifen; *Verw.:* besonders zum Beuchen und Kochen pflanzlicher Faser.

Solventol S **A. Th. Böhme, Dresden-N. 6.**

i/Kurs: ja; *analog:* den übrigen Solventol-Marken; insbesondere Solventol SC; Solventol SW extra; *Konstit.:* Seife + Lösungsmittel (erheblicher Gehalt); *Äuß.:* zähe, gelbe Flüssigkeit; *Reakt.:* neutral bis schwach alkalisch; *Eigensch.:* waschend; reinigend; stark schäumend; Lösevermögen für Öle, Fette, Paraffin, Graphit usw.; *Lö. Be.:* die Beständigkeit ist um ein Geringes besser als die gewöhnlicher Marseiller Seifen; *Verw.:* (s. a. Mengen!) besonders zum Waschen, Auskochen und zum Nachwaschen von Naphtholrot; *Mengen:* zum Vorreinigen von Kunstseide: 2—4 g/l (bei Azetatseide Temperatur nicht über 50° C!); b. Waschen von Kunstseide (roh, Strang oder Stück): 1—3 g/l; b. Waschen von Baumwolle (Strang und Stück): 1—3 g/l oder: neben $^1/_3$ der bisherigen Seifenmenge: gleiche Menge Solventol S; z. Beuchen und Auskochen von Baumwolle vor der Bleiche, Merzerisation und Färberei: neben Soda und Ätznatron: 1—3 g/l; z. Entfetten von Baumwolle (Strang und Stück): neben 5 g Seife und 2 g Soda kalz.: 1—6 g/l; z. Entfetten stark verölter Ware und öligen Spinnereiabgangs: 1 Teil in 4—10 Teilen Wasser; z. Nachseifen von Naphtholrot- und Indanthrenfärbungen: (nach Entwicklung, Spülen und Säuern) neben 1,5 g Soda: 3 g/l; *Lit.:* Melliand Textilber. 1930 S. 610.

Solventol SC **A. Th. Böhme, Dresden-N. 6.**

i/Kurs: ja; *analog:* den übrigen Solventol-Marken, insbes. Solventol S; Solventol SW extra; *Konstit.:* Seife + Lösungsmittel (erheblicher Gehalt); *Reakt.:* neutral bis schwach alkalisch; *Eigensch.:* waschend; reinigend; stark schäumend; Lösevermögen für Öle, Fette, Paraffin, Graphit usw.; *Lö. Be.:* die Beständigkeit ist um ein Geringes besser als die gewöhnlicher Marseiller Seifen.

Solventol SW extra **A. Th. Böhme, Dresden-N. 6.**

i/Kurs: ja; *analog:* den übrigen Solventol S-Marken (jedoch wesentlich höhere Kalkbeständigkeit!).

Solventol SWT **A. Th. Böhme, Dresden-N. 6.**

i/Kurs: ja; *analog:* den übrigen Solventol-Marken; Solventol SW extra; *Konstit.:* Seife + Lösungsmittel (erheblicher Gehalt); *Reakt.:* neutral bis schwach alkalisch; *Eigensch.:* waschend; reinigend; stark schäumend; Lösevermögen für Öle, Fette, Paraffin, Graphit usw.; *Lö. Be.:* die Beständigkeit ist um ein Geringes besser als die gewöhnlicher Marseiller Seifen; *Verw.:* (s. a. Mengen!) vor allem in der Vorreinigung von Kunstseide zur Entfernung stark verharzter Leinölschlichten; *Mengen:* b. Entfernen von Leinölschlichte: 3—5 g/l (NB. bei Azetatseide nicht über 70° C!).

Solventol W **A. Th. Böhme, Dresden-N. 6.**

i/Kurs: ja; *analog:* den übrigen Solventol-Marken; *Konstit.:* Seife + Lösungsmittel (erheblicher Gehalt); *Reakt.:* neutral bis schwach alkalisch; *Eigensch.:* waschend; reinigend; stark schäumend; Lösevermögen für Öle, Fette, Paraffin, Graphit usw.; *Lö. Be.:* die Beständigkeit ist um ein Geringes besser als die gewöhnlicher Marseiller Seifen; *Verw.:* (s. a. Mengen!) besonders zum Walken und Entpechen; *Mengen:* z. Entgerbern von Stückware auf der Waschmaschine: ca. 1 g/l; b. Waschen von Wolle in Strang und Stück: neben $^1/_3$ der bisherigen Soda- und Salmiakmenge: 1—2 g/l; b. Waschen von Schweißwolle und Fettwolle: a) auf der Kufe: nach einem Einweichbad mit 6—10 g/l Soda kalz.: neben 5 g/l Soda kalz.: 6 g/l; b) auf dem Leviathan: neben 6—8 g/l Soda kalz.: 4—6 g/l; am 2. Tag Nachsatz: neben 6 g/l Soda kalz.: 4 g/l; an folgenden Tagen: neben 5 g/l Soda kalz.: 3 g/l; z. Entfetten stark verölter Ware und öligen Kammabgangs: 1 Teil auf 4—10 Teile Wasser; b. Entpechen von Rohwolle, Filzen und Hutstumpen: 1 Teil und 4—5 Teile Wasser (NB. bei sauer vorbehandelter Ware bzw. nachfolgender saurer Wäsche, Walke usw. muß mit Effektol WU entpecht werden!); b. Walken von Woll-, Kunstwoll- und Halbwollstücken: neben der Hälfte der bisher verwendeten Seifenmenge: $^1/_4$ der bisherigen Seifenmenge an Solventol W und noch die bisherige Sodamenge.

Solvin

Konstit.: Türkischrotöl.

Soromin A **I. G. Farbenindustrie AG., Frankfurt a. M.**

Geb.-J.: 1930; *i/Kurs:* ja; *Konstit.:* Fettsäurederivat; *Äuß.:* gelblich-weiße Paste; *Reakt.:* schwach sauer; *Eigensch.:* verleiht behandelter Strang- und Stückware einen besonders geschmeidigen, weichen Griff; macht Garne leicht verarbeitbar; verbessert die Winde- und Spulfähigkeit, so daß eine besondere Behandlung mit Spulöl vor dem Verwirken überflüssig wird; erteilt Perl-, Stick- und Handarbeitsgarnen seidenartigen Griff, ebenso Baumwoll-Florgarnen, deren Wirkfähigkeit auch bei vorgebleichtem (hartem) Material besonders gut wird; bringt subst. Färbungen, die beim Nachbehandeln in Seife, Türkischrotöl usw. enthaltenden Flotten ausbluten, nicht zum Abfärben; *Lö. Be.:* löslich in Wasser; unbest. gegen Beschwerungssalze, wie Bittersalz oder Ca-Salze, ebenso wie gegen d. i. d. Schwerschlichte und Imprägnierungstechnik gebräuchlichen Al-, Cu-, Zn-Salze (Ausflockung aus wässeriger Lsg.!); *Verw.:* als Weichmachungsmittel für Textilien, insbesondere für Kunstseiden aller Art, Vistra, merzerisiertes Baumwollgarn und Baumwolle; in der Fabrikation von Strumpf- und Trikotwaren und zwar für fertige Kunstseidentrikotware (einfachen Trikot) wie auch Charmeuse-Ware; bei der Nachbehandlung von Kunstseide-Kreppgeweben oder auch Mischgeweben zur Erzielung weichen, geschmeidigen, der Naturseide nahekommenden Griffs; als Weichmachungsmittel für Baumwollgewebe, reinseidene Gewebe, Crêpe-de-Chine usw.; zur Behandlung von seidenen und kunstseidenen Druckartikeln; zur Behandlung von Spritzdrucken; als Zusatz zu wasserlöslichen Kunstseideschlichten, sofern sie nicht alkalisch reagieren; zur Erzeugung geschmeidiger und glatter Ketten; zum Anbläuen weißer Ware in einem Bad mit dem Bläufarbstoff — reduziert auf $^1/_5$ sonst üblicher Menge; auch in Verbindung mit den in der Appretur üblichen Füllmitteln (Stärke, Dextrin, Glukose, Leim- Pflanzenschleim usw.); NB. bei Schlichte- und Appreturansätzen entweder zu Beginn des Aufkochens zugeben oder später nachsetzen! *Mengen:* NB. mit der 5—10fachen Menge 60° warmem Wasser anrühren und der 30—40° warmen Flotte zugeben! evtl. zur Neutralisation der Bikarbonathärte auf je 1° temporärer Härte und 1000 l Flotte ca. 72 g 30%ige Essigsäure vorher zugeben! auch bei alkalisch reagierendem Wasser mit organischer Säure, wie Ameisen- oder Essigsäure schwach ansäuern! NB. nicht in kochenden Flotten und nicht ohne weiteres zur Behandlung säureempfindlicher, substantiver Färbungen anwenden! f. Strangware: 0,25—2 g/l; (10—15 Min.; schleudern und trocknen!); f. Stückware: 0,5 bis 2 g/l; (1—2 Passagen auf den üblichen Apparaten, wie Gummiermaschine, Foulard, Jigger, Haspelkufe usw.; trocknen, ohne zu spülen — Behandlung bei gewöhnlicher Temperatur oder besser bei 30—40° C!); als Zusatz zu (nicht alkalisch reagierenden) wasserlöslichen Kunstseideschlichten: 1 bis 3 g/l; *H. Pat.*, *V. Pat.:* In- und Auslandspatente.

Soromin F **I. G. Farbenindustrie AG., Frankfurt a. M.**

Geb.-J.: 1931; *i/Kurs:* ja; *Konstit.:* Gemisch aus fettaliphatischen Sulfosäuren und Karbonsäuren; *Äuß.:* weißliche Paste; *Reakt.:* neutral; *Eigensch.:* erteilt Kunstseide, Kunstseidemischgeweben und Baumwolle weichen, glatten, gegen kaltes Spülen widerstandsfähigen, dem mit Seife erzielten ähnlichen Griff; verleiht Kunstseide ausgezeichnete Spul-, Winde- und Wirkfähigkeit; macht Kunstseide glatt, geschmeidig und elastisch; *Lö. Be.:* in Wasser leicht löslich; beständig gegen hartes Wasser; nicht beständig gegen Mg- und Al-Salze; *Verw.:* NB. zweckmäßig 5—10%ige Lösungen durch Aufkochen herstellen! als Weichmacher in Färbebädern für Kunstseide, Kunstseidemischgewebe und Baumwolle; als Ersatz für Seife in Farbbädern, besonders bei Gebrauchswasser mittleren Härtegrades; in der Kunstseidenindustrie zur Vorpräparation der Kunstseide vor dem Spulen, Wirken und Weben; bei der Herstellung guter Qualitäten von Strumpf- und Trikotagenware; beim Färben von Kunstseide in Strang und Stück; beim Färben von Trikotagen und Strümpfen; in der Nachavivage von Kunstseide und Mischgeweben; beim Färben von Baumwolle, insbesondere Kord, Velvet, Samt, Plüsch, Rips; beim Färben von Indanthren, z. B. auf Stickgarnen; als Weichmacher an Stelle von Seife; auch zus. m. Seifen, Türkischrotölen und Appreturmitteln zur Erzeugung jeden gewünschten Weichheitsgrades und Appretureffektes; NB. nicht beim Färben von basischen Farbstoffen! *Mengen:* b. d. Vorpräparation von Kunstseide vor dem Spulen und Weben: 1—2 g/l; (50° C; 10—15 Min.; dann schleudern; nicht zu heiß trocknen!); b. Färben von Kunstseide in Strang und Stück: 0,2—2 g/l (gelöst zusetzen; Mischgewebe langsam färben bei 35—90° C; kurz spülen; nicht zu heiß trocknen!); z. Färben von Trikotagen, Strümpfen usw.: 1. ohne Seidengriff: 0,2—2 g/l (kurz spülen, trocknen!); 2. mit Seidengriff: neben 1—2 g/l Marseiller Seife: 0,5—1 g/l; (Nachbehandlung mit 2—6 g/l Milch-, Wein- oder Ameisensäure in lauwarmem Bad); b. d. Nachavivage von Kunstseide und -Mischgeweben, evtl. in schwach essig- oder ameisensaurem Bade: ca. 2 g/l (35° C); z. Färben von Baumwolle: 0,3 bis 2 g/l; (kalt, nicht zu lange und evtl. unter Zusatz von wenig Essigsäure spülen!); b. Färben von z. B. Strickgarnen mit Indanthren: neben 1 ccm Essig- oder Ameisensäure pro Liter: 0,5—2 g/l (kochend!).

Spezial-Industrieseife B **Chem. Fabr. Stockhausen & Cie., Krefeld.**

i/Kurs: ja; *analog:* flüssige Industrieseife B; *Konstit.:* Seife; *Äuß.:* schmierseifenähnlich; *Reakt.:* alkalisch; *Eigensch.:* erhöht die Waschkraft von Seifenflotten; *Verw.:* als Zusatz zu Seifenflotten, namentlich bei selbstgekochten Seifen.

Spezialöl **Thann-Mühlhausener Fabrik.**

Konstit.: Rizinusöl-Ammonseife.

Spezialseife C **Chem. Fabrik Stockhausen & Cie., Krefeld.**

i/Kurs: ja; *analog:* Verapolseife; *Konstit.:* Seife + Fettlöser; *Äuß.:* dickflüssig, gelb; *Reakt.:* schwach alkalisch; *Eigensch.:* starkes Reinigungsvermögen; leicht aufhellende Wirkung; Lösungsvermögen für schwerlösliche Fette und Öle; *Verw.:* b. Waschen von Wolle in jedem Verarbeitungsstadium; gemeinsam mit Marseiller Seife b. Entschlichten von leinölgeschlichteter Kunstseide.

Spinnfett CFD **Zschimmer & Schwarz, Chemnitz.**

Eigensch.: leicht auswaschbar; *Verw.:* als Spinnschmelze, besonders für Baumwolle.

Spinnfett „S & D" **J. Simon & Dürkheim, Offenbach a. M.**

i/Kurs: ja; *Äuß.:* weiß; *Eigensch.:* technisch wasserfrei; *Lö. Be.:* gibt, mit Wasserdampf verkocht, feine, dauerhafte Emulsionen; *Verw.:* zur Selbstherstellung von Spinnöl für die Appretur fettfreier Garne.

Spinnöl „Saponifikat" **Hennes, Gummersbach.**

Konstit.: fetts. NH_4 (17,5%) + freie Ölsäure (51,9%) + Neutralfett (5,5%) + Ammoniak (1%) + Wasser (20,8%); *Verw.:* als Schmälzmittel.

Spinnschmelze CFD **Zschimmer & Schwarz, Chemnitz.**

Geb.-J.: 1925; *i/Kurs:* ja; *Konstit.:* Ammoniakseifen; *Äuß.:* dicke, hellgelbe Flüssigkeit; *Reakt.:* schwach alkalisch; *Eigensch.:* leicht auswaschbar; *Verw.:* als Spinnschmelze, besonders für Baumwolle.

Spulfett **Louis Blumer, Zwickau i. Sa.**

i/Kurs: ja; *analog:* Soietine, Blumol, Blumol 1698 d, Netzol, Seidol und Spulfett konz.

Spulfett konz. **Louis Blumer, Zwickau i. Sa.**

i/Kurs: ja; *analog:* Spulfett; *Äuß.:* fest; *Eigensch.:* wird vom Faden gut aufgenommen; erzeugt dauerhafte, nicht klebende Präparierung; *Verw.:* beim Selbstpräparieren; zum Selbstgießen in beliebige Formen; für Kunstseide, Baumwolle, Wolle zur Trockenbehandlung.

Spulöl ATB **A. Th. Böhme, Dresden-N. 6.**

i/Kurs: ja; *analog:* Spulöl M; *Konstit.:* Mischung emulgierbarer Öle; *Äuß.:* flüssig, schwach gelb; *Reakt.:* neutral; *Lö. Be.:* gibt mit Wasser Emulsionen; *Verw.:* als Spulöl, besonders für Spulapparate nach dem Dochtsystem.

Spulöl „Colloidöl St“ **Chem. Fabrik Stockhausen & Cie., Buch & Landauer AG., Berlin SO 16.**

Geb.-J.: 1927; *i/Kurs:* ja; *Konstit.:* (mineralölhaltig); *Reakt.:* schwach sauer; *Lö. Be.:* gibt mit Wasser Emulsionen; beständig gegen Salzzusätze und Soda; *Verw.:* zum Weichmachen von Kunstseide.

Spulöl M **A. Th. Böhme, Dresden-N. 6.**

i/Kurs: ja; *analog:* Spulöl ATB; *Konstit:* Mischung emulgierbarer Öle; *Äuß.:* flüssig, goldgelb; *Reakt.:* neutral; *Lö. Be.:* gibt mit Wasser Emulsionen; *Verw.:* als Spulöl, speziell für Appretur nach dem Zentrifugalsystem.

Sulfanol W **Max Wunderlich, Glauchau i. Sa.**

ähnlich: Igepon; *Lit.:* Seifensieder-Ztg. 1932 S. 283.

Sultafonöl **Chem. Fabr. Stockhausen & Cie., Krefeld.**

i/Kurs: ja; *Konstit.:* Türkischrotöl (Fettgehalt: „50%ig handelsüblich“; wird auch mit einem Fettgehalt „100%ig handelsüblich“ geliefert); *Äuß.:* Öl, gelblich; *Reakt.:* sauer; *Eigensch.:* wie Türkischrotöl; *Lö. Be.:* löst sich klar in Wasser; beständig wie Türkischrotöl; *Verw.:* zum Abkochen von Baumwolle; zum Färben von Baumwolle mit substantiven, Schwefel- und Naphthol-AS-Farbstoffen; in der Druckerei zum Anteigen von Farbstoffen; zum Appretieren von Baumwollwaren, ausgenommen Schwerappreturen mit Bittersalz; beim Avivieren von Färbungen, insbesondere Schwefelfärbungen; beim Färben von Wolle in schwach saurem Bade; beim Avivieren und Appretieren von Wollwaren und Mischgeweben; allgemein da, wo bisher Türkischrotöl Verwendung fand; *Mengen:* die gleichen, wie sie bisher bei Türkischrotöl 50%ig genommen wurden.

Supralan extra **Zschimmer & Schwarz, Chemnitz.**

Geb.-J.: 1928; *i/Kurs:* ja; *Konstit.:* Kaliseife + Fettlöser; *Äuß.:* Flüssigkeit, farblos; *Reakt.:* schwach alkalisch; *Lö. Be.:* besser als Seife; *Verw.:* zum Waschen; zur alkalischen Walke; *Mengen:* 2—4 g/l.

Supralan A 132 **Zschimmer & Schwarz, Chemnitz.**

Konstit.: Seife + Öle + Fettlöser; *Reakt.:* neutral; *Eigensch.:* Wasch- und Reinigungswirkung sowie Schaumkraft in kaltem wie in heißem Wasser; Faserschutzvermögen; *Lö. Be.:* löslich in handwarmen bis siedend heißen Flotten; *Verw.:* zum Waschen von Textilien, Web- und Wirkwaren zwecks Entfernung von Schmelzen, Schlichten, Spulölen, Präparationen, Fetten, Wachsen, Paraffinen, Ölen, Schmieren, Graphitflecken usw. aus Wolle,

Seide, Baumwolle, Kunstseide, Halbwolle, Halbseide, Trikotagen, Strümpfen, Tüllen, Gardinenstoffen verschiedenster Verarbeitungsart, auch in Kombination mit Kupfer-, Viskose- und Azetatseide; *Mengen:* 3—5% d. W. oder: neben Soda und Seife: 1—2% d. W.

Supralan H **Zschimmer & Schwarz, Chemnitz.**

Geb.-J.: 1926; *i/Kurs:* ja; *analog:* Supralan T; *Konstit.:* Netzmittel + Kohlenwasserstoffe + Fettkörper (wasserfrei); *Reakt.:* alkalisch; *Eigensch.:* Waschvermögen; Lösevermögen für Schmutz, Fette, Schmälzen, Mineralöle; erzeugt geruchlose, reine, klebfreie, weiche Wolle; greift die Faser nicht an; erzeugt bei Bleichware frisches, leuchtkräftiges Weiß; *Lö. Be.:* nicht so kalkbeständig wie Supranlan T; *Verw.:* meist zusammen mit Seife, Soda oder Ammoniak; zum Waschen von Rohwolle; in der Garn- und Stückwäsche wollener Artikel; beim Waschen von verschmutzten baumwollenen Garnen und Trikotagen, Strümpfen aus Wolle, Baumwolle und Kunstseide (besonders plattierter Ware), Teppichgarnen, Haargarnen; beim Vorreinigen vor dem Färben; in der Kleiderfärberei, im Einweichbad; *Mengen:* allgemein: 1—5% d. W.; in der Wollwäscherei: 1. in der Flocke: neben reduzierter Seifenmenge: 2—5 g/l; 2. im Garn: neben geringen Mengen Soda und Ammoniak: 2—5 g/l (40—45°); 3. im Stück: a) vor der Walke (Entgerbern): 2—5 g/l; b) bei der Walke im Schmutz: 2,5% d. W.; c) beim Waschen nach der Walke: 2—5 g/l; b. d. Wollfärberei: 1. Garn: zum Waschen von Streich-, Teppich- und Haargarn: neben 2—3 g/l Soda kalz. und evtl. etwas NH_3: 3—5 g/l (40—45°); 2. Stück: bei der Vorwäsche vor dem Färben: neben 2—3 g/l NH_3 oder Soda: 3—4 g/l (40—45°); i. d. Kleiderfärberei: bei der Vorwäsche von Kleiderstoffen aus W, BW, HW, KS im Einweichbad (40—45° C): neben Seife und NH_3: 3 g/l; i. d. Wirkwarenwäsche: zum Reinigen von Wirkwaren aus W, S, BW, KS in Form von Trikotagen, Strümpfen, Unterwäsche u. zwecks Entfernung von Präparationen, Ölflecken, Schmieren usw.: neben wenig Seife und Soda: 3—5 g/l (handwarm); evtl. auch 3—5 g/l neben Soda und Ammoniak (über Nacht einweichen!); zur Beseitigung von Teer- und Graphitflecken aus Trikotagen vor dem Beuchen und Bleichen, z. Waschen von Gardinen, Spitzen und Tüllstoffen: neben 2—3 g/l NH_3: 10 g/l (50° C; über Nacht.; dann kochen unter Zusatz von 1—2% d. W. Beuchseife N!); Nachsatz: $^1/_3$ der Ansatzmenge; zum Nachseifen von Bleichware zwecks Verhinderung des Nachgilbens gebleichter Wollgarne, Trikotagen aus Wolle und Kunstseide — außer Azetatseide —: neben der Hälfte der bisherigen Seifenmenge: die Hälfte Supralan H (bei Wollgarnen unter Zusatz von etwas Ammoniak bei 40° C; bei wollenen und plattierten Trikotagen und solchen aus reiner Kunstseide bei 50—60° C!).

Supralan LA **Zschimmer & Schwarz, Chemnitz.**

Geb.-J.: 1928; *i/Kurs:* ja; *Konstit.:* Netzmittel + Kohlenwasserstoff; *Äuß.:* Flüssigkeit, braun; *Reakt.:* nahezu neutral; *Eigensch.:* Reinigungs-, Netz- und Schaumkraft; *Lö. Be.:* hochbeständig gegen Säuren; *Verw.:* in der Tuchwäsche und -walke, sowohl in alkal. und neutralen als auch speziell in sauren Flotten.

Supralan S 131 **Zschimmer & Schwarz, Chemnitz.**

Geb.-J.: 1927; *i/Kurs:* ja; *Konstit.:* Kaliseife + Spezialfettlöser; *Äuß.:* Flüssigkeit, gelb; *Reakt.:* schwach alkalisch; *Eigensch.:* starke Reinigungswirkung; *Lö. Be.:* besser als Seife; *Verw.:* in der Wäscherei und Beuche; *Mengen:* 2—4 g/l.

Supralan T **Zschimmer & Schwarz, Chemnitz.**

Geb.-J.: 1926; *i/Kurs:* ja; *analog:* Supralan H; *Konstit.:* Netzmittel + Kohlenwasserstoffe + Fettkörper; *Äuß.:* dicke, braune Flüssigkeit; *Reakt.:* alkalisch; *Eigensch.:* wasserfrei; Waschvermögen; Lösevermögen für Schmutz, Fette, Schmälzen, Mineralöle, insbesondere Pech; erzeugt geruchlose, reine, klebfreie, weiche Wolle; greift die Faser nicht an; erzeugt bei Bleichware frisches, leuchtkräftiges Weiß; *Lö. Be.:* kalkbeständiger als Supralan H; *Verw.:* wie Supralan H, insbesondere aber zur Entfernung von Pechspitzen in der Wollfilz- und Hutindustrie auf der Hammerwalke; *Mengen:* allgemein: 1—5% d. W.; a. d. Hammerwalke: ca. 1:8; (s. a. Supralan H!).

Supralan TS **Zschimmer & Schwarz, Chemnitz.**

Geb.-J.: 1931; *i/Kurs:* ja; *Konstit.:* sulfonierte Fettalkohole + Gemisch von Fettlösern (KW-Stoffe); *Äuß.:* Flüssigkeit, gelb; *Reakt.:* neutral, auch in wässeriger Lösung; *Eigensch.:* Schaum-, Reinigungs- und Netzvermögen; weichmachende Wirkung; verhindert das Verfilzen der Wolle und bei der Mitverwendung von gewöhnlicher Seife die Bildung von Kalkseifen; spaltet kein freies Alkali ab; Lösevermögen für Schmutz, Öle, Fette, Mineralöle, Schmelzen; gibt Fülle, Weichheit und Geschmeidigkeit, geruchlose, klebfreie Wolle; faserschützend; *Lö. Be.:* hochbeständig gegen hartes Wasser und alle in der Textilveredlung vorkommenden Alkalien, Säuren und Salze; *Verw.:* evtl. auch zus. mit Seife, Soda und NH_3; zum Waschen aller Fasersorten; in der Wollwäsche und Walke; zum Entpechen, besonders in Gegenwart von Säuren; beim Waschen von Rohwolle; in der Garn- und Stückwäsche wollener Artikel; beim Waschen baumwollener Garne, Trikotagen, von Strümpfen aus W, BW und KS, Teppich- und Haargarnen; beim Vorreinigen vor dem Färben; in der Kleiderfärberei; für alle sauren Wollveredlungsprozesse; zum Entschlichten von Kunstseide; zur Entfernung von Präparationen aus Gardinen, Spitzen und Tüllen; zur Beseitigung von Teer- und Graphitflecken; als Detachiermittel; im Einweichbad, besonders bei sehr stark verschmutzter Ware; *Mengen:* Wolle: zum Waschen loser Wolle: 1—2 g/l; b. Waschen der Garne: 1—2 g/l (40—50°C); i. d. Stückwäsche: a) beim Walken im Schmutz als Zusatz zur Walkflotte: 2,5% d. W.; b) b. Entgerbern oder b. Waschen nach der Walke: 1—2 g/l; Wirkwaren aus W, S, BW, KS und deren Kombinationen in Form von Trikotagen, Strümpfen, Unterwäsche: i. d. Vorwäsche: neben etwas Soda: 2—4 g/l; bei hartnäckiger Verschmutzung: neben Soda und Ammoniak: 5 g/l; zur Beseitigung von Teer- und Graphitflecken aus Trikotagen vor dem Beuchen und Bleichen: neben 2—3 g/l Salmiakgeist: 10 g/l Einweichbad; beim Nachsatz: $^1/_3$ der Ansatzmenge; beim Entschlichten von Kunstseide: 5—10 g/l üblichen Entschlichtungsbades; NB. zur Entfernung einzelner hartnäckiger Flecke detachiert man mit wenig verd. oder unverdünntem Supralan TS!; *H. Pat., V. Pat.:* Pat. angem.

Supralan-Seife **Zschimmer & Schwarz, Chemnitz.**

Geb.-J.: 1925; *i/Kurs:* ja; *Konstit.:* Kaliseife + Kohlenwasserstoffe; *Äuß.:* feste Paste; *Reakt.:* schwach alkalisch; *Eigensch.:* besonders gutes Lösevermögen für Präparationen, Ölflecken usw.; *Lö. Be.:* besser als Seife;

Verw.: zum Waschen, insbesondere Vorwaschen baumwollener und kunstseidener Web- und Wirkwaren; *Mengen:* 2—3 g/l.

Supramolstärke **Zschimmer & Schwarz, Chemnitz.**

Geb.-J.: 1930; *i/Kurs:* ja; *Konst.:* Reis-Eiweiß-Stärke-Präparat; *Äuß.:* Pulver, weiß; *Reakt.:* neutral; *Verw.:* für die Appretur und Schlichte, speziell für Jute, Bindfäden und Baumwolle; in der Teppichindustrie; *Mengen:* 50—100 g/l Appreturmasse.

Syrop de malt

Konstit.: Diastasepräparat; *Verw.:* zur Verflüssigung der Stärke durch Abbau.

Schiropol A **Joh. Wilh. Schürmann, Wuppertal-Barmen.**

Konstit.: Sulforizinat (bzw. Sulfoleat) mit mittlerem Sulfonierungsgrad + Fettlöser; *Lit.:* Melliand Textilber. 1930 S. 610.

Schlichtetalg **J. Simon & Dürkheim, Offenbach a. M.**

i/Kurs: ja; *Eigensch.:* verbindet sich gut mit Stärke; bewirkt gutes Eindringen in den Faden und leichtes Entschlichten; *Verw.:* als Ersatz für Naturtalg; allein oder zusammen mit gewöhnlichem Talg; beim Appretieren.

Schlicht- und Appreturfett **Louis Blumer, Zwickau i. Sa.**

i/Kurs: ja; *Eigensch.:* gibt nur Weichheit; *Verw.:* zum Schlichten und Appretieren allein oder zusammen mit Glyzidin (wenn festerer Griff und besserer Stand gewünscht wird); *Mengen:* NB. mit kochendem Wasser verrühren oder leicht kochen! allgemein: auf 10 Teile Wasser: 1 Teil.

Schlichteöl **J. Simon & Dürkheim, Offenbach a. M.**

i/Kurs: ja; *Eigensch.:* erzeugt in der Buntweberei klare Farben; ergibt geschmeidige Ketten; *Lö. Be.:* in Wasser klar löslich; *Verw.:* in der Appretur als Zusatz zum Kartoffelmehl.

Schmälzöl F. F. **W. Städting Nachf., Leipzig-Lindenau.**

Konstit.: Seife (15,8%) + fetts. NH_4 (15,6%) + freie Ölsäure (18,9%) + Neutralfett (0,25%) + Ammoniak (0,9%) + Wasser (48,2%); *Verw.:* als Schmälzmittel.

Schmälzöl S. S. **W. Städting Nachf., Leipzig-Lindenau.**

Konstit.: Seife (8%) + freie Ölsäure (2,8%) + Neutralfett (6,6%) + Wasser (80,6%); *Verw.:* als Schmälzmittel.

Schmelz-Extrakt **J. Simon & Dürkheim, Offenbach a. M.**

i/Kurs: ja; *Eigensch.:* liefert mit Wasser ohne weiteren Zusatz von Fetten oder Olein eine gebrauchsfertige, feinemulgierte Schmelze; *Verw.:* beim Appretieren; zur Selbstherstellung von Spinnschmelzen für Kamm- und Streichgarne; *H. Pat.*, *V. Pat.:* DRP. angem.

Stenolat V **H. Th. Böhme AG., Chemnitz.**

Geb.-J.: 1933; *i/Kurs:* ja; *Konstit.:* Fettalkoholsulfonat; *Äuß.:* gelbbraune Flüssigkeit; *Reakt.:* neutral; *Eigensch.:* Emulgiervermögen für Olein, Olivenöl, Erdnußöl und Mineralöl; gewährleistet besseren Schmelzeffekt, bessere Ausnutzung der Schmelzöle und leichtere Auswaschbarkeit der Schmelze; ermöglicht kalten Ansatz der Emulsion mit und ohne Alkalizusatz; *Lö. Be.:* löst sich in Wasser in jedem Verhältnis; hartwasser-, alkali-, säure- und salzbeständig; *Verw.:* zum Emulgieren von Olivenöl, Olein, Erdnußöl und Mineralöl; zur Herstellung von Schmelzen und Avivagen; *Mengen:* 1 Teil emulgiert 10—40 Teile Öl (je nach der Beschaffenheit des vorliegenden Öles); *H. Pat., V. Pat.:* Pat. angemeldet.

Stoko-Emulgator O **Chem. Fabr. Stockhausen & Cie., Krefeld.**

i/Kurs: ja; *Konstit.:* Türkischrotöl; *Äuß.:* Öl, gelblich; *Reakt.:* neutral; *Eigensch.:* emulgierkräftig; liefert haltbare Emulsionen mit Olein- und Fettsäuren in weichem und hartem Wasser ohne Mitverwendung von Ammoniak; *Lö. Be.:* die Emulsionen sind gegen hartes Wasser beständig; *Verw.:* zum Emulgieren von Fettsäuren, insbesondere Olein, ohne Ammoniak; z. Herstellung von Oleinspinnschmälzen für die Spinnerei und Reißerei; *Mengen:* 1:6 bis 1:12.

Stoko-Glyzerin **Chem. Fabr. Stockhausen & Cie., Krefeld.**

i/Kurs: ja; *Konstit.:* Kohlehydrat; *Äuß.:* helle, klare Flüssigkeit; *Reakt.:* neutral; *Eigensch.:* besitzt größere Weichmachwirkung und geringere Hygroskopizität als Glyzerin; liefert feuchtigkeitsbeständigere Appreturen; *Lö. Be.:* in Wasser klar löslich; *Verw.:* in Erschwerungsappreturen; in der Woll- und Halbwollappretur.

Stoko-Paste SS **Chem. Fabr. Stockhausen & Cie., Krefeld.**

i/Kurs: ja; *Konstit.:* Türkischrotöl; *Äuß.:* hellgelb; *Reakt.:* neutral; *Eigensch.:* verleiht Kunstseide einen weichen, glatten Griff; *Lö. Be.:* in warmem Wasser klar löslich; in Wässern bis zu mittleren Härtegraden auch in der Hitze gut beständig; *Verw.:* NB. nicht für basische Farbstoffe! im Farbbade bei Wasser bis zu 15° D. H.; zum Avivieren und Appretieren von Kunstseidenwaren aller Art; *Mengen:* meist 1—3 g/l.

Stoko-Präparation G **Chem. Fabr. Stockhausen & Cie., Krefeld.**

i/Kurs: ja; *Konstit.:* Seife + Lösungsmittel + Fett, Öl bzw. Fettsäuren; *Äuß.:* Paste, weiß; *Reakt.:* neutral; *Eigensch.:* überzieht Kunstseidefäden mit einer feinen Fettschicht, macht sie weich und geschmeidig; *Lö. Be.:* gibt beim vorsichtigen Verrühren mit warmem Wasser weiße Emulsionen; *Verw.:* als Präparation für hochgedrehte Kunstseidengarne (Krepp- und Voilegarne); zum Spinnfähigmachen kunstseidener Spinnfasern (Stapelfaser) *Mengen:* für hochgedrehte Kunstseidengarne: 20—70 g/l; beim Spinnfähigmachen: 6—10 g/l.

Stoko-Präparation R **Chem. Fabr. Stockhausen & Cie., Krefeld.**

i/Kurs: ja; *Konstit.:* Seife + Türkischrotöl + Mineralöl; *Äuß.:* Öl, hellgelb; *Reakt.:* neutral; *Eigensch.:* erteilt Kunstseidefäden vorzügliche Geschmeidigkeit, Elastizität und Weichheit; *Lö. Be.:* gibt mit Wasser beim

Verrühren weiße, beständige Emulsionen; *Verw.:* zum Präparieren von Kunstseide für die Zwecke der Spulerei und Wirkerei; *Mengen:* meist 35—50 g/l.

Stoko-Präparation S **Chem. Fabr. Stockhausen & Cie., Krefeld.**

i/Kurs: ja; *Konstit.:* Seife + Türkischrotöl + Fett, Öl bzw. Fettsäure; *Äuß.:* Öl, hellgelb; *Reakt.:* neutral; *Eigensch.:* stattet Kunstseidefäden mit vorzüglicher Geschmeidigkeit, Elastizität und Weichheit aus; *Lö. Be.:* liefert beim Verrühren mit Wasser klare Lösungen; *Verw.:* zum Präparieren von Kunstseide für die Zwecke der Spulerei und Wirkerei; *Mengen:* meist 35—50 g/l.

Stoko-Tablette **Chem. Fabr. Stockhausen & Cie., Krefeld.**

i/Kurs: ja; *analog:* Stoko-Tablette N; *Konstit.:* Stärke abbauendes Produkt + verseifbare Fette und Wachse + Leim; nach Herstellers Angaben: oxydatives Bleichmittel + Fette, Öle, Wachse bzw. deren Fettsäuren + Türkischrotöl; *Äuß.:* Tafeln (vierteilig, ca. 200 g Gewicht!), weißlich; *Reakt.:* neutral; *Eigensch.:* baut Stärke auf die für Schlichtzwecke günstigste Konsistenz ab, so daß das Aufschließen der Kartoffel- oder anderer Stärken mittels starker Laugen, Diastafor usw. wegfällt, ebenso wie Zusätze von Japan- oder Bienenwachs, Stearin oder Paraffin, Kokosöl, Talg, Seife, Leim, Glyzerin usw.; gibt beim Kochen von Kartoffel- oder anderer Stärke klare Lösungen; erleichtert das spätere Entschlichten; *Verw.:* zur Herstellung von Stärke- und Schlichtemassen für Baumwolle, Leinen, Jute und Wolle (für Baumwollketten, Strangschlichterei, Hartschlichterei, für Leinengarne und Juteketten, Kammgarnketten, Streichgarne und Cheviotgarne); zur Herstellung von Appreturmassen für Eisengarne, für Baumwollgewebe mit leinenartigem Griff, Bettbezüge, Buntgewebe, Blauleinen, bunte baumwollene Blusenstoffe, Chiffon, Futterstoffe, Handtücher, Leinenimitation, baumwollene Hosenstoffe, Kleidersatin, Matratzendrell, Nessel, Oxford, Cottonaden, gebleichte Piques und Ripse, Rucksackstoffe, Schuhköper, Schürzenstoffe, Zephir mit Leinengriff usw.; *Mengen:* für Schlichte und Appreturmassen: 1—1,5% der Stärke neben: etwa dem 10fachen der Stärke an Wasser; (man rührt die Kartoffelstärke oder andere Stärke, wie gewöhnlich, mit kaltem Wasser an, fügt die Tabletten bei und kocht mit Dampf auf!); $^1/_4$ einer vierteiligen Tablette wiegt 50 g und ist berechnet für 5 kg Stärke; *H. Pat., V. Pat.:* DRP.

Stoko-Tablette N **Chem. Fabr. Stockhausen & Cie., Krefeld.**

i/Kurs: ja; *analog:* Stoko-Tablette; *Konstit.:* Türkischrotöl + fettaromatische Sulfosäure + Fett, Öl bzw. Fettsäure; *Äuß.:* Tafeln, vierteilig, ca. 200 g Gewicht; *Reakt.:* neutral; *Eigensch.:* befördert die mechanische Zerteilung der Stärke; erzeugt Schlichten von dünner Konsistenz ohne weiteren Abbau des Stärkemoleküls; erübrigt weitere Aufschlußmittel sowie Zusätze von Wachsen, Ölen oder Fetten; erleichtert das Entschlichten; *Verw.:* wie Stoko-Tablette.

Tallosan BWK **Chem. Fabr. Stockhausen & Cie., Krefeld.**

i/Kurs: ja; *Konstit.:* Türkischrotöl + Fett, Öl bzw. Fettssäure; sulfonierter Talg (enthält keine aliphat. Sulfosäuren!); *Äuß.:* weiße Paste; *Reakt.:* neutral; *Eigensch.:* erteilt Kunstseide weichen Griff; *Lö. Be.:* gibt weiße Emulsionen; *Verw.:* zur Avivage und Appretur von Geweben oder Gewirken aus Kunstseide, Baumwolle oder Mischgeweben daraus; *Mengen:* NB. man schmilzt das Produkt auf 60° C und verdünnt die heiße Schmelze mit ebenso heißem Wasser! je nach dem gewünschten Effekt verschieden.

Tallosan K **Chem. Fabr. Stockhausen & Cie., Krefeld.**

i/Kurs: ja; *ähnlich:* Sebumol extra; *analog:* den übrigen Tallosan-Marken; *Konstit.:* sulfonierter Talg (enthält keine aliphatischen Sulfosäuren!); *Äuß.:* Paste, weiß; *Reakt.:* schwankend in der Nähe des Neutralpunktes; *Eigensch.:* siehe Tallosan S! (kein Nachgilben!); *Lö.Be.:* siehe Tallosan S; *Verw.:* insbesondere für die Ausrüstung vollweißer Ware; für Kunstseide und (im Gegensatz zu Tallosan S) auch für Bleichware; zur Ausrüstung von baumwollenen Linons und Damasten (Imitation des Leinencharakters!); *Mengen:* siehe Tallosan S!

Tallosan L **Chem. Fabr. Stockhausen & Cie., Krefeld.**

i/Kurs: ja; *ähnlich:* Sebumol extra; *analog:* den übrigen Tallosan-Marken, insbesondere dem Tallosan LT; *Konstit.:* sulfonierter Talg (enthält keine aliphatischen Sulfosäuren!); *Äuß.:* bräunliche Paste; *Reakt.:* schwankend in der Nähe des Neutralpunktes; *Eigensch.:* macht weich, glatt, voll, geschmeidig, elastisch und glänzend (s. a. Tallosan S!); *Lö. Be.:* liefert mit Wasser feindisperse Emulsionen; gut beständig gegen Kalk und organische Säuren (s. a. Tallosan S!); *Verw.:* (zur Ausrüstung weniger wertvollen Materials), insbesondere in der Lederfabrikation; *Mengen:* (bezüglich der Ausrüstung weniger wertvollen Materials s. a. Tallosan S!).

Tallosan LT **Chem. Fabr. Stockhausen & Cie., Krefeld.**

i/Kurs: ja; *ähnlich:* Sebumol extra; *analog:* den übrigen Tallosan-Marken, insbesondere dem Tallosan L; *Konstit.:* sulfonierter Talg (enthält keine aliphatischen Sulfosäuren!); *Äuß.:* bräunliche Paste; *Reakt.:* schwankend in Nähe des Neutralpunktes; *Eigensch.:* macht weich, gatt, voll, geschmeidig und elastisch (s. a. Tallosan S!); *Lö. Be.:* liefert mit Wasser feindisperse Emulsionen; gut beständig gegen Kalk und organische Säuren (s. a. Tallosan S!); *Verw.:* (zur Ausrüstung weniger wertvollen Materials), insbesondere in der Lederfabrikation; *Mengen:* (bezüglich der Ausrüstung weniger wertvollen Materials s. a. Tallosan S!).

Tallosan S **Chem. Fabr. Stockhausen & Cie., Krefeld.**

i/Kurs: ja; *analog:* den übrigen Tallosan-Marken; *ähnlich:* Sebumol extra; *Konstit.:* sulfonierter Talg (enthält keine aliphatischen Sulfosäuren!); *Äuß.:* Paste, weiß; *Reakt.:* schwankend in der Nähe des Neutralpunktes; *Eigensch.:* fast geruchlos (insbesondere kein Talggeruch); läßt sich beim Entschlichten leicht a. d. W. entfernen; vermindert das Nachgilben; macht das Material weich, glatt, voll, geschmeidig und elastisch; vermeidet in Beschwerungsschlichten das Stauben der Ketten; ermöglicht gleichmäßiges Aufziehen der Schlichte sowie hohe Ausnutzung der Schlichtmasse; verhindert das Zusammenkleben der Fäden b. Spulen und Wirken sowie das Brechen und Aufspleißen; *Lö. Be.:* liefert mit Wasser feindisperse Emulsionen; gut beständig gegen Kalk und organische Säuren; hohe Beständigkeit in Stärkeappreturen; *Verw.:* NB. nicht für Bleichware! hierfür siehe Tallosan K! in der Schlichte und Appretur; zur Ausrüstung von Inletts; zur Avivage; zur Nachbehandlung von Kreuzspulen, Kopsen und anderem, auf Apparaten gefärbtem Material; bei der Verarbeitung von

Kunstseide; in der Appretur kunstseidener Wirk- und Webwaren; in der Spulerei und Wirkerei von Kunstseide; in der Schlichterei der Kunstseide; in der Leinengarnbleiche; zum Wasserdichtmachen mit essigsaurer Tonerde im Zweibadverfahren; als Zusatz zum Farbbad; (nicht als Zusatz zur Farbflotte beim Färben mit basischen Farbstoffen!); *Mengen:* NB. mit der 6—8fachen Menge warmem Wasser angerührt zur Flotte geben oder in aufgeschmolzenem Zustand in die Flotte einrühren; Kochen vermeiden! Schlichte- und Appreturflotten erst nach dem Aufkochen und Abkühlen auf ca. 60° einrühren! b. d. Schlichte und Schwerappretur: 3—4 g/l; b. d. Leichtappretur: 1—2 g/l; b. d. Avivage im Farbbad: 1—2 g/l; i. d. Spulerei und Wirkerei: 3—5%ige Lösungen; i. d. Leinengarnbleiche b. Nachseifen (zum letzten Seifenbad): etwa $^1/_4$ der sonst verwandten Seifenmenge (auch das Bläuen kann unter Mitverwendung von Tallosan erfolgen!).

Tallosan St **Chem. Fabr. Stockhausen & Cie., Krefeld.**

i/Kurs: ja; *ähnlich:* Sebumol extra; *analog:* den übrigen Tallosan-Marken; *Konstit.:* sulfonierter Talg (enthält keine aliphatischen Sulfosäuren!); *Äuß.:* Paste, weiß; *Reakt., Eigensch.:* siehe Tallosan S! *Lö. Be.:* in hartem Wasser etwas beständiger als die übrigen Tallosan-Marken; *Verw.:* wie Tallosan S (aber bei besonders hartem Betriebswasser!); *Mengen:* siehe Tallosan S!

Tamol N

Verw.: als Zusatz bei Reservedrucken auf Seide.

Tegacid **Th. Goldschmidt AG., Essen.**

i/Kurs: ja; *Verw.:* zur Herstellung saurer Emulsionen; *Lit.:* Seifensieder-Ztg. 1932 S. 803.

Tegin **Th. Goldschmidt AG., Essen.**

i/Kurs: ja; *Konstit.:* Stearinsäuremonoglyzerinester bzw. Ester d. Stearinsäure u. d. Glykols + seifenartige Stoffe (geringe Mengen alkalisch reagierender); *Äuß.:* stearinähnliche Masse; *Reakt.:* sauer; *Verw.:* zur Herstellung von neutralen Emulsionen; *H. Pat., V. Pat.:* G 71113 IV a/23 c; *Lit.:* Seifensieder-Ztg. 1931 S. 64 u. 701; 1932 S. 141ff.

Terpenisol **Louis Blumer, Zwickau i. Sa.**

i/Kurs: nein; *analog:* Terpin-Isol, mit dem es identisch zu sein scheint; *Konstit.:* Ölsulfonat + Terpentin (nach Prof. Herbig).

Terpin

Konstit.: Türkischrotöl + Fettlöser.

Terpin-Isol **Louis Blumer, Zwickau i. Sa.**

i/Kurs: nein; *analog:* Terpenisol, mit dem es identisch zu sein scheint; *Konstit.:* Ölsulfonierungsprodukt (20—25% Fettgehalt) + Terpentinöl.

Terpinopol **Chem. Fabr. Stockhausen & Cie., Krefeld.**

i/Kurs: ja; *analog:* Terpinopol K; *Konstit.:* Seife + Fettlöser; (Monopolseife + Terpentinöl[1]; dto. nach Prof. Herbig); *Äuß.:* dickflüssig, gelb;

Reakt.: schwach alkalisch; *Eigensch.:* schmutz- und fettlösend; kommt auch in kochender Lauge noch voll zur Wirkung ohne vorzeitiges Verflüchtigen des Fettlösungsmittels; *Verw.:* als Waschmittel zus. m. Soda für das Wäschereigewerbe sowie als Detachurmittel; für die Leibwäsche; f. d. bunte Wäsche (Terpinopol in einem Eimer langsam mit der 10 bis 15fachen Menge warmem Wasser verrühren! Soda vorher für sich in heißem Wasser lösen und zuerst in die Maschine geben!); als Zus. bei Druckfarben; (s. a. Mengen!); *Mengen:* b. d. weißen Wäsche, Leib- und Küchenwäsche: neben 10 g/l Soda kalz.: 1% d. W. ($^1/_2$—$^3/_4$ Stde. kochen); f. d. Wollwäsche (wollene Decken und Strümpfe): neben 2 g/l Soda kalz.: 4 g/l; *H. Pat., V. Pat.:* DRP.; *Lit.:* [1] Seifensieder-Ztg. 1930 S. 495.

Terpinopol BT **Chem. Fabr. Stockhausen & Cie., Krefeld.**

i/Kurs: ja; *Konstit.:* Terpentinöl-Emulsion; *Äuß.:* dicklich; *Reakt.:* neutral; *Eigensch.:* Lösevermögen für Fette und Wachse; aufhellende Wirkung; ergibt vorzügliche Halbbleiche; *Lö. Be.:* gibt mit Wasser Emsulionen; hoch alkalibeständig; *Verw.:* in der Beuche sowie bei der offenen Abkochung von Baumwolle- und Leinenmaterial; *Mengen:* i. d. Beuche: 0,25—0,5% d. W.

Terpinopol K **Chem. Fabr. Stockhausen & Cie., Krefeld.**

i/Kurs: ja; *analog:* Terpinopol (von dem es sich nur durch die Konzentration unterscheidet); Terpinopol N extra; *Konstit.:* Seife + Fettlöser (Monopolseife + Terpentinöl[1]); *Lit.:* [1] Seifensieder-Ztg. 1930 S. 495.

Terpinopol N extra **Chem. Fabr. Stockhausen & Cie., Krefeld.**

i/Kurs: ja; *analog:* Terpinopol K; *Konstit.:* Seife + Fettlöser + neues synthetisches Produkt; *Äuß.:* dickflüssig, gelb; *Reakt.:* schwach alkalisch; *Eigensch.:* hohes Reinigungsvermögen; beeinflußt den Weißgrad des Wäschgutes günstig; kommt auch beim Kochen voll zur Wirkung; verhindert Kalk- und Eisenseifenausscheidungen; *Lö. Be.:* kalkbeständig in allen in Frage kommenden Wässern; *Verw.:* zusammen mit Soda als Waschmittel (für das Wäschereigewerbe).

Terpipetrol

Konstit.: Oleinkaliseife + Terpineol + Petroleum; *Lit.:* Seifenfabrikant 1913 S. 721.

Terpuril **R. Bernhein, Augsburg-Pfersee.**

ähnlich: Tetrilsapon W; *Konstit.:* Seife + Kohlenwasserstoff; *Verw.:* für Färberei, Bleicherei, Appretur; *Lit.:* Melliand Textilber. 1926 Heft 10; 1928 S. 759.

Tetracarnit **H. Th. Böhme AG., Chemnitz.**

Geb.-J.: 1917; *i/Kurs:* ja; *ähnlich:* Newalol; *analog:* Novocarnit; Oleocarnit; Oxycarnit L 50; Oxycarnit BR; Oxycarnit; *Konstit.:* besteht aus reinen, heterozyklischen Basen (Pyridinbasen); *Äuß.:* Flüssigkeit, hellgelb; *Reakt.:* schwach alkalisch; *Eigensch.:* farbstofflösend; egalisierend; dispergierend; reinigend; *Lö. Be.:* gibt mit Wasser klare Lösungen; in jedem Verhältnis mit Wasser verdünnbar; beständig gegen Säure, Alkali, Salze, hartes Wasser, Oxydations- und Reduktionsmittel; *Verw.:* zum Lösen von sauren, substantiven, Schwefel- und Küpenfarbstoffen; zum Anteigen und Verküpen von Schwefel- und Indanthrenfarbstoffen; zum Färben von Wolle, Halbwolle, Baumwolle und Kunstseide in jeglichem Stadium; in der Apparatfärberei; als Zusatz zu Druckpasten; zum Vornetzen von Woll- und Halbwollmaterialien; zum Entfernen von Kalkseifen; zum Abziehen von sauren Färbungen; zum Nachseifen von Echtfärbungen in Verbindung mit Gardinol und Seife; *Mengen:* beim Färben: 0,5—1% d. W.; beim Vorreinigen: 0,5—1 g/l; beim Anteigen und Lösen von sauren, substantiven, Schwefel- und Küpenfarbstoffen: 1:10 mit Wasser verdünnt (basische Farbstoffe zu lösen, ist unter Zusatz der 1—2fachen Menge Essigsäure in Spezialfällen möglich!); als Zusatz zur Druckpaste: 2—30 g/kg Druckpaste; b. Nachbehandeln von Färbungen: neben Gardinol, Seife und Soda: 0,3—1 g/l; b. Abziehen saurer Wollfärbungen: 1 g/l; b. Abziehen von Kalkseife in Verbindung mit Salzsäure: 1 g/l; *V. Pat.:* patentiert; (DRP. 393781 von Freiberger; s. a. Tetracarnit von Stockhausen, Berlin!); *Lit.:* Seifensieder-Ztg. 1930 S. 495; 1931 S. 636; Melliand Textilber. 1928 S. 759; 1929 S. 310; 1930 S. 610.

Tetracarnit — **Chemische Fabrik Stockhausen & Cie., Buch & Landauer AG., Berlin SO 16.**

Geb.-J.: 1912; *i/Kurs:* ja; *ähnlich:* Newalol; ist identisch mit Tetracarnit von H. Th. Böhme; beides sind Lizenzprodukte des Freibergschen Patentes (393781); bezüglich der Absatzgebiete sind Vereinbarungen getroffen! *Konstit.:* Pyridinbasen; *Äuß.:* wasserhelle, klare Flüssigkeit von charakteristischem Geruch; *Reakt.:* alkalisch; *Eigensch.:* netzend; egalisierend; *Lö. Be.:* in jedem Verhältnis mit Wasser mischbar; vollständig beständig gegen hartes Wasser, Alkalien, Säuren, Salze; *Verw.:* in der Färberei und Druckerei; in Spülbädern; zum Abziehen von Farbstofflösungen; zum Netzen; zum Egalisieren.

Tetra-Isol — **Louis Blumer, Zwickau i. Sa.**

i/Kurs: nein; *ähnlich:* Tetrapol, Verapol; *Konstit.:* Ölsulfonierungsprodukt (20—25% Fettgehalt) + Tetrachlorkohlenstoff.

Tetralin — **Dehydag, Berlin-Charlottenburg.**

i/Kurs: ja; *analog:* Dekalin; *Konstit.:* Tetrahydronaphthalin; (Strukturformel: H, H_2; H, H_2; H, H_2; H, H_2) $C_{10}H_{12}$; *Äuß.:* Flüssigkeit, wasserklar; *Eigensch.:* Sp.: 200—209° C; spez. Gew.: 0,975; hohes Lösungsvermögen für organische Stoffe, z. B. Fette, Öle, Wachse, Harze, Lacke, Firnisse, Asphalt, Pech; bleichend infolge Autoxydation und Wiederabgabe des Sauerstoffs; ermöglicht Abkürzung der Bleichdauer, Verbesserung des Weißgehaltes, Schonung der Faser; bildet ein kurzlebiges Peroxyd, das wieder leicht in Kohlenwasserstoff und Sauerstoff zerfällt; *Verw.:* in der Baumwollbeuche und -bleiche; als Netz-, Fettlöse- und Bleichmittel; *Mengen:* f. d. Herstellung eines Reinigungsmittels für stark fetthaltige Gewebe: 79 Teile neben: 8 Teilen Rizinusölfettsäure, 15 Teilen Methylhexalin und 9 Teilen Kalilauge v. 50° Bé; z. Herstellung eines klar löslichen Präparates: 100 Teile neben: 23 Teilen Methylhexalin, 4,2 Teilen Olein, 1,6 Teilen Kalilauge von 50° Bé und 4,2 Teilen

Wasser; i. d. Beuche: neben üblichen Alkali- bzw. Chlorzusätzen: 0,3% einer 90% igen Emulsion; i. d. Bleiche: neben üblichen Alkali- bzw. Chlorzusätzen: 0,08% einer 90% igen Emulsion; *H. Pat*, *V. Pat.*: DRP. 312465 (Simon & Dürkheim); *Lit.*: Seifensieder-Ztg. 1924 S. 205; Z. Wollen- u. Leinenind. 1928 H. 12.

Tetralix **Chem. Fabr. Stockhausen & Cie., Krefeld.**

i/Kurs: ja; *ähnlich:* Supralan H; Supralan T; *analog:* Tetrapol; Tetrol F; Tetralix T; *Konstit.*: Seife + ca. 90% Kohlenwasserstoffe von hohem Fettlösungsvermögen; nach Herstellers Angaben: Türkischrotöl + Lösungsmittel; *Äuß.*: goldgelbes, klares, dünnflüssiges Öl; *Reakt.*: neutral bis schwach alkalisch; *Eigensch.*: Lösungsvermögen für verseifbare und unverseifbare Öle und Fette; hat keinerlei schädlichen Einfluß auf Faser und Farben; lösungsfähig für alle Teer-, Harz- und Ölfarbenflecken; *Lö. Be.*: beständig gegen hartes Wasser; gibt haltbare Emulsionen, auch bei starker Verdünnung mit Wasser; *Verw.*: zur Erhöhung d. Reinigungskraft von Waschflotten; b. Waschen stark verschmutzten, ölhaltigen Materials; als Fettlösungs- und Reinigungsmittel, entweder für sich allein in Verbindung mit Soda, Pottasche oder Salmiakgeist oder mit Seife zusammen; z. Waschen von loser Wolle, Kammzug, Woll- und Teppichgarnen, sowie öligen Woll- und Baumwollabfällen aller Art; z. Waschen und Entgerbern aller Arten Stück- und Walkware (Streichgarn, Kammgarn, Futterstoffe, Trikotagen, Filze, Wolldecken usw.); zum Entfetten von Putzwolle und Putztüchern usw.; z. Beuchen von loser Baumwolle, Garnen und Geweben; z. Detachur in chemischen Reinigungsanstalten sowie in der Textilindustrie; i. d. Halbwollwaren-Industrie als Zusatz zum Krabben; *Mengen:* b. Waschen von Wollgarnen, Teppichgarnen usw.: neben der bisherigen Sodamenge: 0,5—0,7% d. W.; b. Waschen von fettigen Woll- und Baumwollabfällen: neben 0,25—0,5% d. W. kalz. Soda: 0,4—0,6% d. W.; b. Beuchen von Baumwolle, Baumwollgarnen und Baumwollgeweben: neben Ätznatron- oder Kalilauge: etwa 0,3—0,5% d. W.; z. Reinigen von Trikotwaren (bei 50—60° C): 0,4—0,5% d. W.; z. Krabben (Brühen) von halbwollenen Futter- und Kleiderstoffen, Orleans, Zanella, Serge usw.: 30—50 g pro Rolle Ware; z. Waschen von Tuchen, Buckskin, Konfektions- und Mantelstoffen: neben Soda: 0,4% d. W.; b. Klarwaschen gewalkter Ware: 0,15% d. W.; b. Waschen von Kammgarnen: 0,15% d. W.; z. Reinigen von Putzwollen und Putztüchern: zur 1. und 2. Kochflotte: je 1% d. W. kalz. Soda (20—30 Min.); z. 3. Bad: neben 0,66% d. W. kalz. Soda: 0,33% d. W. (20—30 Min. kochen); *H. Pat.*, *V. Pat.*: DRP.

Tetralix spez. **Chem. Fabr. Stockhausen & Cie., Krefeld.**

i/Kurs: ja; *Konstit.*: Seife + aromatische Sulfosäure + Lösungsmittel; *Äuß.*: dickflüssig; *Reakt.*: ammoniakalisch; *Eigensch.*: Lösevermögen für Pech und harzartige Verunreinigungen; *Verw.*: in der Walke und Stückwäsche; zum Entfernen von Pechspitzen in der Hut- und Filzfabrikation; *Mengen:* 8—10% ige Lösungen (Ware einlegen, dann auswaschen!).

Tetralix T **Chem. Fabr. Stockhausen & Cie., Krefeld.**

i/Kurs: ja; *analog:* Tetralix; *Konstit.*: Seife + Fettlösungsmittel; *Äuß.*: Öl, klar, dünnflüssig, goldgelb; *Reakt.*: neutral; *Eigensch.*: wie Tetralix; wirkt etwas aufhellend; *Lö. Be.*: wie Tetralix; *Verw.*: für sich oder zusammen mit Soda und Seife als Fettlöse- und Reinigungsmittel; vor allem zum Reinigen von Baumwollmaterial; besonders vorteilhaft zum Beuchen (aufhellende Wirkung!).

Tetrapol **Chem. Fabr. Stockhausen & Cie., Krefeld.**

i/Kurs: ja; *ähnlich:* Tetraseife; Tetraseife P; Beuchöl K, P, PL, PO; *analog:* Tetrapol konz.; Tetrol F; Tetralix; *Konstit.:* Seife + Türkischrotöl + Lösungsmittel (nicht brennbar); frei von Wasserglas, Chlor usw.; Monopolseife + Tetrachlorkohlenstoff[1] (früher); nach Heermann: Monopolseife in Perchloräthylen (jetzt) gelöst; Fettlösergehalt: 12—16%; *Äuß.:* dünnflüssiges Öl, klar, gelblich; *Reakt.:* schwach sauer bis neutral; *Eigensch.:* hohe Wasch- und Reinigungskraft; Netz- und Durchdringungsvermögen; Lösevermögen für unverseifbare Öle und Fette; emulgierend; materialschonend; erzeugt frische Färbungen, angenehmen, weichen und geschmeidigen Griff; erhöht auf Grund seines Fettlösergehaltes die Reinigungskraft von Waschflotten, insbesondere die lösende Wirkung gegenüber unverseifbaren Ölen und Fetten; läßt sich leicht und vollkommen auswaschen; kalt bis kochend heiß für sich allein oder auch zusammen mit beliebigen Mengen Seife oder Sodalauge verwendbar; verhindert Kalkseifenbildung; *Lö. Be.:* ziemlich unempfindlich gegen die Härtebildner des Wassers; gibt auch bei starker Verdünnung noch vollkommen klare und durchsichtige Lösungen; *Verw.:* zum Waschen und Reinigen aller Arten von Textilmaterial in jedem Verarbeitungsstadium; als Zusatz zu Seifenbädern; zum Entfetten; im chemischen Reinigungsgewerbe; zur Naßwäsche und Detachur; zum Waschen von Wollgarnen, Teppichgarnen, Gerberwollen und Haargarnen; zum Entgerbern von Kammgarnstoffen; beim Krabben und Brühen halbwollener Kleider- und Futterstoffe zwecks Entfernung von Paraffinflecken; als Zusatz zur Walke; beim Auswaschen gewalkter Ware; in der Hutindustrie; beim Auswaschen vor und nach der Seifenwalke sowie beim Walkprozeß selbst; in der Baumwollindustrie; beim Abkochen — vor der Bleiche — von loser Baumwolle, öligen Abfällen und Linters; für die Fabrikation von Verbandwatte und Nitrierbaumwolle; in der Garn- und Stückbleiche; zur Entfernung von Nadelflecken in Gardinen und Stickereiwaren; in der Druckerei; zum Auswaschen gedruckter Waren mit weißem Grund — am besten in Verbindung mit Marseiller Seife im Verhältnis 1:1—; beim Waschen v. Trikotagen; b. Einweichen v. d. Waschen oder Walken, für sich allein oder zusammen mit Marseiller Seife; b. Waschprozeß selbst zusammen mit Soda; b. Abwaschen n. beendigtem Walkprozeß; i. d. Veredlung von Kunstseide und deren Mischgeweben; zur Vorreinigung v. d. Färben, in Verbindung mit Soda oder als Zusatz zum Seifenbad; b. d. Vorreinigung azetathaltigen Materials ohne jeden Alkalizusatz; *Mengen:* je nach Ware: ca. 10—30% der Seife, die mit angewandt wird; *H. Pat., V. Pat.:* DRP.; *Lit.:* [1] Seifensieder-Ztg. 1930 S. 495; Melliand Textilber. 1926 Heft 10; 1928 S. 759.

Tetrapol konz. **Chem. Fabr. Stockhausen & Cie., Krefeld.**

i/Kurs: ja; *analog:* Tetrapol (im Vergleich zu dem es doppelt so stark und wirksam ist); *Konstit.:* Ölsulfonierungsprodukt + Lösungsmittel (nicht brennbar); Monopolseife + Tetrachlorkohlenstoff[1]; nach Herstellers Angaben: Seife + Türkischrotöl + Lösungsmittel; *Äuß.:* fast wie gelbe Schmierseife; *Reakt., Eigensch., Lö. Be., Verw.:* siehe Tetrapol! *Mengen:* die Hälfte der bei Tetrapol angegebenen! *H. Pat., V. Pat.:* DRP.; *Lit.:* [1] Seifensieder-Ztg. 1930 S. 495.

Tetraseife **Zschimmer & Schwarz, Chemnitz.**

Geb.-J.: 1914; *i/Kurs:* ja; *analog:* Tetraseife P, WW und WW Supra; wird in verschiedenen Sorten ausgegeben, mit Kohlenwasserstoffen verschieden hohen Siedepunktes; *Konstit.:* Kaliseife + organisches Fettlösungsmittel; *Äuß.:* dickflüssig, gelb; *Reakt.:* schwach alkalisch; *Eigensch.:* Netz-, Schaum-, Reinigungs-, Wasch-, Lösevermögen für Fett und Schmutz; desinfizierend; *Lö. Be.:* leicht löslich in Wasser; Beständigkeitseigenschaften besser als bei Seife; *Verw.:* in der Wollwäscherei; zur Beuche; sowohl in Flocke als auch Strang und Stück; in der Weißwäscherei; zur Entfernung fett-, blut- und schmutzhaltiger Verunreinigungen; beim Walken; in der Detachur und chemischen Wäscherei; beim Reinigen von Filzen, Hotel-, Haushalts-, Anstalts- und Krankenhauswäsche; zum Einweichen; zum Entgerbern; *Mengen:* 1—6 g/l Waschflotte (für das Arbeiten bei hohen Temperaturen bzw. unter Druck verwendet man Tetraseife P!); 2% d. W. neben der sonst üblichen Seifenmenge.

Tetraseife P **Zschimmer & Schwarz, Chemnitz.**

*Geb.-J.:*1914; *i/Kurs:* ja; *analog:* Tetraseife; *Konstit.*, *Äuß.*, *Reakt.*, *Eigensch.*, *Lö. Be.:* siehe Tetraseife; *Verw.:* wie Tetraseife, jedoch für das Arbeiten bei hohen Temperaturen bzw. unter Druck; *Mengen:* siehe Tetraseife!

Tetraseife WW **Zschimmer & Schwarz, Chemnitz.**

i/Kurs: ja; *analog:* Tetraseife, jedoch höhere Konzentration und hellere Farbe; *Eigensch.:* entfernt alle Arten von Flecken aus Hotel-, Haushalt-, Krankenhauswäsche u. dgl.; desinfizierend; bleichend; unschädlich; *Verw.:* als Waschmittel für die Weißwäscherei.

Tetraseife WW Supra **Zschimmer & Schwarz, Chemnitz.**

i/Kurs: ja; *analog:* Tetraseife, jedoch höhere Konzentration und hellere Farbe; *Äuß.:* hellgelb, schmierseifenähnlich.

Tetrilsapon W **Zschimmer & Schwarz, Chemnitz.**

Geb.-J.: 1919; *i/Kurs:* ja; *Konstit.:* Seife + Fettlöser (hoher Gehalt); *Äuß.:* schmierseifenartig; weißlich; *Reakt.:* fast neutral; *Lö. Be.:* besser als Seife; *Verw.:* Spezialwaschmittel für Wolle und Halbwolle; *Mengen:* ca. 3 g/l.

Tetrol BF **Chem. Fabr. Stockhausen & Cie., Krefeld.**

i/Kurs: ja; *analog:* Tetrol F; *Konstit.:* Seife + Türkischrotöl + fettaromatische Sulfosäure + Lösungsmittel; *Äuß.:* Flüssigkeit, goldgelb; *Reakt.*, *Eigensch.*, *Lö. Be.:* siehe Tetrol F! *Verw.:* speziell zum Waschen von Bettfedern; *Mengen:* siehe Tetrol F!

Tetrol F **Chem. Fabr. Stockhausen & Cie., Krefeld.**

i/Kurs: ja; *analog:* Tetrapol; Tetralix; Tetrol BF; *Konstit.:* Seife + Fettlöser; *Äuß.:* Flüssigkeit, hellgelb; *Reakt.:* neutral bis schwach alkalisch; *Eigensch.:* gute Reinigungswirkung; entfernt leicht fettige und ölige Verunreinigungen, auch hartnäckige Mineralölschmieren; *Verw.:* zum Einweichen von Wäsche im Wäschereigewerbe; zum Waschen stark verunreinigter Kleidungsstücke (Arbeiteranzüge), von Putztüchern, von

Abfallmaterial (auch zum Scheuern verunreinigter Gegenstände, Maschinenteile, Fußböden usw.!); *Mengen:* 3—5 g/l: beim Waschen; 1—2 g/l: beim Scheuern.

Texapon **Müller & Kalkow, Magdeburg.**

analog: Savonade; *Konstit.:* Seife + Hexalin; *Verw.:* als Fleckseife.

Texapon Paste **Dehydag, Berlin-Charlottenburg.**

i/Kurs: ja; *analog:* Texapon Pulver, Texaponöl, Ocenolsulfonat; *Konstit.:* Sulfonat gesättigter Fettalkohole; Salz des Sulfonierungsproduktes des Lorols (Laurylalkohol; Reduktionsprodukt der Laurinsäure, gewonnen aus Kokosöl) mit einer organischen Base; *Äuß.:* weiße Paste; *Reakt.:* neutral; *Eigensch.:* NB. bei Texapon sind mehr die netzenden und für alle Färbereiprozesse wertvollen Eigenschaften, bei Ocenolsulfonat mehr das Reinigungs- und Avivagevermögen betont! schäumend; netzend; reinigend; dispergierend; fettlösend; avivierend; greift die Faser nicht an; verhindert die Ausscheidung schädlicher Kalkseifen, löst bereits gebildete Kalkseifen; entfernt Mineralöle und in sauren Bädern ausgefällte Fettsäure; Appretiervermögen;. nicht filzend; Egalisiervermögen; Durchfärbevermögen; faserschützend; spaltet kein freies Alkali ab; verhindert so das Ausbluten alkaliempfindlicher Farben; gibt der behandelten Ware Griff, Weichheit und Elastizität; *Lö. Be.:* wasserlöslich; nicht beständig in Karbonisier- und Merzerisierbädern; praktisch beständig in hartem Wasser und den i. d. Textilind. gebr. Konz. von Säure; hochbeständig gegen Bittersalz, beständig in allen Bleichlaugen; NB. in Gegenwart von Alkali wird die organische Base frei gemacht! (daher nehme man beim Arbeiten mit Alkali Texapon Pulver!); *Verw.:* als Farbstofflöse-, Netz- und Egalisiermittel für BW, KS und W, besonders auch in der Apparatefärberei; als Netz- und Hilfsmittel für Beuche, Bleiche und Walke; als Waschmittel für Rohwolle, Wolle in Garn und Stück sowie Mischgewebe; als Hilfsmittel beim Abziehen und Umfärben; ebenso in der Druckerei; beim Schlichten und beim Appretieren; beim Waschen und Walken in saurer Flotte; beim Entschlichten; beim Abziehen von Imprägnierungen; beim Entfernen von Leinölschlichten; bei der Weißwäscherei; beim Waschen in Seewasser; bei der Verarbeitung von Seide; in der Seidenfärberei; beim Reinigen, Bleichen und Färben von Baumwolle und Kunstseide sowie solche enthaltender Mischgewebe; beim Verarbeiten loser Wolle, beim Waschen kalkhaltiger Gerberwollen (evtl. auch zusammen mit Fettlösungsmitteln, wie Methylhexalin, Tetralin usw.); s. a. Mengen! *Mengen:* i. d. Beuche: 0,5—1 g/l; i. d. Bleiche von Baumwolle: 0,5—2 g/l; b. Färben von Baumwolle und Kunstseide: 0,5 g/l; b. d. Nachbehandlung von Indanthren- und Naphtholfärbungen: 0,5—5 g/l; b. Auswaschen bedruckter Ware: 0,5—1 g/l; b. Waschen von Rohwolle: 0,2—1 g/l; b. Waschen von Wollgarn und -stück: 0,2—0,5% d. W.; b. Färben von Wolle: 0,5—1 g/l; (1—2% d. W.); i. d. Apparatfärberei: 0,5% d. W.; b. d. sauren Walke: 0,5 g/l; b. Schlichten und Appretieren: 0,5—2 g/l; *Lit.:* Seifensieder-Ztg. 1932 S. 838; Chem.-Ztg. 1932 S. 835 u. 893.

Texapon Pulver **Dehydag, Berlin-Charlottenburg.**

i/Kurs: ja; *analog:* Texapon Paste, Texaponöl, Ocenolsulfonat; *Konstit.:* Sulfonat gesättigter Fettalkohole; Natriumsalz des Sulfonierungsproduktes des Lorols (Laurylalkohol; Reduktionsprodukt der Laurinsäure, gewonnen aus Kokosöl) $R \cdot OSO_3Na$; *Äuß.:* Pulver, weiß; *Reakt.:* neutral; *Eigensch.:*

NB. bei Texapon sind mehr die netzenden und für alle Färbereiprozesse wertvollen Eigenschaften, bei Ocenolsulfonat mehr das Reinigungs- und Avivagevermögen betont; schäumend; netzend; reinigend; dispergierend; fettlösend; avivierend; greift die Faser nicht an; verhindert die Ausscheidung schädlicher Kalkseifen; löst bereits gebildete Kalkseifen; entfernt Mineralöle und in sauren Bädern ausgefällte Fettsäure; Appretiervermögen; nicht filzend, jedoch in Verbindung mit Seife bzw. Alkali den Verfilzungsprozeß unterstützend; Egalisiervermögen; Durchfärbevermögen; faserschützend; spaltet kein freies Alkali ab; verhindert so das Ausbluten alkaliempfindlicher Farben; gibt der behandelten Ware Griff, Weichheit und Elastizität; *Lö. Be.:* wasserlöslich; nicht beständig in Karbonisier- und Merzerisierbädern! praktisch beständig in hartem Wasser und den i. d. Textilind. gebr. Konz. von Säure und Alkali; hochbeständig gegen Bittersalz; beständig in allen Bleichlaugen; *Verw.:* allein oder zusammen mit Seife! als Farbstofflöse-, Netz- und Egalisiermittel für BW, KS und W, besonders auch in der Apparatefärberei; als Netz- und Hilfsmittel für Beuche, Bleiche und Walke; als Waschmittel für Rohwolle, Wolle in Garn und Stück sowie Mischgewebe; als Hilfsmittel beim Abziehen und Umfärben; ebenso in der Druckerei; beim Schlichten und beim Appretieren; beim Waschen und Walken in saurer Flotte; beim Entschlichten; beim Abziehen von Imprägnierungen; beim Entfernen von Leinölschlichten; bei der Weißwäscherei; beim Waschen in Seewasser; bei der Verarbeitung von Seide; in der Seidenfärberei; beim Reinigen, Bleichen und Färben von Baumwolle und Kunstseide sowie solche enthaltender Mischgewebe; beim Verarbeiten loser Wolle; beim Waschen kalkhaltiger Gerberwollen (evtl. auch zusammen mit Fettlösungsmitteln, wie Methylhexalin, Tetralin usw.); s. a. Mengen! *Mengen:* i. d. Beuche: 0,5—1 g/l; i. d. Bleiche von Baumwolle: 0,5—2 g/l; b. Färben von Baumwolle und Kunstseide: 0,5 g/l; b. d. Nachbehandlung von Indanthren- und Naphtholfärbungen: 0,5—5 g/l; zum Nachseifen: neben 1—2 g/l Seife: 0,5 g/l; b. Auswaschen bedruckter Ware: 0,5—1 g/l; b. Waschen von Rohwolle: 0,2—1 g/l; b. Waschen von Wollgarn und Stück: 0,2—0,5% d. W.; b. Färben von Wolle: 0,5—1 g/l; (1—2% d. W.); i. d. Apparatefärberei: 0,5% d. W.; b. d. sauren Walke: 0,5 g/l; b. Schlichten und Appretieren: 0,5—2 g/l; i. d. Walke: neben der Hälfte der bisherigen Seife: 15—20% dieser; z. Entfernen der Schmelze: a) bei Streichgarnware (6—12% d. W. Olein): neben Ammoniak oder Soda: 1,5—2 g/l; b) bei Kammgarnware: 1,5 g/l (wenn oleinhaltig, neben Soda oder Ammoniak); NB. evtl. nimmt man 20—30% der bisherigen Seifenmenge noch daneben! b. Neutralisieren karbonisierter Ware: 1—2 g/l; *Lit.:* Seifensieder-Ztg. 1932 S. 361 u. 838; Chem.-Ztg. 1932 S. 835 u. 893.

Texaponöl **Dehydag, Berlin-Charlottenburg.**

i/Kurs: ja; *analog:* Texapon Pulver und Paste, Ocenolsulfonat; *Konstit.:* Fettalkoholsulfonat aus gesättigten Fettalkoholen; Natriumsalz des Sulfonierungsproduktes des Lorols (Laurylalkohol; Reduktionsprodukt der Laurinsäure, gewonnen aus Kokosöl) $R \cdot OSO_3Na$ + Lösungsmittel; *Äuß.:* Flüssigkeit, gelb; *Eigensch.:* netzend; egalisierend; *Lö. Be.:* nicht beständig bei höheren Alkalikonzentrationen; kalk-, säure- und bittersalzbeständig; *Verw.:* als Netz-, Durchdringungs- und Egalisierungsmittel.

Textilol KS **A. Th. Böhme, Dresden-N. 6.**

i/Kurs: ja; *analog:* Textilol KS doppelt konz. (von dem es sich nur durch die Konzentration unterscheidet); *Konstit.:* Rizinusölpräparat (50%ig;

mittlerer Sulfonierungsgrad); *Äuß.:* flüssig; *Reakt.:* fast neutral; *Eigensch.:* netzend; egalisierend; verhindert die Bildung schädlicher Kalkseifen; die wässerigen Lösungen sind von unbegrenzter Haltbarkeit; *Lö. Be.:* in kaltem und warmem Wasser in jedem Verhältnis klar und leicht löslich; die Beständigkeitseigenschaften liegen infolge besserer Sulfonierung etwas höher als die gewöhnlicher Türkischrotöle; bildet mit Magnesiasalzen keine flockigen Ausscheidungen, sondern flüssige Seifen, die sich mit den gebräuchlichen Appreturmitteln leicht emulgieren lassen; *Verw.:* z. Appretieren nachgechlorter Waren; z. Korrigieren von Küpenansätzen; bei Appreturen, die Magnesiasalze enthalten (besser jedoch Geneucol MM!); z. Netzen in der Färberei; als Zusatz zur Farbflotte sowohl in der Apparatefärberei mit substantiven und Küpenfarbstoffen wie auch von Türkischrot, Naphthol- und Pararot; in der Druckerei, Schlichterei, Bleicherei und Appretur; *Lit.:* Melliand Textilber. 1930 S. 610.

Textilol KS doppelt konz. **A. Th. Böhme, Dresden-N. 6.**

i/Kurs: ja; *analog:* Textilol KS (von dem es sich nur durch die Konzentration unterscheidet); *Konstit.:* hochsulfoniertes Rizinusölpräparat (100% ig); *Äuß.:* flüssig, gelb, viskos; *Reakt., Eigensch., Lö. Be., Verw.:* siehe Textilol KS!

Textilomalt

ähnlich: Diastafor; *Konstit.:* Diastasepräparat (Malzdiastase); *Verw.:* zur Verflüssigung der Stärke durch Abbau; als Entschlichtungsmittel; *Lit.:* Melliand Textilber. 1930 S. 610.

Thiolfest

Konstit.: 6,8% Wasser, 53,7% Neutralfett, 38,1% Rizinolschwefelsäure, 1,7% Glaubersalz.

Thionöl **Louis Blumer, Zwickau i. Sa.**

analog: Iso-Seife, Thionseife; *Verw.:* als Füll- und Beschwerungsmittel.

Thionseife **Louis Blumer, Zwickau i. Sa.**

analog: Thionöl, Isol N und S; *Konstit.:* saure Seife; *Verw.:* für Tanninätzfarben.

Thionseife MG **Louis Blumer, Zwickau i. Sa.**

Konstit.: Magnesiaseife; *Lö. Be.:* wasserlöslich; *Verw.:* als Füll- und Beschwerungsmittel.

Titon SF **Röhm & Haas A.-G., Darmstadt.**

i/Kurs: ja; *Konstit.:* Produkt aus Eiweißstoffen (hochkonzentrierte, wässerige Lösung); *Äuß.:* braune, etwas trübe, dickliche, sirupartige Flüssigkeit; *Reakt.:* neutral; *Eigensch.:* keine Trübung der Flotte; kein Verkleben der Fäden; *Verw.:* zum Egalisieren von Küpenfarbstoffen, insbesondere für helle Farben; als Wollschutzmittel.

Transferin **A. Th. Böhme, Dresden-N. 6.**

i/Kurs: ja; *ähnlich:* Newalol; *analog:* Transferin J (spez.) (mit dem es identisch ist); Transferin O und N; *Konstit.:* fettfreier Netzkörper + Lösungsmittel (nach Dr. Landolt nur: Äthylalkohol + Cyclohexanol[1]); *Äuß.:* flüssig, farblos; *Reakt.:* fast neutral; *Eigensch.:* farbstofflösend; egalisierend; emulgierend; reinigend; besitzt die Fähigkeit, Kolloide (Farbstoffe, Seife) in feinste Verteilung zu bringen und in diesem Zustand zu halten; *Lö. Be.:* in Wasser klar löslich; absolut säure-, härte- und alkalibeständig; *Verw.:* speziell für das Färben, insbesondere von dichter Ware und für schwer lösliche Farbstoffe; in jedem Farbbade; unter jedem Wasserverhältnis; für jede Textilfaser; in der Druckerei; beim Spritzdruck; in der Apparatefärberei; bei Schwefelschwarz; *Mengen:* zum Anteigen aller Farbstoffe: soviel, daß auf 100 l Farbbad 30—50 g kommen (mit ungefähr der gleichen Wassermenge versetzen und den Farbstoff mit dieser Mischung anrühren; der Farbflotte selbst wird dann kein Transferin mehr zugesetzt!); b. Indanthrenfarbstoffen: 0,5 g/l Farbflotte; z. Ansetzen einer Stammküpe: 20% des J-Farbstoff-Pulvers; *Lit.:* [1] Melliand Textilber. 1930 S. 610.

Transferin J (spez.) **A. Th. Böhme, Dresden-N. 6.**

i/Kurs: ja; *analog:* Transferin (mit dem es identisch ist); Transferin O und N; *Konstit.*, *Äuß.*, *Reakt.*, *Eigensch.*, *Lö. Be.:* siehe Transferin! *Verw.:* speziell für die Indigofärberei.

Transferin N **A. Th. Böhme, Dresden-N. 6.**

i/Kurs: ja; *analog:* Transferin (jedoch mit hoher Netzwirkung!) und Transferin J (spez.).

Transferin O **A. Th. Böhme, Dresden-N. 6.**

i/Kurs: ja; *analog:* Transferin und Transferin J (spez.) (jedoch mit Zusatz eines hochsulfonierten Öles); *Eigensch.:* wie Transferin, gibt der Ware jedoch größere Weichheit.

Trifol R **Schiedam.**

ähnlich: Katanol O; *Verw.:* als Beizmittel; *Lit.:* Melliand Textilber. 1930 S. 610.

Trikolin **Zschimmer & Schwarz, Chemnitz.**

Geb.-J.: 1928; *i/Kurs:* ja; *Konstit.:* Olivenöl + Emulgator + Wasser; *Äuß.:* weißliche, pastenartige Masse; dünnflüssig; *Reakt.:* neutral; *Lö. Be.:* gibt beim Verdünnen mit Wasser Emulsionen hohen Dispersitätsgrades; *Verw.:* zur Avivage von Trikotagen und ähnlichen Waren; *Mengen:* ca. 5 g/l.

Triol **R. Baumheier AG., Oschatz-Zschöllau (Sachsen). Bodenbach (C. S. R.)**

ähnlich: Tetrapol und Verapol.

Trioran B **Oranienburger Chem. Fabr. AG., Charlottenburg 2.**

i/Kurs: ja; *analog:* Perpentol B in der Konstitution (nur enthält es einen Chlorkohlenwasserstoff an Stelle des hochsiedenden Kohlenwasserstoffs); Trioran W extra; *Konstit.:* Oleinkaliseife + Chlorkohlenwasserstoff; *Äuß.:* gelbe Flüssigkeit; *Eigensch.*, *Lö. Be.*, *Verw.*, *Mengen:* wie Perpentol B; *Lit.:* Melliand Textilber. 1930 S. 788.

Trioran E **Oranienburger Chem. Fabr. AG., Charlottenburg 2.**

i/Kurs: ja; *Konstit.:* Ölsulfonat + Seife + Chlorkohlenwasserstoff; *Äuß.:* gelbe Flüssigkeit; *Eigensch.:* hohes Löse-, Netz- und Emulgiervermögen; *Lö. Be.:* gibt mit Wasser Emulsionen; nicht säurebeständig; *Verw.:* als Entpechungsmittel für die Hut- und Filzindustrie nach dem Einweichverfahren.

Trioran W extra **Oranienburger Chem. Fabr. AG., Charlottenburg 2.**

i/Kurs: ja; *analog:* Trioran B; hochnetzende Spezialeinstellung von Trioran B; *Konstit.:* Sulfonat + Chlorkohlenwasserstoff; *Äuß.:* gelbe Flüssigkeit; *Reakt.:* neutral; *Eigensch.:* ausgezeichnetes Löse- und Emulgier- sowie Netzvermögen; die Entpechung kann im Gegensatz zu dem sonst angewandten Einweichverfahren bereits auf der Walke erreicht werden; *Verw.:* als Entpechungsmittel für die Hut- und Filzindustrie; *Lit.:* Melliand Textilber. 1930 S. 788.

Triumph-Avivage **Zschimmer & Schwarz, Chemnitz.**

Verw.: in der Avivage von Baumwolle und Kunstseide usw.

Triumph-Avivage K. S. P. **Zschimmer & Schwarz, Chemnitz.**

Geb.-J.: 1920; *i/Kurs:* ja; *Konstit.:* hochsulfoniertes Olivenöl + Kohlenwasserstoffe; *Äuß.:* Flüssigkeit, gelb; *Reakt.:* schwach sauer; *Eigensch.:* gibt weichen Griff, hervorragenden Glanz, geschlossenen, elastischen Faden; verhindert das spätere Kleben und Riechen auf Lager; Egalisierungsvermögen; *Lö. Be.:* gibt mit Wasser haltbare Emulsionen; ist gegen hartes Wasser nicht nur in der Kochhitze, sondern auch bei niederen Temperaturen (30—35° C) beständig; säurebeständig; *Verw.:* zur Avivage von baumwollenen, kunstseidenen und seidenen Artikeln (Trikotagen, Strümpfen, Strang- und Stückwaren); als Zusatz zum Färbebad; *Mengen:* b. d. Avivage: 2—5 g/l (15 Min.; 35° C); (NB. bei der Avivage basisch gefärbter Ware 1 g/l Soda kalz., gelöst vor der Triumph-Avivage K. S. P., zusetzen!); im Färbebad: 1—2% d. W. (wovon 1 Teil zum Anteigen des Farbstoffes benutzt wird).

Triumph-Avivage OS 99 **Zschimmer & Schwarz, Chemnitz.**

i/Kurs: ja; *Konstit.:* Sulfonierungsprodukt; *Äuß.:* dickflüssig, gelb; *Eigensch.:* weichmachend; *Verw.:* als Avivageöl in der Kunstseidenfabrikation und -verarbeitung.

Triumph-Avivage SW **Zschimmer & Schwarz, Chemnitz.**

Geb.-J.: 1924; *i/Kurs:* ja; *Konstit.:* sulfoniertes Öl + Mineralöl; *Äuß.:* Flüssigkeit, gelb, dicklich; *Reakt.:* schwach sauer; *Eigensch.:* ergibt weichgriffige, elastische Ware und tiefdunkle Färbungen; *Lö. Be.:* gibt mit Wasser Emulsionen; *Verw.:* zum Avivieren in der Schwarzfärberei; zur gleichzeitigen Erzeugung mäßig knirschenden Griffs (als Zusatz zum Griffbad); *Mengen:* 3—5 g/l; (in handwarmer Flotte weichen Wassers bei Oxydationsschwarz; in alkalischer handwarmer Flotte bei Schwefelschwarz (Triumph-Avivage SW vorher mit Soda oder Natronlauge schwach alkalisch machen!); in etwa 40° warmer Flotte bei Entwicklungs- und Direktschwarz; jeweils eine Viertelstunde!).

Triumph-Avivage V **Zschimmer & Schwarz, Chemnitz.**

Geb.-J.: 1923; *i/Kurs:* ja; *Konstit.:* Öle + sulfon. Öle + Kohlenwasserstoffe; *Äuß.:* Flüssigkeit; *Reakt.:* neutral; *Lö. Be.:* etwa wie Türkischrotöl; *Verw.:* zur Avivage merzerisierter Baumwollgarne; *Mengen:* ca. 1—2 g/l.

Triumph-Öl **Zschimmer & Schwarz, Chemnitz.**

Geb.-J.: 1913; *i/Kurs:* ja; *analog:* (wird in verschiedenen handelsüblichen Konzentrationen geliefert!) den übrigen Triumph-Ölen; *Konstit.:* sulfoniertes Rizinusöl; *Äuß.:* Öl, gelb; *Reakt.:* nahezu neutral; *Eigensch.:* wie Türkischrotöl; netzend; reinigend; dispergierend; *Lö. Be.:* mäßig beständig, wie Türkischrotöl; in Wasser klar löslich; *Verw.:* überall da, wo Türkischrotöl benutzt wird; zum Beuchen, Netzen, Reinigen, Bleichen, Färben, Merzerisieren, Avivieren, Appretieren, Schlichten; in der Wollwäsche und Walke; als Anteig- und Lösemittel für Farbstoffe, speziell auch Küpenfarbstoffe; zum Grundieren mit Naphthol in der Türkischrotfärberei.

Triumph-Öl-Spezial **Zschimmer & Schwarz, Chemnitz.**

Geb.-J.: 1924; *i/Kurs:* ja; *analog:* den übrigen Triumph-Ölen, insbesondere Triumph-Öl-Spezial L; Triumph-Seife; *Konstit.:* sulfoniertes Rizinusöl (höher sulfoniert als Triumph-Öl!); *Äuß.:* Öl, gelb; *Reakt.:* nahezu neutral; *Eigensch.:* wie Türkischrotöl; erhält die Ware weich; netzend; reinigend; dispergierend; *Lö. Be.:* etwas beständiger als gewöhnliches Türkischrotöl; beständiger als Triumph-Öl; in Wasser klar löslich; *Verw.:* wie Türkischrotöl; insbesondere zum Beuchen, Färben, Appretieren; ferner z. Netzen, Reinigen, Bleichen, Merzerisieren, Avivieren, Schlichten; in d. Wollwäsche und Walke; als Anteig- und Lösemittel für Farbstoffe, insbesondere auch Küpenfarbstoffe; zum Grundieren mit Naphthol in der Türkischrotfärberei und außerdem zum Nachwaschen karbonisierter Ware; in der sauren Walke und sauren Wollfärbung; *Lit.:* Seifensieder-Ztg. 1932 S. 46.

Triumph-Öl-Spezial L **Zschimmer & Schwarz, Chemnitz.**

Geb.-J.: 1924; *i/Kurs:* ja; *analog:* den übrigen Triumph-Ölen, insbes. Triumph-Öl-Spezial; *Konstit.:* sulfoniertes Rizinusöl (höher sulfoniert als Triumph-Öl) + Lösungsmittel; *Äuß.:* Öl, gelb; *Reakt.:* nahezu neutral; *Eigensch.:* wie Türkischrotöl; erhält die Ware weich; netzend; reinigend; dispergierend; *Lö. Be.:* etwas beständiger als gewöhnliches Türkischrotöl; beständiger als Triumph-Öl; in Wasser klar löslich; *Verw.:* wie Türkischrotöl; insbesondere zum Beuchen, Färben, Appretieren; ferner zum Netzen, Reinigen, Bleichen, Merzerisieren, Avivieren, Schlichten; in der Wollwäsche und Walke; als Anteig- und Lösemittel für Farbstoffe, insbesondere auch Küpenfarbstoffe; zum Grundieren mit Naphthol in der Türkischrotfärberei und außerdem zum Nachwaschen karbonisierter Ware; in der sauren Walke und sauren Wollfärbung.

Triumph-Öl-Spezial M **Zschimmer & Schwarz, Chemnitz.**

Geb.-J.: 1927; *i/Kurs:* ja; *analog:* den übrigen Triumphölen, insbesondere Triumph-Öl-Supra; hat von den Triumphölmarken bes. hohe Netzwirkung und Kalkbeständigkeit; *Konstit.:* sulfon. Rizinusöl + Netzmittel; (Alkalisalze alkylierter aromatischer Sulfosäuren); *Äuß.:* Öl, gelb; *Reakt.:* neutral; *Eigensch.:* Netzwirkung; *Lö. Be.:* kalkbeständig; *Verw.:* wie Triumph-Öl-

Spezial; insbesondere als Netz-, Färbe- und Avivageöl; als Zusatz zu Bleichflotten (Abkürzung der Bleichdauer!); zum Vornetzen.

Triumph-Öl-Supra **Zschimmer & Schwarz, Chemnitz.**

Geb.-J.: 1928; *i/Kurs:* ja; *analog:* den übrigen Triumphölen, insbes. Triumph-Öl-Spezial M (jedoch von besserer Kalkbeständigkeit und auch säurebeständig!); *Konstit.:* hochsulfoniertes Rizinusöl; *Äuß.:* Öl, gelb; *Reakt.:* schwach sauer; *Eigensch.:* netzend; faserschützend im Bleichbade; verkürzt die Bleichdauer; vermeidet Bleichflecken; ermöglicht, dicke Waren und Nähte leicht und vollkommen durchzubleichen; *Lö. Be.:* kalk-, säure- und bittersalzbeständig; *Verw.:* in der Färberei und Appretur; als Zusatz beim Bleichen von vegetabilischem Fasergut mit Natriumhypochloritlauge — bei baumwollener Ware nach dem Entschlichten bzw. Beuchen und Netzen, bei kunstseidener Ware nach dem Entpräparieren — mit darauffolgendem guten Spülen und Säuern mit Schwefel- oder Salzsäure, evtl. unter Einschaltung eines schwachen (0,5—1 g/l) Antichlorbades; *Lit.:* Seifensieder-Ztg. 1932 S. 46.

Triumph-Seife **Zschimmer & Schwarz, Chemnitz.**

Geb.-J.: 1924; *i/Kurs:* ja; *analog:* Triumph-Öl-Spezial; *Konstit.:* höher sulfon. Rizinusöl; 100%ig, handelsüblich; *Äuß.:* fest; auch transparent; *Reakt.:* schwach sauer; *Lö. Be.:* etwas beständiger als Türkischrotöl; *Verw.:* wie Türkischrotöl; insbesondere zum Beuchen, Färben, Appretieren; ferner zum Netzen, Reinigen, Bleichen, Merzerisieren, Avivieren, Schlichten; in der Wollwäsche und Walke; als Anteig- und Lösemittel für Farbstoffe, insbesondere auch Küpenfarbstoffe; zum Grundieren mit Naphthol in der Türkischrotfärberei und außerdem zum Nachwaschen karbonisierter Ware; in der sauren Walke und bei der sauren Wollfärbung.

Türkischrotöl **J. D. Riedel-E. de Haen AG., Berlin-Britz.**

Geb.-J.: etwa 1862; *i/Kurs:* ja; *Konstit.:* Türkischrotöl ohne Gehalt an Lösungsmitteln usw.; *Äuß.:* gelbbraune, ölartige Flüssigkeit; *Reakt.:* schwach alkalisch; *Eigensch.:* Netz- und Lösevermögen; *Lö. Be.:* mit Wasser in allen Verhältnissen mischbar; verhältnismäßig beständig gegen hartes Wasser, gut beständig gegen Alkalien, nicht beständig gegen Säuren; *Verw.:* als Netzmittel; zum Färben mit Alizarin, Rhodaminen, Pararot und ähnlichen Farbstoffen.

Türkischrotöl CO **Chemische Fabrik Stockhausen & Cie., Buch & Landauer AG., Berlin SO 16.**

i/Kurs: ja; *Konstit.:* Türkischrotöl (Sondereinstellung); *Verw.:* für Seifenparfüme.

Türkischrotöl D

Konstit.: saure Rizinusölseife; *Äuß.:* Flüssigkeit; *Verw.:* in der Türkischrotfärberei (an Stelle von Türkischrotöl); *Lit.:* Seifensieder-Ztg. 1932 S. 80.

Türkischrotöl F **I. G. Farbenindustrie AG., Frankfurt a. M.**

i/Kurs: nein (wurde früher von BASF hergestellt); *analog:* Paraseife PN; *Konstit.:* Rizinusöl-Ammonseife.

Türkon-Avivageöl P — **Chemische Fabrik Stockhausen & Cie., Buch & Landauer AG., Berlin SO 16.**

Konstit.: Türkischrotöl.

Türkonöl — **Chemische Fabrik Stockhausen & Cie., Buch & Landauer AG., Berlin SO 16.**

Geb.-J.: 1908; *i/Kurs:* ja; *analog:* Türkonöl A, Türkonöl S; *Konstit.:* Ölsulfonat — Natronsalz (60% Fettgehalt); *Äuß.:* flüssig; *Reakt.:* schwach sauer; *Lö. Be.:* in Wasser klar löslich; *Verw.:* als Schmälzöl; *Lit.:* Seifenfabrikant 1917 S. 44; Melliand Textilber. 1928 S. 759; Seifensieder-Ztg. 1931 S. 760.

Türkonöl A — **Chemische Fabrik Stockhausen & Cie., Buch & Landauer AG., Berlin SO 16.**

i/Kurs: ja; *analog:* Türkonöl, Türkonöl S; *Konstit.:* Ölsulfonat — Ammoniumsalz (60% Fettgehalt); *Reakt.:* neutral; *Verw.:* als Schmälzöl; *Lit.:* Seifenfabrikant 1917 S. 44.

Türkonöl N — **Chemische Fabrik Stockhausen & Cie., Buch & Landauer AG., Berlin SO 16.**

Geb.-J.: 1907; *i/Kurs:* ja; *analog:* Türkonöl 2; *Konstit.:* Türkischrotöl — Natriumsalz (60% Fettgehalt); *Äuß.:* geruchloses, goldgelbes, dickflüssiges Öl; *Reakt.:* sauer; *Lö. Be.:* beständig gegen hartes Wasser, Alkalien, Säuren und Bittersalz; in Wasser klar löslich; *Verw.:* als Färbe-, Appretur-, Schlichte- und Egalisieröl; *Lit.:* Seifensieder-Ztg. 1930 S. 495; 1931 S. 760.

Türkonöl S — **Chemische Fabrik Stockhausen & Cie., Buch & Landauer AG., Berlin SO 16.**

i/Kurs: nein; *analog:* Türkonöl und Türkonöl A; *Konstit.:* Ölsulfonat -Ammoniumsalz (70% Fettgehalt); *Reakt.:* sauer; *Lö. Be.:* gibt mit Wasser eine Emulsion, die bei Ammoniakzusatz in eine klare Lösung übergeht; *Verw.:* als Schmälzöl; *Lit.:* Seifenfabrikant 1917 S. 44.

Türkonöl 2 — **Chemische Fabrik Stockhausen & Cie., Buch & Landauer AG., Berlin SO 16.**

Geb.-J.: 1907; *i/Kurs:* ja; *analog:* Türkonöl N; *Konstit :* Türkischrotöl; *Äuß.:* hellgelbes, klares, flüssiges Öl; *Reakt.:* sauer; *Lö. Be.:* beständig gegen hartes Wasser, Alkalien, Säuren und Bittersalz; *Verw.:* als Färbe-, Appretur-, Schlichte- und Egalisieröl; *Lit.:* Seifensieder-Ztg. 1930 S. 495; 1931 S. 760.

Twitchells Doppelreaktiv — **Sudfeldt & Co., Melle b. Hannover. Zweigniederlassung: Berlin W 35, Magdeburger Str. 5.**

Konstit.: Bariumsalz des Twitchell-Spalters; *Lit.:* Seifensieder-Ztg. 1927 Heft 10.

Twitchell-Spalter — **Sudfeldt & Co., Melle b. Hann. Zweigniederl.: Berlin W 35, Magdeburger Str. 5.**

i/Kurs: ja; *analog* bzw. *ähnlich:* Kontakt- und Pfeilring-Spalter; *Konstit.:*

aromatische Sulfofettsäuren; Sulfonierungsprodukt eines Gemisches von Naphthalin und Olein (Ölsäure); *Eigensch.:* hohes Emulgiervermögen, das durch Zusätze von Glyzerin oder freier Fettsäure noch erhöht wird; vermag die Schaumfähigkeit von Seifenlösungen außerordentlich zu steigern, wie dies auch andere organische Verbindungen, in geringer Menge zugesetzt, tun und zwar freie Fettsäuren, meist ungesättigte oder hydroxylierte, wie Rizinolsäure (Schrauth: DRP. 275171; Stephan: Seifensieder-Ztg. 1915 Heft 42) weiter hydrogenierte Phenole, z. B. Cyclohexanol, ganz im Gegensatz zu Fetten, Mineralölen (Bergell: Seifensieder-Ztg. 1924 S. 627), organischen Lösungsmitteln (Stephan: Seifensieder-Ztg. 1915 Heft 42; Jungkunz: Seifensieder-Ztg. 1925 S. 260; Bergell: Seifensieder-Ztg. 1924 S. 627) und Kolloiden, wie Ton, Tragant (Kind u. Zschacke: Z. dtsch. Öl- u. Fettind. 1923 S. 499); *Verw.:* zum Spalten von Fetten und Ölen; als Zusatz zu Seifen; *H. Pat.*, *V. Pat.:* DRP. 114491.

Tylose S **I. G. Farbenindustrie AG., Frankfurt a. M.**

i/Kurs: ja; *Konstit.:* Methylzellulose (wasserlöslich); *Reakt.:* neutral; *Eigensch.:* licht-, luft-, alkalibeständig; Binde- und Emulsionsvermögen; schutzkolloidale Wirkung; vergärt, schimmelt und säuert nicht; *Lö. Be.:* in der Kälte löslich in Wasser, koaguliert in der Hitze; *Verw.:* als Emulgiermittel mit schutzkolloidaler Wirkung für Öle, Trane, Fette, Wachse, feinverteilte Farben, Ton und Graphit; als Ersatz für Tragantschleim; *Mengen:* 10—20 g/l; *Lit.:* Seifensieder-Ztg. 1932 S. 160; Chem.-Ztg. 1932 S. 158.

Unisol

Konstit.: Türkischrotöl + Fettlöser.

Universalbrillantöl SO 30 **Dr. A. Schmitz, Düsseldorf-Oberkassel.**

Geb.-J.: 1930; *i/Kurs:* ja; *Konstit.:* Olivenöl, sulfoniert + Fettlöser; *Äuß.:* Flüssigkeit, gelbbraun; *Eigensch.:* macht Textilien, besonders Kunstseide, jedoch auch Baumwolle und Wolle, weich im Griff und geschmeidig; *Lö. Be.:* hervorragend kalkbeständig; bildet in kaltem Wasser eine äußerst gleichmäßige und haltbare Emulsion; *Verw.:* als Avivageöl, zum Weichmachen von Kunstseide, Baumwolle und Wolle; zum Appretieren und zur Erhöhung der Spulbarkeit von Kunstseide; *Mengen:* f. d. Avivage, bei Kunstseide: ca. 0,3% der Flotte (bei sehr harter Kunstseide mehr); (NB. bei substantiven, basischen und Azetatseidefarbstoffen kann das Mittel sofort dem Bade zugesetzt werden!); zur Erhöhung der Spulbarkeit: 0,3—0,5% der Flotte (bei harter Kunstseide mehr); zum Appretieren: 0,1% der Flotte; f. d. Avivage, bei Baumwolle: 0,1% neben 0,1% Soda, im lauwarmen Bad; f. d. Avivage, bei Wolle: 0,05—0,1% der Flotte.

Universalleim

Konstit.: Stärke (löslicher Stärkeleim, erhalten durch Quellen von Stärke mit Lauge); *Verw.:* als Verdickungsmittel.

Universalöl **Dr. A. Schmitz, Düsseldorf-Oberkassel.**

Konstit.: Türkischrotöl (siehe bei Monopolöl!); *Verw.:* zum Entbasten von Seide; *Lit.:* Melliand Textilber. 1928 S. 759.

Universalöl BP 200 **Dr. A. Schmitz, Düsseldorf-Oberkassel.**

Geb.-J.: 1930; *i/Kurs:* ja; *Konstit.:* Mineralöl, sulfoniert; *Äuß.:* Flüssigkeit; *Eigensch.:* erteilt Färbungen mit Schwefel-, Direkt- und Anilinschwarz Fülle, Tiefe und weichen Griff, besonders bei Trikotagen und Baumwollplüsch; vermeidet bronzige Färbungen; *Lö. Be.:* gegen kalkhaltiges Wasser nicht sehr beständig; gibt mit kaltem Wasser eine gleichmäßige und haltbare Emulsion; *Verw.:* als Avivieröl für Schwarz auf Baumwollgarnen und Stückware; *Mengen:* i. Färbebad: 0,1% der Flotte (die Temperatur des Bades soll 35—40° sein).

Universalöl E **Dr. A. Schmitz, Düsseldorf-Oberkassel.**

Konstit.: Ölsulfonat.

Universalöl FD **Dr. A. Schmitz, Düsseldorf-Oberkassel.**

i/Kurs: ja; *analog:* Universalöl GKW und Universalöl-„Monosolvol“; *Konstit.:* Rizinusöl, sulfoniert; *Äuß.:* Flüssigkeit; *Reakt.:* neutral; *Eigensch.:* Durchdringungs-, Netz- und Egalisiervermögen; verleiht dem mit ihm behandelten Material weichen und vollen Griff und frisches Aussehen; *Lö. Be.:* leicht löslich in Wasser; ziemlich beständig gegen Alkali, Säure und hartes Wasser; *Verw.:* als Färbeölzusatz zu Farbbädern aller Farbstoffgruppen zwecks Erzielung gründlicher Durchfärbung und gleichmäßigen Aufziehens in der Baumwollfärberei; *Mengen:* im Färbebad: 1—1,5% des Materials bei 50%iger Ware, 0,7—1% des Materials bei 75%iger Ware, 0,4—0,6% des Materials bei 100%iger Ware.

Universalöl GKW **Dr. A. Schmitz, Düsseldorf-Oberkassel.**

i/Kurs: ja; *analog:* Universalöl FD und Universalöl-„Monosolvol“; *Konstit.:* Rizinusöl, sulfoniert; *Äuß.:* Flüssigkeit; *Reakt.:* schwach sauer; *Eigensch.:* Durchdringungs-, Netz- und Egalisiervermögen; verleiht dem mit ihm behandelten Material weichen und vollen Griff und frisches Aussehen; *Lö. Be.:* leicht löslich in Wasser; ziemlich beständig gegen Alkali und Säure; gegen hartes Wasser etwas beständiger als Universalöl FD; *Verw.:* als Färbeölzusatz zu Farbbädern aller Farbstoffgruppen zwecks Erzielung gründlicher Durchfärbung und gleichmäßigen Aufziehens in der Baumwollfärberei; *Mengen:* im Färbebad: 1—1,5% des Materials bei 50%iger Ware, 0,7—1% bei 75%iger, 0,4—0,6% bei 100%iger Ware.

Universalöl-„Monosolvol“ **Dr. A. Schmitz, Düsseldorf-Oberkassel.**

i/Kurs: ja; *analog:* Universalöl FD und Universalöl GKW; *Konstit.:* Rizinusöl, sulfoniert; (wird nach Ullmann, Bd. 10, erhalten durch Sulfonierung von Rizinusöl, Abspaltung der Sulfogruppe, Vermischen der erhaltenen Oxysäure unter Erhitzen mit Rizinusöl, erneute Sulfonierung und teilweise oder ganze Neutralisation mit NaOH oder NH_4OH); *Äuß.:* Flüssigkeit; *Eigensch.:* Netz- und Durchdringungsvermögen; *Lö. Be.:* in Wasser leicht und vollständig löslich; ziemlich beständig gegen hartes Wasser; *Verw.:* als Zusatz zu Farbbädern, auch in Kombination mit beispielsweise Soda und Seife, wobei die Färbungen voller, reiner, leuchtender und egaler und die Garne oder Gewebe weich und griffig ausfallen; als Netz-, Schlicht-, Avivier- und Appreturöl; (bei der Anwendung als Netzöl kann das Abkochen und Entbasten von Baumwolle und Leinen unterbleiben); zum Merzerisieren und Bleichen; *Mengen:* beim Zusatz zu Farbbädern: 0,3—0,5% der Flotte; beim Netzen: 1% (heißes Wasser!) der Flotte; beim Merzerisieren: 1%; beim Bleichen: 0,3—0,5% der Laugen; *Lit.:* Seifensieder-Ztg. 1930 S. 495.

Universal-Seifen-Öl — **Dr. G. Eberle & Cie., Stuttgart. Zweigniederlassung: Chem. Fabrik Hard, Dr. G. Eberle, Bregenz-Hard (Österreich).**

Lö. Be.: kalk-, salz- und säurebeständig; *Verw.:* in der Färberei, Bleicherei und Appretur.

Universat C — **A. Th. Böhme, Dresden-N. 6.**

analog: Appretur- und Schlichttalg konz.; *Konstit.:* Fetterzeugnis (frei von Füllmitteln); *Verw.:* in der Schlichterei, Appretur und Avivage.

Universat S — **A. Th. Böhme, Dresden-N. 6.**

i/Kurs: ja; *analog:* Universat SW (mit dem es identisch ist); *Konstit.:* sulfonierter Talg; *Äuß.:* feste Paste, weiß; *Reakt.:* fast neutral; *Eigensch.:* weichmachend; läßt sich infolge seiner Neutralität mit anderen Appreturmitteln, Verdickungen, Ölen usw. einwandfrei mischen; *Lö. Be.:* in warmem Wasser mit schwacher Opaleszenz löslich; besitzt eine für die Kunstseidenavivage und Appretur im allgemeinen völlig genügende Kalkbeständigkeit; *Verw.:* NB. nicht als Zusatz zu Farbbädern! b. d. Avivage und Nachavivage von Baumwolle, Kunstseide und Mischgeweben (jedoch nur in der Nachbehandlung verwendbar); als Zusatz bei der Appretur und Schlichte, insbesondere von Baumwolle und Mischgeweben; auch in Kombination mit Viskosilmarken; *Mengen:* für die Avivage: 2—3 g/l (bei Foulard-Ware etwas mehr!).

Universat SW — **A. Th. Böhme, Dresden-N. 6.**

i/Kurs: ja; *analog:* Universat S (mit dem es identisch ist); *Äuß.:* weiße Paste.

Universol A — **J. Simon & Dürkheim, Offenbach a. M.**

Geb.-J.: 1900; *i/Kurs:* ja; *analog:* Universol T; *Konstit.:* aus Rizinusöl hergestellte flüssige Kaliseife + KW-Stoff v. Sp. ca. 100° C; *Äuß.:* gelbe Flüssigkeit; *Reakt.:* schwach alkalisch; *Eigensch.:* netzend; schäumend; reinigend; öl-, wachs- und schmutzlösend; *Lö. Be.:* löslich in Wasser; *Verw.:* z. Entfernen schwer löslicher Schlichten vor dem Färben; in der Strangfärberei von Kunstseide; zum Reinigen, Entfernen von Schlichten und Spulöl aus Strümpfen, Kunstseidegeweben usw.; zum Waschen, insbesondere auch von Teppichen; zum Avivieren; z. Reinigen von Wolle vor dem Färben; *Mengen:* allgemein: 1—10%; z. Entschlichten: 0,5—1%; i. d. Strang- und Kopsfärberei: 0,5—1% d. W.; z. Waschen von Wolle: 0,5—1 l pro 100 l Flotte; z. Entfernen von Spinnereirückständen (Mineralölen) aus Tuchen: 0,5% einer Sodalösung von 3—8° Bé; b. Waschen von Zellulosesseide: neben etwas Soda: 10 g/l (ca. 80° C; bei Azetatseide möglichst ohne Soda bei 60° C!); *H. Pat.:* s. a. DRP. 312465 zur Herstellung hydrierte Naphthaline enthaltender Seifen.

Universol T — **J. Simon & Dürkheim, Offenbach a. M.**

Geb.-J.: 1930; *i/Kurs:* ja; *analog:* Universol A; *Konstit.:* Kaliseife + Kohlenwasserstoff (15%); *Äuß.:* Flüssigkeit, dicklich, dunkelgelb; *Reakt.:* schwach alkalisch; *Eigensch.:* netzend; reinigend; lösend; ausgesprochenes Lösungsvermögen f. Harze, polymerisierte Fettsäuren, Paraffin usw.; *Verw.:* z. Entschlichten von Kunstseide; zur Entfernung von Leinölschlichten (auch verharzten); zur Entfernung von Paraffin vor dem Färben; *Mengen:* b. Entschlichten: vor dem Kochen zum etwa 60° warmen Einweichbad: 1%; dann zum Aufkochen Zugabe eines weiteren Prozentes; *H. Pat.:* s. a. DRP. 312465 z. Herst. hydrierte Naphthaline enthaltender Seifen.

Unomalt

Konstit.: Diatasepräparat; *Verw.:* zur Verflüssigung der Stärke durch Abbau.

Usol

Konstit.: Türkischrotöl + Fettlöser.

Vegta-Seife A **Louis Blumer, Zwickau i. Sa.**

Geb.-J.: 1898; *i/Kurs:* nein; *Ersatz:* Iso-Seife; *ähnlich:* Monopolseife; *Konstit.:* türkischrotölähnliches Produkt; *Äuß.:* gelbe Flüssigkeit; *Eigensch.:* Netzvermögen; Reinigungs- und Avivierwirkung; Emulgiervermögen für Mineralöle und andere wasserunlösliche Öle; faserschonend; bildet keine störenden Kalkseifen; *Verw.:* zum Beuchen; zum Bleichen von Stückware und von Garnen in Kops- und Kreuzspulenform, für Strang und loses Material; in der Färberei, auch auf Apparaten; zum Durchnetzen und Avivieren; zum Reinigen von Leinen-, Baumwoll- und Wollwaren; für die Stoff- und Zeugdruckerei zum Vorreinigen; zum Entschlichten; in der Türkischrotfärberei; als Reinigungs- und Waschmittel für rohe Wolle vor dem Spinnen; für Wäscherei und Walkerei; zum Entfernen von Mineralölflecken.

Verapol **Chem. Fabr. Stockhausen & Cie., Krefeld.**

i/Kurs: ja; *ähnlich:* Esdeformseifenextrakt; Beuchseife N; *analog:* Verapol konz.; Verapol N extra; Verapolseife; *Konstit.:* Seife + Fettlöser (nach Heermann: Benzol); Siedepunkt über 100° C; nach Prof. Herbig: Ölsulfonat + Fettlöser; nach Welwart[1]: $^1/_5$ des Fettansatzes Erdnußöl, $^1/_5$ Rizinusöl, $^2/_5$ Kokosöl; der Fettlöser soll 8%iges techn. Xylol sein; soll mit Pottasche gefüllt sein; nach Herstellers Angaben: Seife + Fettlöser; *Äuß.:* dickflüssiges, gelbes Öl; *Reakt.:* schwach alkalisch; *Eigensch.:* hohes Reinigungs-, Schaum- und Waschvermögen; Löse- und Emulgiervermögen für verseifbare und unverseifbare Öle und Fette, auch Mineralöle; gibt weichen, vollen, elastischen Griff, volle und klare Farben; *Lö. Be.:* gibt auch bei starker Verdünnung vollkommen klare und durchsichtige Lösungen; *Verw.:* zum Reinigen und Entfetten in wässeriger Lösung mit oder ohne Zusatz von Seife, auch in kochender Flotte; als Waschmittel für die Wollindustrie; zum Abkochen von Baumwolle; zum Entschlichten von Kunstseide; zum Entfernen von Leinölschlichte; als Wasch- und Detachiermittel für das Reinigungsgewerbe; beim Krabben und Brühen (Orleans, Zanella, Serge usw.) zwecks Lösung der Paraffinflecke in Verbindung mit Sodalösung; in der Schaum- und Apparatefärberei; *Mengen:* für Wolle: z. Waschen loser Wolle nach dem Einweichen: ($^1/_2$ Stde. bei 45° C neben Soda und Ammoniak): 2—4% d. W. (dann spülen!); b. Waschen von Woll-, Kunstwoll- und Teppichgarnen: neben 3% d. W. kalz. Soda: 2—4% d. W. (30—40° C; ca. 1 Stde.); b. Entgerbern von Stück- und

Walkware a. d. Waschmaschine; für weiße, reinwollene Cheviots und Damentuche: neben 1—3% d. W. Seife: 1% d. W. (oder nur Verapol allein!); für schwere Paletot- und Kammgarnstoffe: 8—10% d. W. Seife und 1% d. W. oder 5—7% Seife und 3—5% (Sodalauge wie bisher! bei stark mineralölhaltigen Geweben mehr Verapol! Waschdauer verkürzen! ebenso Spülprozeß!); b. Entgerbern oder Vorwalken auf der Hammer- oder Lochwalke: statt der üblichen Seifen- oder Sodalösung: $^1/_3$ bis $^1/_4$ der Seife durch Verapol ersetzen oder Verapol und Soda allein verwenden; b. Walken im Fett von Militärtuch: 2,5—5% d. W. oder 3—4% d. W. neben: 100% d. W. Sodalösung von 4° Bé ($1^1/_2$ Stdn.); für Konfektionsware: 4% d. W. neben: 100% Sodalösung 4° Bé; als Zusatz zur Walke: auf 10 Teile Walkseife: 1 Teil oder: auf 5—7 Teile Walkseife: 5—3 Teile unter Zusatz der entsprechenden Sodamenge; für Baumwolle: z. Beuchen, insbesondere auch für Linters (Baumwollabfälle): 0,5—1% d. W.; b. Reinigen von Putzfäden, öligen Textilabfällen usw.: nach 12stündigem Einweichen in einer Lösung von 15 g/l neben 8—10 g/l Soda und Kochen mit 2° Bé Natronlauge: mit 5—10 g/l neben 5 g/l Soda kalz. kochend waschen; NB. bei sehr öligen und schmutzigen Baumwollabfällen nach 20minütigem Vorkochen mit 2° Bé Natronlauge $^1/_2$ Stde. kochen in einem Bade von 15 g/l neben 10 g/l Soda kalz. (nachdem 20 Min. Chlorbad von 2° Bé bei 25° C — spülen — erneut 20 Min. neues Verapolbad obigen Ansatzes!); NB. vor dem Zusatz zur Flotte für sich mit der 10—15fachen Menge heißen Wassers verrühren! *H. Pat.*, *V. Pat.:* DRP. 267439 (Simon & Dürkheim!); *Lit.:* Z. dtsch. Öl- u. Fettind. 1923 S. 620; Melliand Textilber. 1930 S. 610; [1] Seifensieder-Ztg. 1927 S. 948; 1930 S. 495.

Verapol konz. **Chem. Fabr. Stockhausen & Cie., Krefeld.**

i/Kurs: ja; *analog:* Verapol; *Konstit.:* Seife + Lösungsmittel; *Äuß.:* dickflüssig; *Reakt.:* alkalisch; *Eigensch.*, *Lö. Be.*, *Verw.:* wie Verapol; *Mengen:* ca. die Hälfte der bei Verapol angegebenen.

Verapol N extra **Chem. Fabr. Stockhausen & Cie., Krefeld.**

i/Kurs: ja; *analog:* Verapol; *Konstit.:* Seife + Fettlösungsmittel + neues synthetisches Produkt; *Äuß.:* dickflüssig, gelb; *Reakt.:* schwach alkalisch; *Eigensch.:* Wasch- und Reinigungsvermögen; unabhängig von ungünstigen Wasserverhältnissen; verhindert Kalk- und Eisenseifenausscheidungen; *Lö. Be.:* kalkbeständig; *Verw.:* wie Verapol.

Verapolbenzinseife extra **Chem. Fabr. Stockhausen & Cie., Krefeld.**

i/Kurs: ja; *analog:* Verapolbenzinseife fest; Verapolbenzinseife W; *Konstit.:* Seife + Lösungsmittel; *Äuß.:* Flüssigkeit; *Eigensch.:* drückt die Selbstentzündlichkeit des Benzins herab; *Lö. Be.:* mit Benzin und Kohlenwasserstoffen in jedem Verhältnis mischbar; *Verw.:* zum Anbürsten von Kleidungsstücken; als Zusatz zur Benzinflotte; *Mengen:* 1—5%.

Verapolbenzinseife fest **Chem. Fabr. Stockhausen & Cie., Krefeld.**

i/Kurs: ja; *analog:* Verapolbenzinseife W; Verapolbenzinseife extra; *Konstit.:* Seife + Lösungsmittel; *Äuß.:* schmierseifenähnlich; *Eigensch.:* erhöht die Reinigungswirkung von Benzinflotten; drückt die Selbstentzündlichkeit des Benzins herab; *Lö. Be.:* löslich in kaltem Benzin; *Verw.:* zur Benzinwäsche; *Mengen:* 1—5%.

Verapolbenzinseife W **Chem. Fabr. Stockhausen & Cie., Krefeld.**

i/Kurs: ja; *analog:* Verapolbenzinseife extra; Verapolbenzinseife fest; *Konstit.:* Seife + Lösungsmittel; *Äuß.:* klares, festes Produkt (bei normaler Temperatur); *Eigensch.:* drückt die Selbstentzündlichkeit des Benzins herab; keine Gefahr des Nachgilbens; *Lö. Be.:* leicht löslich in Benzin und allen anderen, für die chemische Reinigung in Betracht kommenden Lösungsmitteln; *Verw.:* als Zusatz zur Benzinflotte; namentlich für weiße Wollstücke; *Mengen:* 1—5%.

Verapolseife **Chem. Fabr. Stockhausen & Cie., Krefeld.**

i/Kurs: ja; *analog:* Verapol; Spezialseife C; *Konstit.:* Seife + Fettlöser; *Äuß.:* braun, schmierseifenähnlich; *Reakt., Eigensch., Lö. Be., Verw.:* siehe Verapol! *Mengen:* b. Entgerbern von Stück- und Walkware auf der Waschmaschine für weiße, reinwollene Cheviots und Damentuche: 2—4% d. W.; f. schwere Paletot- und Kammgarnstoffe: 4—6% d. W.; als Zusatz zur Walke: gleiche Mengen wie bisher Seife; b. Färben und Waschen baumwollener Trikots usw. (sowohl beim Weichen, Waschen und Walken als auch im Färbebad selbst): 3—4% d. W.; NB. vor dem Zusatz zur Flotte für sich mit der 10—15fachen Menge heißem Wasser verrühren! *H. Pat., V. Pat.:* DRP.

Villol **Dr. A. Schmitz, Düsseldorf-Oberkassel.**

i/Kurs: ja; *Äuß.:* Flüssigkeit, ölig, gelb; *Eigensch.:* netzend; reinigend; durchdringend; bewirkt bei Indanthrenen ein rasches und gleichmäßiges Verküpen; übt in der Küpe schutzkolloide Wirkung aus; vermeidet das lästige Schäumen der Küpe und damit Schaumflecken; bringt auch schwer lösliche Farbstoffe zum gleichmäßigen Ausfärben; *Lö. Be.:* beständig in alkalischen Bädern; nicht kalkbeständig; *Verw.:* NB. nur in alkalischen Bädern und möglichst kalkfreiem Wasser! als Netz- und Färbeöl in alkalischen Flotten, z. B. in der Indanthrenfärberei, bei allen Indigo-, bei den meisten Schwefel-, und bei vielen Naphthol-AS-Farben; in fast der gesamten Baumwoll-, Leinen- und Kunstseidefärberei (in alkalischem Medium); zum Vornetzen von Baumwolle vor dem Merzerisieren; zum Anteigen der Farbstoffe und im Färbebad; *Mengen:* in alkalischen Abkochbädern: 1—2% d. W.; i. d. Färberei: 1—2% d. W. (davon $^1/_3$ zum Anteigen des Farbstoffes, $^2/_3$ zum Färbebad!).

Vinarol A **I. G. Farbenindustrie AG., Frankfurt a. M.**

Geb.-J.: 1930; *i/Kurs:* ja; *Äuß.:* schwach gelbliche, klare, dickflüssige Masse; *Reakt.:* neutral; *Eigensch.:* nicht absetzend; geruchlos; nicht zersetzlich; nicht schimmelnd; erteilt den Fäden hervorragende Glätte und Geschlossenheit; die geschlichteten Fäden kleben nicht, vergilben nicht und werden im Glanz nicht beeinträchtigt; *Verw.:* zum Schlichten von Kunstseiden aller Art, auch Azetatseide; in der Kälte wie in der Wärme; bei gewünschter größerer Glätte und Geschmeidigkeit, evtl. zusammen mit Intrasol, Monopolbrillantöl SO 100%ig, Seife usw. bis zu 1%; auch zum Mattschlichten; ferner als Basis für die Herstellung wasserlöslicher, leicht entfernbarer Schlichten, evtl. unter Zusatz von 1—2% Amylose AN bei gewünschter größerer Steifheit; *Mengen:* (NB. mit etwas heißem Wasser gut anrühren und dann verdünnen!); allgemein: auf 10—20 Teile Wasser: 1 Teil; (bei Azetatseide 3mal größere Menge im Ansatzbad als bei Viskose; beim Schlichten im Strang: 5—10 Min.; ausquetschen oder schleudern;

trocknen bei 40—50° C!); (NB. die Entschlichtung, die, wenn nachträglich gefärbt wird, nicht notwendig ist — bei Buntware kann die Schlichte unter Verwendung der sonst gebräuchlichen Zusätze als Appretur in der Ware belassen werden — erfolgt evtl. unter Zusatz von Stoffen, wie Seife usw., mit etwa 40° C warmem Wasser in 20—40 Min.!); b. d. Verwendung als Mattschlichte nach der Imprägnierung mit 1—10 g/l Bariumchlorid: auf 10—20 Teile Wasser: 1 Teil neben: 10 g/l Glaubersalz.

Vinarol BO konz. **I. G. Farbenindustrie AG., Frankfurt a. M.**

Geb.-J.: 1932; *i/Kurs:* ja; *Konstit.:* polymere Verbindung; *Äuß.:* weißes Pulver; *Eigensch.:* gibt klare Schlichteflotten, die geruchlos sind, sich nicht zersetzen und nicht schimmeln; leicht auswaschbar; (das Entschlichten geschieht durch einfache Behandlung mit warmem Wasser von etwa 40° C in 20—40 Min., evtl. unter Zusatz von Seife, und ist bei Ware, die nachträglich gefärbt werden soll, überflüssig; bei Buntware kann die Schlichte unter Verwendung der gebräuchlichen Zusätze als Appretur in der Ware verbleiben); sowohl in der Kälte wie in der Wärme verwendbar; erzeugt Fäden hervorragender Glätte und Geschlossenheit, die nicht zusammenkleben, nicht angegilbt oder im Glanz beeinträchtigt sind; *Lö. Be.:* leicht löslich; *Verw.:* zum Schlichten von Kunstseiden aller Art, auch Azetatkunstseide; als Basis für die Herstellung wasserlöslicher, leicht entfernbarer Schlichten unter Zugabe von Stärke, Amylose, Zellappret usw. (hohe Steifheit!) oder Seife, Türkischrotöl, Tallosan usw. (größere Weichheit!); *Mengen:* NB. mit der 10—15fachen Menge kaltem Wasser verrühren, mit heißem Wasser bis zur gewünschten Konzentration auffüllen, kurz aufkochen! z. Schlichten von Viskose: auf 80—200 Teile Wasser: 1 Teil; b. Schlichten im Strang: 7 g/l (5—10 Min. umziehen; abquetschen; schleudern; bei 40—50° C trocknen!); i. d. Kettschlichterei: 4—5 g/l, evtl. unter Zusatz von Seife, Intrasol, Tallosan usw. zwecks Erzielung besonderer Glätte und Geschmeidigkeit (bis zu 10% des Vinarol BO konz.); b. Schlichten von Azetatseide: 2,5—3mal mehr als bei Viskose, evtl. neben 10—20% der Vinarolmenge Amylose AN.

Visco-Flerhenol **Farb- u. Gerbstoffwerke C. Flesch jr., Frankfurt a.M.**

i/Kurs: nein; *Konstit.:* Ölsulfonat; *Verw.:* zum Weichmachen von Kunstseide.

Visco-Leukonil **Münzing & Co., Heilbronn a. N.**

i/Kurs: ja; *Eigensch.:* gibt der Kunstseide weichen Griff und volle Farbtöne; *Verw.:* für Kunstseide.

Visco-Mattyl T **A. Th. Böhme, Dresden-N. 6.**

i/Kurs: ja; *Äuß.:* dunkelblau; *Eigensch.:* ergibt beim Mattieren dunkelblauer und schwarzer Farbtöne keine Aufhellung der Farben oder weißlichen Schimmer, erhält vielmehr die Farbnuance; *Verw.:* als Mattierungsmittel für dunkelblau und schwarz gefärbte Ware.

Visco-Mattyl 33 **A. Th. Böhme, Dresden-N. 6.**

Verw.: zum Mattieren von Kunstseide nach dem Einbadverfahren auf der Haspelkufe wie auf dem Foulard.

Visco-Schlichte KS **A. Th. Böhme, Dresden-N. 6.**

Eigensch.: hervorragender Schlichteffekt bei leichter und vollständiger Auswaschbarkeit; *Verw.:* für die Schlichterei der Kunstseide.

Viscosil **A. Th. Böhme, Dresden-N. 6.**

Konstit.: Ölsulfonat + Kohlenwasserstoff; *Verw.:* in der Appretur; i. d. Avivage; zum Weichmachen von Kunstseide.

Viscosil spezial **A. Th. Böhme, Dresden-N. 6.**

i/Kurs: ja; *analog:* den übrigen Viscosil-Marken, insbesondere Viscosil spez. Paste (mit dem es identisch ist) sowie (bezügl. der Eigenschaften!) Viscosil G; *Reakt.:* neutral; *Eigensch.:* weichmachend; netzend; emulgierend; verursacht kein Kleben; *Lö. Be.:* praktisch beständig für alle vorkommenden Fälle; m. verd. org. Säuren und Minerals. mischb. und beständig; die Viscosil-Säuremischung ist kalkbeständig; *Verw.:* als Egalisiermittel beim Färben; zum Weichmachen; zur Erzielung seidenweichen und doch krachenden Griffs auf S, KS, BW und Mischgeweben; zum Avivieren bei Schwefel-, Küpen- und basischen Färbungen; als Durchspulöl; als Emulgator für Olivenöl; für weiße und zartfarbige Ware zur Erzielung krachenden Seidengriffs und guter Weichheit; *Mengen:* b. Weichmachen von Naturseide, Kunstseide und Mischgewebe: (nach dem Färben Avivagebad mit) 2—5 g/l; z. Erzielung krachenden Griffs (Seidengriffs): 1. im Zweibadverfahren: entweder: färben in Gegenwart von 2—4 g/l, dann behandeln mit 2—4 g Ameisen-, Essig- oder Milchsäure bzw. 1—2 g Weinsäure; oder: färben ohne Zusatz, dann behandeln mit 2—4 g/l und nachbehandeln mit 2—4 g/l Ameisen-, Essig- oder Milchsäure bzw. 1—2 g/l Weinsäure; 2. im Einbadverfahren: nach gewöhnlichem Färben ein Avivierbad mit 2 g/l; nachsetzen von 2 g Ameisen-, Essig- oder Milchsäure bzw. 1 g/l Weinsäure (auf Naturseide wird Seidengriff wie oben, doch unter Verwendung von Schwefelsäure hergestellt!); i. d. Durchspulflotte: 30 bis 40 g/l; z. Emulgieren von Olivenöl: 1,5 g (verdünnt mit 1,5 g Wasser; verrührt mit 1,5 g Olivenöl; zu 1 l mit Wasser verdünnt; dieses letzte Wasser kann einen Zusatz von 0,5—1 g/l Soda erhalten).

Viscosil spezial Paste **A. Th. Böhme, Dresden-N. 6.**

i/Kurs: ja; *analog:* den übrigen Viscosil-Marken, insbesondere Viscosil spez. (mit dem es identisch ist) sowie (bezügl. der Eigenschaften!) Viscosil G; *Äuß.:* grün, schmierseifenähnlich; *Reakt.:* neutral; *Eigensch.:* weichmachend; netzend; emulgierend; verursacht kein Kleben; *Lö. Be.:* praktisch beständig für alle vorkommenden Fälle; mit verd. org. Säuren und Mineralsäuren mischbar und beständig; die Viscosil-Säuremischung ist kalkbeständig; *Verw.:* als Egalisiermittel beim Färben; zum Weichmachen; zur Erzielung seidenweichen und doch krachenden Griffs auf Seide, Kunstseide, Baumwolle und Mischgeweben; zum Avivieren bei Schwefel-, Küpen- und basischen Färbungen; als Durchspulöl; als Emulgator für Olivenöl; für weiße und zartfarbige Ware zur Erzielung krachenden Seidengriffs und guter Weichheit; *Mengen:* b. Weichmachen von Naturseide, Kunstseide und Mischgewebe: (nach dem Färben Avivagebad mit) 2—5 g/l; i. d. Durchspulflotte: 30—40 g/l; z. Emulgieren von Olivenöl: 1,5 g (verdünnt mit 1,5 g Wasser; verrührt mit 1,5 g Olivenöl; zu 1 l mit Wasser verdünnt; dieses letzte Wasser kann einen Zusatz von 0,5—1 g/l Soda erhalten).

Viscosil E 120 **A. Th. Böhme, Dresden-N. 6.**

i/Kurs: ja; *analog:* Viscosil 65 extra; *Konstit.:* Fettalkoholprodukt (nach Dr. Landolt: Sulforizinat mittleren Sulfonierungsgrades (ohne Fettlöser) — anscheinend frühere Marke[1]); *Äuß.:* Paste, gelbbraun; *Reakt.:* fast neutral; *Eigensch.:* schäumend; egalisierend; weichmachend; *Lö. Be.:* sehr gut kalkbeständig; kann auch in solchen Bädern angewendet werden, welche Soda, Natronlauge oder organische Säuren enthalten; *Verw.:* NB. mit kaltem Wasser 1:5 anteigen! zum Veredeln von Kunstseide (Viskose-, Kupfer-, Azetat-) und Mischgeweben; z. Färben u. Weichmachen nach dem Einbadverfahren; für Nachavivage und Appreturflotten; (s. a. Mengen!) *Mengen:* allgemein: 0,3—0,5 g/l; b. Färben: 0,2—0,4 g/l; b. d. Nachavivage von Kunstseide und Mischgeweben: 0,3—1 g/l; *H. Pat.*, *V. Pat.:* Pat. angem.; *Lit.:* [1] Melliand Textilber. 1930 S. 610.

Viscosil ES **A. Th. Böhme, Dresden-N. 6.**

i/Kurs: ja; *Konstit.:* auf Fettalkoholbasis; *Verw.:* als Weichmachungsmittel für im Faden mattierte Kunstseide; zweckmäßig unter Zusatz von der $^1/_2$fachen Menge Salzsäure.

Viscosil G **A. Th. Böhme, Dresden-N. 6.**

i/Kurs: ja; *analog:* den übrigen Viscosil-Marken, insbesondere (bezüglich Eigenschaften!) Viscosil spezial und Viscosil spezial Paste; *Reakt.:* neutral; *Eigensch.:* weichmachend; netzend; emulgierend; verursacht kein Kleben; *Lö. Be.:* praktisch beständig für alle vorkommenden Fälle; mit verd. organischen Säuren und Mineralsäuren mischbar und beständig; die Mischung mit Säure ist auch kalkbeständig; *Verw.:* als Egalisiermittel beim Färben; zum Weichmachen; zur Erzielung seidenweichen und doch krachenden Griffs auf Seide, Kunstseide und Mischgeweben; zum Avivieren bei Schwefel-, Küpen- und basischen Färbungen; als Durchspulöl; als Emulgator für Olivenöl; für dunklere Töne; zum Avivieren und Weichmachen aller Schwarzfärbungen; *Mengen:* b. Weichmachen von Naturseide, Kunstseide und Mischgewebe: (nach dem Färben Avivagebad mit) 2—5 g/l; i. d. Durchspulflotte: 30—40 g/l; z. Emulgieren von Olivenöl: 1,5 g (verdünnt mit 1,5 g Wasser; verrührt mit 1,5 g Olivenöl; zu 1 l mit Wasser verdünnt; dieses letzte Wasser kann einen Zusatz von 0,5—1 g/l Soda erhalten).

Viscosil S **A. Th. Böhme, Dresden-N. 6.**

i/Kurs: ja; *analog:* den übrigen Viscosil-Marken; *Konstit.:* sulfoniertes Rizinusöl; *Äuß.:* Flüssigkeit; *Reakt.:* neutral; *Eigensch.:* weichmachend; netzend; emulgierend; verursacht kein Kleben; *Lö. Be.:* praktisch beständig für alle vorkommenden Fälle; mit verd. organischen Säuren und Mineralsäuren mischbar und beständig; die Mischung mit Säure ist auch kalkbeständig; *Verw.:* als Egalisiermittel beim Färben; zum Weichmachen; zur Erzielung seidenweichen und doch krachenden Griffs auf Seide, Kunstseide, Baumwolle und Mischgeweben; zum Avivieren bei Schwefel-, Küpen- und basischen Färbungen; als Durchspulöl; als Emulgator für Olivenöl; *Mengen:* b. Weichmachen von Naturseide, Kunstseide und Mischgewebe: (nach dem Färben Avivagebad mit) 2—5 g/l; i. d. Durchspulflotte: 30—40 g/l; z. Emulgieren von Olivenöl: 1,5 g (verdünnt mit 1,5 g Wasser; verrührt mit 1,5 g Olivenöl; zu 1 l mit Wasser verdünnt; dieses letzte Wasser kann einen Zusatz von 0,5—1 g/l Soda erhalten).

Viscosil S konz. **A. Th. Böhme, Dresden-N. 6.**

i/Kurs: ja; *analog:* den übrigen Viscosil-Marken; *Reakt.:* neutral; *Eigensch.:* weichmachend; netzend; emulgierend; verursacht kein Kleben; *Lö. Be.:* praktisch beständig für alle vorkommenden Fälle; mit verd. organischen Säuren und Mineralsäuren mischbar und beständig; die Mischung mit Säure ist auch kalkbeständig; bildet mit Wasser Emulsionen; *Verw.:* zunächst m. der 6—10fachen Menge ca. 80° heißem Wasser verrühren; bei bes. hartem Wasser vor der Zugabe mit 0,4 g/l Soda kalz. korrigieren! zum Weichmachen von Seide, Kunstseide und Mischgeweben; *Mengen:* 1—2 g/l.

Viscosil S doppelt konz. **A. Th. Böhme, Dresden-N. 6.**

i/Kurs: ja; *analog:* den übrigen Viscosil-Marken; *Konstit.:* sulfoniertes Rizinusöl (100% handelsüblich); *Äuß.:* Flüssigkeit, braun; *Reakt.:* neutral; *Eigensch.:* weichmachend; netzend; emulgierend; verursacht kein Kleben; *Lö. Be.:* praktisch beständig für alle vorkommenden Fälle; mit verd. organischen Säuren und Mineralsäuren mischbar und beständig; die Mischung mit Säure ist auch kalkbeständig; gibt mit Wasser Emulsionen; *Verw.:* BN. mit der 2fachen Menge warmem Wasser gut verrühren! als Egalisiermittel beim Färben; zum Weichmachen; zur Erzielung seidenweichen und doch krachenden Griffs auf Seide, Kunstseide, Baumwolle und Mischgeweben; zum Avivieren bei Schwefel-, Küpen- und basischen Färbungen; als Durchspulöl; als Emulgator für Olivenöl; *Mengen:* 0,5—1 g/l.

Viscosil S extra **A. Th. Böhme, Dresden-N. 6.**

i/Kurs: ja; *analog:* den übrigen Viscosil-Marken; *Reakt.:* neutral; *Eigensch.:* weichmachend; netzend; emulgierend; verursacht kein Kleben; *Lö. Be.:* praktisch beständig für alle vorkommenden Fälle; mit verd. organischen Säuren und Mineralsäuren mischbar und beständig; die Mischung mit Säure ist auch kalkbeständig; löslich in kaltem Wasser; *Verw.:* zum Weichmachen von Seide, Kunstseide und Mischgeweben; *Mengen:* 1—2 g/l.

Viscosil SE 48 **A. Th. Böhme, Dresden-N. 6.**

i/Kurs: ja; *analog:* den übrigen Viscosil-Marken; *Konstit.:* Fettprodukt; *Äuß.:* Paste; *Reakt.:* neutral; *Eigensch.:* weichmachend; netzend; emulgierend; verursacht kein Kleben; *Lö. Be.:* praktisch beständig für alle vorkommenden Fälle; mit verd. organischen Säuren und Mineralsäuren mischbar und beständig; die Mischung mit Säure ist auch kalkbeständig; leicht löslich in warmem Wasser; *Verw.:* als Egalisiermittel beim Färben, bes. zum Weichmachen von Mischgeweben aus Kunstseide und Baumwolle; für die Appretur von Kunstseide und Mischgeweben; *Mengen:* 1—2 g/l.

Viscosil SP **A. Th. Böhme, Dresden-N. 6.**

i/Kurs: ja; *analog:* den übrigen Viscosil-Marken; *Konstit.:* sulfoniertes Rizinusöl + Lösungsmittel; *Äuß.:* Flüssigkeit, gelb; *Reakt.:* neutral; *Eigensch.:* weichmachend; netzend; emulgierend; verursacht kein Kleben; *Lö. Be.:* praktisch beständig für alle vorkommenden Fälle; mit verd. organischen Säuren und Mineralsäuren mischbar und beständig; die Mischung mit Säure ist auch kalkbeständig; bildet mit Wasser Emulsionen; *Verw.:* NB. zunächst m. d. 6—10fachen Menge ca. 80° heißem Wasser verrühren, bei bes. hartem Wasser vor der Zugabe mit 0,4 g/l Soda kalz. korrigieren! zum Weichmachen von Seide, Kunstseide, Baumwolle und Mischgeweben; *Mengen:* 1—2 g/l.

Viscosil 65 extra **A. Th. Böhme, Dresden-N. 6**

i/Kurs: ja; *analog:* Viscosil E 120; *Äuß.:* Paste, gelbbraun; *Reakt.:* neutral; *Eigensch.:* egalisierend; weichmachend; *Lö. Be.:* löst sich in heißem Wasser klar; zeigt eine sehr gute Härtebeständigkeit und ist fernerhin auch gegen die gebräuchlichen Zusätze, wie Soda, schwaches Alkali und organische Säuren beständig; *Verw.:* als Weichmachungsmittel für die Nachbehandlung von Kunstseide und Mischgeweben, vor allem Baumwolle und Kunstseide; als Zusatz zum Färbebad; (s. a. Mengen!); *Mengen:* als Zusatz z. Färbebad: 0,3—0,5 g/l; i. d. Appreturflotte: ca. 1—3 g/l.

Vismatt **Joh. Wilh. Schürmann, Wuppertal-Barmen.**

i/Kurs: ja; *Eigensch.:* erzeugt haftfeste Mattierungen, auch bei dunkelsten Farben, ohne den Farbton zu beeinträchtigen; gibt leuchtende, klare Farben ohne Wolken oder Streifen; durchfärbend; *Verw.:* in der Färberei und Druckerei; zum Mattieren für Glanztextilfasern, insbesondere Viskose, für Stück, Band und Strang vor dem Färben im laufenden Bad; *H. Pat.*, *V. Pat.:* DRP. angem.

Vitranol

Konstit.: Seife + Fettlösungsmittel; (Monopolseife + gechl. Kw.-Stoff: nach Prof. Dr. Herbig); *Lit.:* Seifensieder-Ztg. 1930 S. 495.

Viveral E **I. G. Farbenindustrie AG., Frankfurt a. M.**

Geb.-J.: 1930; *i/Kurs:* ja; *analog:* Viveral E konz., jedoch nicht so wirksam; *Konstit.:* Enzympräparat; *Äuß.:* farblos; *Reakt.:* völlig neutral; *Eigensch.:* stärkeaufschließend; baut Stärke, in kaltem Wasser gelöst, schon bei 15—20 °C schnell und sicher bis zum Zucker ab, ohne die Textilfaser anzugreifen; läßt farbige Stoffe unverändert; gewährleistet restlose Entschlichtung; ist in gewöhnlichem Gebrauchswasser mit mäßigem Kalkgehalt anwendbar, auch für Ware bzw. Entschlichtungsflotten mit geringem Alkaligehalt (NB. im allgemeinen achte man auf Neutralität, neutralisiere evtl. mit Ammoniak bzw. Ameisen- oder Essigsäure!); ist in trocknem, nicht zu heißem Raum aufbewahrt, gut haltbar; *Lö. Be.:* vollständig schon in kaltem Wasser löslich; ziemlich kalkbeständig; *Verw.:* als Entschlichtungsmittel auf Strang- und Breitwaschmaschinen, Jigger, Holzbottich oder Zementbehälter; zum Entschlichten stärkehaltiger Gewebe; *Mengen:* allgemein: 0,15—0,3% d. W. (bei langen Flotten, d. h. weniger als 1 g/l, neben: 0,5—1 g/l Kochsalz) (40—45° C — über 55° warme Bäder vermeiden! — Entschlichtungsbad erst auf Temperatur bringen, dann das Entschlichtungsmittel zusetzen!).

Viveral E konz. **I. G. Farbenindustrie AG., Frankfurt a. M.**

Geb.-J.: 1930; *i/Kurs:* ja; *analog:* Viveral E, jedoch wirksamer; *Konstit.:* Enzympräparat; *Äuß.:* Pulver, weiß; *Reakt.:* völlig neutral; *Eigensch.:* stärkeaufschließend; baut Stärke, in kaltem Wasser gelöst, schon bei 15—20° C schnell und sicher bis zum Zucker ab, ohne die Textilfaser anzugreifen; läßt farbige Stoffe unverändert; gewährleistet restlose Entschlichtung; ist in gewöhnlichem Gebrauchswasser mit mäßigem Kalkgehalt anwendbar, auch für Ware bzw. Entschlichtungsflotten mit geringem Alkaligehalt (NB. im allgemeinen achte man auf Neutralität, neutralisiere evtl. mit Ammoniak bzw. Ameisen- oder Essigsäure!); ist in trocknem, nicht zu heißem Raum aufbewahrt, gut haltbar; *Lö. Be.*: vollständig schon in kaltem Wasser löslich; ziemlich kalkbeständig; *Verw.*: als Entschlichtungsmittel auf Strang- und Breitwaschmaschinen, Jigger, Holzbottich oder Zementbehälter, zum Entschlichten stärkehaltiger Gewebe; *Mengen:* allgemein: 0,1—0,2% d. W. (bei langen Flotten, d. h. weniger als 1 g/l, neben: 0,5—1 g/l Kochsalz) (40—45° C — über 55° warme Bäder vermeiden! — Entschlichtungsbad erst auf Temperatur bringen, dann das Entschlichtungsmittel zusetzen!).

Walk-Kernseife CFD — **Zschimmer & Schwarz, Chemnitz.**

Konstit.: Kernseife; *Eigensch.*: hohe Schaumkraft; durchgreifendes Reinigungsvermögen; *Verw.*: zum Walken.

Walkit

Lit.: Seifensieder-Ztg. 1917 S. 171 (R. König).

Walköl 80% ig — **J. Simon & Dürkheim, Offenbach a. M.**

i/Kurs: ja; *Eigensch.*: nicht absetzend; *Verw.*: beim Walken zusammen mit Soda und Seife; auch beim Walken im Schmutz; *Mengen:* mit der 4fachen Menge Wasser verdünnen!

Walrat synth. raff. — **Dehydag, Berlin-Charlottenburg.**

i/Kurs: ja; *analog:* identisch mit Lanettewachs-Ester; *Konstit.*: Palmitinsäureester des Gemisches von Palmitin- und Stearinalkohol.

Waschextrakt — **Zschimmer & Schwarz, Chemnitz.**

Konstit.: Kaliseife + Fettlösungsmittel; *Eigensch.*: verhindert Kalk- und Magnesiaseifenbildung; Wasch-, Reinigungs-, Netz-, Egalisier-, Lösevermögen für Schmutz und Fette; *Lö. Be.*: in Wasser jeder Temperatur leicht löslich; *Verw.*: zum Waschen für tierische und pflanzliche Fasern; *Mengen:* z. Waschen: 0,5% d. W.

Waschextrakt N — **Zschimmer & Schwarz, Chemnitz.**

Geb.-J.: 1923; *i/Kurs:* ja; *Konstit.*: Seife + Methylhexalin; *Äuß.*: dicke Flüssigkeit, gelb; *Reakt.*: schwach alkalisch; *Eigensch.*: Wasch- und Reinigungskraft; faserschonend; fett-, öl-, schmutzlösend; erzeugt schmiegsame, glanzvolle Ware; *Lö. Be.*: beständig gegen hartes Wasser; *Verw.*: in der Wäscherei und Vorwäsche; als Wasch- und Walkmittel, sowohl beim Entgerbern als auch bei der Walke im Schmutz; bei der Tuchfabrikation; zum Entfernen von Präparationen, Öl, Graphit oder Schmierflecken; *Mengen:* allgemein: 3—5 g/l; b. Entgerbern: 0,25—0,5 kg pro Stück (gut gelöst zusetzen, wenn der Gerber zu steigen beginnt; darauf walken mit Seife evtl. unter Zusatz von Soda bzw. Salmiakgeist und evtl. unter Mitverwendung von Waschextrakt N!); b. d. Walke im Schmutz: 0,75 kg pro Stück zur üblichen Walkflotte.

Wasch-Savonade **Chemische Fabrik Polborn G. m. b. H., Eberswalde.**

analog: Savonade W, mit dem es identisch zu sein scheint; *Konstit.:* Oleinkaliseife (neutral) + Lösungsmittel (feuerungefährlicher, höherer Alkohol) (soll ein Derivat des in der Zellstoffindustrie gewonnenen Savonetteöles sein); *Äuß.:* gelbes, dickflüssiges Öl; D = 0,97; *Reakt.:* neutral; *Eigensch.:* Wasch-, Reinigungs-, Emulgier- und Lösevermögen für Schmutz, Schmieren, Fette, Öle, Mineralöle; *Verw.:* als Wasch- und Reinigungsmittel in der Textilindustrie und auch in Großwäschereien sowie im Haushalt; zum Emulgieren leichter Öle und Kohlenwasserstoffe; *Lit.:* Seifensieder-Ztg. 1928 S. 199.

Webewachs

Konstit.: Paraffin + Wachse + feste und flüssige Fettsäuren (Stearinsäure und Olein); *Verw.:* als Kettenglätte.

Webolin

Konstit.: Paraffin + Wachse + feste und flüssige Fettsäuren (Stearinsäure und Olein); *Verw.:* als Kettenglätte.

Weichmachmittel L **Zschimmer & Schwarz, Chemnitz.**

analog: den übrigen Weichmachmittel L-Marken; *Äuß.:* hellgelbe Paste; *Eigensch.:* gibt vollen, weichen Griff; *Lö. Be.:* gibt mit Wasser haltbare Emulsionen; *Verw.:* zum Weichmachen seidener, kunstseidener, baumwollener Strümpfe, Trikotagen usw.; zur Erzielung krachenden Seidengriffs in Verbindung mit Ameisensäure; *Mengen:* zum Weichmachen: 3 g/l (auf 10 kg Ware ca. 200 l Flotte; man kocht zunächst mit der 3 bis 4fachen Menge Wasser auf und gießt dann in Wasser von 30° C!); zur Erzielung krachenden Seidengriffs: man behandelt eine Viertelstunde in einem Griffbad, welches 2 ccm/l Wasser 85%ige Ameisensäure enthält (für besonders starken Seidengriff gibt man dem Weichmachungsbad noch 2—4 g/l Marseiller Seife zu!).

Weichmachmittel L konz. **Zschimmer & Schwarz, Chemnitz.**

analog: den übrigen Weichmachmittel L-Marken; *Äuß.:* hellgelbe Paste; *Eigensch.:* gibt vollen, weichen Griff; *Lö. Be.:* gibt mit Wasser haltbare Emulsionen; *Verw.:* zum Weichmachen seidener, kunstseidener, baumwollener Strümpfe, Trikotagen usw.; zur Erzielung krachenden Seidengriffs in Verbindung mit Ameisensäure; *Mengen:* zum Weichmachen: 1,5 g/l (auf 10 kg Ware ca. 200 l Flotte; man kocht zunächst mit der 3—4fachen Menge Wasser auf und gießt dann in Wasser von 30° C!); zur Erzielung krachenden Seidengriffs: man behandelt eine Viertelstunde in einem Griffbad, welches 2 ccm/l Wasser 85%ige Ameisensäure enthält (für besonders starken Seidengriff gibt man dem Weichmachungsbad noch 2—4 g/l Marseiller Seife zu!).

Weichmachmittel L doppelt konz. **Zschimmer & Schwarz, Chemnitz.**

analog: den übrigen Weichmachmittel L-Marken; *Äuß.:* hellgelbe Paste; *Eigensch.:* gibt vollen, weichen Griff; *Lö. Be.:* gibt mit Wasser haltbare Emulsionen; *Verw.:* zum Weichmachen seidener, kunstseidener, baumwollener Strümpfe, Trikotagen usw.; zur Erzielung krachenden Seidengriffs in Verbindung mit Ameisensäure; *Mengen:* zum Weichmachen:

0,75 g/l (auf 10 kg Ware ca. 200 l Flotte; man kocht zunächst mit der 3—4fachen Menge Wasser auf und gießt dann in Wasser von 30° C!); zur Erzielung krachenden Seidengriffs: man behandelt eine Viertelstunde in einem Griffbad, welches 2 ccm/l Wasser 85%ige Ameisensäure enthält (für besonders starken Seidengriff gibt man dem Weichmachungsbad noch 2—4 g/l Marseiller Seife zu!).

Weißappretur **A. Th. Böhme, Dresden-N. 6.**

analog: Appretur- und Schlichttalg; *Konstit.:* Fetterzeugnis (frei von Füllmitteln); *Verw.:* in der Schlichterei, Appretur und Avivage, vor allem für Weißware.

Weißappretur CFD **Zschimmer & Schwarz, Chemnitz.**

Eigensch.: kein Nachgilben; *Verw.:* als Zusatz zu Kartoffelmehl- und Stärkeappreturen (zwecks geschmeidiger Bindung).

Weißappreturöl CFD **Zschimmer & Schwarz, Chemnitz.**

Konstit.: sulfoniertes Ölprodukt; *Äuß.:* nahezu farblos; *Eigensch.:* nicht nachgilbend; *Verw.:* als Zusatz zu Kartoffelmehl- und Stärkeappreturen (zwecks geschmeidiger Bindung).

Werdauer Elfenbeinschmälze **W. Schön Nachf., Werdau.**

Konstit.: Seife (3,6%) + Neutralfett (25,2%) + Wasser (65,7%); *Verw.:* als Schmälzmittel.

Westrol **Konsortium für elektrochem. Industrie.**

Konstit.: Seife + Fettlöser (Tetrachlorkohlenstoff und Azetylentetrachlorid).

Wollschlichtetabletten **J. Simon & Dürkheim, Offenbach a. M.**

i/Kurs: ja; *Eigensch.:* erzeugen gleichmäßige, nicht schmierende Schlichten; *Lö. Be.:* leicht löslich in Wasser; *Verw.:* beim Schlichten; beim Walken.

Wollschmälzöl **Louis Blumer, Zwickau i. Sa.**

Konstit.: Seife (3,5%) + freie Ölsäure (0,5%) + Neutralfett (12,5%) + Wasser (80,8%); *Verw.:* als Schmälzmittel.

Zanit A **Thonet & Müller, Aachen.**

Konstit.: Paraffin + Wachse + feste und flüssige Fettsäuren (Stearinsäure und Olein); *Verw.:* als Kettenglätte.

Zanit B **Thonet & Müller, Aachen.**

Konstit.: Paraffin + Wachse + feste und flüssige Fettsäuren (Stearinsäure und Olein); *Verw.:* als Kettenglätte.

Zanit C **Thonet & Müller, Aachen.**

Konstit.: Paraffin + Wachse + feste und flüssige Fettsäuren (Stearinsäure und Olein); *Verw.:* als Kettenglätte.

Zellomaltin (Zellomaltoin?)

Konstit.: Diastasepräparat; *Verw.:* zur Verflüssigung der Stärke durch Abbau.

Zinnöl

Konstit.: Metallsulfoleat; *Verw.:* in der Druckerei; *Lit.:* Erban: Z. f. Farbenind. 1906 H. 15/16.

Verzeichnis
der in diesem Buch aufgeführten Textilhilfsmittel,

die von den davor genannten Firmen hergestellt werden.

(Alphabetisch geordnet nach Firmen, und darunter alphabetisch nach Hilfsmitteln.)

Adler-Farbwerke, Essen.

Fixacol

R. Baumheier AG., Oschatz-Zschöllau (**Sa.**), **Bodenbach** (**Č. S. R.**).

Novazikon Spezial
Novazikon B
Pergluton
Pergluton „K 2“
Triol

R. Bernheim, Augsburg-Pfersee.

Avivan
Gumminat
Hydrosan
Hydrosan D
Imprägnol
Oleonat
Oleonat D
Rabic
Rabic L
Terpuril

Louis Blumer, Zwickau i. Sa.

Benzin-Isol
Blumol
Blumol 1698d
Filatoleum konz.
Filatoleum A
Glyzidin
Iso-Seife
Iso-Seife flüssig
Iso-Seife A
Isodrucköl
Isol N
Isol S
Isolschmälze
Metapon
Netzol
Seidol
Soietine
Spulfett
Spulfett konz.
Schlicht- u. Appreturfett
Terpenisol
Terpin-Isol
Tetra-Isol
Thionöl
Thionseife
Thionseife MG
Vegta-Seife A
Wollschmälzöl

C. H. Boehringer Sohn AG., Nieder-Ingelheim a. Rh.

Aviviersäure
Curacit-Natron

A. Th. Böhme, Dresden-N. 6.

Acidol
Acidol 0
Adurin in Pulver
Appreturöl konz.
Appreturöl, wasserhell
Appretur- u. Schlichttalg
Appretur- u. Schlichttalg konz.
Atebin-Pulver
Atefix
Atefix K
Avivieröl konz., emulgierbar
Avivieröl, wasserlöslich
Cerat
Dichtfest
Diffusil
Diffusil B
Diffusil B extra
Diffusil C
Diffusil N
Diffusil P
Diffusil S
Diffusil T
Effektol
Effektol C
Effektol WU
Effektol WU extra
Geneucol
Geneucol konz.
Geneucol M
Geneucol MM

Inferol M
Inferol M extra
Inferol M spezial
Inferol MO
Inferol NF
Inferol NFK
Inferol 50
Inferol 229 B
Inferol 229 BNS
Inferol 229 G
Inferol 229 W
Naphtholöl T extra
Paraöl
Sapidan
Sapidan spezial
Sapidan CAN
Sapidan L
Sapidan LN
Sapidan LN konz.
Sapidan N
Sapidan W
Solventol
Solventol konz.
Solventol S
Solventol SC
Solventol SW extra
Solventol SWT
Solventol W
Spulöl ATB
Spulöl M
Textilol KS
Textilol KS doppelt konz.
Transferin
Transferin J (spezial)
Transferin N
Transferin O
Universat C
Universat S
Universat SW
Visco-Mattyl T
Visco-Mattyl 33
Visco-Schlichte KS
Viscosil
Viscosil spezial
Viscosil spezial Paste
Viscosil E 120
Viscosil ES
Viscosil G
Viscosil S
Viscosil S konz.
Viscosil S doppelt konz.
Viscosil S extra
Viscosil SE 48
Viscosil SP
Viscosil 65 extra
Weißappretur

H. Th. Böhme AG., Chemnitz.

Acorit
Amidonit
Appret-Avirol E
Avirol AH
Avirol AH extra
Avirol BXS
Avirol CK
Avirol DS
Avirol DS extra
Avirol E
Avirol KBR
Avirol KM
Avirol KM extra
Avirol SM 100
Avirol SW 20
Breviol
Brillant-Avirol
Brillant-Avirol K 10
Brillant-Avirol L 142
Brillant-Avirol L 142 konz.
Brillant-Avirol L 144
Brillant-Avirol L 168
Brillant-Avirol L 168 konz.
Brillant-Avirol L 333
Brillant-Avirol SM 100
Estamit 302
Eucarnit
Floranit
Floranit HF
Floranit M
Gardinol
Gardinol CA
Gardinol R
Gardinol SE
Gardinol WA konz.
Gardinol WPP
Homogenit B
Homogenit W
Homogenol WW
Hystabol D
Hystabol F
Lanablank-Seife
Lanaclarin hü.
Lanaclarin LM
Lanaclarin LT
Lanadin
Lanadin extra
Lanadin LAN
Lanadin W konz.
Lanapol
Lanapol extra
Lanapolseife TE
Lorinol E
Novocarnit
Novocarnit doppelt konz.
Oleocarnit
Ondal
Oxycarnit
Oxycarnit BR
Oxycarnit L 50
Oxycarnit L 65
Oxyvol CA
Oxyvol L 50
Oxyvol RK
Perlano
Praedigen T
Propylat K 10
Radium-Mattine
Sirial
Stenolat V
Tetracarnit

Dehydag, Berlin-Charlottenburg.

Betan
Betan N 50
Betan N 80
Betan R 100
Cyclonol
Dekalin
Heptalin
Hexalin
Hydralin
Idrapidspalter 100% ig
Idrapidspaltpulver 50% ig
Lanettewachs
Lanettewachs-Ester
Lanettewachs extra
Lanettewachs SX
Lanettewachs U
Lorol
Majamin
Majaminkalium
Majammonium

Methylhexalin
Ocenol
Ocenolsulfonat
Physetol
Rilanit
Rilanwachs
Tetralin
Texapon Paste
Texapon Pulver
Texaponöl
Walrat synth. raff.

Diamalt AG., München.

Avimalt
Avimalt R
Diagum
Diamidon
Diastafor
Diastafor doppelt konz.
Diastafor extra stark
Fermasol DB konz.
Flexabon
Kromocon
Lysamil
Novofermasol
Novofermasol A
Novofermasol AS
Novofermasol B
Novofermasol S

Dörr, Frankfurt a. M.

Purol

Dr. G. Eberle & Cie., Stuttgart; Zweigniederlassung: Chem. Fabrik Hard, Bregenz-Hard (Österreich).

Universal-Seifen-Öl

Chem. Fabrik Ehrenstein.

Pantosept

Fahlberg, List & Cie.

Mianin

Farb- und Gerbstoffwerke Carl Flesch jr., Frankfurt a. M.

Adulcinol LL
Adulcinol 7
Adulcinol 7 S
Appret-Flerhenol
Biancal
Carbo-Flerhenol
Eufullon extra
Eufullon H
Eufullon W
Flerhenol BT
Flerhenol BT Spezial
Flerhenol M
Flerhenol M Superior
Flerhenol M Superior Spezial
Flerhenol P
Flerhenol PF
Flerhenol S
Flerhenol 251
Mercerisier-Flerhenol
Neo-Flerhenol
Pellastol EN Paste
Pellastol EN Pulver
Pellastol SS
Visco-Flerhenol

Th. Goldschmidt AG., Essen.

Emulgator 157
Protegin
Tegacid
Tegin

Gronewald und Stommel.

Marienhöher Saponin

Chem. Fabr. Grünau Landshoff & Meyer AG., Berlin-Grünau.

Adosal
Aperlan
Appreturstärke Grünau
Arbylöl A
Arbylöl 50%
Arbylöl 95%
Beuchöl Grünau
Cupalit
Egalisal
Guma pret
Kunstseidenschlichte Grünau
Lamepon A
Metasal K
Nutrilan

Hansa-Werke, Hemelingen.

Avivageöl 164 O
Duron
Duron-Emulsion 63
Duronschmälze
Nilin

Hennes, Gummersbach.

Spinnöl „Saponifikat“

v. Heyden, Radebeul.

Chloramin

L. E. Heydenreich, Leipzig-Lindenau.

Karbidöl BH

I. G. Farbenindustrie AG., Frankfurt a. M.

Amylose
Amylose AN
Amylose D
Amylose N
Asordin
Auxanin B
Biolase
Biolase flüssig C 6
Biolase N extra i/Pulv.
Blankit
Blankit I
Burmol
Cellappret
Celloxan
Colloresin D
Colloresin D trocken
Deflavit G
Dekol
Dekrolin
Dekrolin lösl. konz. pat.
Dekrolin A
Dekrolin AZA
Diazopon A
Dioxan
Direkt-Rotöl
Dullit
Emulphor FM öllöslich
Emulphor O
Eukesolappretur
Eulan extra
Eulan neu
Eulan F
Eulan M
Eulan NK
Eulan RHF
Eulan W extra
Eulysin A
Eumol neu
Eunaphthol K
Feltron C
Gerbstoff F
Gerbstoff H
Glyezin A
Glyezin J
Humectol C
Hutsteife A
Hydrosulfit konz. Pulv.
Hydrosulfit AZ
Hydrosulfit AZ lösl. konz.
Hydrosulfit AZA
Hydrosulfit BZ
Hydrosulfit BZ wasserlöslich
Hydrosulfit CL
Hydrosulfit NF konz.
Hydrosulfit NFA
Hydrosulfit NFW konz.
Hydrosulfit R konz.
Hyraldit C extra
Hyraldit CL
Hyraldit CW extra
Hyraldit Z lösl. konz.
Hyraldit Z zum Abziehen
Hyraldit ZA zum Abziehen
Igepon A
Igepon AP
Igepon AP extra
Igepon T
Igepon T Pulver
Intrasol
Katanol O
Katanol ON
Katanol W
Katanol WL
Laventin
Laventin BL
Laventin HW
Laventin KB
Lenocal flüssig
Leonil LE
Leonil N
Leonil S
Leonil SB
Leonil SBS Teig hochkonz.
Leophen M
Lizarol
Lizarol D
Lizarol D konz.
Lizarol R konz.
Nekal A trocken
Nekal AEM
Nekal BX trocken
Nekal S
Neradol D
Neradol ND
Ordoval G
Ordoval 2 G
Ortoxin
Ortoxin K (Paste)
Ortoxin K (Pulver)
Palatinechtsalz O i/Lsg.
Palatinit
Paraseife PN
Phenoresin D flüssig
Protectol I Pulver
Protectol I Pulver doppelt
Protectol II Pulver
Protectol II Pulver doppelt
Protektol-Agfa I
Protektol-Agfa II
Ramasit I
Ramasit K konz.
Ramasit WD konz.
Rapisade
Rodogen M. L. B.
Rongalit C
Rongalit CL
Rongalit CL extra
Rongalit CW
Serikose LC extra
Servital A
Setamol WS
Soligen
Soromin A
Soromin F
Türkischrotöl F
Tylose S
Vinarol A
Vinarol BO konz.
Viveral E
Viveral E konz.

Kavon-Werke, Dresden.
Kavonseife

H. Klokle, Aachen.
Aixolein

Konsortium für elektrochem. Industrie.
Westrol

Korndörfer & Junginger, Wiesbaden.
Karbidöl
Karbidöl BX
Karbidöl SW

F. Krimmelbein Nachf., Leipzig.
Oleinemulsat

Leico G. m. b. H., Frankfurt a. M.
Leico-Gummi

Müller & Kalkow, Magdeburg.
Savonade
Texapon

Münzing & Co., Heilbronn a. N., Halbmondstr. 3.
Visco-Leukonil

Nitritfabrik, Cöpenick.
Diformin

Ölraffinerie Neuß.
Aixolein konz.

Oranienburger Chem. Fabrik AG., Charlottenburg 2, Hardenbergstr. 1a.
Amercit
Amercit M
Amercit M extra
Amercit P
Amercit PN
Autosol
Coloran B 7
Coloran K
Coloran L
Coloran O extra
Coloran S
Cykloran E
Cykloran FC
Cykloran M
Cykloran O
Emulgator BE
Emulgator BE Pulver
Emulgator BEN
Hexapol
Hexasol
Hexoran
Melioran B 9
Melioran CY
Melioran CY konz.
Melioran D 12
Melioran D 12 spezial
Melioran F 6
Oranienburger Emulgator Nr. 300
Oranit Pulver
Oranit B
Oranit BN
Oranit BN konz.
Oranit C
Oranit C konz.
Oranit FW
Oranit FWN
Oranit FWN konz.
Oranit KS
Oranit KSN
Oranit KSN konz.
Orapret FK
Orapret FKN
Orapret SL
Orapret SL konz.
Orapret SLB
Orapret WSL
Orapret WTN
Penterpol
Perpentol B
Perpentol BE
Perpentol BNT
Perpentol BT
Perpentol E
Perpentol H
Perpentol HN
Perpentol S
Perpentol SN
Setoran FN
Setoran WN
Sojol
Trioran B
Trioran E
Trioran W extra

Chem. Fabrik Polborn G. m. b. H., Eberswalde.
Savonade W
Wasch-Savonade

Chemische Fabrik Pott & Co., Pirna-Copitz.

Citomerpin
Hydraphthal
Hydraphthal GF
Isomerpin
Neomerpin
Neomerpin-N

Chem. Fabrik Pyrgos G. m. b. H., Radebeul-Dresden.

Aktivin
Aktivin S
Aktivin S spezial
Amicrol
Appretose
Candit V Tg.
Peraktivin

J. D. Riedel-E. de Haen AG., Berlin-Britz, Riedelstr. 1-32.

Ammoniumlinoleat
Ammoniumlinoleat-Paste „N"
Eupolin
Kollodor
Türkischrotöl

Röhm & Haas AG., Darmstadt; Burnus-Enzymolin-Vertrieb: August Jacobi AG., Darmstadt.

Burnus
Burnus-Neutral
Darmstädter Flocken-Hautleim
Degomma D
Degomma DH
Degomma DL
Degomma HF
Degomma S
Enzymolin
Lipon L
Titon SF

Seifen- u. Chemische Fabrik S. Sonneborn, Marburg-Lahn.

Dry-O-Wet

J. Simon & Dürkheim, Offenbach a. M.

Appretin
Appreturfett „Esdeform"
Appreturöl
Appreturpulver „Esdeform"
Appreturtalg
Beuchöl „Esdeform"
Cocosölseife
Consistentes Schlichteöl
Emulgin
Encollin
Erdnußölemulsion 100% ig
(Olivenölemulsion 100% ig)
Esdeform A
Esdeform T
Esdeform-Seifen-Extrakt
Esdeformkernseife
Esdeformseifenpulver
Gloy III
Glutinose
Impregnator
Kettenglätte
Listoform-Seifen-Extrakt
Olivenölavivage
Olivenölkaliseife 40% ig
Paraffinemulsion
Paraffinemulsion 100% ig
Paraffigemulsion EMP 100%ig
Pflanzenleim
Puropolöl „A"
Puropolöl amg
Puropolöl EM
Puropolöl EMK
Puropolöl EMP
Puropolöl „NB"
Puropolöl NB „amg"
Puropolöl S
Puropolseife
Rayonit
Sidurolkaliseife T
Sidurolpflanzengummi
Softening
Softenol
Solutol „P"
Spinnfett „S & D"
Schlichteöl
Schlichtetalg
Schmelz-Extrakt
Universol A
Universol T
Walköl 80% ig
Wollschlichtetabletten

Sudfeldt & Co., Melle bei Hannover; Zweigniederl.: Berlin W 35, Magdeburger Str. 5.

Kontakt-Spalter
Kontakt-Spalter T
Salsulfon
Twitchells Doppelreaktiv
Twitchell-Spalter

Schiedam.

Trifol R

F. C. Wilhelm Schmidt jr., Magdeburg-Sudenburg.

Patentol-Extrakt.

Dr. A. Schmitz, Düsseldorf-Oberkassel.

Beuchöl T 2
Cleanol
Detachol
Diaminöl
Egalin BF
Egalin W
Entbastungsöl
Indulan PE
Meline
Meline K
Monopolöl
Monopolöl I extra
Neberon B
Neberon BA
Neberon BF
Neberon M 40
Neberon S
Neberon W
Nebrol B
Nebrol BA
Nebrol BF
Nebrol W
Nerolan
Nettolavol
Nettolavol C
Patentappreturöl IW
Pulitol
Universalbrillantöl SO 30
Universalöl
Universalöl BP 200
Universalöl E
Universalöl FD
Universalöl GKW
Universalöl-„Monosolvol"
Villol

W. Schön Nachf., Werdau.

Werdauer Elfenbeinschmälze

Joh. Wilh. Schürmann, Wuppertal-Barmen.

Schiropol A
Vismatt

W. Städting Nachf., Leipzig-Lindenau.

Prima Wollschmälze K
Prima Wollschmälze M
Schmälzöl FF
Schmälzöl SS

V. Sternberg, Hamburg.

Lavado F
Noval B

Chemische Fabrik Stockhausen & Cie., Buch & Landauer AG., Berlin SO 16, Melchiorstr. 4.

Benzapon
Buchol
Buchol 124
Buchol 124 E
Diamantseife
Gumbenzapon
Kalischnitzelseife
Pertürkol
Saponin K
Spulöl „Colloidöl St"
Tetracarnit
Türkischrotöl CO
Türkon-Avivageöl P
Türkonöl
Türkonöl A
Türkonöl N
Türkonöl S
Türkonöl 2

Chemische Fabrik Stockhausen & Cie., Krefeld.

Appreturöl W
Diamantseife
Este-Emulsion WK
Este-Mattierung P
Este-Oel für Schwefelschwarz
Flüssige Industrieseife B
Intrasol
Monopolavivageöl
Monopolbrillantöl
Monopolbrillantöl konz.
Monopolbrillantöl F
Monopolbrillantöl G
Monopolbrillantöl NFE
Monopolbrillantöl NFE konz.
Monopolbrillantöl SO 100%ig hü.
Monopolbrillantöl SO fest
Monopolseife
Monopolspinnöl
Neopol
Neopol T
Neopol T extra
Neopol T Pulver
Neopol T Pulver konz.
Neopol T extra Pulver
Neopol TB
Novoneopol
Perintrol
Präparol
Prästabitöl G
Prästabitöl GA
Prästabitöl K spez.
Prästabitöl KG
Prästabitöl KN
Prästabitöl NR
Prästabitöl S
Prästabitöl V
Prästabitöl VA
Prästabitöl ZA

Peptapon
Perstabil
Purton-Stärke
Purton, Wasch- u. Bleichpulver
Reisöl CFD
Sebumol extra
Setaform-Benzinseife fest
Setaform-Benzinseife flüssig
Setaform-Detachiermittel N
Setaform-Detachiermittel T
Setavin ON
Setavinpaste DS
Spinnfett CFD
Spinnschmelze CFD
Supralan extra
Supralan A 132
Supralan H
Supralan LA
Supralan S 131
Supralan T
Supralan TS
Supralan-Seife
Supramolstärke
Tetraseife
Tetraseife P
Tetraseife WW
Tetraseife WW Supra
Tetrilsapon W
Trikolin
Triumph-Avivage
Triumph-Avivage KSP
Triumph-Avivage OS 99
Triumph-Avivage SW
Triumph-Avivage V
Triumph-Öl
Triumph-Öl-Spezial
Triumph-Öl-Spezial L
Triumph-Öl-Spezial M
Triumph-Öl-Supra
Triumph-Seife
Walk-Kernseife CFD
Waschextrakt
Waschextrakt N
Weichmachmittel L
Weichmachmittel L konz.
Weichmachmittel L doppelt konz.
Weißappretur CFD
Weißappreturöl CFD

Verzeichnis der Textilhilfsmittel unbekannten Herstellers.

(Alphabetisch geordnet.)

Acetin N
Aducissol
Algosol
Alsatine
Antibenzinpyrin
Apparatine
Backros liquefier
Benzapol
Benzinosol
Brimal
Cardosal
Chloröl
Comedol
Diaphanöl
Diastase L
Diastol
Dinaton
Duferol
Efinol M
Epifosol
Fadenfest
Falxan
Fibrit D
Filzit
Gabalit
Glicorzo
Haake-Stärke
Keranit
Ketterol
Kristallappretur
Ludigol
Maizena
Maltine
Maltoferment
Maltose
Mondamin
Monoxanthol
Multomalt
Okoton
Oktaton
Oleol
Oleolith
Orzil
Owokettenglätte
Ozonstärke
Paradurol
Paranantholin
Paraneon
Parasanol
Perkosal
Pflanzengummi
Poliokolle
Polygen
Polyval
Prosapol
Protamol
Purpurol
Quellin
Resolin NCP
Richterol
Sapoleine
Serikosol
Sipalin MOB
Solutionssalz B
Solvenol
Solvin
Syrop de malt
Tamol N
Terpin
Terpipetrol
Textilomalt
Thiolfest
Türkischrotöl D
Universalleim
Unisol
Unomalt
Usol
Vitranol
Walkit
Webewachs
Webolin
Zellomaltin (Zellomaltoin?)
Zinnöl

***Enzyklopädie der textilchemischen Technologie.** Herausgegeben von Professor Dr. **Paul Heermann,** Berlin. Mit 372 Textabbildungen. X, 970 Seiten. 1930. Gebunden RM 78.—

***Färberei- und textilchemische Untersuchungen.** Anleitung zur chemischen und koloristischen Untersuchung und Bewertung der Rohstoffe, Hilfsmittel und Erzeugnisse der Textilveredelungs-Industrie. Von Professor Dr. **Paul Heermann,** Berlin. Fünfte, ergänzte und erweiterte Auflage der „Färbereichemischen Untersuchungen" und der „Koloristischen und textilchemischen Untersuchungen". Mit 14 Textabbildungen. VIII, 435 Seiten. 1929. Gebunden RM 25.50

***Technologie der Textilveredelung.** Von Prof. Dr. **Paul Heermann,** Berlin. Zweite, erweiterte Auflage. Mit 204 Textabbildungen und einer Farbentafel. XII, 656 Seiten. 1926. Gebunden RM 33.—

***Kenntnis der Wasch-, Bleich- und Appreturmittel.** Ein Lehr- und Hilfsbuch für technische Lehranstalten und die Praxis. Von Ingenieur-Chemiker Professor **Heinrich Walland,** Wien. Zweite, verbesserte Auflage. Mit 59 Textabbildungen. X, 337 Seiten. 1925. Gebunden RM 18.—

Das Bleichen der Pflanzenfasern. Von Dr. **W. Kind,** Abteilungsvorsteher an der Preußischen Höheren Fachschule für Textilindustrie in Sorau (N.-L.). Dritte, vermehrte und verbesserte Auflage. Mit 83 Textabbildungen. V, 339 Seiten. 1932. Gebunden RM 24.—

***Handbuch der Appretur.** Von Professor Ingenieur **Josef Bergmann** †, Brünn. Nach dem Tode des Verfassers ergänzt und herausgegeben von Professor Dr.-Ing. **Chr. Marschik,** Leipzig. Mit 286 Textabbildungen. VI, 321 Seiten. 1928. Gebunden RM 36.—

***Praktikum der Färberei und Druckerei** für die chemisch-technischen Laboratorien der Technischen Hochschulen und Universitäten, für die chemischen Laboratorien höherer Textil-Fachschulen und zum Gebrauch im Hörsaal bei Ausführung von Vorlesungsversuchen. Von Professor Dr. **Kurt Brass,** Prag. Zweite, verbesserte Auflage. Mit 5 Textabbildungen. VIII, 104 Seiten. 1929. RM 5.25

Praktische Kunstseidenfärberei in Strang und Stück. Von Dr. **Kurt Götze,** Wuppertal-Elberfeld, und **C. Richard Merten,** Krefeld. Mit 101 Textabbildungen. IX, 144 Seiten. 1933. Gebunden RM 13.50

Die neuzeitliche Seidenfärberei. Handbuch für Seidenfärbereien, Färbereischulen und Färbereilaboratorien. Von Dr. phil. **Hermann Ley,** Elberfeld. Zweite, vermehrte und verbesserte Auflage. Mit 61 Textabbildungen. V, 241 Seiten. 1931. Gebunden RM 18.—

* *Auf die Preise der vor dem 1. Juli 1931 erschienenen Bücher wird ein Notnachlaß von 10 % gewährt.*